普通高等教育“十二五”规划教材

自然环境灾害及其防御

刘晓艳　钱光人　主编

中国石化出版社

内 容 提 要

本书围绕影响人类生存发展的自然环境灾害，着重介绍地震灾害、火山灾害、山地灾害、地面变形灾害、干旱与风沙灾害、水灾、气象灾害、生物灾害、火灾等各种常见自然环境灾害的类型、发生基础、成因机制、危害与影响以及预防和减轻自然环境灾害的方法与技术措施，使读者易于掌握各种常见自然环境灾害的发生、发展及其规律性，同时更加突出灾害预防及逃生方面的有效知识。使用该教材教学能够使学生更有效地了解各种自然环境灾害的成因及发生特征，能够利用各种自然现象及自然先兆来判断灾害发生的可能性及可能出现的各种灾害问题，掌握各种自然环境灾害的预防和避灾、减灾方法及综合防御措施，以保护人类及其生存环境。

本书可作为自然灾害及其防御知识学习与普及的教材，适合高等学校及中学相关课程教师教学及学生学习使用，也可供企事业单位灾害预防及安全生产防范技术培训使用。

图书在版编目(CIP)数据

自然环境灾害及其防御 / 刘晓艳，钱光人主编.
—北京：中国石化出版社，2014.10(2022.8 重印)
普通高等教育“十二五”规划教材
ISBN 978-7-5114-3031-1

Ⅰ.①自… Ⅱ.①刘… ②钱… Ⅲ.①自然灾害-灾害防治-高等学校-教材 Ⅳ.①X43

中国版本图书馆 CIP 数据核字(2014)第 205386 号

中国石化出版社出版发行
地址：北京市东城区安定门外大街 58 号
邮编：100011 电话：(010)57512500
发行部电话：(010)57512575
http://www.sinopec-press.com
E-mail：press@sinopec.com
北京力信诚印刷有限公司印刷
全国各地新华书店经销
*
787×1092 毫米 16 开本 16.25 印张 398 千字
2015 年 1 月第 1 版 2022 年 8 月第 2 次印刷
定价：40.00 元

目　录

第 1 章　绪论 ……………………………………………………………… (1)
1.1　自然灾害的定义和特点 ………………………………………………… (1)
1.2　自然灾害的类型与级别 ………………………………………………… (2)
1.2.1　自然灾害的类型 ……………………………………………………… (2)
1.2.2　自然灾害的级别 ……………………………………………………… (3)
1.3　自然灾害的发育及分布 ………………………………………………… (5)
1.4　影响自然灾害发生的因素 ……………………………………………… (6)
1.5　人类活动与自然灾害 …………………………………………………… (7)
1.5.1　生态破坏与自然灾害 ………………………………………………… (7)
1.5.2　工程活动与自然灾害 ………………………………………………… (8)
1.5.3　人类活动与自然灾害 ………………………………………………… (9)
1.6　自然灾害的防御及发展趋势 …………………………………………… (10)
思考题 ……………………………………………………………………… (11)
第 2 章　地震灾害 ………………………………………………………… (12)
2.1　地震的成因 ……………………………………………………………… (12)
2.1.1　地球的内部圈层结构 ………………………………………………… (12)
2.1.2　地震波 ………………………………………………………………… (13)
2.1.3　地震的成因 …………………………………………………………… (15)
2.1.4　地震参数 ……………………………………………………………… (16)
2.2　地震的分类 ……………………………………………………………… (19)
2.3　地震的分布特征 ………………………………………………………… (21)
2.4　地震灾害事件及特点 …………………………………………………… (23)
2.5　地震的次生灾害及预防 ………………………………………………… (25)
2.5.1　地震引发的灾害类型 ………………………………………………… (25)
2.5.2　地震引发的滑坡及泥石流 …………………………………………… (26)
2.5.3　地震引发海啸 ………………………………………………………… (30)
2.5.4　地震引发火灾 ………………………………………………………… (30)
2.5.5　地震引发水灾 ………………………………………………………… (31)
2.5.6　地震引发毒气、细菌、放射性污染 ………………………………… (33)
2.6　地震预报及前兆 ………………………………………………………… (35)
2.6.1　地震预报 ……………………………………………………………… (35)
2.6.2　地震的前兆 …………………………………………………………… (37)
2.7　地震预防 ………………………………………………………………… (39)
2.7.1　物资储备与抗震准备 ………………………………………………… (39)
2.7.2　防震演习与隐患排查 ………………………………………………… (41)

2.8 地震避难 …………………………………………………………………………… (42)
2.8.1 应对地震 …………………………………………………………………… (42)
2.8.2 地震后自救 ………………………………………………………………… (44)
2.9 震后救援 …………………………………………………………………………… (47)
2.9.1 震后搜救 …………………………………………………………………… (47)
2.9.2 震后救援 …………………………………………………………………… (48)
2.9.3 震后注意事项 ……………………………………………………………… (49)
2.9.4 震后安置与防疫 …………………………………………………………… (50)
2.9.5 震后心理调节 ……………………………………………………………… (54)
思考题 ……………………………………………………………………………… (56)
第3章 火山灾害 ……………………………………………………………………… (58)
3.1 火山的类型与特点 ………………………………………………………………… (58)
3.1.1 火山的类型 ………………………………………………………………… (58)
3.1.2 火山的结构 ………………………………………………………………… (58)
3.1.3 火山喷发及特点 …………………………………………………………… (59)
3.1.4 火山喷发阶段性 …………………………………………………………… (62)
3.2 著名火山喷发事件及危害 ………………………………………………………… (63)
3.2.1 国内著名的火山喷发 ……………………………………………………… (63)
3.2.2 国外著名的火山喷发 ……………………………………………………… (64)
3.2.3 典型火山喷发灾害 ………………………………………………………… (66)
3.3 典型火山景观及特征 ……………………………………………………………… (66)
3.3.1 长白山天池 ………………………………………………………………… (67)
3.3.2 黑龙江五大连池 …………………………………………………………… (68)
3.3.3 腾冲火山群 ………………………………………………………………… (69)
3.3.4 镜泊湖火山群 ……………………………………………………………… (70)
3.3.5 乞力马扎罗山 ……………………………………………………………… (70)
3.3.6 富士山 ……………………………………………………………………… (71)
3.3.7 马荣火山 …………………………………………………………………… (72)
3.3.8 喀拉喀托火山 ……………………………………………………………… (72)
3.3.9 斯德朗博利火山 …………………………………………………………… (72)
3.4 火山活动的监测与预报 …………………………………………………………… (73)
3.4.1 火山的监测 ………………………………………………………………… (73)
3.4.2 我国的火山监测 …………………………………………………………… (74)
3.5 火山灾害的预防与减灾对策 ……………………………………………………… (75)
3.5.1 火山喷发的征兆 …………………………………………………………… (75)
3.5.2 火山喷发后的逃生方法 …………………………………………………… (75)
思考题 ……………………………………………………………………………… (75)
第4章 山地灾害 ……………………………………………………………………… (77)
4.1 山地灾害概述 ……………………………………………………………………… (77)
4.2 崩塌 ………………………………………………………………………………… (78)

4.2.1 崩塌的形成条件 …… (79)
4.2.2 崩塌的分类 …… (80)
4.2.3 崩塌的力学机制 …… (82)
4.2.4 崩塌的危害 …… (83)
4.2.5 崩塌的防治 …… (84)
4.3 滑坡 …… (85)
4.3.1 滑坡的要素及形成 …… (86)
4.3.2 滑坡的分类 …… (88)
4.3.3 滑坡机理 …… (89)
4.3.4 滑坡的危害 …… (89)
4.3.5 滑坡的防治 …… (90)
4.4 泥石流 …… (93)
4.4.1 泥石流的形成条件 …… (94)
4.4.2 泥石流的分类 …… (95)
4.4.3 泥石流的特征和运动机理 …… (96)
4.4.4 泥石流的危害 …… (98)
4.4.5 泥石流的防治 …… (98)
思考题 …… (101)
第5章 地面变形灾害 …… (102)
5.1 地面变形灾害概述 …… (102)
5.2 地面沉降 …… (102)
5.2.1 地面沉降的国内外现状 …… (102)
5.2.2 地面沉降的成因机制及影响因素 …… (105)
5.2.3 地面沉降的危害 …… (106)
5.2.4 地面沉降的防治 …… (107)
5.3 地裂缝 …… (108)
5.3.1 地裂缝的概述 …… (108)
5.3.2 地裂缝的危害 …… (109)
5.3.3 地裂缝的防治 …… (110)
5.4 岩溶与地面塌陷 …… (111)
5.4.1 岩溶地面塌陷的分布规律 …… (111)
5.4.2 岩溶地面塌陷的形成条件及形成机理 …… (112)
5.4.3 岩溶地面塌陷的危害及其防治 …… (113)
思考题 …… (115)
第6章 干旱与风沙灾害 …… (116)
6.1 干旱与风沙灾害概述 …… (116)
6.1.1 干旱 …… (116)
6.1.2 风沙灾害 …… (119)
6.2 沙漠化灾害 …… (121)
6.2.1 沙漠化土地的分布 …… (122)

6.2.2 沙漠化的成因 …………………………………………………………………………（124）
6.2.3 沙漠化的危害 …………………………………………………………………………（125）
6.2.4 沙漠化的防治 …………………………………………………………………………（126）
6.3 石漠化灾害 ………………………………………………………………………………（127）
6.3.1 石漠化的成因 …………………………………………………………………………（128）
6.3.2 石漠化的危害 …………………………………………………………………………（129）
6.3.3 石漠化的治理 …………………………………………………………………………（130）
6.4 沙尘暴灾害 ………………………………………………………………………………（131）
6.4.1 沙尘暴的成因 …………………………………………………………………………（131）
6.4.2 沙尘暴的影响因素 ……………………………………………………………………（132）
6.4.3 沙尘暴的危害 …………………………………………………………………………（133）
6.4.4 沙尘暴的防治 …………………………………………………………………………（134）
思考题 ………………………………………………………………………………………（135）
第7章 水灾 ………………………………………………………………………………（136）
7.1 洪涝灾害 …………………………………………………………………………………（136）
7.1.1 洪涝灾害的主要特征 …………………………………………………………………（136）
7.1.2 洪涝灾害的形成 ………………………………………………………………………（137）
7.1.3 洪水类型及主要江河水系洪水特征 …………………………………………………（138）
7.1.4 洪涝灾害的危害 ………………………………………………………………………（141）
7.1.5 洪涝灾害的防御 ………………………………………………………………………（143）
7.2 冰雹 ………………………………………………………………………………………（143）
7.2.1 冰雹的形成 ……………………………………………………………………………（144）
7.2.2 冰雹灾害特征及影响因素 ……………………………………………………………（145）
7.2.3 冰雹灾害的防御 ………………………………………………………………………（146）
7.3 海啸 ………………………………………………………………………………………（147）
7.3.1 海啸的形成及特点 ……………………………………………………………………（147）
7.3.2 海啸的分布 ……………………………………………………………………………（149）
7.3.3 海啸的防御与逃生措施 ………………………………………………………………（150）
7.4 海水入侵 …………………………………………………………………………………（152）
7.4.1 海水入侵的概念 ………………………………………………………………………（152）
7.4.2 海水入侵的原理 ………………………………………………………………………（152）
7.4.3 海水入侵的方式与途径 ………………………………………………………………（153）
7.4.4 海水入侵的影响因素及特征 …………………………………………………………（153）
7.4.5 海水入侵的危害与防治 ………………………………………………………………（155）
思考题 ………………………………………………………………………………………（158）
第8章 气象灾害 …………………………………………………………………………（159）
8.1 气象变化与气象灾害 ……………………………………………………………………（159）
8.1.1 气候变化 ………………………………………………………………………………（159）
8.1.2 气象灾害 ………………………………………………………………………………（163）
8.2 气象灾害的影响因素 ……………………………………………………………………（164）

8.2.1 太阳辐射的变化 …………………………………………………………… (164)
8.2.2 大气环流变化 …………………………………………………………… (165)
8.2.3 下垫面性质的变化 ……………………………………………………… (165)
8.2.4 人类活动对气候的影响 ………………………………………………… (166)
8.3 气象气候灾害及防治对策 ……………………………………………… (167)
8.3.1 我国气象气候灾害 ……………………………………………………… (167)
8.3.2 防灾减灾对策 …………………………………………………………… (168)
8.4 低温冷害 …………………………………………………………………… (169)
8.4.1 概述 ……………………………………………………………………… (169)
8.4.2 春季低温冷害 …………………………………………………………… (170)
8.4.3 秋季低温冷害 …………………………………………………………… (170)
8.4.4 东北夏季低温冷害 ……………………………………………………… (170)
8.4.5 低温冷害预防 …………………………………………………………… (170)
8.5 台风灾害 …………………………………………………………………… (171)
8.5.1 台风特点 ………………………………………………………………… (172)
8.5.2 台风分布 ………………………………………………………………… (172)
8.5.3 台风成因 ………………………………………………………………… (173)
8.5.4 台风命名 ………………………………………………………………… (174)
8.5.5 台风灾害 ………………………………………………………………… (174)
8.5.6 台风预防 ………………………………………………………………… (175)
8.6 雷电灾害 …………………………………………………………………… (176)
8.6.1 闪电的类型 ……………………………………………………………… (176)
8.6.2 雷电的特点 ……………………………………………………………… (177)
8.6.3 雷电对人的危害 ………………………………………………………… (178)
8.6.4 雷电的预防 ……………………………………………………………… (178)
8.7 未来气象灾害 ……………………………………………………………… (179)
8.7.1 我国气象灾害未来发展趋势 …………………………………………… (179)
8.7.2 减灾对策 ………………………………………………………………… (180)
思考题 …………………………………………………………………………… (182)
第9章 生物灾害 ……………………………………………………………… (183)
9.1 生物灾害概论 ……………………………………………………………… (183)
9.1.1 生物灾害学及环境生物效应 …………………………………………… (183)
9.1.2 生物资源特点及生物多样性价值 ……………………………………… (184)
9.1.3 物种灭绝与其原因 ……………………………………………………… (184)
9.1.4 生物多样性的保护途径 ………………………………………………… (184)
9.1.5 生物灾害综合治理对策 ………………………………………………… (185)
9.2 外来入侵物种 ……………………………………………………………… (185)
9.2.1 生物入侵 ………………………………………………………………… (185)
9.2.2 外来物种 ………………………………………………………………… (186)
9.2.3 入侵原因 ………………………………………………………………… (186)

9.2.4 入侵情势 …………………………………………………………………………（187）
9.2.5 入侵渠道 …………………………………………………………………………（188）
9.2.6 入侵物种的危害 …………………………………………………………………（189）
9.2.7 入侵物种的防治 …………………………………………………………………（192）
9.3 水葫芦 …………………………………………………………………………………（194）
9.3.1 水葫芦的特点 ……………………………………………………………………（194）
9.3.2 水葫芦的危害 ……………………………………………………………………（194）
9.3.3 水葫芦的入侵状况 ………………………………………………………………（195）
9.3.4 水葫芦的防治 ……………………………………………………………………（195）
9.4 蝗灾 ……………………………………………………………………………………（197）
9.4.1 蝗灾的成因 ………………………………………………………………………（197）
9.4.2 蝗灾的防治 ………………………………………………………………………（198）
9.5 鼠灾 ……………………………………………………………………………………（199）
9.5.1 老鼠的种类 ………………………………………………………………………（199）
9.5.2 农区鼠灾 …………………………………………………………………………（200）
9.5.3 草原鼠灾 …………………………………………………………………………（200）
9.5.4 鼠灾的其他危害 …………………………………………………………………（200）
9.5.5 鼠害的防治 ………………………………………………………………………（201）
9.6 赤潮 ……………………………………………………………………………………（201）
9.6.1 赤潮的成因 ………………………………………………………………………（201）
9.6.2 赤潮的发生过程 …………………………………………………………………（202）
9.6.3 赤潮的危害 ………………………………………………………………………（203）
9.6.4 赤潮的治理 ………………………………………………………………………（204）
9.6.5 赤潮的预防 ………………………………………………………………………（205）
9.7 其他生物灾害 …………………………………………………………………………（205）
9.7.1 最具侵略性的生物 ………………………………………………………………（205）
9.7.2 生物灾害防治 ……………………………………………………………………（209）
思考题 ………………………………………………………………………………………（209）
第10章 自然环境与人体健康 ……………………………………………………………（211）
10.1 自然环境与人类的关系 ………………………………………………………………（211）
10.1.1 人体化学组成与原生环境的关系 ………………………………………………（211）
10.1.2 人类与环境的辩证关系 …………………………………………………………（212）
10.1.3 微量元素与人体健康 ……………………………………………………………（213）
10.1.4 疾病类型与环境的关系 …………………………………………………………（214）
10.1.5 人体与环境致病因素 ……………………………………………………………（214）
10.1.6 人类活动对环境健康的影响 ……………………………………………………（215）
10.2 自然环境特征与疾病的地带性特征 …………………………………………………（215）
10.2.1 自然环境特征 ……………………………………………………………………（215）
10.2.2 疾病的地带性特征 ………………………………………………………………（216）
10.3 地方病 …………………………………………………………………………………（217）

10.3.1 地方病的种类 …………………………………………………………（217）
10.3.2 克山病 …………………………………………………………（218）
10.3.3 大骨节病 …………………………………………………………（219）
10.3.4 氟中毒 …………………………………………………………（221）
10.3.5 伽师病 …………………………………………………………（222）
10.3.6 易致毒元素 …………………………………………………………（223）
10.3.7 地方病的防治 …………………………………………………………（224）
10.4 生态警告 …………………………………………………………（225）
思考题 …………………………………………………………（225）
第11章 火灾 …………………………………………………………（226）
11.1 火灾的分类及扑救措施 …………………………………………………………（226）
11.2 火灾的等级 …………………………………………………………（226）
11.3 气象条件与火灾发生的关系 …………………………………………………………（227）
11.3.1 风 …………………………………………………………（227）
11.3.2 湿度 …………………………………………………………（227）
11.3.3 气温 …………………………………………………………（228）
11.3.4 降水 …………………………………………………………（228）
11.3.5 雷击 …………………………………………………………（228）
11.3.6 大气环流 …………………………………………………………（229）
11.3.7 高层建筑的烟囱效应 …………………………………………………………（229）
11.4 典型火灾的发展过程 …………………………………………………………（230）
11.5 火灾应急预案 …………………………………………………………（230）
11.5.1 家庭火灾 …………………………………………………………（230）
11.5.2 高楼火灾 …………………………………………………………（231）
11.5.3 公共场所火灾 …………………………………………………………（231）
11.5.4 汽车火灾 …………………………………………………………（232）
11.5.5 森林火灾 …………………………………………………………（232）
11.6 校园火灾 …………………………………………………………（233）
11.6.1 宿舍火灾原因分析 …………………………………………………………（234）
11.6.2 火灾隐患 …………………………………………………………（235）
11.6.3 宿舍防火 …………………………………………………………（235）
11.6.4 正确使用119 …………………………………………………………（236）
11.6.5 校园火灾逃生 …………………………………………………………（236）
11.7 火灾逃生方法 …………………………………………………………（237）
11.8 危险品、安全色及安全标识 …………………………………………………………（238）
11.8.1 危险化学品的类别 …………………………………………………………（238）
11.8.2 安全色 …………………………………………………………（239）
11.8.3 安全防火标识 …………………………………………………………（239）
11.9 防火方法 …………………………………………………………（240）
11.9.1 灭火器 …………………………………………………………（240）

11.9.2 特殊火灾灭火技巧 …………………………………………………………………… (242)
11.9.3 预防宿舍火灾 …………………………………………………………………… (242)
11.9.4 家庭防火十法 …………………………………………………………………… (242)
11.9.5 家庭灭火十招 …………………………………………………………………… (243)
11.9.6 火灾逃生十策 …………………………………………………………………… (243)
11.9.7 火灾逃生口诀 …………………………………………………………………… (243)
思考题 ………………………………………………………………………………… (244)
参考文献 ……………………………………………………………………………… (245)

第1章 绪 论

1.1 自然灾害的定义和特点

宏观来讲，自然灾害(natural hazards)主要是指给人类生存带来危害或损害人类生活环境的各种异常自然现象。如洪涝、干旱灾害，台风、冰雹、雪、沙尘暴等气象灾害，火山、地震灾害，山体崩塌、滑坡、泥石流等地质灾害，风暴潮、海啸等海洋灾害，森林、草原火灾和生物灾害等自然灾害。同时，自然灾害是自然界的异常变化作用于人类社会的产物，并对人类社会造成破坏或负面影响。人类社会对自然灾害的认识具有差异性：

① 灾害是某种不可控制或未予控制的破坏性因素引起的突然或在短时间内发生并造成大量人员伤亡和物质财富毁坏或损失的现象；

② 灾害指一种或数种具有破坏性的自然力通过非常规方式释放并在较大范围内严重破坏人类正常经济生产及社会生活的一种自然现象；

③ 凡是给人类社会以破坏影响的事件即为灾害；

④ 联合国教科文组织发表1966年以来的灾害统计，将地震、火山、海啸、暴风、洪水等异常现象作为灾害，没有考虑灾害后果；

⑤ 美国规定损失在100万美元以上，10人以上死亡或10人以上伤残者的事件定义为灾害，强调灾害后果；

⑥ 日本的《灾害对策基本法》第二条规定：自然灾害是指由暴风、暴雨、暴雪、洪水、地震、火山爆发及其他异常自然现象所引起的灾害。在日本防灾手册中定义为：起因于异常性自然现象及地形地貌发生变化，破坏了人类社会建筑起来的设施，并给人类社会和人的生命造成损害的事件。

自然灾害的产生有两种因素：一是天灾，二是人祸。天灾即自然因素，如异常的天气、水文条件、地质运动等，这是不可避免的客观事实；人祸即人类违背自然规律，对自然进行掠夺性开发，从而破坏了生态环境和生态平衡，人祸在一定程度上是可以减小或避免的。

不同学者对自然灾害的定义和本质的理解是不同的，有人认为灾害是在人类社会所处的天-地-生环境系统内的所有自然现象(地震、风、雨、火山等)中能给人类社会环境造成破坏影响的自然现象称为灾害现象，灾害现象造成的影响为受害对象，二者合起来为灾害。卢振恒认为，灾害定义应揭示灾源、灾力、灾场、灾象、灾度等及它们之间的内部规律性。杨达源等认为自然灾害的本质应从两个方面认识：一个是自然属性，即灾害是自然界部分物质一特殊方式进行的自然运动，主要指自然物质的急剧运动，可将其称为“事件”，是在长期的能量物质积累后骤发的能量物质的转换释放；另一个是社会属性，即所说的事件对它所及范围内生存和活动的人员、生物和已存在的资产产生一定的损害，此时称为“灾害”。我们对于自然灾害的理解应注意：①自然灾害定义中应有主体和客体；②自然灾害既是正常的，又是非正常的；③人为灾害往往是随机的，自然灾害往往有一定的规律性，这种规律性往往和某种自然因素的规律性有关；④随着社会的发展，自然灾害的概念是不断发展变化的。

自然灾害与人类社会存在相互影响的机制，人口膨胀、资源紧缺、环境恶化、全球变化、自然灾害是当今人类面临的最重大的全球性问题，这些问题互为因果、相互制约；人类活动在引发自然灾害中往往起到了“催化剂”的作用，人类人口增长失控和无节制的索取资源，破坏生态环境和平衡，导致了天气变化异常、物质循环受阻、地质构造不稳定、水文状况低劣，从而引发天灾。自然灾害对人类社会造成的危害往往是触目惊心的，它正在影响着社会和经济的可持续发展，严重威胁着人类的生存，已成为当今人类面临的最重大的全球问题之一。因而预防自然灾害的发生、减轻自然灾害造成的影响和损失已成为各国政府和科学家共同关心的问题，是国家经济社会发展中迫切需要决的重大问题，也是当今人类面临的一项紧迫任务。在我国的中长期科技发展战略规划中，对灾害与公共安全予以高度关注，并列出了重点支持领域：防灾减灾、食品安全、生产安全、核安全、火灾与爆炸安全等领域。

1.2 自然灾害的类型与级别

自然灾害主要包括气象灾害、水旱灾害、地震灾害、地质灾害、海洋灾害、生物灾害和森林、草原火灾等。我国地域辽阔，地理气候条件复杂，气候变化万千，洪水、飓风、龙卷风、地震等不可抗性灾难频发，最常发生的灾害有洪涝、干旱、地震、台风和滑坡-泥石流共 5 种主要类型，所造成的损失占损失总量的 80%~90%。

我国的自然灾害具有种类多、灾情重、灾损大、范围广、频度高、群发性等主要特点。当前，我国自然灾害主要有：气象灾害、洪水灾害、地质灾害、海洋灾害、农作物灾害和森林灾害等。对这些突发性自然灾害，我们必须给予高度警觉必备其知识常识，掌握其防范要领，“有备”方可做到“无患”。我们要从科学的角度来认识自然灾害的成因、分布特点和发展趋势，从行动上来防治自然灾害，以尽可能减小自然灾害对人类社会造成的危害。

1.2.1 自然灾害的类型

世间万物一般都会根据各种分类方法被分为不同的类型，自然灾害的类型也是一样，下面就是人们在对自然灾害进行研究的过程中，按照不同的研究目的将自然灾害分成了不同的类型。

（1）按灾害成因分类

按灾害成因的不同可以分为：

① 天文灾害：指引力变化、太阳辐射、臭氧层破坏等形成的灾害；

② 地质灾害：包括地震、火山、地热、地火等；

③ 地貌灾害：包括崩塌、滑坡、泥石流、地裂、地陷、喷沙冒水、水土流失与沙漠化、土壤贫瘠化等；

④ 气象-水文灾害：寒冻、高温、冰雹、干旱、雨涝、洪水、海啸、风灾、沙尘暴、酸雨、水质和大气污染、温室效应等；

⑤ 生物灾害：如恶性传染病、病虫害、天然森林火灾、生态环境突变等。

（2）按成灾物质位移的速度差别和位移方式的不同分类

按灾害的成灾物质位移的速度差别和位移方式不同可以分为：

1）骤发性自然灾害：

① 岩体物质急剧运动：地震、火山、塌陷、地裂、崩塌、滑坡、泥石流；

② 水体物质急剧运动：暴雨、洪水、海啸、酸雨、污染流、涡流、风暴浪流；

③ 气体物质急剧运动：寒冻、高温、飓风、台风、龙卷风、沙尘暴、气体污染。

2）长期自然灾害：

干旱、土地沙化、沙漠化、水土流失、海侵、大气污染、瘟疫。

(3) 按灾害范围分类

按灾害的范围不同可以分为：

① 全球性灾害：如干旱、洪水；

② 区域性灾害：如地震、瘟疫；

③ 局部性灾害：如火山、火灾。

(4) 按灾害现象分类

按灾害现象的不同可以分为：

① 直接灾害：如地震；

② 次生灾害：如地震引发的洪水、泥石流；

③ 伴生灾害：如旱—蝗、涝—疫；

④ 并发灾害：如雨—涝、风—沙、洪水—泥石流。

(5) 按灾害过程

按灾害过程的不同可以分为：

① 爆发型灾害；

② 过渡型灾害；

③ 迁延型灾害。

1.2.2 自然灾害的级别

自然灾害的等级划分是必要的，但目前国际国内的等级划分既不统一，又缺乏定量标准。

我国是世界上主要的“气候脆弱区”之一，自然灾害频发、分布广、损失大。据统计，我国每年因各种天气气候灾害使农田受灾面积达 3400 万公顷，受干旱、暴雨、洪涝和热带风暴等重大灾害影响的人口约达 6 亿人次，平均每年因受天气气候灾害造成的经济损失约占 GDP 的 3%~6%。随着我国经济的快速增长，气候灾害造成损失的绝对值越来越大。另外，有灾害就涉及到灾情和预警，灾情是指自然灾害造成的损失情况，包括人员伤亡和财产损失等；灾情预警是指根据气象、水文、海洋、地震、国土等部门的灾害预警、预报信息，结合人口、自然和社会经济背景数据库，对灾害可能影响的地区和人口数量等损失情况作出分析、评估和预警。考虑到气候灾害引发的生态、环境、地质、社会、人文、经济等继发性灾害，则经济损失更为严重。在长期与自然共存的实践中，社会各界、从事防灾减灾研究、业务、管理人员形成了许多行之有效的预防和减轻自然灾害的措施，针对不同的类型的自然灾害也制定了不同的级别。这里重点介绍一下常见的气象灾害灾情预警级别。

(1) 暴雨预警

暴雨预警信号分 4 级：

① 暴雨蓝色预警信号：12h 内降雨量将达 50mm 以上，或者已达 50mm 以上，且降雨可能持续；

② 暴雨黄色预警信号：6h 内降雨量将达 50mm 以上，或者已达 50mm 以上，且降雨可

能持续；

③ 暴雨橙色预警信号：3h 内降雨量将达 50mm 以上，或者已达 50mm 以上，且降雨可能持续；

④ 暴雨红色预警信号：3h 内降雨量将达 100mm 以上，或者已达 100mm 以上，且降雨可能持续。

（2）台风预警

台风预警信号分 4 级：

① 台风蓝色预警信号：24h 内可能或者已经受热带气旋影响，沿海或者陆地平均风力达 6 级以上，或者阵风 8 级以上，并可能持续；

② 台风黄色预警信号：24h 内可能或者已经受热带气旋影响，沿海或者陆地平均风力达 8 级以上，或者阵风 10 级以上，并可能持续；

③ 台风橙色预警信号：12h 内可能或者已经受热带气旋影响，沿海或者陆地平均风力达 10 级以上，或者阵风 12 级以上，并可能持续；

④ 台风红色预警信号：6h 内可能或者已经受热带气旋影响，沿海或者陆地平均风力达 12 级以上，或者阵风达 14 级以上，并可能持续。

（3）霜冻预警

霜冻预警信号分 3 级：

① 霜冻蓝色预警信号：48h 内地面最低温度将要下降到 0℃以下，对农业将产生影响，或者已经降到 0℃以下，对农业已经产生影响，并可能持续；

② 霜冻黄色预警信号：24h 内地面最低温度将要下降到零下 3℃以下，对农业将产生严重影响，或者已经降到零下 3℃以下，对农业已经产生严重影响，并可能持续；

③ 霜冻橙色预警信号：24h 内地面最低温度将要下降到零下 5℃以下，对农业将产生严重影响，或者已经降到零下 5℃以下，对农业已经产生严重影响，并将持续。

（4）寒潮预警

寒潮预警信号分 4 级。

① 寒潮蓝色预警信号：48h 内最低气温将要下降 8℃以上，最低气温小于等于 4℃，陆地平均风力可达 5 级以上；或者已经下降 8℃以上，最低气温小于等于 4℃，平均风力达 5 级以上，并可能持续；

② 寒潮黄色预警信号：24h 内最低气温将要下降 10℃以上，最低气温小于等于 4℃，陆地平均风力可达 6 级以上；或者已经下降 10℃以上，最低气温小于等于 4℃，平均风力达 6 级以上，并可能持续；

③ 寒潮橙色预警信号：24h 内最低气温将要下降 12℃以上，最低气温小于等于 0℃，陆地平均风力可达 6 级以上；或者已经下降 12℃以上，最低气温小于等于 0℃，平均风力达 6 级以上，并可能持续；

④ 寒潮红色预警信号：24h 内最低气温将要下降 16℃以上，最低气温小于等于 0℃，陆地平均风力可达 6 级以上；或者已经下降 16℃以上，最低气温小于等于 0℃，平均风力达 6 级以上，并可能持续。

（5）暴雪预警。

暴雪预警信号分 4 级：

① 暴雪蓝色预警信号：12h 内降雪量将达 4mm 以上，或者已达 4mm 以上，且降雪持

续，可能对交通或者农牧业有影响；

② 暴雪黄色预警信号：12h 内降雪量将达 6mm 以上，或者已达 6mm 以上，且降雪持续，可能对交通或者农牧业有影响；

③ 暴雪橙色预警信号：6h 内降雪量达 10mm 以上，或者已达 10mm 以上，且降雪持续，可能或已经对交通或者农牧业有较大影响；

④ 暴雪红色预警信号：6h 内降雪量将达 15mm 以上，或者已达 15mm 以上，且降雪持续，可能或已经对交通或者农牧业有较大影响。

我国是世界上受自然灾害影响最为严重的国家之一，灾害种类多、发生频率高、损失严重。例如近年发生的汶川大地震给人民的生命和财产造成了巨大的伤害。近 50 年来，我国每年由地震、地质、旱涝、海洋、疫病等自然灾害造成的直接经济损失约占国民生产总值的 4%，自然灾害已经成为影响我国经济发展和社会安全的重要因素；随着社会经济的发展和人类活动的增强，自然灾害的损失还在以更快的速度增长，进入 90 年代已达到每年上千亿元的水平，例如仅 2008 年 5 月 12 日发生的汶川特大地震灾害直接经济损失就至少达 8451 亿元人民币。近些年来，不断频发的各种类型自然灾害给我国人民生命财产带来了巨大损失，已经严重影响了我国的发展进程和可持续发展。因此，依靠科技进步，提高广大人民的防灾自救能力以及我国的整体防灾减灾综合能力已成为当务之急。

1.3 自然灾害的发育及分布

我国自然灾害的空间分布有东西分区、南北分带、亚带成网的特点。从西向东：大体以贺兰山—龙门山—横断山和大兴安岭—太行山—武夷山—十万大山为界分为三大区。西区是高原山地，地壳变动强烈，地震、冻融、雪灾、冻害、雹灾、泥石流、沙漠化、旱灾、森林灾害较为严重；中区是高原、平原的过渡带，以山地地质灾害、水土流失、旱灾、洪水、雹灾和森林灾害为主；东区则是我国海洋与梅岸带灾害、平原地质灾害、旱灾、涝灾、洪水，农作物病虫害最为严重，某些地带也是强震易发生地带。从北向南：阴山—天山、秦岭—昆仑山、南岭—喜马拉雅山等巨大的山系横贯我国大陆。沿着这些山系，山地地质灾害、水土流失、森林灾害严重。从北向南我国纵贯寒带、温带和热带，气象条件复杂，山系两侧诸大江河流域气象灾害严重，所以这些地带是我国洪水、旱、涝，平原地质灾害、土壤沙化和农作物病虫害最为严重的地带。由于中国东部地壳南北的差异较大，所以地震活动差别也很大，华北和东南沿海是强震区。以上诸区、带中，各种自然灾害的分布均可进一步分出若干亚区或亚带。由于它们的中间分布直接或间接地受气候带、地质构造、山系、水系方向的控制，所以亦常具有一定的方向性。主要为东西、南北、北东、北西向，有时交织一起形成网状分布。

如以地震灾害为例，我国的地震灾害风险主要分布在燕山与太行山东侧的断裂带、郯庐断裂带、汾渭盆地、银川至昆明的南北断裂带、横断山区、天山南北侧断裂带等地质构造活动较为频繁的相对高风险的地区。因为我国位于世界两大地震带——环太平洋地震带与欧亚地震带之间，受太平洋板块、印度板块和菲律宾海板块的挤压，地震断裂带十分发育。20 世纪以来，中国共发生 6 级以上地震近 800 次；地震活动频度高、强度大、震源浅，分布广。1900 年以来，中国死于地震的人数达 55 万之多，占全球地震死亡人数的 53%。我国的地震活动主要分布在五个地区的 23 条地震带上。这五个地区是：①台湾省及其附近海域；

②西南地区，主要是西藏、四川西部和云南中西部；③西北地区，主要在甘肃河西走廊、青海、宁夏、天山南北麓；④华北地区，主要在太行山两侧、汾渭河谷、阴山-燕山一带、山东中部和渤海湾；⑤东南沿海的广东、福建等地。我国的台湾省位于环太平洋地震带上，西藏、新疆、云南、四川、青海等省区位于喜马拉雅-地中海地震带上。

又如一些气候灾害的分布特点如下：

春旱：春末夏初华北平原气温回升快，蒸发旺盛，夏季风还未到达，降水少，又正值农作物播种生长季节，需水量大，空气干燥，土壤缺水，河湖水位下降，形成春旱。

夏涝：春季风来得迟，影响时间长，降水强度大，洪涝灾害，华北、南方地区洪涝严重。

梅雨：江淮地区冷暖气团势均力敌，阴雨连绵——降水多。

伏旱：长江中下游地区，梅雨过后，在单一的副热带高压控制下，天气酷热少雨。

寒潮：秋末冬季春初，强冷空气侵入我国，寒潮实质是冷锋天气，我国大部分地区会受到影响，只有西藏云贵地区受影响较小，带来严寒，大风，霜冻，沙暴等恶劣天气。

倒春寒：东部季风区极地大陆气团势力强盛，出现低温雨雪天气。

台风：东南沿海洋面上形成的强烈热带气旋，导致狂风暴雨，主要在夏、秋季节影响我国广东、台湾、海南、福建等地。

另如我国南水北调中线工程水源区、东北黑土区、青海三江源头区和长江上游这四大区域水土流失状况非常严重。青海三江源头区共有水土流失面积 $9.50\times10^4km^2$，占土地总面积的 31.1%；长江上游部分省市的 43 个县，是山洪、滑坡等水土流失灾害发生最多、最频繁的地区，已查明直接威胁人口 30 人以上的泥石流沟 303 条。

1.4 影响自然灾害发生的因素

影响自然灾害发生的因素是多种多样的，主要有：

(1) 发生基础(直接因素)

灾害发生基础是指自然灾害发生所必须具备的能量物质积累的条件和能量物质发生转换的条件。如地质地貌条件即为滑坡发生的自然基础。由于自然界按平衡规律而作不断的调整，自然灾害的发生基础也在不断变化。

(2) 启动机制(诱发因素)

灾害发生的诱发因素因灾害的种类而不同，但却是多种多样的。如一些自然事件：暴雨、风暴、洪流、地震、火山、崩塌等；或人类活动：不合理的土地开发和工程建筑、过量开采地下水、人工爆破、矿山工程、修建大型水库等。同一诱发因素可能诱发多起自然灾害事件，同一自然灾害事件可能由多种不同诱发因素诱发；诱发因素有直接诱发因素和间接诱发、主导诱发因素和辅助诱发因素之分。

(3) 成灾机制

除了灾害本身直接造成的损害外，还存在引起灾害发生变化乃至产生新的更严重灾害的因素，被称之为扩大因素。如由另一种灾害现象参与的扩大因素，或自然灾害链中的灾害连锁扩大因素，人类活动引起环境变化产生灾害或加剧灾害的程度和范围以及环境的扩大因素等。成灾机制包括致灾物质运动所具有的速度、动能和冲击力以及受灾对象的承受能力。

1.5 人类活动与自然灾害

1.5.1 生态破坏与自然灾害

马克思说：“只要有人存在，自然史和人类史就彼此制约”。例如，全国著名劳动模范马永顺从砍树人到种树人的转变就是一个典型的实例。马永顺是新中国第一代伐木工人，是我国林业系统的老模范，他在工作中创造了流水作业法、安全伐木法、四季锉锯法等先进经验，创造了国内手工伐木的最高记录，被授予全国特等劳动模范。他当了 34 年伐木工人，共砍伐树木 36000 棵。1982 年他退休后，他的生态意识不断加强，他有感于森林资源过度采伐，水土流失日益严重，发生滑坡、泥石流等地质灾害，他下决心向大山还账，在后来的 16 年里，他带领全家共计种树 46500 棵。马永顺由砍树人变成了种树人！2000 年 6 月联合国环境规划署授予他“全球生态建设 500 佳”的殊荣。

由于人类过度放牧和不适当的旱作农业，造成干旱和半干旱地区的土地荒漠化，使得土地生产力的下降和农牧业减产以及经济损失和社会问题。

全球气候变暖会带来灾害性的影响：

（1）海平面上升

海平面上升会直接导致：①低地被淹；②海岸被冲蚀；③影响农业生产；④地表水和地下水盐分增加，影响城市供水；⑤地下水位升高；⑥旅游业受到危害；⑦影响沿海和岛国居民的生活。全球变暖使海平面升高，暴风雨频率增加，英国人在加高堤坝防洪。据统计，在近 20 年中，由于泰晤士河的水位随全球变暖而升高，当地政府机构不得不先后 88 次加高防洪堤坝，以保障伦敦人的生命财产安全。印尼预测约 2000 个小岛将因全球气温升高被海水淹没；甚至有人预言：全球气温再升高 2℃，上海也将被淹没。有专家预测，如果到 21 世纪末气温升高 2. 1~4℃，我国冰川面积将比现在缩小约 45%，青藏高原冰川减少将对亚洲的大江大河补给产生重要影响。

（2）影响世界农业

尤其是处于低纬度地区的农作物产量将减产。

（3）加剧水资源的不稳定与供需矛盾

影响全球水循环过程，改变全球水资源的分配，导致洪涝及干旱灾害的频发和严重程度。另外，由于蒸发量加大，河水流量趋于减少，河流原有的污染程度可能会加重，特别是在枯水季节。

（4）对动植物的影响

气候是决定生物群落分布的主要因素，自然界的动植物，尤其是植物群落，可能因无法适应全球变暖的速度而做适应性转移，从而惨遭厄运。以往的气候变化（如冰期）曾使许多物种消失，未来的气候将使一些地区的某些物种消失，而有些物种则从气候变暖中得到益处，它们的栖息地可能增加，竞争对手和天敌也可能减少。当前地球上生物多样性损失的速度比历史上任何时候都快，鸟类和哺乳动物现在的灭绝速度可能是它们在未受干扰的自然界中的 100~1000 倍。大面积地砍伐森林，过度捕猎野生动物，工业化和城市化发展造成的污染、植被破坏，无控制的旅游，土壤、水、空气的污染，全球变暖等人类的各种活动是引起大量物种灭绝或濒临灭绝的原因。值得警醒的是，生物多样性的减少，将逐渐瓦解人类生存的基础。

（5）洪涝加重，飓风增多

气候变暖导致海平面上升将使洪涝灾害加重，如珠江三角洲地势低平，约有 $1500km^2$ 的土地在珠江基面高程 0.4m 以下，主要靠堤围防护；由于水土流失，河床淤积严重，若海平面上升，势必会对洪水起顶托作用，从而加大洪水的威胁；同时，当全球气温升高 1.5℃ 时，台风发生频率可能增加 2 倍左右。飓风活动会越来越频繁，有研究指出，在过去 100 年间，大西洋飓风每年发生的次数翻了一番，这部分应归咎于全球气候变暖导致海水表面温度上升。

（6）影响人类健康

热浪增多或增强，很可能会增加心肺疾病的发病率和死亡率。酷热致死的临界温度是 34℃。在上海因酷热致死的个案到 2050 年将会较现时增加 3.6～7.1 倍。气温上升还会令蚊子更容易滋生，增加如疟疾和登革热等由蚊子传播的疾病的风险。全球变暖会加速大气中化学污染物的光化学反应率，因而令市区的氧化剂增加。高浓度的光化学氧化剂会引致眼睛过敏、严重呼吸道过敏、哮喘发病率增加和削弱肺功能等。

全球气候变暖将对中国产生系列影响：全球气候变暖令中国冬季气温偏高，春天提前到来；全球气候变暖是去年中国台风等极端天气策因之一；全球气候变暖易在我国引发洪涝干旱等极端天气。2007 年 8 月，中国遭受了新中国成立以来风力最强的台风，湖南、广东、福建等省的一些地方发生罕见的持续性强暴雨过程。全球气候变暖，会发生一些极端天气事件，比如高温、干旱、飓风的频数和强度都发生一些改变。

1.5.2 工程活动与自然灾害

实例 1：坐落于今陕西省西安市和平门外的大雁塔，即慈恩寺塔是唐高宗为储藏高僧玄奘从印度取回的经像而建造的，最初是五层，后加修，现为一座七级方塔。今塔高 64m，底边各长 25m。大雁塔由于人类工程活动使得向西北方向发生倾斜，到 1996 年大雁塔的倾斜达到了历史的最高值 1010mm，经近 10 年的抢救，大雁塔倾斜的势头得到了遏止，但它现在的倾斜幅度依然超过了 1m。大雁塔倾斜的主要原因就是西安市地下水超采所引发的地面沉降。以前西安市用水主要采自地下水，例如 1995 年年用水量 $3\times10^8m^3$ 几乎全部来自地下水，有学者证实西安采深层地下水曾采到 100～300m，地下水位最深的位置下降超过 140m，虽然目前逐渐得到控制，但确实应引以为鉴；

实例 2：人类活动导致海水入侵。莱州湾南岸是我国著名的产盐区，同时也是海潮频繁肆虐的重灾区。自上个世纪 80 年代以来，由于当地居民过量开采地下水，造成地下水位下降，海水倒灌，致使 8000 多眼农用机井报废，40 万人饮水困难，60 万亩耕地丧失生产能力，粮食累计减产 $(30\sim45)\times10^8kg$，直接经济损失 40 亿元。

近年来，我国沿海地区海水入侵淡水含水层的现象屡屡发生，从北向南涉及辽宁、河北、山东、广西、海南等多个省份。其中，环渤海地区海水入侵发展尤为迅速，仅 2003 年海水入侵面积就达 $2457km^2$，比 20 世纪 80 年代末增加了 $937km^2$，平均每年增加 $62km^2$。

大连市海水倒灌，海水入侵面积为 $385km^2$，占大连陆地面积的 3%。大连海水倒灌引发灾难性后果是地下淡水无法饮用，土地因盐碱化而大片荒芜，城市钢筋混凝土及地下管线因腐蚀寿命大幅缩短，并可进而引发一系列次生灾害，应注意输水、输气及输油管道的安全监测，并应尽力避免类似 2010 年 7月的输油管道爆炸事件的发生。

1.5.3 人类活动与自然灾害

人与自然是一个复杂的矛盾对立统一体。首先，人与自然的同一性具体体现在自然为人类提供生存的场所，是人类生产生活的基础。人类生存和发展的第一前提就是能够生活，提高自身生活质量，所以必须为人们提供舒适的生存发展环境。例如，冰岛充分利用自身地热资源，减少石油等能源进口，二氧化碳等温室气体排放量提前几十年达到国际标准，现在已成为世界上最干净的国家之一，并计划在不久的将来，成为世界上第一个全部使用可再生的清洁能源的国家。因此不仅节约了人类改造自然的成本，而且实现了人与自然的协调发展，并推动了人的全面发展和社会的全面进步。以前人类在处理与自然的关系中，往往将人与自然对立起来。当人类为了片面追求经济发展，追求眼前利益时，没有做到与自然关系和谐统一时，导致了空气污染、水资源危机、森林惨遭毁坏、生物多样性急剧减少、臭氧层变薄、全球气候变暖等世界性环境问题。这些问题严重影响人类生活质量和寿命，催生了世界2500多万生态难民，严重危胁着人类的可持续发展。例如2003~2004年相继在全球爆发的“非典”、“禽流感”等就是因为人们肆意捕杀野生动物、使动物身上的某些病毒在人类传播的结果，已经危害到人类的生命安全，还有2013年春季发生在我国南方一些省市的禽流感瘟疫，在人感染H7N9禽流感病毒后出现严重后果。这些都是自然给予人类破坏生态平衡的惩罚，人与自然的和谐发展才是保证人类生存发展的基础和必要条件。因此，人与自然的对立统一关系主要表现在：①人对自然的影响是打破自然过程的平衡循环；②失衡的自然系统反过来危害人类；③人类改造自然是不可避免的；④自然具备恢复被破坏的自然过程的能力；⑤人类对自然的掠夺和破坏必须控制在一定的“度”之内。

图1-1显示了人类活动对自然灾害的影响。

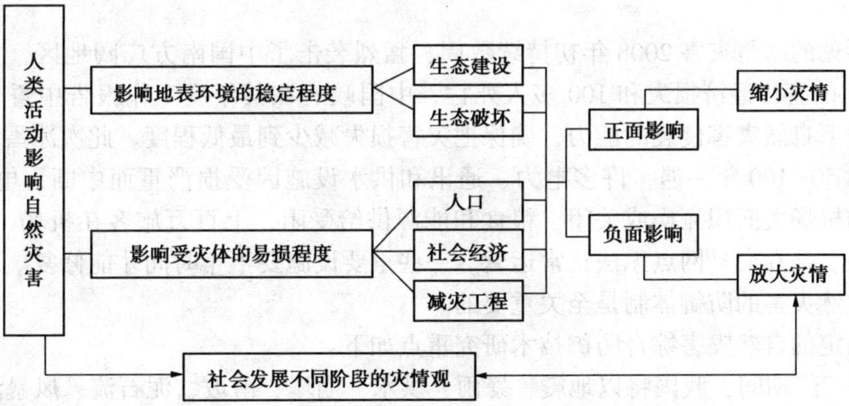

图1-1 人类活动对自然灾害的影响

自然灾害对人类文明的影响主要体现在：

① 更新世的严酷自然环境一方面抑制了人类种群数量的扩张，另一方面促进了人类本身质的变化；

② 全新世比较适宜的自然环境主要促进了人类量的扩大，但自然灾害又促进了人类生存方式的改变；

③ 随着人类活动范围的扩展，遭受自然灾害事件的侵袭次数越来越多，所造成的损害越来越大；

④ 自然灾害是影响人类人口的升降、经济和技术的发展、朝代的兴替、文明的衰落的

重要因素之一。

人类活动对自然灾害的影响主要体现在：

① 人类的不合理开发和管理诱发灾害或使灾害扩大；

② 人类对灾害认识的盲目性和临时应付观念诱发灾害或使灾害扩大；

③ 人类破坏了自然环境的整体性，改变了自然灾害的发生基础，导致灾害的范围和程度扩大，并引发新的自然灾害；

④ 随着人类对灾害属性特点的认识的深入，利用各种社会和技术手段避免灾害的发生或减轻灾害的损失，防灾减灾能力在不断提高。

实际上，人类本来就是自然的一个组成部分，但是近几百年来人类社会非理性超速发展，已经使人类活动成了影响地球上各圈层自然环境稳定的主导负面因子。森林和草原植被的退化或消亡、生物多样性的减退、水土流失及污染的加剧、大气的温室效应突显及臭氧层的破坏，这一切无不给人类敲响了警钟。人类必须善待自然，对自己的发展和活动有所控制，以科学的发展观促进人与自然的和谐发展。人类必须与自然和谐共处才是实现可持续发展的出路！

但实际上要实现人类与自然和谐共处还任重而道远！让我们记住下列国际环保纪念日期：2 月 2 日 国际湿地日；3 月 12 日 中国植树节；3 月 22 日 世界水日；3 月 23 日 世界气象日；4 月 22 日 世界地球日；5 月 22 日 国际生物多样性日；5 月 31 日 世界无烟日；6 月 5 日 世界环境日；6 月 17 日 世界防治荒漠化和干旱日；7 月 11 日 世界人口日；9 月 16 日 国际保护臭氧层日；10 月 4 日 世界动物日；10 月 16 日 世界粮食日。

1.6 自然灾害的防御及发展趋势

历史罕见的冰雪灾害 2008 年初持续数周，猛烈袭击了中国南方广阔地区，并造成高达 1500 多亿元的直接经济损失和 100 多人死亡，中国政府在其年度工作报告中誓言要提升防御现代条件下自然灾害侵袭的能力，确保把灾害损失减少到最低程度。此次冰雪灾害在中国南方地区为 50~100 年一遇，许多电力、通讯和供水设施因受损严重而中断，电气化铁路、高速公路和机场大面积瘫痪或关闭，粮食和能源供给受阻，上百万旅客在机场、车站滞留，大量的金融、证券交易网点无法正常运营。一些重要设施要半年时间才能修复。因此，建立健全各种自然灾害的防御体制是至关重要的。

我国确定的自然灾害综合防御技术研究重点如下：

① 十一五”期间，我国将以地震、暴雨、洪水、崩塌、滑坡、泥石流、风暴潮等重大突发性自然灾害为重点，积极开展自然灾害综合防御技术研究。这是记者从近日在京召开的全国社会发展科技会议上了解到的。

② 我国将开发未来极端气候事件和重大气象灾害预测技术，研究未来 5 年至 10 年内我国极端天气事件和重大气象灾害的变化规律和形成机理，建立相应的监测预测、预警、影响评价和灾害风险管理系统。

③ 在洪涝灾害风险评估与预测方面，我国将重点开展气候变化条件下未来洪水风险评估技术研究，开展全流域洪水水文—气象预测技术和应急管理技术，开展大坝安全关键技术开发，提高防洪减灾的技术能力。

④ 在地震灾害防御技术方面，我国将重点开展地震立体观测技术、强地震综合预测方

法、分区地震预警技术等研究，开发地震灾情快速获取、危险源识别与评估、救灾智能指挥等技术，研制灾情监控装备、现场搜索装备，为地震防御和应急救援提供强有力的技术支撑。

⑤ 在地质灾害防御方面，我国将进行特大型灾难性滑坡的突发机理及成灾过程研究，建立灾害空间识别、状态预警和时间预报标准，开发地质灾害监测预警、风险评估和治理关键技术，提升我国地质灾害防灾减灾能力。

2010 年 10 月 15~18 日举行的中共第 17 届中央委员会第 5 次全体会议强调，我国连续发生严重自然灾害，给受灾地区群众生产生活造成严重影响。要切实安排好受灾群众基本生活，抓紧制定和实施灾后恢复重建规划，全面抓好各项生产特别是农业生产，帮助受灾群众重建家园，促进灾区经济社会全面发展。要坚持兴利除害结合、防灾减灾并重、治标治本兼顾、政府社会协同，尽快启动水利重点薄弱环节工程建设，加快建立地质灾害易发区调查评价体系、监测预警体系、防治体系、应急体系，提高对自然灾害的综合防范和抵御能力。

思考题

1.1　写出你见到的、听到的或知道的自然灾害的类型，特征及防治措施。

1.2　什么是自然灾害？我国的自然灾害具有什么主要特点？

1.3　自然灾害有哪些主要类型？

1.4　马永顺从砍树人到种树人说明了什么？

1.5　我国哪四大区域水土流失状况严重？

1.6　影响自然灾害发生的因素主要有哪些？

1.7　全球气候变暖会带来灾害性的影响？

1.8　人类活动对自然灾害可能有哪些影响？

1.9　让我们记住哪些国际环保纪念日？

1.10　人与自然存在着怎样的关系？

第 2 章　地震灾害

在我们居住的地球上，到处都有大地沧海桑田变迁的足迹。如我国著名的泰山，人们经常用“稳如泰山”来赞美它，但泰山真的稳定吗？实际上近 100 万年以来，它升高的高度已超过了 500m。另外人们在世界屋脊喜马拉雅山上发现的海洋生物化石及地下深处由植物生成的煤炭都证明着它们确实发生过沧海桑田变迁的事实。而这一切都是地壳运动造成的，地壳无时无刻不在运动，喜马拉雅山至今还在升高，只是由于地壳的运动一般十分缓慢，因此并不会被人们明显的觉察到而已。但是，地壳的运动与变化也并不总是缓慢发生的，它有时也会出现突然的、快速的运动，这种运动引起地球表层的振动就可以引发地震。

那什么是地震？为什么会发生地震呢？古代不同国家的学者曾试图解释和说明地震及其产生的原因，由于缺乏足够的证据支持，一般都无法令人信服。虽然到目前为止，地震之谜也没有被完全解开，但随着物理学、化学、古生物学、地质学、数学和天文学等多学科交叉渗透及深入调查研究与监测，地震学科逐渐取得进步。广义地说，地震是地球表层的震动。根据震动性质不同可分为三类：天然地震指自然界发生的地震现象；人工地震是由爆破、核试验等人为因素引起的地面震动；脉动则是由于大气活动、海浪冲击等原因引起的地球表层的经常性微动。狭义上人们平时所说的地震是指能够形成灾害的天然地震，即地震是指岩石圈在内力作用下突然发生破裂，地球内能以地震波的形式强烈释放出来，从而引起一定范围内地面震动的现象。目前地震学界普遍认为，天然地震是地球表层沿一地质断层发生突然滑动而产生的，这种滑移沿断裂面扩展，其破裂传播的速度小于周围岩石中的地震剪切波波速，存储的弹性应变能使断裂两侧的岩石回跳到大致未应变的位置，从而即可引发地震。因此，地震是一种自然界中发生的自然现象，古代的某些迷信说法显然是站不住脚的！而且这种自然现象是不受人类的意志而改变的，实际上是地球在自身运动过程中向外释放能量的一种外在表现形式。

虽然人为原因也可能引起地表振动，如开山放炮、地下核爆破等；但更重要的是容易造成灾害的、由自然原因引起的地震，即天然地震。因此，本章主要探讨与天然地震相关的问题。

2.1　地震的成因

2.1.1　地球的内部圈层结构

由于这方面的基础知识比较多，大家也比较熟悉，因此在这里简要的介绍一下地震的成因。要想知道地震的成因，首先应该了解一下地球的内部圈层结构(图 2-1)。当地震波在地球内部传播时，有两个明显的波速突界面，人们把这两个地球内部界面分别称为莫霍面和古登堡面；根据莫霍面和古登堡面，可将地球内部分为三个Ⅰ级圈层：地壳、地幔、地核；然后根据次级界面，还可将地球内部再进一步分为六个Ⅱ级圈层。

(1) 地壳

地球最表面的一层，很薄，一般厚度为 5~40km，平均厚度约为 30km。地壳主要由各种不均匀的岩石组成，如沉积岩、花岗岩及玄武岩等。实际上，绝大部分的地震都发生在地壳内。

(2) 地幔

地壳下面是莫霍面，莫霍面下面的中间层被称为地幔，地幔层很厚，平均厚度约为2900km；地幔层主要由具有粘弹性、质地比较坚硬的橄榄岩组成。地幔内部的物质在热状态和不均衡压力作用下缓慢运动，可能是造成地壳运动的主要根源。

(3) 地核

地幔下面是古登堡面，古登堡面下面的圈层被称为地核，它是地球最里面的一层，其半径约为3500km，是地球的核心部分。地核又可分为外核(厚2100km)和内核两部分，其主要构成物质是镍和铁。根据推测，外核可能处于液态，内核可能处于固态。

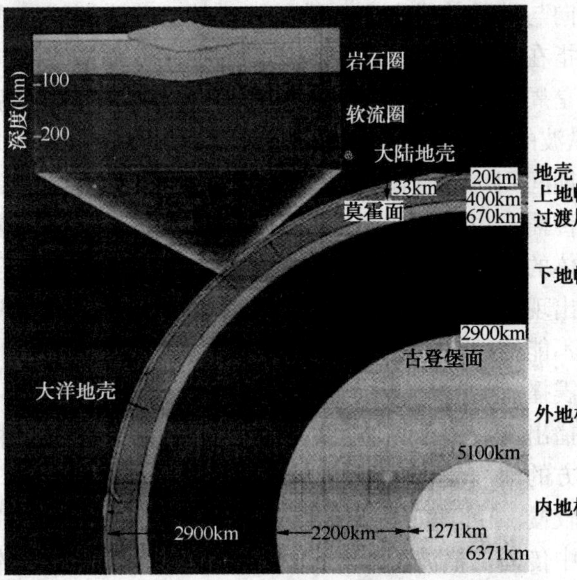

图 2-1　地球的内部圈层结构

一般来说，岩石圈物质在地球内动力作用下产生构造活动而发生弹性应变，当应变能量超过岩体强度极限时，就会发生破裂或沿原有的破裂面发生错动滑移，而应变能则以弹性波的形式突然释放并使地壳震动而发生地震。这一过程也可用下式来表示。

$$\text{岩石圈}\xrightarrow[\text{承受限度}]{\text{内力作用}}\text{破裂}\xrightarrow[\text{地震波}]{\text{内能释放}}\text{地面振动(地震)}$$

更确切地说地震的成因是由于岩层发生突然断裂或猛烈错动，产生振动源，振动以波的形式传播到地面，形成构造地震。地下岩层断裂时，往往不是沿着一个平面发生，而是形成一个一系列裂缝组成的破碎地带，并且这个破碎地带的所有岩层不可能同时达到新的平衡；因此，每次大地震的发生一般都不是孤立的，大地震前后总有很多次中小地震发生。

2.1.2　地震波

一般的振动在介质中有两种传播形式，一种是纵波(P 波)，其特点是振速 $v \parallel V$ 波速；如敲锣时，锣的振动方向与波的传播方向就是平行的，声波是纵波。另一种是横波(S 波)，其特点是质点的振动方向与波的传播方向相互垂直，即振速 $v \perp V$ 波速，电磁波、光波就是横波。横波的波长通常是指相邻两个波峰或波谷之间的距离；纵波的波长是指相邻两个密部或疏部之间的距离。

地震产生的地壳运动(振动)以弹性波的形式从震源向各个方向传播并释放能量，这种弹性波就称为地震波。地震波主要分为体波和面波。体波可以在三维空间中向任何方向传播，又可分为纵波和横波。纵波是指振动方向与波的传播方向一致的波，传播速度较快，到达地面时人感觉颠动，物体上下跳动。横波是振动方向与波的传播方向垂直，传播速度比纵波慢，到达地面时人感觉摇晃，物体会来回摆动。面波则是当体波到达岩层界面或地表时，会产生沿界面或地表传播的幅度很大的波，称为面波。面波传播速度小于横波，所以跟在横波的后面。

(1) 体波

体波是在地球内部传播的地震波。一般体波又含有纵波和横波。纵波是指在传播过程中，介质质点的振动方向与波的前进方向一致的波，故又称为压缩波或疏密波；其特点是周期短，振幅小。横波是指在传播过程中，介质质点的振动方向与波的前进方向垂直的波，故又称为剪切波；其特点是周期较长，振幅较大。根据弹性波动理论，纵波的传播速度大约为横波的 1.67 倍，说明纵波的传播速度快，因此也把纵波叫初波，横波叫次波。

纵波一般是在地震期间到达地震仪驻地的第一波，纵波的传播速度较快；纵波可以在固体、液体、气体的内部传播，也可以在固体的表面传播，却不可以在液体和气体的分界面上传播，因为在液体和气体的分界面上，液体的表面层分子比较稀薄，形成一个呈现表面张力的特殊层；这一层如果出现密部和疏部，意味着液体的表面粉碎；而表面张力不允许液体表面粉碎，所以液体表面不能传播纵波。当地震发生时，强大的能量在震中释放出来，造成破坏。例如，四川汶川地震播放的能量，相当于 256 颗原子弹同时爆炸。这样巨大的能量，有部分以地震波的形式传播出去。由于纵波可以在地球内部的所有介质中传播，所以，传播到台湾、北京等遥远的地方的地震波，主要是纵波。

横波的传播速度比较慢。由于气体分子之间以及液体内部分子之间没有横向力，所以，横波不能在气体及液体中传播。横波可以在固体内部、固体表面、液体和气体的分界面上传播。横波在地球内部传播时，遇到地下水或河流、海洋，就会无法通行。

(2) 面波

面波是仅限于在地面附近传播的波，也就是体波经过地层界面多次反射形成的次生波。面波包含瑞雷波和洛夫波。面波的特点是周期长，振幅大，一般它只在地表附近传播，比体波衰减慢，能传播到很远的地方。其中瑞雷波在传播时，质点在波的传播方向和地面法线组成的平面内(XZ)作椭圆形运动，而在与 XZ 平面垂直的水平方向(Y)没有振动，质点在地面上呈滚动形式运动。而洛夫波在传播时，质点只在与传播方向相垂直的水平方向(Y)运动，在地面上呈蛇形运动形式。

从实际地震时记录到的地震波可以看出，首先达到地面被检测到的是纵波(初波、P 波)，接着才是横波(次波、S 波)，而面波是达到最晚的。一般情况下，当横波或面波达到时，振幅增大，地面振动最猛烈，这是地震造成的危害也最大。

地震发生时，纵波(P 波)能引起地面上下跳动，在地壳的浅层以约 6km/s 的速度；横波(S 波)能引起地面水平晃动，传播速度较慢，以 3.5km/s 的速度传播。因为 P 波跟 S 波传播的速度不同，首先会感觉到(P 波)的小小的颠簸晃动、然后是大的摇摆晃动(S 波)开始。离震源越近，这个间隔越短；离震源越远，这个间隔就越长；一般用 8km/s 乘以间隔时间就可以估算出震中距离。

另外根据地震波动的原理及其特点，由于纵波衰减快，离震中较远地方的人一般只感到水平方向的前后晃动，所以如果地震发生时，人们感觉到的是前后左右晃动，那说明可能是纵波传来的远震；但若是先感到上下颠动，再感到前后左右摇晃一般就应该是近震了，就应该更加要引起人们的警觉了。

虽然，在震中以外的地方，横波比纵波来得慢，它震松了建筑结构，并没有造成坍塌；但是等下一个纵波到来时，已经震松了的建筑结构，就会难以承受震动。因此，一般来说，余震虽然比主震级数低，但破坏力却并不小的主要原因。

2.1.3 地震的成因

地震是在地球的地壳版块产生压力时发生的，地壳在释放压力时产生震动，导致对周围环境的损害，就被称为地震。在地壳版块发生挤压的周围会产生地震波。地震一般发生在三类板块构造改变或出现断层时：即板块的碰撞、分离及变形。

那么断层是怎么一回事呢？实际上，断层是地质学上的一个名词，断层是岩层的连续性遭受到破坏，沿断裂面发生明显的相对移动的一种地质构造。也可说是地壳中岩石断裂并产生使断裂的两侧岩石发生相对的位置移动现象。产生这种断裂的原因是地壳的挤压或扩张，前者叫挤压力，后者叫张力。有的断层可长达几百 km，有的则小到几 cm。断裂开来的表面叫断裂面，或者说岩石发生相对位移的破裂面，叫断层面；两个断开的断层面相互错位可达几百 km，也可小到难以觉察的几 mm。有时候无数多的断层发生在一起而形成断层带。断层并不是在任何地方都会有，有些地方一个也没有，有些地方则多到无数。有的断层是水平的，有的是直立的，有的则是任意角度倾斜的。岩石断开以后彼此会产生相对的滑动，因此断层面能被磨得很光滑，有时候还会在光滑的断面留下一些划痕，称为断层擦痕。断层面的岩石也可能会被巨大的压力磨成粉末，这些粉末便被称为断层泥。断层的运动并不都是上下垂直或左右水平运动，它们也可以有旋转运动。我们在野外看到断层时，如果轻易根据断层的表面样子而判断它们当初的运动，可能会犯错误。因为长期的风化侵蚀可能把实际运动的痕迹给破坏了。断层的运动可能是很长时间内慢慢进行的，也可能在短短的几秒钟内就移动数米。有些地方断层的移动可以使原来处于一个层面的岩石相差几 km，使一个成为山顶，一个变为谷底，如美国犹他州和内华达州的一些山脉。地震时经常会伴有断层发生，如 1906 年旧金山大地震时发生的断层就产生了 6m 的移动。断层面两旁的岩块称“盘”，一般可以根据断层上、下盘沿断层面相对移动的方向分为正断层、逆断层和平移断层(图 2-2 左、中、右)。正断层指上盘沿断层面相对下降、下盘相对上升的断层；正断层一般是由于岩体受到水平张应力及重力作用，使上盘沿断层面向下错动而成，如图 2-2(左)所示。逆断层是上盘沿断层面相对上升、下盘相对下降的断层，逆断层一般是由于岩体受到水平方向强烈挤压力的作用，使上盘沿断面向上错动而成，如图 2-2(中)所示。而平移断层则是由于岩体受水平扭应力作用，使两盘沿断层面发生相对水平位移的断层，如图 2-2(右)所示。

那么断层与地震之间具有怎么的关系呢？断层是地下岩层沿一个破裂面或破裂带两侧发生相对位错的现象。地震往往是由断层活动引起的，是断层活动的一种表现，所以地震与断层的关系十分密切。断层一般在中上地壳最为明显，有的直接出露地表，有的则隐伏在地下；它们的规模也各不相同。与地震发生关系最为密切的是在现代构造环境下曾有活动的那些断层，即活断层。从我国的宁夏，经甘肃东部、四川中西部直至云南，有一条纵贯中国大陆、大致呈南北走向的地震密集带，历史上曾多次发生强烈地震，被称为中国南北地震带。

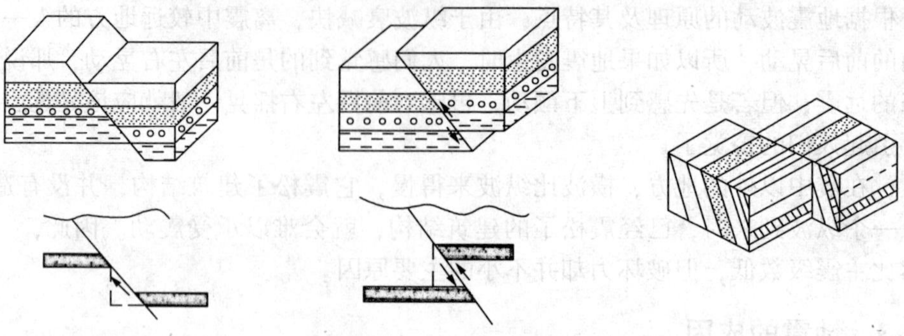

图 2-2　断层结构示意图

2008 年 5 月 12 日发生的汶川 8.0 级地震就位于中国南北地震带的中南段，该地震带向北可延伸至蒙古境内，向南则可延伸到缅甸境内。

纵观地震活动，还是具有一定的规律性的，也即地震活动具有一定的周期性。通过对历史地震和现今地震大量资料的统计，发现地震活动在时间上的分布是不均匀的，一段时间发生地震较多，震级较大，称为地震活跃期；另一段时间发生地震较少，震级较小，称为地震活动平静期；表现出地震活动的周期性。每个活跃期均可能发生多次 7 级以上地震，甚至 8 级左右的巨大地震。地震活动周期可分为几百年的长周期和几十年的短周期；不同地震带活动周期也不尽相同。

让我们剖析一下汶川地震的成因，汶川地震发生在四川龙门山逆冲推覆构造带上，该构造带是青藏高原内部巴颜喀喇地块和中国东部华南地块的边界构造带，经历了长期的地质演化历史，具有十分复杂的结构和构造。晚新生代的构造变形主要集中在灌县-江油断裂(前山断裂)、映秀-北川断裂(中央断裂)和汶川-茂县(后山断裂)及其相关褶皱之上，这次 8 级强震发生在映秀-北川断裂之上，是龙门山逆冲推覆体向东南方向推挤并伴随顺时针剪切共同作用的结果。映秀-北川断裂全新世(10000 年)以来具有明显的活动性，其长期地质滑动速率< 1mm/a。GPS 观测表明龙门山构造带的现今构造变形也是以逆冲和右旋剪切为特征，但变形速度不大。因而，龙门山构造带及其内部断裂属于地震活动频度低但具有发生超强地震的潜在危险的特殊断裂。汶川地震的发生及龙门山向东南方向推覆的动力来源是印度板块与欧亚大陆碰撞及其向北的推挤，这一板块间的相对运动导致了亚洲大陆内部大规模的构造变形，造成了青藏高原的地壳缩短、地貌隆升和向东挤出。由于青藏高原在向东北方向运动的过程中在四川盆地一带遭到华南活动地块的强烈阻挡，使得应力在龙门山推覆构造带上高度积累，以至于沿映秀-北川断裂突然发生错动，产生 8.0 级强烈地震。

2.1.4　地震参数

从图 2-3 可以看到，一般常用一些地震相关的参数来表示地震特征。震源就是地震波发源的地方，因此震源也是地球内部岩层破裂引起振动的地方，也可以说震源是断层形成的地方，或者是大量释放能量的地方。震源不一定是一个点，它是有一定大小的区域，又称震源区或震源体，并可能具有一定的范围和深度；但在研究地震时，常把它看成一个点。震源在地面上的垂直投影，也就是地面上离震源最近的一点就称为震中，或者简单地说震中就是指震源正上方的地面位置；可见，震中是接受振动最早的部位。宏观震中是指地震时人们感觉最强烈、地面破坏最严重的地区，极震区是指震中附近振动最强烈、破坏力也最严重的地区，而震中距则指地面上任何一点到震中的直线距离称为震中距。另外，震中到震源的深度叫震源深度，震源深度就是从震源到地面(震中)的垂直距离。震源深度是影响地震灾害大小的主要因素之一。

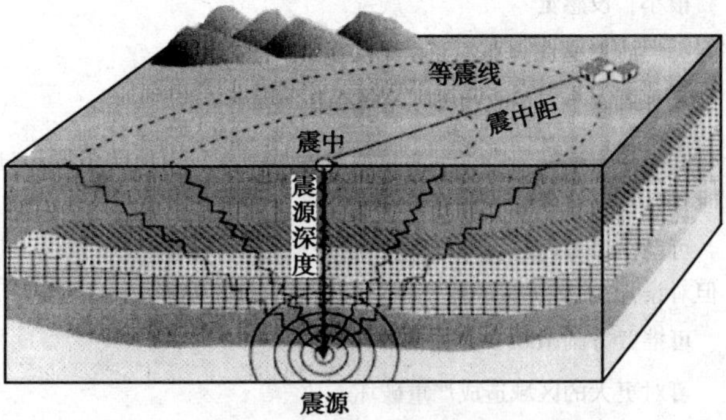

图 2-3　地震参数示意图

(1) 地震震级

地震释放的能量是一个难以令人置信的数量，它可在短短几分钟内摧毁桥梁、建筑物，甚至整个城市。地震有强有弱，那么科学家们是用什么“尺子”来衡量地震大小的呢？这把“尺子”就叫震级，通常用字母 M 表示；也就是说，地震的强度可以用震级来确定；一次地震释放的能量多少，震级是表示一次地震本身强弱程度的一个尺度，也是是一个衡量地震强度的指标。

震级可以通过地震仪器的记录计算出来，它与震源释放出的弹性波能量有关。地震越强，震级越大。目前国际上比较通用的震级标准是 1935 年地震学家查尔斯·里克特在美国加利福尼亚州技术学院公布的，这个震级表以他的姓氏命名，即里克特震级表，简称里氏震级表。里克特把地震震级从低到高分为 1~10 级。里氏震级就是用于测量一次地震所释放的能量的对数级强度，即地震震级 M 为 logA，其中 A 是标准地震仪(周期 0.8s，阻尼系数 0.8，放大倍数 2800 倍的地震仪)在距震中 100km 处记录的以 μm 为单位的最大水平地动位移(单振幅)。震级与震源释放能量的大小有关，一个 6 级地震释放的能量相当于 1945 年投掷在日本广岛的原子弹所具有的能量；震级每增加 1 级，地震释放的能量将增大 32 倍；每增加 2 级，能量相差约 1000 倍。

因为一次地震所释放出来的能量是恒定的，所以一次地震只有一个震级。同时，人们将发震时刻、震级、震中统称为地震三要素，在进行地震灾害报道的时候，地震三要素是必报内容。

一般情况下，里氏震级相对于地震的强度及其效应如下：

① 一般将<1 级的地震称为超微震，人感觉不到，只有仪器可测到；

② ≥1 级~<3 级的称为弱震或微震，这种地震人们一般不易觉察，实验室可测到；

③ ≥3 级~<4.5 级的称为有感地震，这种地震人们能够感觉到，但一般不会造成破坏；

④ ≥4.5 级~<6 级的称为中强震，可对较抗震建筑物有轻微损害，但对一般建筑物可造成小范围损害，但破坏轻重还与震源深度、震中距等多种因素有关；

⑤ ≥6 级~<7 级的称为强震，破坏范围可达方圆 100km；

⑥ ≥7 级~<8 级之间的称为大地震，可造成一系列大面积损坏；

⑦ ≥8 级的称为巨大地震，会造成超过 160km 以上的一系列严重损坏。

另外，全球范围内，根据里氏震级规模及地震影响的大约发生频率见表 2-1 所列。

表 2-1　全球范围内地震影响及里氏震级与发生频率

地震	里氏震级	感知及影响	发生频率
极微	2.0 以下	很小，没感觉	约每天 8000 次
甚微	2.0~2.9	人一般没感觉，设备可以记录	约每天 1000 次
微小	3.0~3.9	经常有感觉，但是很少会造成损失	约每年 49000 次
弱	4.0~4.9	室内东西摇晃出声，不太可能有大量损失；当地震强度超过 4.5 级时，已足够让全球的地震仪监测得到	约每年 6200 次
中	5.0~5.9	可在小区域内对设计/建造不佳或偷工减料的建筑物造成大量破坏，但对设计/建造优良的建筑物则只会有少量的损害	约每年 800 次
强	6.0~6.9	可摧毁方圆 160km 以内的居住区	约每年 120 次
甚强	7.0~7.9	可对更大的区域造成严重破坏	约每年 18 次
极强	8.0~8.9	可摧毁方圆数百公里的区域	约每年 1 次
超强	9.0~9.9	摧毁方圆数千公里的区域	约每 20 年 1 次
超强	10	地震能量超强	尚无记载

注：根据中国地震局信息网及百度网资料整理。

（2）地震烈度

地震震级是衡量地震大小的一种度量，一次地震只有一个震级，而在不同的地方会表现出不同的烈度，也就是破坏程度。因此，地震的烈度是反映地震活动所造成的地面和建筑物的破坏程度的指标。同样大小的地震，造成的破坏不一定相同；同一次地震，在不同的地方造成的破坏也不一样。因此，科学家制定了衡量地震破坏程度的指标，即地震烈度。

影响烈度的因素主要有震级、震中距、震源深度、地质构造、地面状况及建筑物坚固程度等。一般在地震过程中，地震烈度与震级成正比，与震中距成反比，与地质构造成反比，与建筑物坚固程度成反比。

一般来讲，一次地震发生后，震中区的破坏最重，烈度最高；这个烈度称为震中烈度。从震中向四周扩展，地震烈度逐渐减小。虽然一次地震只有一个震级，但它在不同地区所造成的破坏程度却是不同的。所以在一次地震后可以划分出几个不同烈度的地区。这与一颗炸弹爆炸后，近处与远处的破坏程度不同是一样的道理。

我国把地震烈度划分为十二度：

Ⅰ度：无感，仅仪器能记录到；

Ⅱ度：微有感，特别敏感的人在完全静止中能感觉到；

Ⅲ度：少有感，室内少数人在静止中有感，悬挂物轻微摆动；

Ⅳ度：多有感，室内大多数人、室外少数人有感，有人梦中惊醒，悬挂物摆动；

Ⅴ度：惊醒，室外多数人有感，多数人梦中惊醒，家畜不宁，门窗作响，墙壁裂纹；

Ⅵ度：惊慌，人站立不稳，家畜外逃，器皿翻落，简陋棚舍损坏，陡坎滑坡；

Ⅶ度：多数人梦中惊逃户外，房屋轻微损坏，牌坊、烟囱损坏，地表裂缝及喷沙冒水；

Ⅷ度：多数人摇晃颠簸、行走困难，建筑物破坏，房屋损坏，地下管道破裂；

Ⅸ度：行动的人摔倒，建筑物普遍破坏，少数倾倒，牌坊，烟囱等崩塌，铁轨弯曲；

Ⅹ度：骑自行车会摔倒，建筑物普遍倾倒，道路毁坏，山石大量崩塌，水面大浪扑岸；

Ⅺ度：房屋大量倒塌，大量山崩滑坡，地表变化很大，动植物严重损毁；

Ⅻ度：地面剧裂变化，山河改观，建筑物普遍毁坏，地形剧烈变化，动植物遭毁灭。

例如，1976年唐山地震，震级为7.8级，震中烈度为Ⅺ度；受唐山地震的影响，天津市区地震烈度为Ⅷ度，北京市多数地区地震烈度为Ⅵ度，再远到石家庄、太原等地的地震烈度就只有Ⅳ~Ⅴ度了。

对于不同烈度的地震，一般人们可简单地根据其影响和破坏的大致情况判断如下：

① Ⅲ度以下：人基本上无感觉；

② Ⅲ度：少数静止的人有感觉；

③ Ⅳ~Ⅴ度：睡觉的人会惊醒，门窗作响，吊灯摇晃；

④ Ⅵ度：人们仓皇出逃，房屋损坏；

⑤ Ⅶ~Ⅷ度：房屋受到破坏，地面出现裂缝；

⑥ Ⅸ~Ⅹ度：房屋破坏或倒塌，地面破坏严重；

⑦ Ⅺ~Ⅻ度，毁灭性的破坏。

对于震源深度为10~30km的地震来说，震级与震中烈度的关系见表2-2。

表2-2 震级与震中烈度的关系

震级	1~3	4	5	6	7	8	8~8.7
烈度	1~3	4~5	6~7	7~8	9~10	11	12

注：摘自《实用气象手册》及中国地震局信息网。

2.2 地震的分类

根据不同的分类方法，可将地震分为很多种不同的类型。

(1) 根据地震震级分类

按震级大小可把地震划分为以下几类：

弱震：震级<3级。如果震源不是很浅，这种地震人们一般不易觉察。

有感地震：震级3级~4.5级。这种地震人们能够感觉到，但一般不会造成破坏。

中强震：震级4.5级~6级。属于可造成损坏或破坏的地震，但破坏轻重还与震源深度、震中距等多种因素有关。

强震：震级>6级。其中震级>8级的又称为巨大地震。

震级每相差一级，能量约相差30多倍。震级越大的地震，发生的次数越少；震级越小的地震，发生的次数越多。地球上的有感地震，仅占地震总数的1%；中强震、强震就更少了。

世界上有仪器记录的最大地震是3次震级达到8.9级的大地震，一次是1960年5月22日发生在南美智利的地震，另一次是2004年12月26日发生在印尼苏门答腊岛西部的大地震，还有一次就是2011年3月11日发生在日本东北部海岸的大地震，这次大地震还引发了海啸及核电站泄漏。

(2) 根据地震深浅分类

根据震源深度可把地震分为浅源地震、中源地震和深源地震三种类型。

① 浅源地震：震源深度约0~60km，简称浅震；浅震对构筑物威胁最大。

② 中源地震：震源深度约60~300km。

③ 深源地震：震源深度约300km以上。目前观测到的最深的地震是720km。

对于同样级别的地震，由于震源深度不一样，对地面造成的破坏程度也是不一样的。震源越浅，破坏力越大，波及范围越小。破坏性地震一般是浅源地震，如具有强大破坏力的发生在1976年的唐山大地震，其震源深度仅为8km。

世界上目前记录到的震源最深的地震是1934年6月29日发生于印度尼西亚苏拉威西岛东的地震，震源深度720km，震级为6.9级。深源地震常常发生在太平洋中的深海沟附近。在马里亚纳海沟、日本海沟附近，都多次发生了震源深度达500～600km的大地震。我国吉林和黑龙江省东部也发生过深源地震，如1969年4月10日发生在吉林省珲春南的5.5级地震，震源深度达到555km。

(3) 根据地震远近分类

一次地震，在不同的地方观察，震中距是不一样的。可按震中距不同分为三类地震：

① 地方震：震中距<100km的地震；

② 近震：震中距为100～1000km的地震；

③ 远震：震中距>1000km的地震。

显然，同样大小的地震，在震中距越小的地方，影响或破坏越重。

(4) 根据地震动力分类

一般根据自然驱动力将天然地震主要分为三种类型：构造地震、火山地震、陷落地震。

构造地震：由于地下深处岩层错动、破裂所造成的地震。这类地震发生的次数最多，约占全球地震数的90%以上，破坏力也最大。

火山地震：由于火山作用，如岩浆活动、气体爆炸等引起的地震。火山地震一般影响范围较小，发生得也较少，约占全球地震数的7%。

陷落地震：由于地层陷落引起的地震。例如，当地下溶洞或矿山采空区支撑不住顶部的压力时，就会由引发的塌陷而引起振动。这类地震更少，大约不到全球地震数的3%，引起的破坏也相对较小。

另外，还有诱发地震和人工地震两类：

诱发地震：由于水库蓄水、油田注水等活动而引发的地震称为诱发地震。这类地震仅仅在某些特定的水库库区或油田地区发生。

人工地震：地下核爆炸、炸药爆破等人为引起的地面振动称为人工地震。

在这些地震中，构造地震对人类的威胁最大，构造地震主要是由于地下的岩层在受力时发生变形，当受力太大至岩层无法承受时，岩层就会发生突然、快速的破裂，岩层破裂所产生的振动传到地表，就会引起地表的振动，即引发构造地震。地球上每年约发生500多万次地震，也就是说，每天都要发生上万次地震，只不过其中的绝大多数地震因太小或太远而无法使我们察觉到。但世界上每年都会发生多次可对人类造成严重破坏的地震，如发生在我国的唐山地震、汶川地震等灾害严重的地震。

(5) 根据地震序列分类

一次中强以上地震前后，在震源区及其附近，往往有一系列地震相继发生；这些成因上有联系的地震就构成了一个地震序列。根据地震序列的能量分布、主震能量占全序列能量的比例、主震震级和最大余震的震级差等，可将地震序列划分几种类型。

地震序列：在一定时间内(一般是几十天～数月)相继发生在该地区一系列的大小地震。

主震：在某一地震序列中，其中最大的一次地震叫主震。

前震：在主震之前发生的地震。

余震：在主震之后发生的地震。

主震型地震：在一个地震序列中，若主震震级很突出，其释放的能量占全序列中的90%以上。主震型地震是一种破坏性强的地震类型。

震群型或多发型地震：在一个地震序列中，主震震级不是很突出，余震十分丰富，主要地震能量是由多个震级相近的地震释放出来的。最大地震所释放的能量占全序列的90%以下，主震震级和最大余震相差0.7级以下。

孤立型或单发型地震：在一个地震序列中，有突出的主震，若前震和余震次数少或没有、强度低，绝大部分地震能量都是通过主震一次释放出来的；主震所释放的能量占全序列的99.9%以上，主震震级和最大余震相差2.4级以上。

2.3 地震的分布特征

(1) 全球地震带分布

在地球的最外层，由地壳和地幔最上面的部分构成岩石圈，它像一个裂了缝的鸡蛋壳，包括好多板块(图2-4)。最大的有太平洋板块、欧亚板块、美洲板块、非洲板块、印度洋板块和南极洲板块六块，另外还有一些较小的板块，如菲律宾板块等。把世界地震分布图与全球板块分布图相比较，可以明显看出两者非常吻合，全球有85%的地震都分布在板块的边界上，仅有15%的地震与板块边界的关系不那么明显。这就说明，板块运动过程中的相互作用，是引起地震的重要原因。发生在板块边界上的地震叫板缘地震，环太平洋地震带上绝大多数地震均属此类；而发生在板块内部的地震叫板内地震，如欧亚大陆内部的地震多属此类。板内地震发生的原因更复杂些，除了与板块之间的运动有关，还要受局部地质环境的影响，其发震的原因与规律比板缘地震更加复杂。

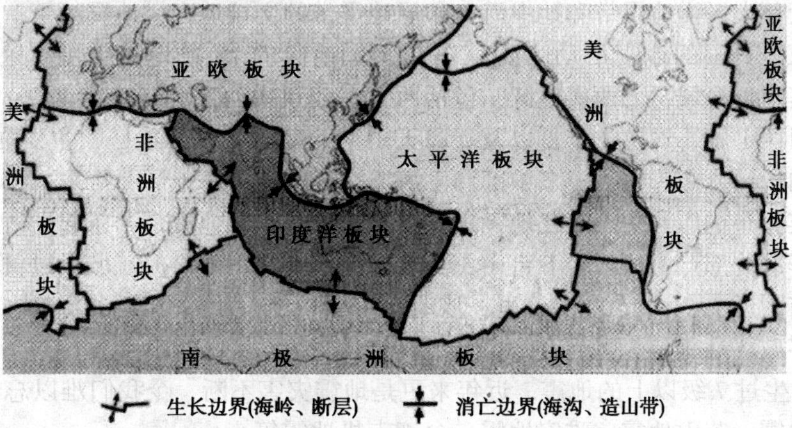

图2-4　岩石圈板块分布示意图

地震的地理分布受一定的地质条件控制，具有一定的规律性，板块之间的消亡边界形成地震活动活跃的地震带。全世界主要有三个地震带：

一是环太平洋地震带。环绕地球中的太平洋板块，分布于濒临太平洋的大陆边缘与岛屿。从南美西海岸安第斯山开始，向南经南美洲南端、马尔维纳斯群岛(福克兰群岛)到南乔治亚岛；向北经墨西哥、北美洲西岸、阿留申群岛、堪察加半岛、千岛群岛到日本群岛；然后分成两支，一支向东南经马里亚纳群岛、关岛到雅浦岛，另一支向西南经琉球群岛、我国台湾、菲律宾到苏拉威西岛，与地中海—印尼地震带汇合后，经所罗门群岛、新赫布里底群岛、斐济岛到新西兰。环太平洋地震带是地球上地震最活跃的地区，集中了全世界80%以上的地震，全球发生的5次大地震，4次都发生在这个地震带上。环太平洋地震带是在太平洋板块和美洲板块、亚欧板块、印度洋板块的消亡边界，南极洲板块和美洲板块的消亡边界上。

二是欧亚地震带，即地中海-印度尼西亚地震带。西起大西洋亚速尔群岛，向东经地中海、土耳其、伊朗、阿富汗、巴基斯坦、印度北部、中国西部和西南部边境、经过缅甸到印度尼西亚，与环太平洋地震带相接。它横越欧亚非三洲，全长超过20000km；欧亚地震带是在亚欧板块和非洲板块、印度洋板块的消亡边界上。欧亚地震带集中了世界15%的地震，主要是浅源地震和中源地震，缺乏深源地震。

三是洋中脊地震带。分布在全球洋脊的轴部，包含延绵世界三大洋(即太平洋、大西洋和印度洋)和北极海的洋中脊。洋中脊地震带仅含全球约5%的地震，而且均为浅源地震，震级一般较小。

此外，大陆内部还有一些分布范围相对较小的地震带。如东非裂谷地震带。

各地震带上地震发生的时间分布也不均匀。有的时期，地震相对多而强；有的时期，地震相对少而弱；表现出一定的周期性。因而，可以划分出地震的活跃期和平静期。

(2) 中国地震带分布

看一看世界地震带的分布，再看看我们国家位于欧亚大陆的东南部，东受环太平洋地震带的影响，西南和西北都处于欧亚地震带上，因而自古以来就是一个多地震的国家，拥有长达3000多年的关于地震记载的史料。全球大陆地区的大地震中，有1/4~1/3发生在我国。我国仅1900~2000年期间因地震灾害死亡人数达50多万人，约占同期全世界地震死亡人数的一半。

我国邻近环太平洋地震带和地中海—印尼地震带的交接地区，地震频繁，我国是地震灾害严重的国家。我国的地震活动主要分布在5个地区的23条地震带上，这5个地区是：①台湾省及其附近海域；②西南地区，包括西藏、四川中西部和云南中西部；③西部地区，主要在甘肃河西走廊、青海、宁夏以及新疆天山南北麓；④华北地区，主要在太行山两侧、汾渭河谷、阴山—燕山一带、山东中部和渤海湾；⑤东南沿海地区，广东、福建等地。

我国地震分布很广，中国华北地区最大的地震带是华北地震带，东起渤海之滨的唐山地区，往西经华北北部燕山地区至五台山，然后转向西南往山西汾河流域、过黄河向西经渭河流域至宝鸡市附近，全长1500多公里，该地震带历史上发生过多次8级大地震。我国历史上发生过很多破坏性地震，我国绝大部分省份、自治区及直辖市都发生过6级以上地震，60%的省份发生过7级以上的地震。近年来更是地震灾害不断，令我们难以忘记的，如汶川地震、玉树地震、芦山地震、雅安地震、台湾南投地震等。

(3) 我国地震灾害严重的原因

造成我国地震灾害严重的原因，归纳起来主要是：

① 地震又多又强，而且绝大多数是发生在大陆地区的浅源地震，震源深度大多在10~90km。

② 我国许多地区人口稠密，如台湾、福建、华北北部、四川、云南、甘肃、宁夏等都处于地震的多发区，约有一半城市处于基本烈度Ⅶ度及其以上地区，这样的百万人口以上的大城市达70%，北京、天津、太原、西安、兰州等均位于Ⅷ度区内。

③ 经济不够发达，广大农村和相当一部分城市的建筑物质量不高，抗震性能差，抗御地震的能力低。

2.4 地震灾害事件及特点

地震灾害事件给人类带来了严重灾难，而且中国又是一个地震多发的国家，2013 年 4 月 20 日在四川省雅安市芦山县附近发生了里氏 7.0 级的地震，据统计数据表明，地震共造成 207 人死亡失踪，11826 人受伤；追溯到 1556 年，发生在中国陕西省南部秦岭以北的渭河流域的大地震(华县地震)是有记载以来最强烈的地震，估计震级为 8 级；1556 年 1 月 23 日半夜时分发生在中国人口稠密地区，分布于陕、甘、宁、晋、豫 5 省约 28 万 km^2的 101 个县遭受地震破坏，地震有感范围为 5 省 227 个县，震中区为西安市以东的渭南、华县、华阴、潼关、朝邑至山西省永济县等，约 $2700km^2$，陕西、山西、河南三省 97 州遭受破坏，以陕西渭南、华县、华阴和山西永济四县的震灾最重；此次地震导致了 83 万人死亡的惨剧，广大灾民病死、饿死，数百里山乡断了人烟。

过去百年来，中国经历了多次全世界最严重的地震灾害。埃菲社于 2013 年 4 月 20 日列举了近百年来发生在中国并造成死亡人数超过 1000 人重灾的 14 次地震灾害，详见表 2-3。

表 2-3　近百年以来中国发生的大地震

次序	地震时间	地点	震级(里氏)	大约死亡人数(人)
1	1920. 12. 16	宁夏海原	8. 6	288000
2	1925. 3. 16	云南大理	7. 0	5000
3	1927. 5. 23	甘肃古浪	7. 6	40000
4	1932. 12. 25	甘肃昌马	7. 6	70000
5	1933. 8. 25	四川茂汶叠溪	7. 5	20000
6	1950. 8. 15	西藏察隅、墨脱	8. 5	4000
7	1966. 3. 8	河北邢台	6. 8	8000
8	1970. 1. 5	云南通海	7. 8	15621
9	1974. 5. 11	云南昭通	7. 1	1400
10	1975. 2. 4	辽宁海城	7. 3	2041
11	1976. 7. 28	河北唐山	7. 8	255000
12	1999. 9. 21	台湾南投集集	7. 3	2378
13	2008. 5. 12	四川汶川	8. 0	90000
14	2010. 4. 14	青海玉树	7. 1	2700

注：据中国地震信息网及 http://news. xinhuanet. com/信息整理。

世界上死亡人数最多的地震是发生在大约 1201 年 7 月的近东和地中海东部地区大地震，区域内的所有城市都遭地震破坏，死亡人数据估算约达 110 万，是目前世界上已知的可能死亡人数最多的一次地震；另外，发生在 1556 年 1 月 23 日的中国陕西华县 8. 0 级地震造成的死亡人数确切为 83 万；1900 年以来死亡人数超过 1 万的世界最严重的地震灾害见表 2-4。

表 2-4　1900 年以来世界上发生的死亡人数超过 1 万的大地震

次序	地震时间	地点	震级(里氏)	大约死亡人数(万人)
1	1908. 12. 28	意大利西西里岛墨西拿	7. 5	12. 3
2	1915. 1. 13	意大利阿维扎诺	7. 5	3
3	1920. 12. 16	宁夏海原	8. 6	28. 8
4	1923. 9. 1	日本关东	8. 3	>14
5	1927. 5. 23	甘肃古浪	7. 6	4
6	1932. 12. 25	甘肃昌马	7. 6	7
7	1933. 8. 25	四川茂汶叠溪	7. 5	2
8	1935. 5. 30	巴基斯坦奎达	7. 5	>3
9	1939. 1. 24	智利	8. 3	2. 8
10	1939. 12. 27	土耳其埃尔津詹	7. 9	3. 2
11	1948. 10. 5	土库曼斯坦	7. 3	11
12	1950. 8. 15	印度阿萨姆邦	8. 6	>3
13	1960. 5. 21	智利	8. 9	2
14	1970. 1. 5	云南通海	7. 8	1. 56
15	1970. 5. 31	秘鲁钦博特	7. 9	>6
16	1976. 2. 4	危地马拉	7. 5	2. 3
17	1976. 7. 28	河北唐山	7. 8	25. 5
18	1978. 9. 16	伊朗塔巴斯	7. 7	2. 5
19	1988. 12. 7	亚美尼亚	6. 9	2. 5
20	1990. 6. 21	伊朗西北	7. 7	>5
21	1999. 8. 17	土耳其西部	7. 4	2
22	2003. 12. 26	伊朗巴姆古城	6. 5	1. 7
23	2004. 12. 26	印尼苏门答腊岛西部	8. 9	30
24	2005. 10. 8	巴控克什米尔	7. 6	7. 3
25	2008. 5. 12	四川汶川	8. 0	9
26	2010. 1. 12	海地	7. 3	27
27	2011. 3. 11	日本东北部海岸	8. 9	3. 8 (引发海啸，核电站泄漏)

注：据中国地震信息网信息整理。

事实上，仅仅 2012 年，全世界范围遭遇七级以上的地震就达到 20 多次(详见表 2-5)，而 2011 年则是 26 次，尤其是 2011 年 3 月 11 日的日本本州东海岸附近海域发生的 9 级地震更是令人难忘！因此有人甚至相信“世界末日”的谣言。

表 2-5　2012 全世界 7 级大地震汇总表

序号	发震时刻	震源深度/km	震级/M	参考地名
1	2012-01-01 13 :27 :56	360	7	日本本州东部海域
2	2012-01-11 2 :37 :01	20	7.2	苏门答腊北部附近海域

续表

序号	发震时刻	震源深度/km	震级/M	参考地名
3	2012-02-02 21:34:39	10	7	瓦努阿图
4	2012-02-26 14:17:19	10	7	俄罗斯西伯利亚地区
5	2012-03-21 2:02:49	20	7.6	墨西哥
6	2012-03-26 6:37:07	30	7.1	智利中部
7	2012-04-11 16:38:36	20	8.6	苏门答腊北部附近海域
8	2012-04-11 18:43:12	20	8.2	苏门答腊北部附近海域
9	2012-04-12 6:55:16	20	7	墨西哥
10	2012-04-17 15:13:50	200	7	巴布亚新几内亚东部附近海域
11	2012-08-14 10:59:38	600	7.2	鄂霍次克海
12	2012-08-27 12:37:00	50	7.2	萨尔瓦多附近海域
13	2012-08-31 20:47:00	30	7.6	菲律宾群岛附近海域
14	2012-09-05 22:42	20	7.9	哥斯达黎加
15	2012-10-01 00:31	160	7.4	哥伦比亚
16	2012-10-28 11:04	20	7.7	夏洛特皇后群岛
17	2012-11-08 00:35	30	7.3	危地马拉附近海域
18	2012-11-11 09:12	20	7.0	缅甸
19	2012-12-07 16:18	20	7.4	日本本州东海岸附近海域
20	2012-12-11 00:53	160	7.0	班达海

注：信息来源于中国地震信息网。

2.5 地震的次生灾害及预防

2.5.1 地震引发的灾害类型

地震的直接灾害是指由地震的原生现象，如地震断层错动，大范围地面倾斜、升降和变形，以及地震波引起的地面震动等所造成的直接后果。包括：①建筑物和构筑物的破坏或倒塌；②地面破坏，如地裂缝、地基沉陷、喷水冒砂等；③山体等自然物的破坏，如山崩、滑坡、泥石流等；④水体的振荡，如海啸、湖震等；⑤其他如地光烧伤人畜等。这些破坏是造成震后人员伤亡、生命线工程毁坏、社会经济受损等灾害后果最直接、最重要的原因。

地震次生灾害是指地震灾害打破了自然界原有的平衡状态或社会正常秩序从而导致的灾害。或者说地震次生灾害是指地震强烈震动后以震动的破坏后果为导因而引起的一系列其他灾害。如地震引起的火灾、水灾、细菌污染、容器破坏后引起的毒气、毒液或放射性物质等泄漏造成的灾害等。另外，地震后还会引发种种社会性灾害，如瘟疫与饥荒。社会经济技术的发展还带来新的继发性灾害，如通信事故、计算机事故等。这些灾害是否发生或灾害大小，往往与社会条件有着更为密切的关系。

有的学者也把海啸及滑坡、泥石流等视为地震的次生灾害，这里我们也将其划为次生灾害。

地震发生后，具体来说，可能引起火灾、毒气污染、细菌污染、放射性污染、滑坡和泥石流、水灾，沿海地区可能遭受海啸的袭击，冬天发生的地震容易引起冻灾，夏天发生的地震由于人畜尸体来不及处理及环境恶化可引起环境污染和瘟疫流行；另外，地震时有的人跳楼，公共场所的群众蜂拥外逃可造成称为“盲目避震”的摔、挤、踩等伤亡；大地震后由于人们的恐震心理、地震谣传或误传，还可出现不分时间、不分地区“盲目搭建防震棚”灾害；随着生产力的发展，一些新的次生灾害也可能出现，如高层建筑玻璃损坏造成的“玻璃雨”灾害；信息储存系统破坏引起的称为“记忆毁坏”灾害等。

2.5.2 地震引发的滑坡及泥石流

(1) 地震引发滑坡及泥石流

我国是一个多山的国家，山地、丘陵和比较崎岖的高原占全国总面积的 2/3。这些地区发生地震时一般都伴随着不同程度的崩塌、滑坡和泥石流灾害，它是一类严重的地震次生灾害。崩塌是陡坡上大块的多裂隙的岩体在地震力或重力作用下突然崩落的现象；滑坡是斜坡上不稳定的土体(或岩体)在地震力或重力作用下沿一定的滑动面(滑动带)整体向下滑动的现象；崩塌实际上是滑坡的一种特殊情况，因此这里不再单独说明崩塌的问题。泥石流是山地在地震力或重力作用下暴发的饱含大量水、泥、砂、石块的洪流，因后面有专门章节详述这类灾害，所以这里仅就由地震引发的滑坡和泥石流(称为地震滑坡、泥石流)进行简单介绍与讨论。

地震对滑坡、泥石流的作用在于它提供动力触发了滑坡、泥石流的滑动或流动，促进滑坡、泥石流的形成。其主要表现在以下三个方面：①地震力的作用使斜坡体承受的惯性力发生改变，触发了滑动和流动；②地震力的作用造成地表变形和裂缝的增加，减低了土石的力学强度指标，引起了地下水位的上升和径流条件的改变，进一步加剧了滑坡、泥石流的形成；③地震触发的崩塌、滑坡、冰崩、雪崩、堤坝决崩以及其他水源的变化等为泥石流提供大量的松散固体物质和水源，进一步扩大了泥石流的规模。

地震触发和促进的作用，造成了两种类型的滑坡和泥石流。一方面，由于地震的触发作用，震时出现大量的滑坡、泥石流；另一方面，地震使斜坡产生新的破坏，促使滑坡继地震后陆续发生，称为后发性滑坡、泥石流。地震滑坡、泥石流因地震的类型、强度等特性表现出鲜明的特点。

一个地震区的地震活动有高潮期和平静期，呈现明显的周期性。因此，地震的周期性就会带来滑坡和泥石流活动的周期性。

(2) 地震滑坡及泥石流与地震震级、烈度的关系

一般地说，5 级左右的地震可以诱发滑坡和泥石流；5 级地震诱发滑坡和泥石流的区域可超过 $100km^2$；8 级以上的地震诱发的滑坡和泥石流的区域可达几万 km^2。在相同条件下，地震震级越大，诱发滑坡和泥石流的面积也越大。

地震滑坡和泥石流的活动与地震震级、烈度具有明显的关系。根据以往几次强震调查和近年多次强震调查统计，滑坡和泥石流多发生在烈度为Ⅶ度及以上地区；仅在特殊情况下，在烈度为Ⅵ度区才发生滑坡和崩塌。

(3) 地震类型与滑坡及泥石流的关系

“震群型”的地震比“主震-余震型”的地震诱发的滑坡、泥石流要多，规模要大。“震群型”的特点是地震能量分多次释放。第一次地震地表产生破坏之后，紧接着第二次、第三次

地震，产生的破坏要严重得多，所以形成的滑坡和泥石流要多而大。

(4) 地震滑坡及泥石流的特征

① 地震滑坡和泥石流与自然滑坡、泥石流相比，具有规模大、形成时间短的特征。一般滑坡和泥石流发育过程要经历较长的时间(几十年~几百年)，有明显的阶段性；而地震滑坡因地震的突发作用，使处于极限平衡或接近极限平衡的山坡在刹那间就完成裂缝、下滑的全过程。而地震泥石流也是在震时或震后降雨时迅速暴发。

② 地震滑坡和泥石流灾害延续时间长，反复性大。一次强震之后发生大量的滑坡和崩塌，滑坡、崩塌为形成大型的泥石流提供了物质来源。泥石流在流动的过程中对河床进行下切，两岸进行冲刷和刮挖，这样使边坡又失去平衡，产生新的滑坡。这样循环反复互为因果，因而地震滑坡和泥石流灾害延续时间长，从地震开始，一直延续到次年乃至于数年之内。

(5) 地震滑坡及泥石流的防御措施

地震滑坡、泥石流灾害分布广，且多发生在人口稀少地区，工程治理困难。防治地震滑坡、泥石流灾害应贯彻躲避和综合治理相结合，长期措施和短期工程措施相结合的原则，合理制定对策。

长期对策是指为防治地震滑坡和泥石流的危害，从战略角度考虑应科学地开发山区和建设山区，保护山区林业。

① 合理地进行震区工程建设。震区工程建设，如修建铁路、公路、桥梁、工厂、矿山、水库、城镇等，应合理地进行。工厂、城镇尽可能选在开阔的盆地和平原上，绝不能建在滑坡体上；铁路、公路、桥梁、车站应尽量避开滑坡和泥石流的活动范围。在设计上尽可能少对边坡进行开挖或不开挖。矿山必须进行科学开采，在开采中要有排水措施。矿渣、废土堆放在少水、低洼的开阔地区，严禁盲目乱开、乱采和乱堆废矿渣，以防止破坏山体的稳定性。

② 植树种草，保护植被。植树种草，保护植被是防止水土流失的一种有效方法，它不仅可以防止滑坡和泥石流的发生，还可以改善生态环境。植树造林应贯彻乔木林和灌木林相结合，草被与植树相结合，因地制宜，根据土质条件和气候特点选择适当造林方法，科学种植，精心管理的方针，各地方政府统一规划，分区、乡、村包干，保证植树造林的进行。当前尤应搞好退耕还林、封山育林、消灭病虫害、防止森林火灾等工作。在我国南方大部分地区，因雨量较多，湿润的山坡和泥石流地区，只要加强管理就能自然恢复草被。在雨量较少、气候干旱的西北、华北地区的滑坡和泥石流区，草被自然恢复时间较长，应选择合适的草种进行培育。在裸露地区和干旱地区，造林难以成功，往往要先恢复草被，以草护苗；改变不利的幼苗生长地条件，提高树苗成活率。

中期预报后对策是在地震危险区内进行滑坡、泥石流的调查勘测，圈定危险区，制定防治规划，对一些重要的危险区采取必要的工程措施。①进行滑坡和泥石流的危险性调查，制定防治规划；应对预报区进行一次普遍的地质调查，圈定滑坡、泥石流可能发生的危险区段，并对未来发震时滑坡、泥石流的规模、大小进行预测；对重点的、可能的滑坡、泥石流进行系统的测量，制定防治和震后应急救灾的规划。②地震滑坡和泥石流的工程治理：中期预报后，应根据滑坡调查的情况，对重要建筑：如水库堤坝、人口密集的村镇、交通干线及枢纽等附近的具有滑坡、泥石流潜在危险性的区段进行工程治理。

地震滑坡的工程治理：分为减滑工程和抗滑工程两类。减滑工程的目的在于改变滑坡的地形、土质、地下水等状态，就是改变其自然条件，而使滑坡运动停止或缓和；抗滑工程则在于利用抗滑的工程建筑来阻挡全部或部分滑坡，减轻或免于地震滑坡灾害。其主要措施为：

① 排除地表水：雨水、泉水、池沼、水库、渠道的渗透，可使滑坡激化，所以必须防止水的渗透；防渗处理是对边坡的坡顶及坡面进行被覆处理，在透水性强的地段，应对已发生的裂缝，用黏土或水泥浆填充，并用薄膜覆盖；在透水性弱的地段，对重要部位也应采取防渗处理。水沟排水工程是把滑坡区内的雨水迅速地汇集，排除到滑坡区外的方法。水沟分集水沟和排水沟两类。集水沟是以沟渠为主，横贯斜坡，汇集雨水和地表水；排水沟为将汇集的水排出滑坡区。排水沟应采用较陡的坡度，保证排水要求，每 20~30m 设计一个联结点，在松软的地层中采用固定排水管线；排水沟的末端要置墙。

② 排除地下水：按地下水埋藏深浅采用不同的方法。对于地表以下 3m 的浅层地下水，可采用暗沟和明沟结合排水；暗沟也分集水暗沟和排水暗沟，一般每 20~30m 设计一个集水池或检查井；对于 3m 以下地下水，采用钻孔排水；3~5m 的地下水采用水平钻孔排水，5m 以下的地下水采用斜孔排水；孔径一般采用 60mm 的钻头为宜。可同时布设 2~3 层钻孔，不仅排除深层水，也可以排除浅层水；地下水从其他区域沿着含水层或其他通道大量流入滑坡区时，应在滑坡区外设置地下水截水墙，将流入滑坡区的地下水予以截断，并用钻孔诱导排出地表；这种方法选择位置要适当，否则会导致滑坡的加剧。

③ 削方减重法：主要用于小型滑坡；在掌握滑坡的规模，滑坡面的分布及地震时可能滑动的情况后，削去滑坡后部的土体，前沿只能填土夯实。

④ 抗滑桩：在滑坡前沿用钻头垂直地穿过滑动面，再插入钢管或工字钢，桩基应打入滑面以下 1/3 处；也可以用直径 1. 5~2. 0m 的竖井来代替钻孔，井中全部要用钢筋混凝土充填。抗滑桩既有抗滑阻挡作用，又有铆固增加预应力的作用。

⑤ 挡墙滑坡：前沿挖开后，以网架方式建筑钢筋混凝土墙作为滑坡前沿反压填土的支挡工程，以稳定单个滑坡体，同时对上部斜坡的滑动块体也起到稳定作用。

⑥ 河流建筑物：由于河流的侵蚀，河床下切，河岸遭受冲刷，损害坡体的稳定，往往在地震时发生滑坡。可采用防护堤护岸，加固河床或用导流工程防止河流对河岸的冲刷，保护岸坡的稳定。

地震泥石流灾害的工程治理：这里应强调指出，治理泥石流是一项十分艰巨、耗资巨大，而且至今尚未完全解决的难题。因此，在泥石流活动区修建居民点、工矿企业、交通干线等，都以躲避为上策。在无法躲避，必须在泥石流区内建筑的工程，在对泥石流的治理上也要注意从上到下(从源头区—径流区—堆积区)综合治理，要结合当地具体环境，因势利导地进行总体设计，诸项措施配套进行。这里简单介绍几种常用的工程治理措施。

① 蓄水、引水工程：一般在水体补给区修建调洪水库、引水渠和截流水沟等。调洪水库的设计标准要比灌溉水库的标准高，适当考虑提高设计烈度，以防地震时水库溃决，形成特大的泥石流和水灾。引水渠可按一般水渠工程设计。截流沟的设计同滑坡的截流沟，在施工中保证质量，严防漏水。

② 拦挡工程：包括拦沙坝、谷坊、挡土墙和护坡，按一般土建工程建筑设计施工。

③ 排导工程：包括排导沟、渡槽、急流槽、导流堤、顺水坝等，多数建在流通区和堆积区。

④ 停淤工程：包括停淤场和拦淤库。一般建在下游开阔平坦的河床段或平坦低洼的堆

积扇上。通常与导流堤、拦淤堤和溢流堰共同组成。导流堤和拦淤堤的设计与排导沟、导流堰的设计大体相同；溢流堰的设计与拦沙坝及溢流口的设计相似，但应注意溢流堰的位置选择与两侧拦淤堤(或沟岸)的衔接。

⑤ 改土工程：包括改田改土和轮耕等。一般泥石流的沟坡上不宜造梯田，尤其在崩塌地区，当做出地震预报之后绝对禁止耕作。梯田、道埂需要用块石加固，沟渠洼地里修梯田时，留有足够宽度和深度的排水沟。

(6) 地震滑坡及泥石流的临震对策

① 进行滑坡动态监测：短临预报期间，应对村镇及要害建筑物附近的滑坡进行监测。可用形变方法，如水平形变网，垂直、水平位仪，倾斜仪，电阻应变片等进行滑坡和滑坡体上建筑物的变形观测；选择滑坡体上钻孔、泉、民用井等进行地下水水温、水位、水化学成分动态观测，以掌握滑坡稳定程度和发展趋势，及时预报滑坡和泥石流活动情况。

② 实施滑坡和泥石流紧急工程措施：短临预报期内，应对重要建筑物附近的潜在滑坡、泥石流采取紧急工程措施。可以改变滑坡体的外形，采用后部挖方削减，前部填土夯实的方法，加强滑坡的稳定性，减少滑动的危险性。用引导工程改变滑坡、泥石流原来的滑向和流向，使其不能成害；在滑体内和松散固体物质中，要加宽各种排水沟和钻孔，尽量把地表水和地下水排出滑坡区和泥石流形成区。要对一些特殊地区或特殊泥石流抓紧进行整治，用水泥浆通过浅钻和浅井进行加压灌注，用电渗等方法固结松散物质；用化学凝固剂胶结矿渣，以防止矿渣液化泥石流。

③ 危险区内的群众疏散：对危险区应进行技术、经济分析，权衡投资效益，确定采用工程措施还是采取搬迁。对于不能用工程整治或工程整治经济效益很低的危险滑坡、泥石流，应对居住和建立在滑坡体上和滑坡堆积区、泥石流堆积区、淤塞区、流经区的居民、工厂、矿山进行搬迁疏散。搬迁应由当地政府统一组织安排。

(7) 地震滑坡及泥石流的震时对策

当滑坡、泥石流发生时，现场人员应紧急发出危险性警报，并因时、因地进行躲避。

① 滑坡的躲避：当滑坡体下滑时，应垂直滑坡前进方向逃跑，在滑坡堆积区应向两侧高处跑，不能向滑坡正对面山上跑；滑体上的人应尽快跑到安全地段。

② 崩塌和滚石的躲避：崩塌体积小，距离不远，崩塌往往伴随滚石造成灾害，躲避时也要往两侧逃跑。当逃跑不及时，可以躺在地沟或陡坎下。

③ 泥石流的躲避：泥石流的流速与地形坡度有关。坡度越陡，泥石流的比降就越大，它的流速越快。一般流速 5~6m/s，最快的达 15m/s。在泥石流的流经区和堆积区只要听到泥石流的声音和发出的泥石流警报时，立即向主河道两岸的高山地区安全地带逃跑。在泥石流通过区两岸和泥石流注入主河道的对岸处要跑到相当的高度才安全。

(8) 地震滑坡及泥石流的震后对策

震后，应迅速派人调查，根据情况，救治同发型滑坡、泥石流带来的灾害；采取措施，防治后发型滑坡、泥石流的发生。

① 人员救护：在滑坡体上，由于滑动，房屋倒塌，可造成人员伤亡。在泥石流通过区，两岸和边缘区由于冲击物的推移，房屋倒塌；在泥石流的流经区或堆积区内，钢筋混凝土结构的房屋下部被摧毁，但上部可能保存，这些房屋内的人员尚可成活，应组织人员搜寻这些毁坏的建筑物，救护人员。有时地震泥石流往往多处同时暴发，山头被包围，成为孤岛，且其常有幸存者，应及时进行救护。必要时，应空投食品、衣物、药品等，或使用直升机

救人。

② 清除堆积物：首先清除交通要道上的堆积物，恢复交通。其次，清理工厂、矿山的重要机器设备。

③ 防治后发型滑坡和泥石流：为防治后发型滑坡、泥石流，震后应进行紧急调查，确定近期危险区和震后雨季危险区，根据情况，实施紧急工程、搬迁等措施，把后发型滑坡和泥石流灾害减小到最低限度。具体对策，详见本节临震对策。

④ 重建家园的选址：应总结滑坡、泥石流灾害的教训，科学地选择重建家园的地址，要避开沟谷两岸以及滑坡体、泥石流流通区，选择开阔、较高的平地或在完整的基岩上建房。

如果你在野外遭遇地震滑坡和泥石流等次生灾害，首先应作出快速反应，然后迅速沿着垂直于滚石前进的方向跑，千万不要顺着滚石方向往山下跑；边跑边寻找可以躲藏的结实障碍物，或蹲在沟坎下；同时要特别注意保护好头部。

2.5.3 地震引发海啸

海啸是一种具有强大破坏力的海浪，除了地震以外，海底火山爆发或海底塌陷、滑坡等也能引起海啸。由深海地震引起的海啸称为地震海啸。地震时海底地层发生断裂，部分地层出现猛烈上升或下沉，造成从海底到海面的整个水层发生剧烈“抖动”，这就是地震海啸。地震海啸形成后，大约以几百 km/h 的速度向四周海域传播，一旦进入大陆架，由于海水深度急剧变浅，使波浪高度骤然增加，有时可达 20~30m，从而会对沿海地区造成严重灾难。

世界上由地震引发的海啸的发生频率很高、危害严重。记录中最大的一次是发生在1971 年 4 月 24 日琉球群岛中的石垣岛，估计当时巨大海浪的波峰高达 84. 7m，排山倒海的巨浪将重量达 850t 的整珊瑚礁抛出 2. 1km 以上；据测算，海啸击起的海浪的行进速度为788. 56km/h。另外一次由地震引起的巨大海啸发生在 1960 年的智利，从 5 月 21 日开始，一个月内连续发生地震，其中 3 次超过 8 级、10 次超过 7 级；震中区几十万幢房屋被破坏，有的地方在几分钟内下沉 2m；由地震掀起的巨大海啸，浪头高达 6m，海浪还横扫太平洋，把夏威夷的建筑物摧毁，甚至冲击到远离震源 17000km 外的日本海岸；其规模之大，释放能量之多，实属罕见。还有在 2004 年 12 月 26 日苏门答腊岛发生了 40 年来最严重的 8. 9 级大地震，引发的超级大海啸甚至波及远至东非，海啸掀起的滔天巨浪有的高达 10m，约有28 万人就这样消失在惊涛骇浪中，包括至少 600 名华人；经济损失近百亿元。还有记忆犹新的于 2011 年 3 月 11 日在日本东北部海域发生里氏 8. 9 级地震及其引发的海啸，海啸袭击了日本北部沿岸数十座城市和乡村，高达 23m 的海浪将房屋、车辆、集装箱和居民卷走，并将港口停泊的船只推向陆地、撞毁建筑物，被日本海啸专家称为“日本有史以来浪头最高、影响范围最广的海啸”。

从历史记录和科学分析来看，远洋海啸对我国大陆沿海影响较小。但我国台湾沿海，尤其是台湾东部沿海，地震海啸的威胁不容忽视，尤其是由近海地震引起的局部海啸，应给予高度关注。

2.5.4 地震引发火灾

引起地震火灾的原因很多，炉火引起火灾炉火由于地震震动，炉具倾倒、损坏，可以引起火灾。电气设施损坏引起火灾强烈地震时，电气线路和设备都有可能损失或产生故障，有时还会发生电弧，引起易燃物质的燃烧，产生火灾。化学制剂的化学反应引起火灾。高温高压生产工序的爆炸和燃烧有些生产工序，特别是化工生产中的聚合、合成、磷化、氧化、还原等工序，一般都具有放热反应和高温高压特点，极易产生爆炸和燃烧也可以引起火灾，烟囱损坏强烈地震对烟囱的破坏是很大的，由于烟囱破坏，烟火很容易飘出炉外，起火灾。另外由于震后消防系统受损，社会秩序混乱，火势不易得到有效控制，因而往往酿成大灾。

归纳起来，地震火灾产生的原因主要有：①炉火引起火灾。炉火包括民用炉火和工商业用炉火。由于地震震动，炉具倾倒、损坏引起火灾；前，该类火灾在我国占主要比例。②电气设施损坏引起火灾。强烈地震时，电气线路和设备都有可能损坏或产生故障，有时还会发生电弧，引起易燃物质的燃烧，产生火灾。③化学制剂的化学反应引起火灾。化验室、实验室、化学仓库里的化学品剂品种多、性质复杂；烈地震时，各种品剂产生碰撞或掉在地上，容器或包装破坏，化学品剂脱出或流出；的在空气中可自燃，有些性质不同的品剂混在一起而产生化学反应，引起燃烧或爆炸。④高温高压生产工序的爆炸和燃烧。有些生产工序，特别是化工生产中的聚合、合成、磷化、氧化、还原等工序，一般都具有放热反应和高温高压的特点，极易产生爆炸和燃烧；由于地震时往往停电、停水，正在进行生产的工序，由于停电造成停止搅拌和失去冷却水的控制，温度和压力骤然上升，当超过反应容器耐温耐压极限时，就可产生爆炸和燃烧。⑤易燃、易爆物质的燃烧和爆炸。易燃易爆物质有气体、液体和固体三种；要有天然气、煤气、沼气、乙炔气、石油类产品、酒类产品、火柴、弹药等。地震时，盛装上列物质的容器可能损坏，物品脱出或泄出，如遇火源，即可起火；有些物质，如火柴、弹药；怕碰撞。地震时，由于撞击和摩擦，这些物品可产生爆炸和燃烧；有些液体，如石油，地震时油管或容器的损坏，液体的高速流动，产生很高静电，在喷入空间时，与某种接地体之间形成很高的电位差，引起集中放电，引燃液体形成爆炸。该类火灾往往规模大，损失严重。⑥烟囱损坏。强烈地震对烟囱的破坏是很大的，由于烟囱破坏，烟火很容易冒出炉外引起火灾。⑦防震棚火灾。防震棚火灾是震区的一种较普遍的火灾，其产生原因有两个方面：一方面防震棚多是简易临时建筑，搭建很快，很少考虑安全防火措施，建筑材料一般为笆、苇箔、油毡及塑料布等易燃材料，防震棚内空间小，各种物品靠得很紧，火种易于传播，防震棚密度很大，消防通道狭窄，又没有必要的消防器材和设备，一旦着火，不易扑灭，易形成“火烧连营”，造成重大损失；另一方面主要是人们缺乏防火知识，思想麻痹，用火不慎。

地震火灾是因地震的破坏而引起的一系列次生灾害中最严重的一种灾害。中国历史上最大的地震火灾发生在银川，1739 年发生的银川 8 级地震引起了一场严重的火灾，大火烧了 5 天 5 夜，损失惨重。还有 1923 年 9 月 1 日的日本关东地震发生在中午人们做饭之时，加之城内民居多为木质构造，震后立即引燃大火；而震裂的煤气管道和油库开裂溢出大量燃油，更助长了火势蔓延；由于消防设施瘫痪，大火竟燃烧了数天之久，烧毁房屋 44 万多座，造成 10 多万人死于地震火灾。

那么，如果在室内遇到地震火灾怎么办呢？首先应保持冷静，判断火灾源及出口位置；第二应迅速趴在地上，用湿毛巾捂住口、鼻；第三在地震停止后快速向安全地方转移，必要时要匍匐前行；在条件许可的情况下，还应设法隔断火源。

2.5.5 地震引发水灾

地震引起水库、江湖决堤，或是由于山体崩塌堵塞河道造成水体溢出等，都可能造成地震水灾。例如，1786年6月1日，我国四川省康定南发生7.5级地震，大渡河沿岸出现大规模山崩，引起河流壅塞，形成堰塞湖；断流10日后，河道溃决，高数十丈的洪水汹涌而下，造成严重水患。另外，还可能有一些小型的水患，如震后喷砂冒水，蓄水池、水塔的破坏等，因单次灾害较小，称为地震水害。这里主要阐述地震水灾及其对策。

地震水灾的危害是极其严重的，虽然世界上发生的地震水灾次数较少，但单次灾害的伤亡损失严重，有的甚至要大于地震的直接灾害，因而必须引起人们的重视。

(1) 地震水灾的成因

地震水灾的成因主要有：①地震滑坡、泥石流堵塞河流。强烈地震造成山崩、滑坡或泥石流，大量的岩石、泥土填入河谷，堆坝截流蓄水，淹没河谷两岸的城镇、村庄、土地；随着蓄水量增多，或遇余震时，即崩决，蓄水奔出，可造成下游的灾害。②地震滑坡、泥石流填入湖泊、水库；山区的湖泊，一般都几面环山，水库一般是利用山间谷地筑坝蓄水，湖、库周围坡度较大，蓄水后影响坡体稳定；地震时，周围山体容易引起滑坡。滑坡填入湖泊、水库，使水位上升，外流形成灾害。③地震破坏水利工程建筑。有的水利工程建筑震前未设防或地震烈度超过设防烈度，有的水利工程建筑年久失修，地震时容易造成破坏形成水害。④地面陷落注水。地震时，由于构造运动或振动，断块下陷，地下洞穴或采空区塌陷，造成大面积陷落，当湖、海、河或地下水注入后即可成灾。⑤地震破坏矿井涌水。⑥地震海啸引起沿海水灾。⑦喷水冒砂。在地震作用下，地下浅层的水和砂涌出地面，形成喷水冒砂。喷出的砂水淹没农田，淹死农作物，使土壤盐渍化，毁坏机井、水渠、盐田、道路。⑧地震破坏蓄水池、水塔、屋顶蓄水物。

(2) 地震水灾的特点

地震水灾的特点主要有：①地震水灾的危险主要来自地震滑坡、泥石流；据世界地震水灾资料统计，大的地震水灾几乎都是由地震滑坡、泥石流，堵塞河道，注入湖海、水库引起的，约占70%。②地震水灾多发生在雨季；雨季发生的地震，极易产生滑坡、泥石流，雨季水源丰富，库满、水流急，为水灾提供了大量的物质条件；据不完全统计，在雨季发生的地震水灾约占90%。③地震水灾造成损失严重、水害分布广；虽然世界上发生的有记载的地震水灾次数不多，但水灾的损失超过地震直接损失的比例较大。④水灾的受灾区域为山区的湖泊、水库、河流的沿岸及其下游区；水害主要为盆地、平原。

(3) 地震水灾的对策

针对地震水灾、水害的特点，地震水灾对策应贯彻以下原则：①以预防为主，把水灾杜绝在产生之前；②重视薄弱环节，对河流堤坝、泥石流、滑坡引起的水灾应予充分重视。

1) 中长期对策：①合理选择水利工程建筑的场地，应严格按照《水工建筑物抗震设计规范》的要求，场地应尽量选择对建筑物抗震相对有利地段，库区及邻近地区应避开地质构造复杂，有蠕滑断层地段和大滑坡体，以及易于产生泥石流地区。②在震区建筑的各种水利工程应按规定设防，对于1级挡水水工建筑物，应根据其重要性和遭受地震的危险性，可在基本烈度基础上提高一度设防；对其他特殊需要采用较基本烈度为高的设计烈度时，应经国家主管部门的批准。③进行地震水灾危险性调查，制定防灾计划；当中期预报发出后，震区政府应指定有关部门，根据历史地震资料及可能发生的地震，进行地震水灾的危险性分析，确定地震水灾发生的可能危险区段，制定防灾计划，及时有步骤地实施，工作做在地震发生之前。④对各种原有重点水利工程设施进行普查鉴定，对不符合抗震要求的，应制订方案，限期完成加固。⑤治理水库、湖泊、河流沿岸的滑坡、泥石流危险区段；在地震水灾危险性调查的基础上，政府应组织有关单位，对水库、湖泊、河流沿岸的滑坡、泥石流危及区段，根据危险程度，进行必要的工程治理。⑥离开地震水灾危险区进行建筑。为避免水灾造成损失，应尽量离开地震水灾危险区建筑房屋、公路、铁路、变电站、危险品仓库等设施；可参照水利部门防洪系统的有关规定。

2）短临对策：当短期或临震预报发出后，处于预报区的政府应立即成立防治地震水灾指挥机构，负责地震水灾的预防及治理的统一指挥，采取紧急措施：①巡查监视。立即组织水库、湖泊、河流沿岸水利部门或群众进行巡查监视；监视滑坡、泥石流、堤坝的动态；加强水文观测，掌握气象情况，有情况及时上报。②搬迁撤离。对已确定的地震水灾危险地段又无法排除的，应迅速组织单位和群众做好撤离危险区的准备；可同时将贵重仪表、重要档案、生活必需品撤出危险区。③根据实际情况，适当排水。对于可能被地震破坏的蓄水池、水塔及屋顶蓄水设备，对水库、湖泊的水应根据水文、气象情况，地震发生的紧急程度及生产生活用水的得失，权衡考虑，作好适当放水的准备，以便减轻危险性程度。

3）震后对策：地震水灾的震后对策主要有：①紧急巡查，加强监视，及时排除险情。指挥部应立即组织有关单位和群众对水利设施进行一次全面的检查，加强联络，报告，及时处理险情，防止或减少地震水灾的可能损失。检查内容有：各种水工建筑及水利设施有无破坏，河流是否有危险段，沿岸滑坡、泥石流发生及河流被堵情况等。监视的主要内容有：河流水文水位动态，降雨动态，滑坡、泥石流及堵坝等动态。此外，巡查队伍应配备必要的通讯联络工具。②紧急抢修水利设施。应对被破坏的水利设施进行紧急抢修。对危险性较大的建筑应加固。③人工疏流排水；河流及排水系统被堵，短期内可大量增加蓄水；对于有可能造成水灾的河流、水库、湖泊等，当地政府要及时组织人员疏通，排掉蓄水，清除危险。④爆炸决堤排水。主要是对地震时被堵断的河流，在短期内有造成水灾而又来不及人工疏流和排水的堵坝，可用爆炸决堤排掉蓄水。⑤紧急搬迁躲避。对于即将发生或已发生的水灾，应立即组织下游人民搬迁撤离。

如果在野外遇到地震水灾怎么办呢？这时应注意：①首先保持清醒的头脑，判断出路；②如果江河湖海涨水，要向高处跑；③若在桥上，迅速跑离桥面。

2.5.6 地震引发毒气、细菌、放射性污染

地震引发的毒气、细菌、放射性污染产生的原因实际上是地震引起的各种人类居住区的潜在地震次生灾害，其产生原因比较简单，一般局限于生产、储存及使用这些物质的部门，涉及面也比较小。它们的产生一般来自三个方面：①生产车间破坏、储存容器损坏；②生产或使用时的失控造成；③地震后由动物及人的尸体引起的细菌污染环境。

（1）地震放射性污染

另外，值得重视的是，核泄漏就会导致核辐射，核辐射对生命，不管是人类还是其他动物都具有毁灭性的伤害。核辐射越大，生命的死亡速度越快；对环境也是一样的，只要是核辐射能到达的地方，对生物环境的伤害也是很大的。

实际上，核辐射是放射性物质以波或微粒形式发射出的一种能量，核爆炸和核事故都有核辐射。核辐射按照粒子分类可以分为α、β、γ三种辐射形式。α辐射只要用一张纸就能挡住，但吸入体内危害大；β辐射皮肤沾上后烧伤明显；γ辐射和X射线相似，能穿透人体和建筑物，危害距离远。放射性物质可通过呼吸吸入，皮肤伤口及消化道吸收进入体内，引起内辐射，γ辐射可穿透一定距离被机体吸收，使人员受到外照射伤害。

α 射线防护：由于 α 粒子的本质为氦原子核，故而其穿透能力最弱而电离能力最强，一张白纸就能把它挡住，因此，对于 α 射线应注意内照射，其进入体内的主要途径是呼吸和进食时，α 射线防护主要方法是：①防止吸入被污染的空气和食入被污染的食物；②防止伤口被污染。

β 射线防护：β 粒子射线的本质是电子流。其穿透能力比 α 射线强，比 γ 射线弱。因此，β 射线是比较容易阻挡的，用一般的金属就可以阻挡。但是，β 射线容易被表层组织吸收，引起组织表层的辐射损伤。因此其防护就比较复杂，主要方法有：①避免直接接触被污染的物品，以防皮肤表面的污染和辐射危害；②防止吸入被污染的空气和食入被污染的食物；③防止伤口被污染；④必要时应采用屏蔽措施。

γ 射线防护：γ 射线的本质为具有高能量的光子（γ 粒子）流，故而其穿透力最强而电离能力最弱，可以造成外照射，其防护的方法主要有：①尽可能减少受照射的时间；②增大与辐射源间的距离，因为受照剂量与离开源的距离的平方成反比；③采取屏蔽措施。在人与辐射源之间加一层足够厚的屏蔽物，可以降低外照射剂量。屏蔽的主要材料有铅、钢筋混凝土、水等，我们住的楼房对外部照射来说是很好的屏蔽体。如果看到核爆炸闪光后，应立即背向爆心卧倒。之后用淋浴消除放射性物质。

核辐射对人体健康损害很大，内外照射形成放射病的症状有：疲劳、头昏、失眠、皮肤发红、溃疡、出血、脱发、白血病、呕吐、腹泻等。有时还会增加癌症、畸变、遗传性病变发生率，影响几代人的健康。

近期由 2011 年 3 月 11 日日本东部海域大地震引发海啸引起的核辐射，日本经济产业省原子能安全和保安院 2011 年 3 月 14 日宣布，由于地震引起福岛第一核电站 3 号机组当地时间 11 时 01 分发生氢气爆炸，反应堆所在建筑遭到损坏。福岛第一核电站 1 号反应堆发生爆炸后，3 号反应堆、2 号反应堆和 4 号反应堆也相继出现问题，发现有一定程度的核泄漏，并确认有多人受到放射性物质污染；3 月 15 日下午发布的核辐射监测报告说，核物质已经漂至东京，东京地区的放射线量已经超过往常的 20 倍。

针对核辐射需要采取的主要防护措施有：①尽可能快速远离放射性污染物；②请专业人员对可能接受的放射线剂量进行测量；③进行必要的健康检查，如外周血象检查，注意是否有易疲劳、是否有呕吐和腹泻等症状；④一旦发现有异常放射性物质或上述不适症状，应尽快到专业医疗机构进行进一步检查和治疗。

（2）地震后细菌及毒物、毒气的污染

此外，地震还可造成有机污染物的泄漏及污染，例如 2008 年 5·12 汶川大地震导致成都川西化工公司埋藏于地下的原料焦油粗苯储存罐发生破裂，里面主要为苯、二甲苯、三甲苯的芳香烃类有毒化学物质约 600kg 发生渗漏，都江堰崇义镇附近的土壤环境被污染。幸好川西公司员工立即将险情上报，相关专家及成都、都江堰环保部门专业人员前往现场进行勘察，并立即启动了应急处置预案，避免了进一步的污染迁移。

还需要特别注意的是，震后疫病容易流行。在强烈地震发生后，灾区水源、供水系统等遭到破坏或受到污染，灾区生活环境严重恶化，因此极易造成疫病流行。社会条件的优劣与震后疫病是否流行，关系极为密切。例如，1556 年 1 月 23 日中国陕西省华县发生 8 级地震，据史料记载，在死亡的 83 万人中，直接死于地震的只有十几万人，其余 70 余万人都是死于瘟疫和饥荒。因此地震后的疫病预防及处置也是非常重要的。

地震后有时会导致有毒气体的泄漏及逸散，因此地震后应注意避开下列危险场所：生产危险品的工厂，危险品、易燃、易爆品仓库等。但如果万一遭遇毒气泄漏，应迅速有序地做好以下几方面的防御工作：①遇到化工厂等着火，并有毒气泄漏，不要朝顺风的方向跑，要尽量绕到上风方向；②用湿毛巾捂住口、鼻；③千万不要使用明火；④不要慌乱拥挤；⑤待地震停止后再设法转移。

对工矿企业中的易燃、易爆、剧毒品，要严密监视，地震发生时，一旦发现剧毒品或易燃气体溢出，应立即组织抢救。

2.6 地震预报及前兆

2.6.1 地震预报

(1) 地震预报是世界性难题

地震预报是针对破坏性地震而言的，要在破坏性地震发生前作出预报，使人们可以防备。但来源于中国地震局的信息称，地震预报仍是世界性难题。人类社会发展到今天，可以乘飞机、飞船在太空中遨游，登上距地球 38.4×10^4km 的月球，利用太空望远镜可以直接观测到遥远的行星……但是，在地球内部，人类的活动区间一般只局限在地表下约 10km 的空间内。可谓是入地难于上天。因此相对而言，人类对地球内部状况的掌握是比较肤浅的，对地震灾害的预报难度也存在很多问题。

概括地说，地震与其他事件预测相比，面临着一系列特殊的困难，导致地震预报的发展迟缓，成为当今世界性的一个科学难题。这些困难主要有：

① 研究对象特殊。地震预报的研究对象是发生在地下深处的复杂的地质—地球物理过程，目前既看不见，也摸不着；

② 现有的观测方法均是间接的。地震一般发生在地下 20~30km 处，而当今世界上最深的钻孔也只有 12km，目前人们只能依靠地面的观测资料，对地球内部的状况进行反演和推测；

③ 难以进行实验与模拟。地震是地球上规模宏大的地下岩体破裂现象，其孕育过程又跨越了几年、几十年，甚至更长的时间，不但很难用经典物理学从本质上加以描述，也难以在实验室或者野外进行模拟；

④ 研究结果难以检验。强烈地震对于同一地区可能是几十年、几百年或者更长的时间才能遇到一次，对于不同地区，甚至不同时期的地震孕育过程，机理差异很大，所以很难进行重复实践检验。

即使面临以上诸多困难，人类对地震的预报一直也没有停止过。世界上第一台预报地震的仪器就是我国东汉科学家张衡发明的地动仪(候风地动仪)，并于公元 138 年记录到陇西大地震。张衡，字平子(公元 78~139 年)，今河南南阳石桥镇人，是东汉时期具有朴素唯物主义思想的杰出自然科学家；他于公元 132 年发明了世界上第一台观测和记录地震的仪器——地动仪。地动仪系"以精铜铸成，圆径八尺，合盖隆起，形似酒尊，饰以篆文山龟鸟兽之形；中有都柱，傍行八道，施关发机；外有八龙，首衔铜丸，下有蟾蜍，张口承之；其牙机巧制，皆隐在尊中，覆盖周密无际；如有地动，尊则振龙，机发吐丸，而蟾蜍衔之；振声激扬，伺者因此觉知；虽一龙发机，而七首不动，寻其方面，乃知方向。近代在 20 世纪 60 年代，前苏联、日本、美国等相继应用现代科学技术有计划地开展了地震预报研究，我国自1966年邢台地震后开始大规模地震预报的实践探索，基本上与上述主要地震研究国家同步；经过40多年的努力，我国在观测仪器的研制、监测系统的建设、经验预报的积累等方面有了很大进展；我国对地震孕育发生的原理和规律已经有所认识，但还不够全面，虽然已经可对少数地震做出一定程度的预报，但还不能对大多数地震都做出准确的预报。因此，作为地球科学的前沿领域，地震预报至今仍是一个难于突破的世界性难题。

(2) 地震预报权限

面向社会发布地震预报是一件十分严肃的事情。国家地震局《地震预报管理条例》中规定了国家对地震预报实行统一发布制度，并约定了发布地震预报的权限：

1）全国性的地震长期和地震中期预报，由国务院发布。

2）省、自治区、直辖市行政区域内的地震长期预报、地震中期预报、地震短期预报和临震预报，由省、自治区、直辖市人民政府发布。

另外，已经发布地震短期预报的地区，如果发现明显临震异常，在紧急情况下，当地市、县人民政府可以发布48h内的临震预报，并同时向省、自治区、直辖市人民政府及其负责管理地震工作的机构和国务院地震工作主管部门报告。

北京市的地震短期预报和临震预报，由国务院地震工作主管部门和北京市人民政府负责地震工作的机构，组织召开地震震情会商会，提出地震预报意见，经国务院地震工作主管部门组织评审后，报国务院批准，由北京市人民政府发布。

(3) 地震预报要素

地震预报的三要素：发生地震的时间、地点、震级是地震预报的三要素。即地震预报是指对未来地震发生时间、地点、震级的预报。完整的地震预报这三个要素缺一不可。

按照预报的时间尺度，地震预报分为长期、中期、短期、临震预报4类：

地震长期预报：对未来约10年可能发生破坏性地震的预报；

地震中期预报：对未来1~2年内可能发生破坏性地震的地域和强度的预报；

地震短期预报：对3个月内将要发生地震的预报；

临震预报：对10日内将要发生地震的预报。

(4) 我国地震预报现状

我国自1966年邢台地震以来，广泛开展了地震预报的研究，经过多年努力取得了一定进展，曾经不同程度地预报过一些破坏性地震。如1975年我国成功预报了2月4日发生于辽宁海城的7.3级强烈地震，并在震前果断地采取了预防措施，使这次地震的伤亡和损失大大减小。但是，地震预报是世界公认的科学难题，在国内外都处于探索阶段。有关方法所观测到的各种可能与地震有关的现象呈现出极大的复杂性，由此作出的预报，特别是短临预报，主要是经验性的。因此，目前我国地震预报的水平和现状是：①对地震前兆现象有所了解，但远远没有达到规律性的认识；②在一定条件下能够对某些类型的地震，作出一定程度的预报；③对中长期预报有一定的认识，但短临预报成功率还很低。

为了有效地进行地震预报、获取地震信息，我国已初步建成地震监测网络系统，主要分为两种类型：一是为获取地震发生前反映地震孕育过程的地震前兆台网；二是为准确判定地震发生的时间、地点、震级的测震台网。通过这些台网获取的信息开展地震研究，对已经发生的地震快速、准确向政府和公众通报地震三要素，为政府及时、高效组织抗震救灾工作提供依据。

2.6.2 地震的前兆

(1) 地震的前兆

因地震是地球内在能量释放的外在反映，因此在地震前自然界肯定会出现与地震孕育、发生有关的各种征兆，这些征兆被称为地震前兆。地震前兆一般可分为微观前兆与宏观前兆两类。宏观前兆就是人的感官能觉察到的地震前兆，它们大多在临近地震发生时出现，；而微观前兆则是人的感官不易觉察，需要使用仪器才能测量到的震前变化。如地面变形、地球磁场或重力场的变化、地下水化学成分的变化以及小地震的活动等。

因此可以明显地发现，观测微观前兆是科学家的工作，而发现临近地震前的宏观前兆，则既要靠科学家，更要靠广大人民群众的群策群力。由于宏观前兆往往在临近地震发生时出现，所以应普及这方面的知识，使人民群众了解它的特点，学会识别它们，对防震减灾具有重要意义。

比较常见的人能感觉到的地震宏观前兆主要有：水位、水质异常，动、植物的习性异常，电磁场异常等。井水异常是指震前井水等地下水的异常变化，主要表现为水面陡涨陡落、变色变味、翻花冒泡、温度升降，泉水流量的骤变，温泉水温的突变等；动、植物习性异常一般反映在当地震来临前，动、植物常有一些反常的表现，如：冬眠的蛇出洞、植物反季节开花等；但动、植物异常的原因很多很复杂，比如气候的影响，人为的影响，生理的影响等，很多时候都与地震之间没有必然的联系，所以发现动、植物异常可向有关部门报告，等待查实。

相关人员总结出的地震发生的常见 12 个前兆是：①地形变异常；②相对海面变化；③地倾斜和应变异常；④地震活动异常；⑤重力异常；⑥地壳波速变化异常；⑦地磁异常；⑧电阻率和电导率异常；⑨氡气异常；⑩地下水异常；⑪油气冒溢；⑫动物行为异常。

(2) 如何识别地震前兆

有关专家还谈到地震宏观异常的其它现象，这些现象共同的特点是违反“常规”或“常理”。例如有些花在冬季盛开，冬季蛇出洞，鱼浮出水面或乱蹦，老鼠大白天群体搬家，鸡鹅乱飞，狗不进舍，马不进圈等各类生物异常；井水翻花、冒泡、变色、变味，泉水断流或喷涌，地面上冒水、冒沙、冒泥等地下水异常；地声、地光、地雾、地动、地鼓等地面异常；收音机失灵，日光灯自明，电子闹钟走得忽快忽慢，罗盘的指南针强烈扰动等电磁异常等等。

1) 地下水的异常变化：

地震前地下岩层受力变形时，埋藏在含水岩层里的地下水的状况也会随之改变。有时，含水层像饱含水的海绵一样，在受力时水被挤出来；有时，隔水层破裂，会使原来分层流动的水掺和在一起等等。这些变化都有可能通过井水、泉水等反映出来，这时，井或泉就成为人们观察地震前兆的重要“窗口”。地下水的宏观前兆现象有很多种表现，如图 2-5 所示。

地下水很容易受到环境的影响。气象因素，如干旱、降雨、气压变化等；地质因素，如非震的地质原因，改变了地下含水层的状态；人为因素，如用水量变化、地下工程活动、环境污染等；都可能引起地下水异常。因此，发现异常后，要及时反映给地震部门去查明原因，以便根据综合情况做出准确判断。例如，有人总结地下水异常：井水是个宝，前兆来得早；天雨水质浑，天旱井水冒；水位变化大，翻花冒气泡；有的变颜色，有的变味道。

例如，1976 年唐山地震前，丰南县一村民夜里被院子里机井的流水声惊醒。他听过地

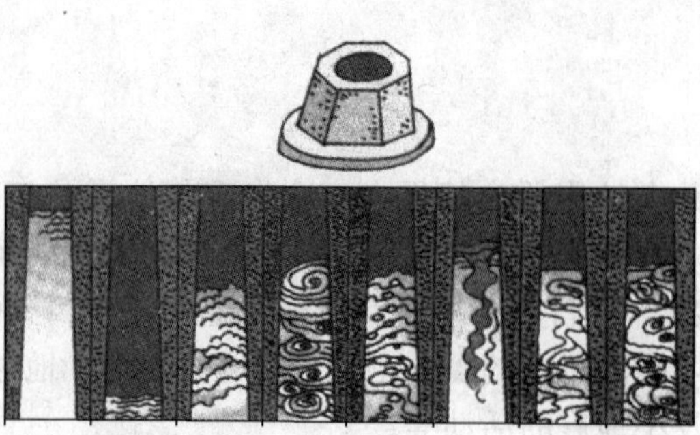

图 2-5　地震前地下水异常变化示意图

震知识宣传，立刻想到可能要地震，便迅速叫醒家人，逃离房屋。他们刚出屋，大地震就发生了，转眼之间房倒屋塌，但他们全家 6 口人都很幸运地逃过此劫。

1976 年 7 月 28 日河北唐山 7.8 级大地震前确实发现有地下水与地光异常，1998 年 1 月 10 日河北张北 6.1 级地震前泉水断流与泉池内平时湛蓝平静的水面变得“翻江倒海”等等。

1976 年 5 月 29 日云南龙陵 7.4 级地震前，5 月 28 日龙陵县土地电与井泉水温度出现异常，县地震部门发出“5 月 31 日~6 月上旬在 100km 范围内可能发生了第一个主震，这时由于人畜都已被疏散，伤亡大大减少。

2）动物行为异常变化：

一般来说，由于动物的感知能力很强，因此很多动物都是观察地震前兆的“活仪器”，根据它们在震前出现的各种反常行为，可以用于预报地震灾害。目前已发现有上百种动物震前有一定反常表现，其中异常反应比较普遍的有 20 多种。例如，俗语说：震前动物有预兆，密切监视最重要；螺马牛羊不进圈，鸭不下水狗狂叫；老鼠搬家往外逃，鸽子惊飞不回巢；鱼儿惊慌水面跳，冰天雪地蛇出洞。

我国在利用宏观异常探索地震预测方面有一些经验。例如，唐山大地震发生前，在王先生一家还在睡梦中的时候，突然听见自家养的狗狂吠不止，这条狗一直狂叫不停，这条狗还跳到王先生的床上来撕咬他的床单和枕头，王先生不知何故，有些恼怒，就打了狗一下，狗虽被打得哇哇大叫，但却又跳到床上把床单往门口拉，同时呜呜叫，王先生想到这条狗平时很乖，感觉肯定是发生事情了，于是全家人跟着狗跑出门外几分钟后，突然地面摇晃、房屋倒塌。另外，1975 年 2 月 4 日辽宁海城 7.3 级地震前 1~2 个月观察到很多宏观异常现象，如 1974 年 12 月在辽阳、本溪、鞍山、大连、沈阳、锦州等地开始出现大量地下水与动物异常；1975 年 2 月 2 日盘锦某乡一群小猪在圈内相互乱咬，19 只小猪的尾巴被咬断，2 月 4 日震前在千山鹿场的梅花鹿竟然撞开厩门冲到外面，岫岩县一头公牛狂跑狂叫，还见有母鸡在傍晚时不进窝却飞上树顶不下来等现象。这些宏观异常对成功预测这次地震提供了重要依据。

但具体情况要具体分析，因为引起动物反常现象的因素很多，例如天气变化、环境污染、饲养不当以及动物自身不适，如生病、怀孕等。所以，动物有反常表现不一定就是地震前兆。大家发现异常后不要慌张，应及时反映给地震部门，以便作出正确判断。

3）声光报警避险情：

地光和地声是地震前夕或地震时，从地下或地面发出的光亮及声音，是重要的临震预兆。有人总结道：临震前，一瞬间，地发声，又发光，见此情，宜果断，速行动，少危险。

地声与地光好像是一对孪生兄弟，它们往往在大震快要来临时，匆匆跑来向人们发出警报。古今中外关于震前出现地声、地光的事例很多，所观察到的现象也多种多样，可是很难将它们作出确切的描述。不过它们与人们听惯的声音、看惯的光象是很不一样的，而且，它们的出现也不合常规，往往使人感到惊异。地声的特点是多数出现在临震前或震时，但有时也出现在震前几小时或几天，声音类似于机器轰鸣声、雷声、炮声、狂风呼啸声、撕布声等。地光的特点是一般出现在临震前或震时，也有出现于震前数小时或更早的，形状各异，有带状光、片状光、球状光、柱状光、火样光等，颜色多样，一般呈红、白、紫、橙等色。

唐山丰润县任各庄乡刘老师说，在 1976 年唐山级大地震前，晚上她还没睡着的时候，忽然听到好像两块大石头摩擦的声音，一睁眼见外面特别亮，很像电弧光，但想到附近并无工厂，所以判断这应该是地光，可能就要发生地震，她迅速叫醒同事们往外跑，到了外面感到大地有些晃动，震后那所房子倒塌了，但她们平安无事。

不过，有时地声、地光也不易鉴别，因为从远处传来的风声、雷声、机器轰鸣声等也很像地声，地光的形状和颜色与电焊光、电线打火、闪电、晚霞、火光、灯光等也有相似之处。所以，当我们发现这类现象时，也要及时冷静地做出判断。

人们在实践中发现，有些地震前兆确实对避震发挥了重要作用，但有上述现象发生时也不一定有地震，因为引起上述现象的原因是多元而不是单一的，对上述的现象的出现一定要分析，排除各种干扰，最后才能确定是否地震前兆。成都理工大学朱介寿所长说，目前还不能确定动物的异常行为或者是井水的变化与地震有必然的联系。比如人们常说的蚂蚁成群结队大搬家，甚至往人身上爬；成批的蜜蜂早出晚不归；大批的鱼“浮头”，成群地向岸边游、跳上岸；青蛙搬家等，都不能说与地震有必然联系。要下雨，气压变低，温度升高，湿度增大时，都会导致蚂蚁搬家；蜂箱内出现对蜜蜂有害的其他昆虫时，有的蜜蜂就会远走高飞，不再回巢；缺氧时，鱼会浮头，青蛙大规模迁徙也很常见。井水水位升降，井水翻花冒泡、发响和井水变味变浑通常也被认为是地震的前兆，但地下水抽取过量，也会导致井水突然发浑变黑，且有怪味。不过，异常的声光现象确实是重要的临震前兆，如看到来自地下的光亮，颜色多种多彩，出现日常罕见的混合色，如银蓝色、白紫色，有红色、白色火球升起等，或者是听到异常的声音等。还有，2008 年 6 月 4 日有人发现广东湛江徐闻县海边的两棵木黄麻树上爬满了螃蟹，后来专家表示这个异常与地震活动无相关，螃蟹上树可能是由于气候比较反常造成的。

2.7 地震预防

本节内容主要来自<地震安全逃生手册>的内容整理，主要目的是帮助大家学会未雨绸缪，万一遭遇大地震时重要的逃生技巧。如果我们具备这些知识，提前进行准备，就可以减少地震带来的灾害及冲击。做一些必要的应急储备，并告知家人在灾难中和灾难后该做哪些准备工作。因为当灾难发生时，你很可能在 72h 之内得不到任何救助，因此至少要学会如何撑过这 72h 的难捱时间。因为在地震中的地面运动一般不会直接造成伤亡，很多伤亡是由建筑物的坍塌以及次生灾害造成的。地震是可怕的，但更可怕的是地震了却不知该如何作正确的事情，掌握这些知识利人利己，重视预防！所以，掌握一些安全逃生知识，学会一些安全逃生技巧是非常重要的事情，希望更多的人都能注意和学会做到防患于未然。

2.7.1 物资储备与抗震准备

（1）物资储备

前我们应为突发状况准备一些必要的应急物品。

1）水：水的储备量是大约每人每天 3.8 L，并按此标准一次备够 72h 用的量。通常一个活跃的成年人每天的饮用水就需要消耗 1.9 L。为了保证足够的量，应考虑以下因素：①个体需求量因年龄、体质、活动量、饮食、气候等而有差异；②儿童、哺乳期妇女、病人需水量更大；③高温天气会使需水量成倍增加；④医疗紧急情况会需要更多的水。另外，建议购买一些瓶装水，但要注意保质期。如果你准备用自己的容器装水，你应该从军用品或者野营用品专门店购买那种不漏气的、专门储存食品的盛水容器；在装水之前，要用餐具专用洗涤剂和水清洗容器，并用水冲净；容器内的水必须定期更换。除水外，还需要一些常用的净水剂药片，但在使用这些药片之前，一定要先看看瓶子上的标签及保质期等信息，或向专业人士或医护人员咨询上述药品的使用方法。

2）食品：准备足够72h用的听装食品或脱水食品、奶粉以及听装果汁；干麦片、水果和无盐干果是很好的营养源。应注意以下几点：①不要选择那些让你容易口渴的食品，选择无盐饼干、全麦麦片和富含流质的罐装食品；②只储备无需冷藏、烹饪或特殊处理的食品，类似食品可供选择的有很多；③别忘了应包括婴儿和特殊饮食需要者的食品。你还应该准备一些厨房用具和炊具，尤其是手动开罐器。

3）应急灯和备用电池：在你的床边、工作地点以及车里放一盏应急灯或手电筒，不要在地震后使用火柴或蜡烛，除非你能确定没有瓦斯泄漏。

4）常用的各种接收信息的设备，如手机、电脑、收音机、对讲机等等。

5）急救箱和急救手册：在家里和车里准备一个急救箱，同时备一本由红十字会制作的《标准急救和个人安全手册》或类似手册，随时让你的家人学习基本的急救和人工呼吸课程。

6）灭火器：在你的家里和车里都要配备灭火器。ABC（多用途干粉）灭火器可安全使用于任何种类的火源，平时应掌握正确使用灭火器的方法。

7）特殊用品：准备必要的特殊用品，如药品、备用眼镜、隐形眼镜护理液、助听器电池、婴儿物品（婴儿食品、尿布、奶瓶和奶嘴）、卫生用品（小湿巾和手纸）等家人所需的物品。

8）重要文件和现金：确保在自动取款机、银行和信用卡系统瘫痪时，有足够的现金可用。保留身份证和一些重要文件的复印件，比如存折、保险单和财务记录等。

9）工具：除了准备一个小管钳和一个活扳手（用来关闭气阀和水管），你要有一个打火机、一盒装在防水盒子里的火柴和一个用来呼叫援救人员的哨子。

10）衣服：如果你所处的地区天气寒冷，必须要考虑保暖。地震过后你可能无法取暖，要考虑到御寒衣服和睡觉用品。确保每个人有一整套换洗的衣服和鞋子，这包括夹克衫或外衣、长裤、长袖衫、结实的鞋、帽子、手套和围巾、睡袋或暖毯（每人一件）。

11）宠物用品：为你的宠物寻找一个安全的地点，准备一些必需品，确保你的宠物有准确的身份证明以及最新的兽医登记，同时准备好一个宠物笼和一条皮带。

（2）抗震准备

针对家庭来说，地震前应做哪些抗震准备呢？首先应该在接到临震预报时，及时召开家庭防震会，分配每各人在震时的应急任务；因地震来临突然，家庭成员在平时应对防震避震的具体工作有所分工，免得震时全家人心慌意乱，无所适从，应做的没人做，不该做的却抢着做，以至耽误了逃生躲灾的时间。因此，家庭防震会议需要明确各人震时的职责和任务，例如爸爸负责灭火、断电，妈妈负责提带避震物品，哥哥护送奶奶，等等。明确疏救路线和避难地点，并定出最快捷最安全的途径。

一般说来，避难地点以靠近家居为原则，疏散时万一大家失散，需要订出连络方法。如相约地点及采用与众不同的物体标志等。室内家俱布设要合理，大件家俱摆在墙体薄弱处，桌下、床下不放杂物，床铺最好在离门近处摆放；服装物品固定位置存放，遇到夜震也能顺手穿衣、穿鞋、拿东西避震。室外环境要清楚，自己所居住的环境如何要做到心中有数，一旦发生地震，应如何躲逃为上策；甬道楼梯不可停放自行车和堆积杂物，以防地震来了影响畅通。准备好避难和营救物品，在有地震预报的情况下，家庭成员每个人都应准备防震袋，生活用品宜精不宜多，如手电筒、药品、嗽洗用品、食品、水壶、糖、盐、打火机、小刀、绳索、手套等；家庭成员的衣袋里最好装上一个小小的急救卡片，注明姓名、地址、工作单位、电话号码、本人血型、联系人姓名等项内容，便于他人营救时参考。另外，震前尚需准备一些简单的营救工具，如撬棍、锤子、斧头、小钢锯等，一定放在震后能够立即拿到的地方，如树上、房顶上、开阔的庭院中等。

(3) 抗震房屋

在地震易发区域，尤其需要注意的是，建造房屋前，必须做好抗震设计，以提高房屋的抗震能力，保障居住的安全性。

一般来说，提高房屋的抗震能力的基本措施主要有以下六个方面：①场地选择要恰当；②地基要做牢做稳；③房屋结构布局要合理；④屋顶要轻；⑤墙体要有足够的强度和稳定性；⑥确保施工质量。

2.7.2 防震演习与隐患排查

树立“宁可千日不震，不可一日不防”的震情观念，每个家庭要根据自家的实际情况制定防震避震预案，积极主动地进行防震演习及隐患排查，做好地震预防工作。

(1) 防震演习

进行家庭防震演练很重要，面对突如其来的地震，好多事都要在极短的时间内或困难的环境下做完，如紧急避险、撤离、疏散、联络等等。所以必要的家庭防震演练很重要。当发现房屋开始摇晃时，第一时间就能确知去哪儿躲避非常重要。如果在地震发生前就做好了准备和演习，你和家人就能在察觉震感的第一时间及时、正确地作出反应。防震演习可以让每个家庭成员知道如何应对地震。例如，每个家庭成员都应该知道各个房间的安全地点及危险地点。①安全地点：最佳安全点是坚固的家具的旁边，例如书桌或其他硬质桌子及床铺旁边；紧贴内部承重墙的地方也较安全。②危险地点：窗户、悬挂物件、电视机、镜子、壁炉以及较高的未固定家具边，还有空旷的没有遮挡物的客厅。

演练时还要注意，模拟地震发生时，应该关闭家中的水电设施来降低灾害风险；平时要教会能担负起责任的家庭成员如何关闭燃气阀门、电闸以及水阀。确保地震时一定要做到：①切断保险丝或跳闸；②关闭煤气阀门；③关闭自来水阀门。

通过亲身体验如何在安全地点安身来巩固这些知识，对儿童尤其重要。在进行以上演练后的几天或几周内，进行紧急演练，以巩固知识。做好应付震后受灾情况的身心准备。

(2) 隐患排查

你可以通过在家中进行“地震隐患排查”来寻找地震中可能出现的隐患。你需要做的只是巡视你的房间，设想地震时房中会发生什么，用你的常识来进行预测，找出隐患。一些可能的隐患有：①在地震中可能会倒塌的又高又重的家具，比如书架、橱柜，或是定制的组合柜，应当设法固定；②可能会从管道上脱离并碎裂的热水器；③可能发生移动、扯坏煤气管道或电线的物品；④悬挂在高处较重的盆栽植物，有可能脱钩坠落；⑤挂在床上方较重的相框或镜子，有可能在地震中坠落；⑥橱柜或别的柜子剧烈晃动时，柜子的插销可能会松动打开；⑦放置在开放式储物架上的易碎品或重物可能会坠落摔碎；⑧烟囱可能压垮无支撑的房顶并崩塌；⑨易燃液体，如油漆及清洁剂，应储存于车库或是室外储物室中(而非室内)。请设法逐个排除这些隐患，妥善安置各种重物，把不妥的重物重新放置。

2.8 地震避难

2.8.1 应对地震

如果在家居、旅游或外出过程中恰巧遭遇地震，应学会应对地震灾害的策略。例如如果你遭遇地震，你是选择跑还是躲呢？目前多数专家认为：地震时就近躲避，震后迅速撤离到安全的地方，是应急避震较好的办法。这是因为，震时预警时间很短，人又往往无法自主行动，再加之门窗变形等，从室内跑出十分困难；如果是在高楼里，跑出来更是不太可能的。但若在平房里，发现预警现象早，室外比较空旷，则可力争跑出避震。但需要注意的是，因为每一次地震都是各具特点的，所以一定要学会判断，并根据当时的实际情况而做出快速正确的选择。

(1) 正确判断地震特征

如果能够利用所学知识，正确地判断地震的远近及其特征，才可能为做出正确的判断提供依据，根据前面我们学过的知识，我们知道地震波引起的地面震动是几种波共同作用的结果，但就人们的感受而言，主要可区分出上下颠动和水平晃动两种形式。在强烈地震的震中区附近，最初的颠动，是由首先到达的纵波引起的；数秒钟以后横波到达，造成更强烈的地面运动，因而人们就感到像站在风浪中船的甲板上一样剧烈颠簸，站立不稳，甚至摔倒在地。这就是震中区人们感到“先颠后晃”的原因，也就是说，若是近震人们就会产生这种“先颠后晃”的感觉，换言之，如果有这种“先颠后晃”的感觉就可以初步判断是近震，人们就应该更加警惕了！另外，地震时，但随着震中距离的加大，颠与晃的时间差会逐渐加长，颠与晃的强度会逐渐减弱；在一定范围以外，人们就感觉不到颠动，而只是感到晃动了。因此，如果地震时你感到颠动很轻，或者没有感到颠动，只感到晃动，说明这个地震离你比较远；颠动和晃动都不太强时，说明这个地震不很大。在这两种情况下，你大可不必惊慌失措，只须躲在室内有利避震的地方暂避即可。此时如果跑出，反倒有可能被一些飞来的石子、砖瓦块、玻璃碎片等伤害。

(2) 首先要保护自身安全

当地震发生时，如果有条件跑出房间就尽快跑出来，如果跑不出去就采取就地躲避的原则，戴上头盔或顶上坐垫，迅速躲进桌子下面等安全场所吗？搜救队员给出的建议是否定的，究竟应该怎样避震才是正确的方法？实际上，躲避地震的最佳位置是空间狭小的区域，这些地方是有效避震的“活命三角区”，有三角区就不要躲在桌子下面(见图2-6)。室内易于形成三角空间的地方是：①炕沿下，坚固的桌子和床等家具附近；②内墙墙根、墙角；③厨房、卫生间、储藏室等开间小的地方。

这是震后搜救队员给出的建议：三角空间更保靠。所以，地震发生时，避震还要首选躲在桌子下面吗？不，你过时了。应该寻找易于形成三角空间的地方，而且千万不要跳楼！不要站在窗外！不要到阳台上去！另外家里和私家车里准备一个应急包，在发生突发时间时它能将生存几率大大提高。如果慌慌张张地冲到外面，反而会因为空中掉落的瓦片和玻璃等而蒙受危险。

(3) 尽量关闭火源

图 2-6 有效避震的活命三角区示意图

即使开始只是小幅度的摇晃，接下来也会有大幅度摇晃到来的可能。如果你在火源附近，要保持镇定，立即关闭火源。但应注意：烹饪过程中等正在使用油或者开水时，有大幅度摇晃袭来，油和开水泼翻、溢出非常危险。这种情况下，请立即离开，等摇晃停止后再关闭火源。

(4) 打开门确保出口

特别是公寓等建筑物中，由于地震造成的建筑物的歪曲，门有可能无法打开，有被关在屋子里的危险。请打开门窗等，以确保出口。

(5) 注意玻璃碎片

碎玻璃和掉落物品有可能造成脚的伤害。为了确保脚下的安全(避开这些危险区)，请在枕边准备好手电和拖鞋等物品。

(6) 逃出后切勿重返家中

一旦逃出之后，有人会因为回家取钱或贵重物品等，被埋在坍塌的家中或遭受火灾的危险；因此在确认安全之前，请尽量不要再返回家中，那是很危险的做法。

(7) 应步行去避难所

震灾发生时，会有很多消防车或急救车等紧急车辆通行，为了避免妨碍这些紧急车辆的通行，从而导致灾情的扩大，请千万不要使用车辆，应步行去可以避难的场所。

(8) 尽量少用电话

地震发生后，为了确认安全与否，电话线路使用量急剧增加，有可能妨碍 110、119、120 和水电气生命线等确认信息的紧急电话的使用。所以，尽量避免拨打不必要或不紧急的电话。同时也可避免电话的电池被耗尽而导致自动关机的情况发生。确需打电话时，应提前想好电话内容，尽快讲清情况，尽量缩短打电话时间。

(9) 勿受谣言所惑

灾害发生时，谣传和错误信息散布开来，有时会加大混乱的幅度；请先通过各种媒体获取正确的信息，然后再采取行动；千万不要盲目地被谣言所惑。

(10)走在街上时注意事项

请注意广告牌和窗玻璃碎片等掉落物。如果在施工现场，还有工具或资材等掉落的危险。请用包或上衣等物保护头部，离开高的建筑物附近避难。此外，注意有的水泥墙、门柱等也有崩塌的危险。

(11)正在开车时的注意事项

如果你正在开车，应稳控方向盘，缓慢减速，将车停在路边，关掉发动机；一边收听信息一边观察情况，如果需要避难，请不要拔出车钥匙，不锁车门，带上车检证及贵重物品等，徒步去避难。

(12)在地下街或地铁里的注意事项

在地下街或地铁里的的摇晃程度只有地面的一半左右，而且构造也很坚固，比呆在高楼大厦等建筑物里更加安全；所以先不要慌张，听从有关人员指示进行避难。

(13) 在高楼大厦中的注意事项

请千万不要使用电梯逃生，应请听从指挥，利用楼梯逃生。电梯里如果装备有地震感知装置，就会停在最靠近的一楼；请立即离开电梯，如果被关闭在电梯内，请使用电梯内的传呼器与外界联络，等待救援。

(14) 在海岸附近的注意事项

地震来临时，如果刚巧你在海岸附近，应尽快逃到高地避难，并密切注意海啸信息。在警告通知和警报还未解除前，请不要接近海岸。

2.8.2 地震后自救

根据中国国务院应急管理办公室文件，地震后应积极、科学地开展避灾自救工作，各种情况下应采取的主要措施如下。

(1) 地震后的自救措施

① 察看周围的人是否受伤，如有必要，予以急救，或协助伤员就医；

② 检查家中水、电、瓦斯管线有无损害，如发现瓦斯管有损，轻轻将门窗打开，立即离开并向有关部门报告；

③ 打开收音机，收听紧急情况指示及灾情报导；

④ 检查房屋结构受损情况，尽快离开受损建筑物；

⑤ 尽可能穿着皮鞋、皮靴，以防震碎的玻璃及碎物弄伤腿脚；

⑥ 保持救灾道路畅通，徒步避难；

⑦ 听从紧急救援人员的指示疏散；

⑧ 远离海滩、港口以防海啸的侵袭；

⑨ 地震灾区，除非经过许可，请勿进入，并应严防歹徒趁机掠夺；

⑩ 注意余震的发生。

(2) 地震避灾自救口诀

① 大震来时有预兆，地声地光地颤摇，虽然短短几十秒，做出判断最重要；

② 从高层楼房撤下，电梯千万不可搭，万一电力被切断，欲速不达困死人；

③ 平房避震有讲究，是跑是留两可求，因地制宜做决断，错过时机诸事休；

④ 次生灾害危害大，需要尽量预防它，电源燃气是隐患，震时及时关上闸；

⑤ 强震颠簸站立难，就近躲避最明见，床下桌下小开间，伏而待定保安全；

⑥ 震时火灾易发生，伏在地上要镇静，沾湿毛巾口鼻捂，弯腰匍匐逆风行；

⑦ 震时开车太可怕，感觉有震快停下，赶紧就地来躲避，千万别在高桥下；

⑧ 震后别急往家跑，余震发生不可少，万一赶上强余震，加重伤害受不了。

(3) 地震后被埋压自救方法

地震发生后，万一被埋压，首先不要轻举妄动，而是要冷静地判断形势，采取有效的措施保护自己。

首先要保护自己不受新的伤害。大地震发生后，可能还会不断发生余震，被埋压者所处的环境可能进一步恶化；等待救援需要一定时间，因此被埋压人员要尽可能改善自己的处境。①稳定情绪，设法脱险：沉住气，树立生存的信心，要相信一定会有人来救你；先设法把双手从埋压物中抽出来；设法保持呼吸畅通；尽量挪开脸前、胸前的杂物；清除口、鼻附近的灰土；闻到煤气及有毒异味或灰尘太大时，设法用湿衣物捂住口、鼻。②还要积极地改善自身所处的环境，消除危险因素。如设法避开身体上方不结实的倒塌物、悬挂物或其他危险物；搬开身边可搬动的碎砖瓦等杂物，扩大活动空间；注意，搬不动时千万不要勉强，防止周围杂物进一步倒塌；设法用砖石、木棍等支撑残垣断壁，以防余震时造成新的危害；不要随便动用室内设施，包括电源、水源等；也不要使用明火。

其次，设法脱离险境。①设法与外界联系：仔细听听周围有没有其他人；听到人声时用石块敲击铁管、墙壁，以发出呼救信号。②试着寻找通道：观察四周有没有通道或光亮；分析自己所处的位置，判断从哪个方向有可能脱险；试着排开障碍，开辟通道；若开辟通道需费时过长、费力过大或不安全时，应立即停止，以保存体力。

还有，注意保护自己、等待救援。①保存体力：不要大声哭喊，尽量闭目休息；不要勉强行动，待外面有人营救时，再按营救人员的要求行动。②维持生命：寻找身边的食物和水；节约使用食物和水；无饮用水时，可用尿液解渴。③如果受伤：想办法包扎、止血；防止伤口感染；尽量少活动。④被救出后：按医生要求闭上眼睛，长时间处在黑暗中的眼睛不能受强光刺激；进水进食要听医嘱，以免肠胃受到伤害。

(4) 地震后自救经验

当大地震蓦然而至，若开始时震级不高，人们应当迅速离开建筑群，分散到空旷的场地上去。来不及离开建筑物的往往会被坍塌的房屋埋没或砸伤。从唐山大地震中一些被埋没在瓦砾中生存下来的幸存者情况看，他们主要是：①没有受到致命的内脏伤；②试着寻找出路道德找到通气口，然后找到出口，并迅速脱离侄塌的房屋废墟；③在没有听到挖掘声及寻呼声时，不大呼大叫或无谓地翻滚折腾，惊慌失措、乱喊乱叫会加速新陈代谢，增加耗氧量，还会吸入大量烟尘而致窒息。从而可以看出，虽然目前人类还不能完全避免和控制地震，但只要我们掌握自救互救技能，就能使灾害降到最低。总结起来主要有以下几点经验：

① 保持镇静在地震中，有人观察到，不少无辜者并不因房屋倒塌而被砸伤或挤压伤致死，而是由于精神崩溃，失去生存的希望，乱喊、乱叫，在极度恐惧中“扼杀”了自己；因为乱喊乱叫会加速新陈代谢，增加氧的消耗，使体力下降，耐受力降低；同时在大喊大叫过程中会吸入大量烟尘，易造成窒息增加不必要的伤亡。正确态度是在任何恶劣的环境，始终要保持镇静，分析所处环境，寻找出路，等待救援。

② 止血、固定砸伤和挤压伤是地震中常见的伤害。开放性创伤，外出血应首先止血抬高患肢，同时发出可能的呼救；对开放性骨折，不应作现场复位，以防止组织再度受伤，一般用清洁纱布覆盖创面，作简单固定后再进行运转；不同部位骨折，按不同要求进行固定，并参照不同伤势、伤情进行分类、分级，送医院进一步处理。

③ 妥善处理伤口挤压伤时，应设法尽快解除重压，遇到大面积创伤者，要保持创面清洁，用干净纱布包扎创面，怀疑有破伤风和产气杆菌感染时，应立即与医院联系，及时诊断和治疗；对大面积创伤和严重创伤者，可口服糖盐水，预防休克发生。

④ 防止火灾地震常引起许多“次生灾害”，火灾是常见的一种。在大火中应尽快脱离火灾现场，脱下燃烧的衣帽，或用湿衣服覆盖身上，或卧地打滚，也可用水直接浇泼灭火；切忌用双手扑打火苗，否则会引起双手烧伤；消毒纱布或清洁布料包扎后送医院进一步处理。

⑤ 同时要预防破伤风和气性坏疽，并且要尽早深埋尸体，注意饮食饮水卫生，防止大震后的大疫。

(5) 地震逃生十大法则

① 为了自己和家人的人身安全，躲在室内易于形成三角空间的地方。大的晃动时间约

为 1min，这时首先应顾及的是您自己与家人的人身安全，即使在没有三角空间等可供藏身的场合，无论如何也要用坐垫等物保护好头部。室内易于形成三角空间的地方是：a. 炕沿下、坚固家具附近；b. 内墙墙根、墙角；c. 厨房、厕所、储藏室等开间小的地方。

② 摇晃时立即关掉灶台上的火，失火时立即灭火。大地震时，不能依赖消防车来灭火。每个人关火、灭火的这种努力，是能否将地震灾害控制在最小程度的重要因素。地震时，关火的机会有三次。第一次机会在大的晃动来临之前的小的晃动之时，第二次机会在大的晃动停息的时候，第三次机会在着火之后。即便发生失火的情形，在 1～2min 之内，还是可以扑灭的；为了能够迅速灭火，请将灭火器、消防水桶经常放置在离用火场所较近的地方。

③ 不要慌张地向户外跑。地震发生后，慌慌张张地向外跑，碎玻璃、屋顶上的砖瓦、广告牌等掉下来砸在身上，是很危险的；此外，水泥预制板墙、自动售货机等也有倒塌的危险，不要靠近这些物体。

④ 将门打开，确保出口。钢筋水泥结构的房屋等，由于地震的晃动会造成门窗错位，打不开门，曾经发生有人被封闭在屋子里的事例。请将门打开，确保出口；平时要事先想好万一被关在屋子里，如何逃脱的方法，准备好梯子、绳索等。

⑤ 户外的场合，要保护好头部，避开危险之处。当大地剧烈摇晃，站立不稳的时候，人们都会有扶靠、抓住什么的心理。身边的门柱、墙壁大多会成为扶靠的对象；但是，这些看上去挺结实牢固的东西，实际上却是危险的。在 1987 年日本宫城县海底地震时，由于水泥预制板墙、门柱的倒塌，曾经造成过多人死伤。务必不要靠近水泥预制板墙、门柱等躲避。

⑥ 在百货公司、剧场时依工作人员的指示行动。尽量寻找三角空间，或就地蹲下或躲在排椅下，注意避开吊灯、电扇等悬挂物，用皮包等物保护头部，等地震过后，听从工作人员指挥，有组织地撤离；在地下街等人员较多的地方，最可怕的是发生混乱。请依照商店职员、警卫人员的指示来行动；即便发生停电，紧急照明电也会即刻亮起来，请镇静地采取行动；如发生火灾，即刻会充满烟雾。以压低身体的姿势避难，并做到绝对不吸烟。

⑦ 汽车靠路边停车，管制区域禁止行驶。发生大地震时，汽车会无法把握方向盘，难以驾驶。必须注意，避开十字路口将车子靠路边停下；为了不妨碍避难疏散的人和紧急车辆的通行，要让出道路的中间部分；都市中心地区的绝大部分道路将会全面禁止通行；充分注意汽车收音机的广播，若附近有警察，要依照其指示行事；有必要避难时，为不致卷入火灾，请把车窗关好，车钥匙插在车上，不要锁车门，并和当地的人一起行动。

⑧ 务必注意山崩、断崖落石或海啸。在山边、陡峭的倾斜地段，有发生山崩、断崖落石的危险，应迅速到安全的场所避难；在海岸边，有遭遇海啸的危险；感知地震或发出海啸警报的话，请注意收音机、电视机等的信息，迅速到安全的场所避难。

⑨ 避难时要徒步，携带物品应在最少限度。因地震造成的火灾，蔓延燃烧，出现危及生命、人身安全等情形时，采取避难的；避难的方法，原则上以市民防灾组织、街道等为单位，在负责人及警察等带领下采取徒步避难的方式，携带的物品应在最少限度；绝对不能利用汽车、自行车避难；对于病人等的避难，当地居民的合作互助是不可缺少的；从平时起，邻里之间有必要在事前就避难的方式等进行商定。

⑩ 不要听信谣言，不要轻举妄动。在发生大地震时，人们心理上易产生动摇。为防止混乱，每个人依据正确的信息，冷静地采取行动，极为重要；从携带的收音机等中，把握正确的信息。相信从政府、警察、消防等防灾机构直接得到的信息，决不轻信不负责任的流言

蜚语，不要轻举妄动。

(6) 地震逃生 12 个注意事项

地震逃生过程中常用的 12 个注意事项有：①如果震动不太严重，赶紧跑出来到开阔地带；②若震动严重，赶快躲到桌子下面；③在室内及户外都要用椅垫等保护头部；④赶紧熄灭火，关闭切断火源；⑤墙面及货架都有可能倒塌，应远离；⑥应远离高压线及燃气管道等；⑦将门窗打开，留下出口及逃生通道；⑧在户外场合，要注意观察，远离余震威胁；⑨在任何时候，都要保持镇静；⑩逃生时，尽量少带东西；⑪严禁在山崖及河边停留，注意山崩和地裂；⑫在自己安全的前提下，尽快救助他人逃离灾区。

2.9 震后救援

2.9.1 震后搜救

地震之后，救灾指挥者在没有检查所有空穴之前，在尚未完成“选择性建筑物残骸清除”之前，在所有希望还没有都消失之前，绝不能轻易放弃或延迟搜救。多坚持一天，也许就能多挽救一个生命，一个家庭。

(1) 搜救要点

① 幸存者可能在坍塌建筑物中的蜂窝状空穴存活 2~3 周以上。在完全排查所有空穴之前，或搜救时间已超过 3 周之前，绝不轻易放弃。

② 为达到最高效率，搜索和营救应由独立团队完成。

③ 当使用不能直接确认幸存者存在(如目视、对话)的搜索方式(搜救犬、声学仪器)时，须由两个独立搜索分队确认，以保证有目标地开展后续营救工作。

④ 搜救区域必须严格戒严，并最大可能保持安静。

⑤ 使用固定、醒目的符号对已经完成搜索的区域进行标识，以节约宝贵的时间和人力。

⑥ 在搜救人力、资源、时间有限时，须对搜救地点的优先级进行选择。

⑦ 每个营救地点都必须指定一人专门负责协调，统一指挥，全权进行人员调度。

(2) 搜索手段

1) 搜救犬搜索：搜救犬分队通常由两只搜救犬及其驯犬师和一名队长组成。任务开展初期一般部署两支搜救犬分队参与搜救。搜救犬分队队长对被搜索区域的地形、结构特点进行分析后，标示出所有重点信息，并将结果报送指挥部。一支搜救犬分队发现有幸存者的可疑区域后，队长应将该分队调离该区域，同时派遣一支分队对该区域再次搜索；如果第二支搜救犬分队确认该区域有幸存者，则标记该区域；队长随后将标记结果报送搜救行动指挥部，以便采取后续营救行动。

2) 技术搜索：主要使用声波、振动监听设备进行搜索。如必要，也可使用光导纤维设备、红外热成像(如果条件许可)等设备。应使用大功率扬声器或其他设备，向废墟中的幸存者喊话。幸存者应发出重复信号(如连续敲墙)，搜索区域应尽量保持安静。随后，应另派一位仪器搜索人员对可疑地区进行确认，并将标记结果尽快报送搜救行动指挥部。光导成像设备可精确定位废墟空穴中的幸存者，配合混凝土锤或钻使用尤为有效。搜救人员可在坍塌建筑物表面钻观察孔，用光导成像设备快速侦测；该设备可以清楚看到幸存者，通常不需要进行二次确认。操作人员应对该区域地形、结构特点进行分析，并标示可用信息，以便开展后续救援行动。

3）人工搜索：在受灾区域内部署人工搜索，直接对空穴和狭小区域进行搜索，寻找幸存者。搜索人员也可排成队列倾听幸存者发出的声音。使用大功率扬声器或其他喊话设备向被困的幸存者喊话并给予指示，搜索人员仔细倾听并标示出有声音的区域。

（3）搜索策略

搜索策略用于大规模搜索的优先级确定，用来判断如何合理安排搜索资源的策略有两种：①将待搜索区域分区。根据灾区面积和可支配资源数量，搜索区域可按城市街区或其他易辨标准划分；按照面积比例将资源配置到每个待搜索区域。这种方式对于面积较小的搜索区域较为适用，但对于较大的区域(如一个城市或城市的一部分)来说，因资源有限，并不实用。②针对不同类别的受灾地区设置搜索优先级。最可能有幸存者的地区(根据建筑类型来判断)以及潜在幸存人数最多地区(根据受灾建筑的用途判断)应给予优先考虑。例如学校、医院、养老院、高层建筑、复合住宅区和办公楼等，应优先开展搜救行动。

2.9.2 震后救援

首先应保证自身的安全，尽快撤离险境，尽快从家中的危房撤出来，尽快到外面开阔的地方去，记住在条件允许的情况下，临走前应灭掉明火、关闭煤气开关、切断电源；尽快离开室外的危险环境。

（1）救人原则

自己逃出后，应尽快救人。震后救人，首先要做到快捷，使救人的队伍迅速壮大，让更多的人获救。因此，在尽快救人时应遵循以下原则：①先救近处的人。不论是家人、邻居，还是萍水相逢的路人，只要近处有人被埋压，就要先救他们；反之舍近求远，往往会错过救人良机，造成不应有的损失；②先救容易救的人。这样可加快救人速度，尽快扩大救人队伍；③先救青壮年和医务人员。这样可使他们迅速在救灾中发挥作用；④先救“生”，后救“人”。具体来说，如在地震中，有一个人为了使更多的人获救，采取了这样的做法：每救一个人，只把其头部露出，使之可以呼吸，然后马上去救别人，结果她一个人在很短的时间内救了几十人。

（2）救人方法

另外，救援中还要注意救人的方法，因为震后救人，环境、条件十分复杂，必须因地制宜地采取相应的办法，遵循一定的程序、步骤和方法以及注意事项：

1）定位。①首先寻找被埋压人员，并判定其位置；②先仔细倾听有无呼救信号，也可用喊话、敲击等方法询问埋压物中是否有待救者；③如果听不到声音，可请其家属或邻居提供情况；④根据现场情况分析被埋压人员可能的位置。

2）注意扒挖过程。①使用工具扒挖埋压物时，一定要注意安全，当接近被埋压人时，不可用利器刨挖；②扒挖时要特别注意分清哪些是支撑物，哪些是一般的埋压物，不可破坏原有的支撑条件，对人员造成新的伤害；③扒挖过程中应尽早使封闭空间与外界沟通，以便新鲜空气注入；④扒挖过程中灰尘太大时，可喷水降尘，以免被救者和救人者窒息；⑤扒挖过程中可先将水、食品或药物等递给被埋压者使用，以增强其生命力。

3）施救。①先将被埋压者头部暴露出来，清除口、鼻内的尘土，再使其胸腹部和身体其他部分露出；②对于不能自行出来者，应使其尽量充分暴露全身再抬救出来，不可强拉硬拽。

4）救出：对于在黑暗、窒息、饥渴状态下埋压过久的人，救出后应给予必要的护理。①蒙上眼睛，使其避免强光的刺激；②不可使其突然进食、进水过多；③要避免被救人情绪过于冲动；④对于受伤者，要就地做相应的应急处理。

5）运送：①首先要仔细观察和询问伤员的伤情；②对救出的重伤员，根据伤情应送往不同的医疗点救治；③对骨折伤员、危重伤病员，运送中应有相应的护理措施。如对于颈、腰部疼痛的患者特别要注意让他平卧，并尽量躺在硬板上，搬运时保证其头颅、颈部和躯体处于水平位置，以免造成脊髓损伤；④昏迷的伤员要平卧，且将其头部后仰、偏向一侧，及时清理口腔的分泌物，防止其呼吸道堵塞；⑤给伤员喝水时，一定要先从少量开始，以免大量饮水造成急性胃扩张，导致严重后果；⑥可用衣被、绳索、门板、木棍等组合成简易担架搬运伤员。

特别提醒在救人过程中一定要注意安全，千万不要给自己和伤者造成新的伤害。

2.9.3 震后注意事项

（1）检查伤情

如果有人呼吸停止，进行口对口人工呼吸；如有流血的外伤，立即直接压迫伤处止血；不要移动重伤员，除非有伤情扩大的紧急危险；用毛毯包裹伤员，以保持体温。随身携带手机、电脑、收音机等以获取最新的救援消息和新闻报道。

临海居住的人们要警惕可能会引发的海啸。海啸是地震引发的海浪。若当地政府发布了海啸预警，要意识到危险的海浪正在逼近，这时要尽快撤到内陆的高地。

不要使用电话，除非伤势严重。当附近有掉落的碎片和玻璃碴时，一定要穿鞋。

（2）检查隐患

① 尽可能熄灭火苗，如果火势已无法熄灭，要迅速离开家中，尽快通知消防队，并提醒邻居。

② 进屋前就要打开手电筒，因为如果屋内煤气泄漏，打开手电筒也可能引起火花。

③ 检查燃气管道、电线和水管，检查电器的受损情况。如果闻到煤气味，或看到管道破裂，要关掉从外面进屋煤气管道的主阀门。在供电局来做安全检查前，不要再合上电闸。谨记：在燃气闸关闭后，必须由专业人员重新打开；不要点燃火柴来寻找燃气泄漏处。注意：若怀疑煤气管道泄漏，不要拨动电源开关或使用电器，因为产生的火花会点燃泄漏的燃气。

④ 如果家里电线受损，要切断电源。如果情况不安全，要离开房屋，寻求救援。切莫触摸掉落的电线或受损的电器。

⑤ 检查建筑是否有裂缝和损坏，尤其是烟囱与砖墙周围。如果建筑有坍塌的迹象，要迅速撤离。

⑥ 清除溢出的药品、漂白剂、汽油和其他易燃易爆液体。

⑦ 如厕前要检查水管与下水管道，确保它们完好无损；塞好浴缸与水槽的下水口，以免污水倒流。

⑧ 检查水与食物供应。如果水源被切断，可使用热水器里的水或融化食用冰块救急。

⑨ 扔掉所有可能会变质或受污染的食物。

⑩ 检查壁橱和食橱，开门要当心；注意躲避架上可能掉落的物品。

⑪ 紧急状态下，如需做饭，只有在户外才能使用木炭和煤气烤架。

⑫ 不要驾车，除非情况危急；更不要穿越受灾区域去看热闹，这样只会妨碍救援行动；为使救援车辆通行无阻，要保持街道畅通。

⑬ 谨防余震。余震虽然一般较主震弱，但也足以造成进一步损害，并使建筑物更脆弱；若没有警方、消防队或救援组织请求你提供协助，请远离受损害的区域。

⑭ 地震时你和家人可能会失散，但要记住，在大地震后的 24 h 内，如非紧急情况，请不要打电话。

2.9.4 震后安置与防疫

地震发生后，各种疫情暴发的风险主要与安全水源、卫生设施、人群密度、人群健康状况以及医疗服务等相关；因此地震后必须对这些方面具有足够的重视，尽早做好震后的安全防疫工作。例如，地震后，由于厕所、粪池毁坏，下水管道断裂，污水溢出以及有尸体腐烂等，再加上卫生防疫管理工作可能不到位就会造成大量蚊蝇孳生地，极易在短时间内繁殖大批蚊蝇，容易造成疫病流行。另外，地震后由于水源及供水系统被破坏，必须尽早、持续地保障提供安全的饮用水，这也是震后最重要的一项防疫措施。

(1) 震后生活安置

震后生活安置应注意以下几个方面：①注意个人和环境卫生。请勿随便喝生水，因为水可能已被污染；不吃不洁净或变质发霉的食物；不要随地大小便，按要求接种预防针。②不要随意去危险的地方，注意保护自身安全。不要随便回到危房里去，因为余震随时可能发生；尽可能远离废墟，那里可能有碎玻璃、钉子等，很容易使人受伤；不要到处闲逛，因为环境恶劣，爆炸、毒气泄漏、水灾、火灾等都有可能发生。③在安全的地方搭建防震棚。把防震棚搭在空旷、干燥、地势较高的地方；不要搭在高压线下、危楼旁边，也不要妨碍交通安全。④住防震棚要注意安全。一定要注意防火，教育孩子不要玩火；在地上睡觉要防潮；冬天要严防煤气中毒。

(2) 震后食品卫生

地震后更要讲究饮食卫生，防止病从口入。因地震造成生活环境被污染，尤其是夏季蚊蝇等孳生，会导致食物污染；由于缺水而无法对餐具及食品加工器具洗净、消毒而导致食物污染；此外，误食过期变质食品、病死或死因不明的禽畜和鱼虾，采食有毒野菜、野果等都会导致食物中毒；如果不注意饮食卫生，可能会引起肠道传染病或食物中毒。震后要注意的细节有：①食物要烧熟煮透，特别是剩饭剩菜一定要煮透后食用，高温季节，煮熟的饭菜应在 2h 内食用；②餐具用后要及时清洗消毒，用前要再次清洗；③拿食物、吃东西前一定要洗手；④不用脏水洗瓜果蔬菜，吃瓜果要用干净水洗净；⑤存放吃剩的或没有包装的食物，要注意防鼠、防蝇、防虫；⑥另外，要做到“五不吃”：不吃腐败变质和受潮霉变的食物；不吃病死、死因不明的禽畜和鱼虾或有怪味的食品；不吃凉拌菜；不采吃不认识的野果；不捕食野生动物。

地震后食品卫生宣传十要点有：①喝清洁的饮用水，生水应烧开后饮用；②饭前便后要洗手，加工食品前要洗手；③制作食品要烧熟煮透；④生熟食品要分开制作放置；⑤剩菜剩饭要确保没有变质，经彻底加热后再食用；⑥不吃来源不明的、腐败变质的食品，不吃死亡的家禽家畜，不吃霉烂变质的粮食；⑦不生食动物性食品；⑧不使用来源不明的容器盛装食品，食品容器、餐具用后要彻底清洗和消毒；⑨不使用污水清洗瓜果、碗筷餐具；⑩食品要避免受到苍蝇、老鼠等的污染。

不适宜作为灾区救援的食品有：①鲜肉类、鱼类及其熟肉、熟鱼、贝类食品，冷冻鲜肉、鱼类食品；②水活性值较高的非定型包装密封食品，如馒头、烙饼、熟蒸包子、软面包等；③超过保质期，保存期的食品；卫生质量和包装条件等配方、原料、生产卫生条件可疑的食品；一切不符合卫生标准的食品。

(3) 震后水源选择原则

发生地震后，水源往往受到破坏或不能利用，这时首先要寻找可用的水源，并保护水源。应当做到水源尽量避开排污工厂；不能在水源边修建厕所、猪牛羊圈，也不能堆放垃圾；生活污水不要直接排入水源，要经过无害化处理；一般可将水源分成三段：上段作为人的饮用水，中段作为人的洗用水，下段作为牲畜饮用水；另外，湖、塘水源，要筑起井或沙滤围堤，使饮用水得到过滤澄清；一切洗涮活动都要做到不污染水源。

震后水源选择总的原则是：先选用深层地下水，如有困难，依次选择泉水、浅层地下水和地面水。另外，选择水源一般原则应综合考虑以下四个方面：①水量充足：根据当地的气候、季节、居民用水习惯及供水服务半径等，选择能满足居民供水量的水源。②水质良好：根据水源周围的环境条件、卫生状况及水质分析结果来判定，选择水质良好、流行病学上安全、无地方病、无毒害及无放射性危害的水源。③便于保护：如果水源经常受到工业废水或生活污水的污染，即使有完善的的净水设备和严格的操作管理，也不能保证供水流向及污染源与居民点的分布等情况，提出确保水质的卫生防护措施。④技术经济上合理：在分析比较各水源的水量、水质之后，结合取水、净化及输配水等设施的要求，尽量减少投资，选择技术与经济都比较合理的水源。

(4) 注意饮水安全

解决供水问题应注意以下四方面：①要尽快找到水源；②进行水质检验，确定能否饮用；③对不适饮用的水进行清洁治理；④采用合适的供水方式。

那么怎样寻找水源呢？根据震前了解的当地水源分布，并通过现场调查，寻找水量充分、水质良好、便于保护的水源。震后一切水源都可能受污染，因此对所有水源都要重新检验，确定可否饮用；选定的水源要加强防护，清除周围 50m 内的厕所、粪坑、垃圾堆以及尸体等污染源，建立水源保护制度，设岗哨看管，防止被污染。

还有，应注意对饮用水进行净化和消毒，一般采取以下方法：①混水澄清法：用明矾、硫酸铝、硫酸铁或聚合氯化铝作混凝剂，通常 50kg 水加明矾或碱式氯化铝 2.5~4g 或每桶水(约 25kg)加花生米大小的明矾一粒，用棍棒搅动 1~2min，待出现絮状物后静置约 10min，水即澄清。没有上述混凝剂时，可就地取材，把仙人掌、仙人球、量天尺、木芙蓉、锦葵、马齿苋、刺蓬、榆树、木棉树皮捣烂加入混水中，也有助凝作用。②饮水消毒法：煮沸消毒效果可靠，方法简便易行。也可用漂白粉等卤素制剂消毒饮用水。视水的污染程度，加入氯素 1~3mg/L，一般待 15~30min 后即可饮用。为了验证氯素的实际消毒效果，加氯 30min 后应做水中的余氯测定，在余氯量为 0.3mg/L 时即可认为达到消毒效果；如果是个人水杯净化也可在每升水中滴加 5 滴 2%碘酒，在振摇 2min、静置 10min 后即可饮用。

另外需要注意的是，漂白粉(精片)遇高温、亮光、潮湿会失效，所以必须放在能避光、干燥、凉爽处，如用棕色瓶拧紧瓶盖存放。

常用氯制剂饮用水消毒剂的处理消毒用量详见表 2-6 所列。

(5) 地震常用消毒剂

① 漂白粉：主要为次氯酸钠，还含氢氧化钙、氧化钙、氯化钙等。配制水溶液时应当

先加少量水，调成糊状，再边加水边搅拌成乳液，静置沉淀，取澄清液使用。漂白粉可用于环境、操作台、设备、餐饮具、工具及手部浸泡消毒。

② 次氯酸钙(漂粉精)：使用时充分溶解在水中，普通片剂应当碾碎后加入水中充分搅拌溶解，泡腾片可直接加入溶解。使用范围同漂白粉。

③ 次氯酸钠：使用时在水中混匀。使用范围同漂白粉。

④ 二氯异氰尿酸钠(优氯净)：使用时充分溶解在水中，普通片剂应当碾碎后加入水中充分搅拌溶解，泡腾片可直接加入溶解。使用范围同漂白粉。

⑤ 二氧化氯：因配制的水溶液不稳定，应当在使用前加活化剂现配现用。使用范围同漂白粉。因氧化作用极强，应当避免接触油脂，以防止加速其氧化。

⑥ 碘伏：0.3%~0.5%，可用于手部浸泡消毒。

⑦ 新洁而灭：0.1%，可用于手部浸泡消毒。

⑧ 乙醇：75%，用于手部或操作台、设备、工具涂擦消毒。

(6) 餐具清洗消毒

常用的餐具清洗消毒方式及注意事项如下。

1) 餐具清洗方法：

① 刮掉沾在餐饮具表面上的大部分食物残渣、污垢；②用含洗涤剂溶液洗净餐饮具表面；③最后用清水冲去残留的洗涤剂。

2) 餐具消毒方法：

① 煮沸、蒸汽消毒保持100℃10min以上；②使用含氯消毒剂消毒，消毒液浓度应当含有效氯250mg/L以上，餐饮具全部浸泡入液体中，作用5min以上；③化学消毒后的餐饮具应当用净水冲去表面的消毒剂残留。

3) 餐具保洁方法：

① 消毒后的餐饮具要自然滤干或烘干，不应当使用手巾、餐巾擦干，以避免受到再次污染；②消毒后的餐饮具应当及时放入防尘、防蝇的容器内。

(7) 化学消毒注意事项

化学消毒注意事项有以下几个方面：①使用的消毒剂应当在保质期限内，并按规定的温度等条件贮存；②严格按规定浓度进行配制，固体消毒剂应当充分溶解；③配好的消毒液定时更换，一般每4 h更换一次；④使用时定时测量消毒液浓度，浓度低于要求立即更换；⑤保证消毒时间，一般餐具、工具消毒应当作用5min以上；⑥应当使消毒物品完全浸没于消毒液中；⑦餐具消毒前应当洗净，避免油垢影响消毒效果；⑧消毒后以洁净水将消毒液冲洗干净。

(8) 粪便消毒

粪便及排泄物，特别是病人的粪便和排泄物，必须进行消毒后才能运送，其处理消毒剂的用量见表2-6，可选用其中的一种消毒方式处理。

(9) 震后常见疾病

地震后常见的疾病有：①肠道传染病，灾区卫生条件差，特别是饮用水的卫生难以得到保障，首先要预防的是肠道传染病，如霍乱、伤寒、甲肝、痢疾、感染性腹泻、肠炎等；②虫媒传染病，如疟疾、流行性乙型脑炎、黑热病、登革热等；③人畜共患病和自然疫源性疾病，如鼠疫、流行性出血热、炭疽、狂犬病等；④经皮肤破损引起的传染病，如破伤风、钩端螺旋体病等；⑤常见传染病，如流脑、麻疹、流感等呼吸道传染病等；⑥震后房屋倒塌，使食品、粮食受潮霉变、腐败变质，存在发生食物中毒的潜在危险；⑦由于水源和供水设施破坏和污染，存在饮水安全隐患问题；⑧灾害中还易发生意外伤害：溺水、触电、中暑、外伤、毒虫咬螫伤、毒蛇咬伤、食物中毒、农药中毒等。

表 2-6 常用氯制剂饮用水消毒及粪便的处理消毒用量

常用氯制剂饮用水消毒			粪便的处理及消毒		
消毒剂	浓度/(g/t 水)	作用时间/min	消毒剂	用量(消毒液:粪便)	作用时间/h
漂白粉	10	30	20%漂白粉澄清液	1:2	2
漂白粉清	3	30	6%漂白粉精溶液	1:2	2
优氯净	4	30	5%氯胺 T 溶液	1:2	2
氯胺 T	10	30	漂白粉干粉	干粉:粪便 1:5	2

(10) 警惕传染病

值得特别注意的是，地震后一定要警惕以下四类传染病的流行。

第一类，肠道传染疾病。主要是通过粪口传播的肠道传染疾病等。这些疾病是通过摄入了受到污染的水、食物等导致的，比如痢疾、手足口病、甲肝等，灾区群众要注意预防。

第二类，呼吸道传染疾病。地震后人员聚集程度高，流动性大，相互之间接触频繁，容易导致麻疹、风疹和感冒等呼吸道感染疾病。特别是麻疹和风疹地震时处于高发期，一定要注意防范。

第三类，急性出血性结膜炎，俗称"红眼病"。地震后人员接触频繁，同时，原有的生活规律被打乱。特别是一些灾区群众为了节省饮水，往往几个人共用一盆洗脸水或共用一条毛巾等，容易引发红眼病的暴发。

第四类，可能出现的乙脑疫情。每年 6~8 月份是乙脑疫情高发的阶段，这种疾病主要通过蚊虫叮咬传播。这种疾病影响人的中枢系统，致死率高，容易导致痴呆等后遗症。

(11) 个人卫生管理

地震后加强个人卫生与维护自身健康是非常重要的。震后的传染病预防，除了饮水、饮食和环境保护，更要注意个人卫生，才能取得更好的效果；主要应从以下几方面做好个人卫生管理：①勤洗手，尤其是不用脏手揉眼睛；②不随地大小便，不随意丢弃垃圾；③不捡拾路边遗弃的食物、野外不认识的瓜果、医疗废弃物等；④常晒衣物，帐篷要注意通风，对易潮、易霉变的食物要保持通风和干燥；⑤尽量做到不与他人共用洗漱用品(如脸盆、毛巾、手帕、牙刷等)，如果不得不与其他人共用脸盆，自已用前一定要用肥皂将脸盆洗净；⑥有破损伤口时，不要与土壤直接接触，及时消毒和注射破伤风针；⑦发现头痛、发热、呕吐、腹泻等症状，应立即告诉家长、老师，及时找医生诊治。

(12) 预防为主，措施到位

在防疫工作中，应密切注意、尽早发现有流行倾向的病例是保证迅速控制疫情的关键。监测和早期预警系统应及早建立，以发现疾病的暴发并监控当地重要的流行病。震后需要尽快进行化验采样、储存和运输样本的手段建设，以便及时地监测研究。而且，医疗工作者也应训练识别重点疾病，一旦发现证实需迅速向上级卫生部门汇报。

实践证明，可以采取以下一些措施以减轻传染病的影响。①尽早诊断和治疗腹泻及急性呼吸道感染，特别是那些 5 岁以下的幼儿；②需要密切注意的是，震后一定要严格预防疟疾和登革热，在疟疾高发区尽早诊断和治疗疟疾，发烧24h内，用青霉素为主的综合疗法来治疗恶性疟疾；③针对主要传染性疾病的医护和防治措施；④正确的伤口清洁和护理，伴随震后的伤口处理，应予以注射破伤风疫苗；⑤提供必要的药品，设置一个医疗应急箱，例如处理腹泻病的口服补液盐、治疗急性呼吸道感染的抗菌素等。

另外，震后应积极向广大群众宣传卫生知识，并将宣教重点放在以下六方面：①学会正确的洗手方法，养成良好的洗手习惯；②学会安全的食物准备方式；③保证饮用水的安全卫生，用煮沸水或氯化处理水；④发烧应做早期诊治；⑤在疟疾高发区，应使用杀虫剂处理过的蚊帐；⑥控制好与当地流行疾病相适应的传病媒介。

2.9.5 震后心理调节

关于地震后对人们的心理调节这方面我国经验较少，因此这部分内容主要是根据美国民间救援组织社区紧急搜救队(CERT)的震后心理救助课程整理。

(1) 心理表现

关于地震后的心理调节问题，每位亲历地震的人都是需要注意的。因为面对突如其来的巨大灾难，在没有任何心理准备的情况下遭受打击、目睹死亡、经历毁灭，一般都会出现恐惧担心、迷茫无助、悲伤内疚、愤怒失望等心理反应，严重者可能会留下长久的心理创伤。据美国民间救援组织社区紧急搜救队(CERT)的震后心理救助经验，发现震后普遍存在的心理问题一般表现在以下几个方面：①兴奋或生气，拒绝他人帮助，没有食欲；②自责或责备他人，情绪不稳，伴有头部或胸部疼痛；③拒绝与他人沟通，将自己封闭起来，拉肚子、胃疼、恶心；④惧怕回忆，极度活跃，感到头晕、麻木或不知所措；⑤大量饮酒和服用药物，感觉无助；⑥常做噩梦，难以集中精神，记忆力减退；⑦失眠、抑郁、疲劳、无力。

(2) 心理互助

因此，地震后的心理调节非常重要。如果在灾难发生后及时地进行心理援助和疏导，可以帮助灾难亲历者最大限度地利用积极应对技能，积极面对和走出心理阴影。另外值得注意的是，救援人员的心理疏导工作也是不可忽视的。触目惊心的灾难现场也会带给他们极大的心理压力。所以人们应进行心理互助：①在确认幸存者处于安全状态的前提下，向他传达“你已经安全”的信息；②要肯定幸存者的反应是正常的反应；③鼓励幸存者表达或发泄自己的情感，但不要强求；④要保护好自我的身心健康，不要因为对生还者及其创伤的同情和共情，而使自己出现严重的身心困扰，甚至间接性心理创伤，应及时进行自我调适，必要时寻求专业人士的帮助。

(3) 生还者心理反应

从灾难发生到地震后，亲历者会经历一系列心理和生理反应，这些反应的强度和类别因人而异，与当事人是否有过相同的经历、被困时间的长短以及生存所需是否得到满足等因素都有关联。一些研究显示，随着灾难的发生，当事人的情绪会经历几个截然不同的阶段。

1) 受冲击阶段：灾难发生的一刹那，很多人并不会感到害怕，有人甚至没有任何情绪波动。此时，人的活动只是下意识地保护自己和家人的生命安全。

2) 整理阶段：生还者在评估自己的损失后，立即开始搜索其余的幸存者。此时，人们会自发地组成搜索、营救以及紧急医疗救助等应急救援组织。

3) 营救阶段：生还者对于救助人员均报以绝对信任，并且会无条件服从，跟从他们迅速地聚集在安全地带，因此，救援人员最好穿着标志醒目的衣服，以便生还者迅速找到他们。

4）恢复阶段：这时有些人可能会抱怨救援工作进展得不够迅速，甚至联合起来抵制救援人员，这种反应可能和幸存者接下来要面临寻找临时住所、与保险公司交涉赔付等问题引发的紧张情绪有关。

（4）自我缓解心理压力要诀

面对震灾的大冲击，在灾难发生后，尽快让我们恢复日常的生活状态是最重要的。以下就是一些简便的方法可以用来帮助自己。我们应注意保持“三要四不要”的原则。

“三要”原则：①要保证睡眠与休息，如果睡不好可以做一些放松和锻炼的活动；②要保证基本饮食，食物和营养是我们战胜疾病创伤和康复的保证；③要与家人和朋友聚在一起，有任何的需要，一定要向亲友及相关人员表达。

“四不要”原则：①不要隐藏感觉，试着把自己的情绪说出来，并且让家人一同分担悲痛；②不要因为不好意思或忌讳，而逃避和别人谈论自己的痛苦；③不要阻止亲友对伤痛的诉说，让他们说出自己的痛苦，是帮助他们减轻痛苦的重要途径之一；④不要勉强自己和他人去遗忘痛苦，伤痛会停留一段时间，是正常的现象，更好的方式是与我们的朋友和家人一起去分担痛苦。

（5）对灾民的心理援助

1）心理援助的注意点：①一定要满足他们基本的食物及避难场所的需要以及一些紧急医疗救护，最好能够不断提供关于如何简单、准确地取得这些资源的信息；②对愿意分享他们的故事和情感的生还者，一定要聆听，记住，在感受方式上没有对和错；③一定要友好和富有同情心，即使他们很难相处；④一定要给他们提供关于灾难、损失和救援努力的准确信息，这有助于他们了解目前的情况；⑤尽量帮助他们联系朋友及亲人；⑥尽量让一家人待在一起，尽可能地让孩子与父母以及其他亲人在一起；⑦尽量给他们切实可行的建议，使他们可以帮助自己；⑧告诉他们目前所提供救援服务的种类及所在位置，引导他们得到可以获得的帮助；⑨如果你知道还有更多的帮助和救援力量正在赶来，一定要在他们表现出害怕和担心的时候进行提醒。

2）心理援助的禁忌：①一定不要强迫生还者向你诉说他们的经历，尤其是涉及隐私的细节；②一定不要只给简单的安慰，比如“一切都会好起来的”或者“至少你还活着”等；③一定不要告诉他们你个人认为他们现在应该怎么感受、怎么想和如何去做，以及之前他们应该怎么做；④一定不要空许诺言；⑤一定不要在需要这些服务的人们面前抱怨现有的服务或是救助活动。

（6）救援者减压

救援人员和灾难亲历者一样会产生情绪反应，这是我们应该谨记的重要一点。救援人员应该留意自己和身边的同事所发出的各种心理受创的信号，并采取措施缓解压力。比如多锻炼、注意休息和增加营养都是缓解压力的方法。对于救援人员的心理干预，应该遵循以下几方面：①及时心理干预：无论生还者还是救援者，一旦他们的情绪波动有所显露，救援团队应该及时进行干预，心理学家鼓励开诚布公地表达自己的感受，这是一种自我保护机制；为了避免“情绪超负荷”，在不影响救援工作的前提下，应该鼓励生还者和救援者毫无隐瞒地表达自己的感受；旁人需要做的只是倾听，而不要试图左右别人的感受。②打好心理预防针：救援小组应该对自己的队员负责，在救援工作开始前，管理者应事先告知组员将会看到的景象以及他们由此会产生的情绪反应，让组员做好心理准备。③强调团队合作：和其他组员互相分担工作量和倾诉心理压力，有助于缓解压抑情绪。④人员轮换：为避免过度疲劳，应该督促营救队员进行休息、轮流上岗。⑤督促队员休息：队员在救援过程中精力高度集中，往往连续工作数小时，顾不上休息；此时，救援小组的管理人员要督促队员到离受灾现场远些的地方休息，从而缓解他们因灾难现场而引发的紧张情绪。⑥准备足够营养品：要督促他们暂停手中的工作，吃东西、饮水补充体力。最后准备一些电解质饮料，不要提供含咖啡因和糖分的饮料。⑦鼓励互相倾诉：鼓励队员将自己的感受向身边的队友诉说，这对于他们的心理健康非常重要。⑧不要突然调离组员：当救援工作进入尾声时，团队管理者应该逐步调离组员；先将他们从受灾最严重的地区调往比较严重地区，之后再派往受灾相对轻微的地区。如果突然之间将他们调离，会对他们构成额外的心理负担。

此外，在每天的救援工作结束后，管理者应该组织任务报告会议，鼓励救援人员描述他们所见到的景象、遭遇的困难以及心理感受；富有经验的营救人员发现这些措施都很有助于缓解压力；如果必要，最好寻求专业的心理医生的帮助。

思考题

2.1　什么是地震？为什么一次地震只有一个震级？

2.2　什么是地震烈度？地震烈度与震级、震中距、震源深度、地质构造及建筑物的关系？

2.3　按成因对地震可分为哪几类型？

2.4　浅源地震、中源地震及深源地震的震源深度分别为多少？

2.5　地震按震级大小可以分为哪几个级别？

2.6　地震引发滑坡、泥石流的作用主要体现在哪几个方面？

2.7　什么是地震预报三要素？

2.8　地震的直接灾害有哪些？

2.9　地震的次生灾害有哪些？

2.10　造成我国地震灾害严重的主要原因有哪些？

2.11　地震火灾产生的原因有有哪些？

2.12　地震水灾的成因有哪些？

2.13　地震水灾的特点有哪些？

2.14　如果在室内遇到地震火灾怎么办？

2.15　地震后万一遭遇毒气泄漏，应做好哪几项防御工作？

2.16　针对地震核辐射主要采取哪些防护措施？

2.17　α、β、γ 三种辐射的防护方法有哪些？

2.18　震后尽快救人时应遵循哪些原则？

2.19　震后救援中要采取哪些救人程序、方法及注意事项？

2.20　地震后被埋压的自救方法有哪些？

2.21　地震后的自救经验有哪些？

2.22　地震灾区食品卫生宣传十要点是什么？

2.23　不适宜作为地震后灾区救援的食品有哪些？

2.24　请写出 5 种地震常用消毒剂的名称？

2.25　地震发生的常见 12 个前兆是什么？

2.26　地震逃生的常用 12 个注意事项有哪些？

2.27　地震中逃生十大法则是什么？

2.28　解决供水问题应注意哪四个方面的问题？

2.29　怎样对饮用水进行净化和消毒？

2.30　地震后常见的疾病有哪 8 种？

2.31　地震后要警惕哪四类传染病流行？

2.32　主要应从哪七方面做好个人卫生管理？

2.33　提高房屋抗震能力的基本措施主要有哪些？

2.34　震后普遍存在的心理问题一般表现在哪几个方面？

2.35　什么是震后自我缓解心理压力的“三要四不要”原则？

第3章 火山灾害

3.1 火山的类型与特点

3.1.1 火山的类型

火山(volcano)喷发是指地下深处的高温岩浆及气体、碎屑从地壳中喷出的现象。火山按其活动情况可分为三种类型：活火山、死火山和休眠火山。活火山是指在人类历史时期作周期性喷发的火山，死火山是指在人类历史以前喷发过，迄今为止没有重新喷发过的火山，大同死火山群；休眠火山是指在人类历史时期长期熄灭，有时又突然喷发的火山，长白山天池休眠火山。

一般来说，只有活火山才会发生喷发现象。正在喷发和预期可能再次喷发的火山，当然可称为活火山。而那些休眠火山，即使是活的但不是现在就要喷发，而在将来可能再次喷发的火山也可称为活火山。那些其最后一次喷发距今已很久远，并被证明在可预见的将来不会发生喷发的火山，称为熄灭的火山或死火山。根据哪些准则来判断一座火山的“死”或“活”，迄今并没有一种严格而科学的标准。火山的“死”或“活”是相对的，有一些在10000年甚至更长时期以来没有发生过喷发的“死”火山，也可能由于深部构造或岩浆活动而导致重新复活而喷发，例如我国五大连池火山群中，大部分火山是在100000年前喷发的，但是其中的老黑山火山和火烧山火山却是在公元1719~1721年喷发形成的。

另外，研究表明在火山下面是否存在活动的岩浆系统是判断一座火山“死”或“活”的关键，那么怎样知道火山下面是否存在活动的岩浆系统呢？一般可根据以下现象作出初步判断：①在活火山区存在水热活动或喷气现象；②以火山为中心的小范围内，微震活动明显高于其外围地区；③火山区出现某些可观测到的地表形变。因此，一般将正在喷发的或历史时期及近10000年来有过喷发的火山称为活火山。当火山下面存在活动的岩浆系统或岩浆房时，这个火山被认为具有喷发危险性，应置于现代的火山监测系统之中。

火山的形成涉及一系列物理化学过程。地壳上地幔岩石在一定温度压力条件下产生部分熔融并与母岩分离，熔融体通过孔隙或裂隙向上运移，并在一定部位逐渐富集而形成岩浆囊。随着岩浆的不断补给，岩浆囊的岩浆过剩压力逐渐增大。当表壳覆盖层的强度不足以阻止岩浆继续向上运动时，岩浆通过薄弱带向地表上升。在上升过程中溶解在岩浆中挥发份逐渐溶出，形成气泡，当气泡占有的体积分数超过75%时，禁锢在液体中的气泡会迅速释放出来，导致爆炸性喷发，气体释放后岩浆黏度降到很低，流动转变成湍流性质的。如若岩浆粘滞性较低或挥发份较少，便仅有宁静式溢流。从部分熔融到喷发一系列的物理化学过程的差别形成了形形色色的火山活动。

3.1.2 火山的结构

典型的火山结构包括：火山锥、火山口和喷出口。火山锥是火山碎屑物质和喷涌出来的岩浆在流动过程中堆积而成的锥形体；火山口是位于锥顶喷出口上方的盆状凹陷，没有破坏的火山口呈中央低凹的封闭洼地，破坏后的火山口呈半封闭状态；喷出口又称为火山通道或火山管。见图 3-1 所示。

图 3-1　火山的结构示意图

岩浆是岩石在地幔内熔化而成的物质(在地球内部)；熔岩是因地壳活动而到达地面的岩浆，叫做熔岩(在地球表面)；火山作用是指岩浆和熔岩冷却凝固后，形成许多不用的形貌，这些过程和由此产生的形貌，叫做火山作用。由于地壳活动，岩浆通过火山通道到达地球表面及冷却凝涸后，由熔岩形成的拱形小山就是火山锥。

火山在强烈爆发时，产生大量的火山灰和火山渣，当下一次爆发时，熔岩顺利流出时，把外围的火山灰和火山渣层覆盖，形成一个新的层面。连续多次喷发，火山锥会被火山和火山渣层和熔岩层轮流交错覆盖着，形成复合火山锥。猛烈爆炸会导致管道出现裂缝分支，而熔岩常在这些裂缝流出到火山锥的坡面上，形成小型火山锥或寄居火山锥。如美国的圣海伦斯火山、日本富士山及菲律宾的马容火山。如果爆发猛烈，火山锥的顶部会崩塌——形成破火山口，而且岩浆和气体的压力有时会造成火山锥出现断层，使火山锥顶部崩塌，陷入岩浆窟内，形成巨大的破火山口。

中国境内的新生代火山锥约有 900 座，以东北和内蒙古的数量最多，约有 600~700 座。最近一次喷发的火山是位于新疆于田县的卡尔达的火山。火山的分布受控于全球板块构造。

3.1.3　火山喷发及特点

(1) 火山喷发的过程

火山喷出地表前的过程归纳为三个阶段：岩浆形成与初始上升阶段、岩浆囊阶段和离开岩浆囊到地表阶段。

1) 岩浆形成与初始上升阶段：

岩浆的产生必须有两个过程：部分熔融和熔融体与母岩分离。实际上这两种过程不大可能互相独立，熔融体与母岩的分离可能在熔融开始产生时就有了。部分熔融是液体(即岩浆)和固体(结晶)的共存态，温度升高、压力降低和固相线降低均可产生部分熔融。当部分熔融物质随地幔流上升时，在流动中也会产生液体和固体的分离现象，从而产生液体的移动乃至聚集，称之为熔离。

2) 岩浆囊阶段：

岩浆囊是火山底下充填着岩浆的区域，是地壳或上地幔岩石介质中岩浆相对富集的地方。一般视为与油藏类似的岩石孔隙(或裂隙)中的高温流体，通常认为在地幔柱内，岩浆只占总体积的 5%~30%。从局部看，可以视为内部相对流通的液态集合。岩浆是由岩浆熔融体、挥发物、以及结晶体组成的混合物。

3）从岩浆囊到地表阶段：

岩浆从岩浆源区一直到近地表的通路的上升，与岩浆囊的过剩压力、通道的形成与贯通、以及岩浆上升中的结晶、脱气过程有关。当地壳中引张或引张-剪切应力大于当地岩石破裂强度时，便可能形成张性或张-剪性破裂，如若这些裂隙互相连通，就可以作为岩浆喷发的通道。

（2）火山喷发的条件

一个地方能否形成火山主要在于是否具备以下条件：①部分熔融体的形成，必须有较高的地热(自身积累的或外边界条件产生的)，或隆起减压过程，或脱水而减低固相线；②岩浆在地壳中的富集，或岩浆囊形成的位置与中性浮力面的深度有关，而中性浮力面的深度又与地壳流变学间断面有关；③岩浆囊中的物理化学过程，主要是结晶体、挥发物与流体的分额与相互作用，岩浆喷发起着促使、或抑制作用。地壳岩浆囊的存在起着拦截、改造地幔升上的岩浆的作用。它也是形成爆炸式火山喷发的重要条件。④岩浆囊的存在对岩浆通道的形成有促进作用，而构造活动产生的引张应力场是形成岩浆通道的主要原因。⑤岩浆离开岩浆囊后的上升受到压力梯度与浮力的双重驱动。

（3）火山喷发的类型

纵观世界火山的喷发类型，主要有三个决定因素：①岩浆的成分、挥发分含量、温度和黏度，如玄武质岩浆含 SiO_2成分低，含挥发分相对少、温度高、黏度小，因此岩浆流动性大，火山喷发相对较宁静，多为岩浆的喷溢，可形成大面积的熔岩台地和盾形火山；流纹质和安山质岩浆富含 SiO_2和挥发分，其温度低、黏性大，流动性差，因此火山喷发猛烈，爆炸声巨大，有大量的火山灰、火山弹喷出，常形成高大的火山碎屑锥，并伴有火山碎屑流和发光云现象，往往造成重灾。②地下岩浆上升通道的特点，若岩浆房中的岩浆沿较长的断裂线涌出地表，即形成裂隙式喷发；若沿两组断裂交叉而成的筒状通道上涌，在岩浆内压力作用下，便可产生猛烈的中心式喷发。③岩浆喷出的构造环境，看其是在陆地或是水下；是在洋脊或是在板内；是在岛弧或是在碰撞带等。火山所处的大地构造环境不同，火山喷发类型的特点也大不相同。

1）玄武岩泛流喷发：

玄武岩泛流喷发如印度的德干高原，北美的哥伦比亚高原。它们是岩浆沿一个方向的大断裂(裂隙)或断裂群上升，喷出地表，有的从窄而长的通道全面上喷；有的火山呈一字形排列分别喷发，但向下则相连成为墙状通道，因此称为“裂隙喷发”。喷发以玄武岩为主，流动方向近于平行，厚度及成分较为稳定，产状平缓，以熔岩被多见，常形成熔岩高原。因为玄武岩流动性大，熔岩喷出量大，少有爆发相，在地形平坦处似洪水泛滥，到处流溢、分布面积广，所以又称“玄武岩泛流喷发”。1783 年冰岛的拉基火山喷发，从长 25km 的裂隙中喷出约 $12km^3$的熔岩及 $3km^3$的火山啐屑物，覆盖面积达 $565km^2$。美国亚利桑那州的威廉峪谷，从 120m 宽的裂隙中一次性流出熔岩，形成 $14×22km^2$的高原，厚度最大达 240m。我国贵州、云南、四川的二叠纪玄武岩($260000km^2$) 及河北省的汉诺坝($1700km^2$) 也都是玄武岩泛流喷发。

2）夏威夷式喷发：

夏威夷式喷发属热点火山，以夏威夷岛为代表，特点是很少发生爆炸，常常从山顶火山口和山腰裂隙溢出相当多数量的玄武质熔岩流，岩浆黏度小，流动性大，表现为比较安静的溢流，气体释放量可多可少。由于喷发时岩浆受到较大的静压力以及气泡的膨胀作用，当其到达地表时，形成熔岩喷泉，被逸出气体推动的熔岩喷泉可高达300m或更高，被喷出的多是玄武质熔岩，也可以是安山质熔岩，也有少量的火山渣和火山灰。这种喷发类型，熔岩往往是多次溢流，而且有许多裂隙作为通道，流出的熔岩形成比较平坦的熔岩穹。例如1924年基拉维厄和1975年冒纳罗亚火山的喷发就是典型的夏威夷式喷发。这种类型喷发基本没有人员伤亡，但可以毁坏农田村庄，造成财产损失。

3）斯通博利型：

该类最典型的是意大利的斯通博利火山，位于西西里风神岛，经常有火山喷发活动，从古代起即被称为"地中海的灯塔"，其喷发特征是或多或少的定期的中等强度喷发，喷出炽热熔岩，其黏性比夏威夷式要大一些，伴随着白色蒸汽云。火山口的熔岩有轻度硬结，主要为块状熔岩，由玄武质、安山质成分的岩石组成，熔岩流厚而短，也有少数为绳状，每隔半小时就有气体从中逸出。这种火山韵律性地喷出白热的火山渣、火山砾和火山弹，爆炸较为温和，很多火山碎屑又落回火口，再次被喷出，其他的落到火山锥形成的坡上并滚入海中。如斯通博利火山(意大利)、帕利库廷火山(墨西哥)、维苏威火山(意大利)、阿瓦琴火山、克留契夫火山(前苏联)，都具有斯通博利型喷发特点。

4）武尔卡诺型喷发：

武尔卡诺岛位于地中海西西里岛附近。该类喷发比斯通博利式火山熔岩黏度更大，呈熔浆状，喷发较为猛烈。不喷发时在火山口上形成较厚的固结外壳，气体在固结的外壳下聚集，使熔岩柱的上部气体趋于饱和。当压力增大时，发生猛烈的爆炸，有时足以摧毁一部分火山锥，使阻塞物被炸开，一些碎片和熔岩组成的"面包皮状火山弹"和火山渣被一起喷出，同时伴随着含相当数量火山灰的"菜花状"喷发云。当火山口的"阻塞物"都被喷出后，就有熔岩流从火山口或火山锥侧缘的裂隙中涌出。

5)培雷式喷发：

该类起源于西印度群岛马提尼克岛1902年喷发的培雷火山，当时毁灭了圣皮埃尔城，死亡人数超过3万。这种喷发产生高粘度岩浆，爆发特别强烈，最明显的特征是产生炽热的火山灰云，这是一种高热度气体，全是炽热的火山灰微粒，就象活动的乳浊液，密度大，当它沿山坡向下移动时，足以产生象飓风一样的效果。在培雷式喷发中，向上逃逸的气体经常被火山口中的熔岩堵住，压力逐渐增大发生爆炸时就象从瓶塞底下喷出水平方向的一阵疾风。熔岩被火山灰含量很高的气体所推动向外流出，但除了从火口中流出黏稠的熔岩外，其他地方就没有熔岩流出的现象了。历史上发生培雷式喷发的火山较多：1835年科西圭那、1883年喀拉喀托、1902年苏弗里埃尔、1912年卡特迈、1951年拉明顿火山、1955~1956年别兹米扬、1968年马荣和1982年埃尔奇琼火山喷发都属此种类型。

6）普林尼式喷发：

该类型岩浆黏度大、爆发强烈，火山碎屑物常达90%以上，其中围岩碎屑占10%~25%，喷出物以流纹质与粗面质浮岩、火山灰为主，分布较广，伴有少量熔岩流或火山灰流。由于爆发强烈及岩浆物质大量抛出，常形成锥顶崩塌的破火山口。这种火山喷发过程常为：清除火山通道-岩浆泡沫化-猛烈爆发出浮岩及火山灰-通道壁上碎石坠入及堵塞火山通道，如此反复作用，形成复杂的火山机构。公元79年维苏威火山爆发是典型的普林尼式喷发，伴随喷发大规模降落浮石、火山渣和火山灰。喷出的火山渣顺风降落，离火山口13km的庞贝城，为平均7m厚的浮石层所掩埋。日本1783年的浅间火山活动也同样降下浮石层，大喷发中同时有火山碎屑流和熔岩流的喷出。1980年5月18日美国圣海伦斯火山爆发也是普林尼式，爆发时形成热液-岩浆爆炸。

7）超武尔卡诺型喷发：

和水蒸气爆发一样，几乎是无岩浆物质的爆发式喷发。有的称超火山（日本磐梯山）型爆发。由于喷发只有喷发物质而无熔岩，因此喷发物质是在冷却状态下喷发的，偶尔在炽热状态下喷出。其特点是出现大量的基底火山碎屑，有时可达75%~100%。该类型火山喷发出的物质体积大小变化很大，从巨形岩块到火山灰均有。碎屑通常是棱角状和尖棱角状，无火山弹和熔渣。

8）苏特塞式喷发：

冰岛南部近海区域在1963~1967年间由于火山喷发产生了苏特塞火山岛。火山活动的前半个时期，在浅海海底的一个火山口以反复爆发式喷发为特征，当玄武质岩浆与海水接触时又发生爆炸，产生大量细粒物质（火山灰），这种由岩浆-水蒸气、水蒸气-岩浆爆发的类型与陆上的斯通博利型喷发不一样。

以上的分类法也不是最完善的，因为即使是同一种喷发类型也可能出现在不同类型的火山作用中，而同一座火山在自身的活动过程中也可能产生不同的喷发类型，甚至在同一喷发期也有时出现不同的火山活动形式。如以斯通博利型而命名的斯通博利火山，发生几次武尔卡诺型喷发；命名为夏威夷式喷发的基拉韦厄和冒纳罗亚火山，在不同时期均观测到从斯通博利型到超武尔卡诺型的喷发。

（4）火山喷发的危害与益处

火山喷发的危害与益处如下：

① 影响全球气候：火山爆发时喷出的大量火山灰和火山气体，对气候造成极大的影响。

② 破坏环境：火山爆发喷出的大量火山灰和暴雨结合形成泥石流能冲毁道路、桥梁，淹没附近的乡村和城市，使得无数人无家可归。

③ 火山爆发能形成多种矿产，如黄金、白银、铜、金刚石等。

④ 火山产生的热能会使地表温度升高，还会加热地下水，这些地热资源可以用来发电；在冰岛约40%的电力来自于地热发电，长白山高达86℃的温泉也是可以开发利用的。

⑤ 利用火山形成的矿泉水可以医治多种疾病。

⑥ 火山灰中含有的氮、磷、钾还可以使周围土地变得肥沃。

⑦ 火山活动带给人类最大的财富就是土地资源。美国夏威夷群岛全是火山喷发出来的。

⑧ 火山作用形成的矿产资源很多，包括非金属资源和金属资源。如长白山浮石、火山灰和火山渣是很好的建筑材料和高级水泥填料，还可作为修高级机场及高质量体育场的材料。

⑨ 火山喷发可造就宝石，一些金矿及铜矿都跟火山作用有关。

⑩ 另外最直观的财富就是火山喷发创造出自然景观，世界上一些著名的风景区大都是火山区，像美国的黄石公园、夏威夷，日本的富士山，以及我国的长白山、五大连池等。我国地质公园中与火山有关的至少有十余个。

因此，火山喷发实际上也是一把双刃剑。人类应想方设法既充分开发利用火山资源而又将其灾害损失减少到最小，力争做到人类发展和火山和谐共处。

3.1.4 火山喷发阶段性

（1）气体的爆炸阶段

在火山喷发的孕育阶段，岩浆体内气体出溶量不断增加，岩浆体积逐渐膨胀，密度减小，内压力增大，当内压力大大超过外部压力时，在上覆岩石的裂隙密度带发生气体的猛烈爆炸，使岩石破碎，并打开火山喷发的通道，首先将碎块喷出，相继而来的就是岩浆的喷发。

（2）喷发柱的形成阶段

气体爆炸之后，气体以极大的喷射力将通道内的岩屑和深部岩浆喷向高空，形成了高大的喷发柱。喷发柱又可分为气冲区、对流区和扩散区三个区。

（3）喷发柱的塌落阶段

喷发柱在上升的过程中，携带着不同粒径和密度的碎屑物，这些碎屑物依着重力的大小，分别在不同高度和不同阶段塌落。

3.2 著名火山喷发事件及危害

3.2.1 国内著名的火山喷发

中国全新世以来有过喷发的活火山现已知的、较为确切的有以下 8 处。

（1）黑龙江五大连池火山

五大连池火山群主体由 14 座火山组成，如果包括火山区西部的莲花山，五大连池火山群应由 15 座火山组成，火山岩分布面积达 800 多平方公里。老黑山、火烧山于 1719～1721 年的喷发距今还不到 300 年，是我国活火山中有历史记载、喷发时间和地点最为确切的一处活火山。

（2）黑龙江镜泊湖火山

黑龙江镜泊湖全新世火山，共有 13 个火山口，均为复式火山。推测镜泊湖全新世火山最晚一期活动可能在 1000 年左右。

（3）吉林长白山天池火山

吉林长白山天池火山是目前我国境内保存最为完整的新生代多成因复合火山，主峰将军峰位于朝方，海拔 2749m。天池火山的火山活动经历了造盾（1.203～2.77Ma 早更新世）、造锥（0.04～1.12Ma 中-晚更新世）和全新世喷发三个发展阶段，三个阶段岩浆成分从玄武质→粗面质→碱流质代表其演化过程。

（4）吉林龙岗火山

龙岗火山群有 160 余座星罗棋布低矮火山锥，显示高密度、多中心爆炸式喷发特点。靖宇县城以西至靖宇-辉南交界以龙湾为代表的低平火山口成为龙岗火山群的一大景观，其中大龙湾和三角龙湾已开发成为低平火山口旅游风景区，在龙湾环绕的地区一座高耸的火山锥—金龙顶子火山拔地而起。龙岗火山是近代仍有喷发活动的第四纪火山之一。

（5）云南腾冲火山

西南边陲的云南腾冲火山由于徐霞客记载了 1609 年打莺山火山喷发。根据火山地质、地貌、岩浆演化和水热活动特点，一般都把黑空山、打莺山、马鞍山作为全新世火山。腾冲火山是休眠火山，上世纪 90 年代前，人们一直以为腾冲火山群是“新生代死火山群”，1993 年 5 月，我国科学家用气体地球化学研究发现，腾冲火山群不是死火山，而是处在休眠状态的活火山！腾冲火山区是我国活火山区地热显示最显著的地区，如热海地区的水温都在 100℃左右，近年的水热活动似有增强趋势，发生多起水热爆炸事件。这预示着有可能在酝酿着新的喷发危险，应加强对腾冲火山的关注。

（6）新疆阿什库勒火山

阿什库勒火山群位于新疆于田县以南约120km的青藏高原西北缘的西昆仑山，由10余座主火山和数十个子火山组成，包括西山、阿什山、大黑山、乌鲁克山、迷宫山、月牙山、牦牛山、黑龙山、马蹄山、东山和椅子山等。这些火山几乎均为中心式喷发，形成圆锥状或截顶圆锥状火山锥，绝大多数火山是第四纪形成的，最近的一次为1951年5月27日阿什火山喷发，当时突然一声巨响，一股圆柱形的黑烟直冲天空，随后众多的石块也从火山口中抛出；由于这次火山喷发是发生在人迹罕至的近5000m的高山中，没有造成太大的影响。

（7）台湾岛大屯火山和龟山岛火山

大屯火山群和龟山岛火山分别位于台湾岛西北部和东部海上。大屯火山群由20余座大小不等的火山组成。火山活动始于2.5~2.8Ma，最近的喷发活动发生在0.1~0.2Ma，但现今的水热活动和地震活动性却令人对火山可能的重新喷发担忧。火山区内温泉遍布，地表温度可达100℃左右，阳明山等地强烈的喷气活动和地表的泉华足以证明大屯火山区水热活动的强度。1986年发生在阳明山竹子湖地区超过5级地震，可能是造成震后的马槽地区大规模山崩和泥石流的直接原因。大屯火山与最近喷发距今7.5~15万年的美国西部黄石公园火山有相似之处。

（8）海南琼北火山

雷琼地区是华南沿海新生代火山岩分布面积最大的一片火山岩，火山活动始于早第三纪，延续至全新世。火山岩面积达7300km^2，可辨认的火山口共计177座，海拔均低于300m。海南岛北部(琼北)第四纪火山区的石山、永兴一带大小30几个火山口明显地呈北西方向排列，形成典型的中心式火山群，是琼北最新期火山。

3.2.2 国外著名的火山喷发

国外著名的12次火山爆发事件有：

（1）梅扎马火口湖，美国俄勒冈州

大约6000年前，梅扎马火山发生了一次特大喷发。3600m高的梅扎马山在喷发后，竟变成了一个深570m的火山口湖。此后在漫长的年代里，由于火山活动的作用，湖心又渐渐升起了“神奇岛”，至今仍在不断长高。湖水碧蓝，景色宜人，1902年被辟为美国国家公园。

（2）埃特纳火山，西西里岛

埃特纳火山是欧洲最活跃的火山，埃特纳山附近频频发生地震。最近一次火山爆发是1991年12月在埃特纳火山公园的博瓦山谷地段发生的。

（3）维苏威火山，意大利

可以说世界上最骇人的火山是意大利的维苏威火山。它是意大利西南部的一座活火山(也是欧洲大陆唯一的活火山)，位于坎帕尼亚平原的那不勒斯湾畔，海拔1281m。在公元79年8月24日中午时分，庞贝市民正在午餐，天空突然阴暗下来，黑色的烟雾滚滚而来——维苏威火山爆发了！太阳被灰尘遮掩，白天如同黑夜；烟尘、石块一齐从天空飞落下来，庞贝城被迅速地埋在了厚厚的火山灰下，城内大约2000~5000人遇难，从此庞贝城消失了。这次爆发之所以“名垂青史”，还因为它给人类提供了极为宝贵的科学资料。维苏威火山爆发过数次，目前仍很活跃。1631年的喷发也造成了重大人员伤亡。

(4) 坦博拉火山，印度尼西亚

位于印度尼西亚松巴哇岛北部的坦博拉火山于 1815 年 4 月 10~11 日的一次大喷发持续 3 个多月，是过去两个世纪以来规模最大的一次火山喷发，同时它也是有史以来造成伤亡最多的一次。据估计，它的喷发物达 7×10^9t，其中 99%为气体和火山灰。火山灰弥漫天空，使方圆 480km 的范围内连续 3 天暗无天日，直接造成了 9. 2 万人丧生，还有 8 万人死于由此引发的饥荒。

(5) 喀拉喀托火山，印度尼西亚

在 1883 年 8 月 27 日，喀拉喀托火山爆发。其能量之大，远在 3. 2km 外的澳大利亚也为之震憾，有“声震一万里，灰撒三大洋”之势，。此次火山爆发引起的一连串海啸，波及夏威夷群岛和南美海岸；约有 5 万人丧生。

(6) 培雷火山，马提尼岛

在 1902 年 5 月 8 日的爆发使 2. 9 万人丧生，并摧毁了 6. 4km 外的港口城市圣皮埃尔。该城只有 2 名居民大难未死。

(7) 帕里库廷火山，墨西哥

在 1943 年 2 月，墨西哥帕里库廷市近郊的一块玉米地里突然冒出了一大堆火山灰。从此，地球上又长出了一座高山，一年就长了 360m。在接下来的 9 年里持续不断的火山喷发终于摧毁了帕里库廷市。

(8) 圣海伦斯火山，美国华盛顿州

在 1980 年 3 月 18 日，圣海伦斯火山爆发。这次爆发前，人们做出了预报。圣海伦斯火山自 1857 年开始处于休眠状态。1980 年 3 月由于一连串的地震，圣海伦斯火山开始喷发蒸汽。只有 60 人死于这次喷发。

(9) 鲁伊斯火山，哥伦比亚

在 1985 年 11 月 13 日的鲁伊斯火山爆发，引起风暴和河水泛滥，淹没了三座城镇和许多村庄，2 万人惨遭灭顶之灾，5 万人倾家荡产，10 万多头牲畜死亡，数万公顷农田被毁。相对来说其势较小，但是由于冰雪融化而造成的海底泥滑动却导致损失巨大，并毁灭了阿尔梅罗城。

哥伦比亚的鲁依斯火山爆发

(10) 皮纳图博火山，菲律宾

在 1991 年 6 月发生的皮纳图博火山爆发造成约 800 人死亡，还有约 10 万人无家可归。此次喷发规模比圣海伦斯火山喷发规模大 10 倍，也是 20 世纪最大的火山喷发之一。

(11) 冒纳罗亚火山，夏威夷

世界上最大的活火山是夏威夷群岛上的冒纳罗亚火山，它海拔 4170m，形状像一只倒置的碟子，它底部却在海平面以下 5182m 深处，冒纳罗亚火山的底部大致呈椭圆形，长宽各为 117km 和 85km，可见这座火山是由极其大量的火山物质构成的。夏威夷各火山喷出的熔岩流动性很强，可以流到很远的地方；冒纳罗亚火山大约每隔 3~4 年喷发一次，主火山东南的基拉韦厄火山口被炽热的熔岩填塞，形成一个熔岩湖。

(12) 基拉韦厄火山，夏威夷

世界上最变幻无常的火山是基拉韦厄火山。夏威夷这些神奇的岛屿是由极具摧毁力的火山喷发形成的。基拉韦厄火山无时无刻不在活动，它每年喷出的熔岩是地球上所有火山中最多的，平均每秒钟会喷溢出约 $4m^3$的熔岩，基拉韦厄火山的海拔高度约为 1300m，熔岩温度可达1500℃以上，足以熔化岩石。基拉韦厄火山喷出的火山岩浆直冲天宇，伴随着阵阵轰鸣声向空中喷射的岩浆构成惊心动魄的奇景！

3.2.3 典型火山喷发灾害

强烈的火山喷发有很大的危害性，其危害主要是由火山灰、火山熔岩及其释放的气体造成的。著名火山喷发的危害最著名的就是维苏威火山，这里就以维苏威火山为例说明典型火山灾害的强大威力。

维苏威火山高1277m，位于意大利坎帕尼亚的西海岸；当时庞贝和赫库兰尼姆两座繁荣的城市位于火山脚下。公元79年8月24日午后一点多钟，离城约10km的维苏威火山突然喷发了。滚滚浓烟和无数火星从山顶腾空升起，剧烈的爆炸声接连不断。顷刻之间，天色昏暗，大地摇撼，连平静的那不勒斯湾也翻腾起汹涌的浪涛。喷到高空的熔岩，落地时已凝固成石块。大量的石块和火山灰，把火山附近的地面覆盖了起来；接着又下起暴雨，引起了山洪暴发。山洪挟带着无数石块和火山灰形成一股巨大的泥流，冲向山下。一场毁灭性的灾难降临到了庞贝和赫库兰尼姆城中，很快它们被埋在了地下。

史学者在查阅罗马古书时，知道原来有个庞贝城，但它的遗址到底在哪里，一直是个谜；直到1634年后的1713年，意大利农民在维苏威火山脚下打井及修筑水渠时，挖出了一些古罗马的钱币，以及经过雕琢的大理石碎块，1748年，人们又发现了在附近挖出的一块石块上刻有“庞贝”的字样。人们这才知道这可能就是古代的庞贝城遗址；在1860年开始大规模的发掘工作，逐渐使庞贝城重见天日。当时约有2000~5000人死亡。经过100多年的发掘，人们逐渐看到了庞贝城的面貌，当时庞贝城的建设已经比较完善，用石头砌建的城墙周长4.8km，塔楼14座，城门7个，面积约1km^2；纵横的4条石铺大街组成一个“井”字形，全城分割成9区，每城区又有很多大街小巷相通；在大街的十字路口都设有高近1m、长约2m的石头水槽，水槽与城里的水塔相通，水塔的水是通过砖石砌成的渡槽从城外高山上引进来的。然后分流到各个十字路口的公共水槽中，利用这个系统为市民供水。城内最宏伟的建筑物，都集中在西南部一个长方形广场的四周，这里是庞贝政治、经济和宗教的中心；广场东南是庞贝城官府的所在地，广场东北有繁华的商场；市内的中心广场、许多房屋和一些别墅都被保存得非常好，还有旅馆、商场、磨场、酒吧、小酒店和剧院。庞贝城的街道完全是棋盘似纵横交错的，这是正宗的古罗马的传统。1997年，庞贝考古区被列为世界文化遗产。

维苏威火山至今仍然主宰着那不勒斯湾，它提供的肥沃土壤吸引人们前来耕耘和收获，现在有350万人仍然活在它的阴影下；在过去的500年里，维苏威火山也曾多次爆发，熔岩、火山灰、碎屑流、泥石流和致命气体甚至也夺去了不少人的生命。1944年，维苏威火山再次喷发，火山顶部流出熔岩，喷出的火山熔岩和渣滓高度达到500m，而且爆发的奇景使得当时正在山下激战的两国士兵停止了战斗，转而跑去观看这一大自然的奇观！至今维苏威火山没再发生类似于公元79年那样大规模的爆发。但需要注意的是有专家表示这种大规模的喷发一般2000年发生一次，下一次大规模的喷发可能就快要发生了！

3.3 典型火山景观及特征

火山灾害在给人类带来巨大灾难的同时，也造就了一些美丽的火山景观。我国比较典型的火山景观是位于吉林的长白山天池火山群、黑龙江的五大连池火山群及镜泊湖火山群、云南的腾冲火山群。

3.3.1 长白山天池

长白山火山区在构造上位于我国东北最东侧的敦化-密山断裂以东地区，包括长白山天池火山、望天鹅火山、甑峰山、奶头山、土顶子山等，朝鲜境内的北胞胎山、小白山、绿峰、黄峰等也属于长白山火山区，总的火山岩分布面积接近 20000km^2，大小火山 200 余座，为中国最大的第四纪火山活动区。长白山火山群位于吉林省的东部边境，以长白山截顶圆锥火山为主，周围有广阔的熔岩台地，台地上又有众多的小火山分布。该火山群在大地构造上属中朝准地台胶辽台隆的东北部，位于北东向延伸的鸭绿江断裂和巨型纬向构造的复合部位。

长白山火山群长白山是古夏大陆的一部分，长白山是一座著名的休眠火山，在约在 6 亿年以前，这里是一片汪洋大海，从元古代到中生代，地球经历了加里东海西、燕山和喜马拉雅山运动后，海水终于从这片历经沧桑的古陆上退走了，长白山区的地壳发生了一系列的断裂和抬升，地下流出的玄武岩浆液，沿着地壳裂缝大量喷出地面，于是揭开了长白山喷发的历史。

长白山天池火山是目前我国境内保存最为完整的新生代多成因复合火山，主峰将军峰位于朝鲜境内，海拔 2749m。天池火山的火山活动经历了造盾(1.203~2.77Ma 早更新世)、造锥(0.04~1.12Ma 中-晚更新世)和全新世喷发三个发展阶段，三个阶段岩浆成分从玄武质→粗面质→碱流质代表其演化过程。长白山天池坐落在吉林省东南部，是中国和朝鲜的界湖，湖的北部在吉林省境内，它是松花江、图们江、鸭绿江的三江之源。因为它所处的位置高，水面海拔达 2154m，天池南北长 4850m，东西宽 3350m，所以被称为“天池”。长白山位于中、朝两国的边界，气势恢宏，资源丰富，景色非常美丽。

在远古时期，长白山原是一座火山，据史籍记载，在距今 11000 年(第四纪全新世期间)，长白山发生过多次火山喷发，喷出了大量的灰白-淡黄色浮岩，局部厚度达 60m。这次猛烈的火山爆发，使火山锥顶部崩破塌陷，形成了漏斗状火山口，当火山喷发强度及熔岩温度逐渐降低时，熔浆在火山通道内逐渐冷凝并堵塞火山通道，在火山作用停止后，在形成盆状的火山口接受了大气降水和地下水的不断补给后，逐渐蓄水成湖，形成火山口湖，便形成了现在闻名遐迩的长白山天池。在公元 1014~1019 年间长白山又发生了一次“千年大喷发”，喷出的岩浆、浮岩、碎屑流等，经风化后形成了肥沃的土壤，一些植物树木便在这大坑里安下了家，经过数百年的演化变迁，逐渐形成了罕见的地下森林。另据记载，在 1597 年、1668 年及 1702 年，分别有三次间歇性的小规模爆发。其中于 1702 年 4 月 14 日发生的第三次喷发相对影响较大，持续整整一下午时间，而火山喷发出来的熔岩物质则堆积在火山口周围，成了屹立在四周的 16 座山峰，其中 7 座在朝鲜境内，9 座在我国境内，这 9 座山峰各具特点，形成奇异的景观，山峰陡峭嵯峨、挺拔峻秀，十分壮观。另外周围还有一些小的锥体，海拔高在 1000m 左右，火山口多为溢出口，呈椅形、新月形，山顶平坦，著名的有西鹅毛顶子、东鹅毛顶子、西土顶子、东土顶子、西马鞍山、东马鞍山、赤峰、老房子小山等，这些多如繁星的小火山拱卫着长白山，构成了壮观的火山群。这些高耸成峰、呈同心圆状的火山锥体，在山顶上堆积了灰白色的浮石、火山灰，加之常年累月堆积着的白雪，从远处望去，就是一座白雪皑皑的山峰，长白山也因此而得名。

长白山天池是目前中国最深的湖泊，平均水深204m。湖周围峭壁百丈，环湖群峰环抱。这里气候多变，常有蒸气弥漫，瞬间风雨雾霭，宛若缥缈仙境。晴朗时，峰影云朵倒映碧池之中，色彩缤纷，山峰熔岩与清澈见底的天池碧水交相辉映，真是美不胜收，加上保存良好的原始森林，景色优美诱人，确实是绝佳的旅游胜地。

实际上，长白山是休眠的活火山，至今已经休眠了约300年；长白山周围分布着100多座火山，最大的火山口海拔2600m左右，直径达4.5km，是漏斗型，深达800多米；随着日积月累已经形成了美丽的火山口湖——长白山天池，水面海拔2194m，平均水深204m，最深的地方达373m，是中国最深的湖泊。

长白山天池北面的一个出口，湖水由此流入，经过1200多米的蜿蜒流程，从70多米的蜿蜒绝壁山倾斜而下，形成了著名的长白山瀑布。激流跌落，一泄千丈。浪花飞溅，如雨似散，数里之外能闻其轰鸣之声，水流常年不断。除了天池和长白山大瀑布外，天池旁边有一个小天池，又叫长白湖，水也是碧蓝的，另外在树林间的岳桦瀑布及在半山腰的梯云瀑布；在距长白瀑布约1km处有3个温泉群，面积超过$1000m^2$，共有13个泉眼向外涌水，水温一般在60~80℃，据说可治愈关节炎及皮肤病，而且当地居民用温泉水煮熟鸡蛋卖给游客已成为特色景点。

据记载，长白山这座休眠了很长时间的火山曾于1597年苏醒过，在到1702年的105年间，连续喷发过3次，之后可能还有过小规模喷发；至今在天池的下面仍有一个炽热的岩浆房，不断地释放着热量，将湖底水加热，并沿火山锥体的裂隙外泄，形成了许多小型温泉。实际上火山地区的地下深部岩浆囊活动类似于人类的呼吸，每次呼气就可能是岩浆的一次上涌活动，就会在地表形成各种异常现象，也就是活跃期。长白山火山自休眠至今已逾百年，它会不会苏醒？何时苏醒？都是人们备加关注的事情；经监测2006年以来长白山天池火山一直处于平静状态，这也许意味着新的活跃期就快到来，因此有学者认为目前中国最危险的火山就是长白山，并预测在近些年发生一定规模喷发的潜在可能性。这里值得一提的是，我国有关部门一直在监测长白山火山的活动情况，并建立了长白山天池火山、长白山龙岗火山、云南腾冲火山、黑龙江五大连池火山、黑龙江镜泊湖火山和海南琼北火山等火山监测台网，这些台网的监测数据会及时上传到国家火山台网中心，进而进行火山异常判断、火山灾情分析等。因此，不论监测火山有何种活动迹象，国家火山台网中心就会及时掌握并进行预报的。我国学者许建东说，长白山是中国历史上喷发最为壮观、最活跃、危险性最高的活火山，它和腾冲火山一直是我们监测重点中的重点，长白山曾在2002~2005年活跃过，其活动可能是由长白山下方的岩浆活动所引起，在2006年以来一直处于平静状态。从目前的观测结果看，尚未发现火山复苏的征兆，人们可以尽享大自然赐予长白山的丰富资源和优美景观。

3.3.2 黑龙江五大连池

五大连池火山群位于黑龙江省北部五大连池市境内，属小兴安岭西侧中段余脉。因1719~1721年火山爆发堵塞白河而形成5个相连的偃塞湖和周围14座火山锥，故称五大连池火山群。五大连池火山群的喷发时代，从早更新世~晚更新世均有活动；由12座老期火山和两座近期火山组成，即：老黑山、火烧山、药泉山、卧虎山、笔架山、南格拉球山、北格拉球山、西焦得布山、东焦得布山、东龙门山、西龙门山、小孤山、莫拉布山、尾山等14座拔地而起的独立火山锥，分布在$700km^2$的熔岩台地上，海拔355.8~602.6m不等，多数有火山口，火山口深度从几十米～百余米不等；少数具有复合的多个火山口和多个溢出口，部分火山口形成火山湖。火山锥体坡度一般为10°～20°，少数可达25°～30°；火山口内的坡度一般比火山锥体坡度陡，火山锥体主要由火山碎屑物和玄武岩构成。最近一次火山爆发而形成的老黑山和火烧山，喷发于1719～1721年，距今仅270年，地质地貌保存完好，熔岩流动景象清晰，地貌复杂多样，形态各异，面积达64km^2，奇丽壮观。地质专家称其是“中国少有，世界罕见”，被誉为“天然火山博物馆”。五大连池火山群保存完好的火山口和各种火山熔岩构造，如多层流动单元构造、结壳熔岩构造、渣状熔岩构造、喷气溢流构造(喷气锥和喷气碟)、熔岩隧道构造等，以及浩渺的熔岩海，堪称火山奇观！五大连池为熔岩流阻塞河道储水而成，是中国第二大堰塞湖。

五大连池是中国境内保存最完整、最典型、时代最新的火山群。园区内有规律地分布着14座火山，其中12座形成于100万年～1200万年的地质时期，2座新火山喷发于1719年～1721年，面积约68.3km^2，是中国最新的火山。老期火山与新期火山相间排列，规模较大的圆台形火山与规模较小的岩渣堆、盾火山相依偎，圆盆状火山口、圆椅状火山口、漏斗状火山口、破裂状火山口、复合状火山口应有尽有，新期火山喷发形成的翻花熔岩、结壳熔岩交替出现，数量众多、规模宏大、保存完好的喷气锥、喷气碟世界罕见。最新的火山喷发堵塞了当年的河道，形成了五个串珠状溪水相连、倒映山色的火山堰塞湖泊——五大连池。五大连池火山群主体由14座火山组成，如果包括火山区西部的莲花山，五大连池火山群应由15座火山组成，火山岩分布面积达800多平方公里。老黑山和火烧山均由高钾玄武质熔岩岩盾和锥体构成，熔岩盾是火山主体，两座火山代表了富钾火山岩带的最新活动，因1719～1721年的喷发距今还不到300年，是我国活火山中有历史记载、喷发时间和地点最为确切的一处活火山。

五大连池火山群中，12座老期火山已被植物覆盖，其中最高的南格拉球山海拔602.6m，山顶有高出地面70m的火山口天池，龙门山有天然龙门石寨、火山口森林，东焦得布山有熔岩冰洞、火山口风洞，药泉山附近有南饮泉、北饮泉、翻花泉和南洗泉，是全国著名的冷水碳酸矿泉，矿泉水中含有氧、硅、铁、钙、钠、钾、镁等多种元素，饮、洗能治疗胃肠、皮肤、肾炎等多种疾病，药泉山东麓已建立50多所疗养院，加上有独特的火山地质地貌，成为全国驰名的疗养、旅游胜地。五大连池火山是1982年国务院批准公布的全国第一批重点名胜风景区之一。

3.3.3 腾冲火山群

腾冲火山群地处世界瞩目的阿尔卑斯——喜玛拉雅地质构造带之印度板块和欧亚板块急剧聚敛的接合线上，地下断层非常发育，岩浆活动也十分剧烈，为我国最为著名的火山密集区之一。具体来说，它位于中国横断山系南段的高黎贡山西侧的腾冲县，有“天然地质博物馆”之誉。这里集中分布在和顺、马站一带的大大小小不等、高高低低不同的火山，构成了一个庞大的火山群景观，是典型的第四纪火山，也是中国最为著名的火山密集区之一。腾冲共有休眠期火山97座，其中火山口保存较完整的火山达23座，构成了一个庞大的火山群景观。民谚说“好个腾越州，十山九无头”，这无头的山大多是火山。

在腾冲火山群中，历史最早的是来凤山，喷发于90万年以前，腾冲县城就是建筑在这座火发威之时喷出并冷却凝固的滚滚熔岩之上的。形貌最美的火山是顺江“姐妹湖”，这是一对相邻的火山口积水而成的“眉眼儿”，酷似孪生“姐妹”，浑圆的湖岸线周围布满黑乎乎的火山熔岩及火山锥、火山蛇、火山弹、火山浮石等火山喷发遗物，一泓碧水粼粼闪闪，深不可测，天光云影、绿树青山，飞鸟繁花倒映其中，如画似梦，美不胜收；个头最高但年纪最轻的火山是打鹰山，高2614m，距今380多年前还喷发了一次。1639年，中国著名地理学家徐霞客曾游此山并做记载，记录过这座现今缀满鲜花丽叶的山体当年曾经喷发时的那种威猛……

20世纪90年代之前，人们一直以为腾冲火山群是“新生代死火山群”，1993年5月，新华社发布了一条令人惊异的消息：我国科学家用气体地球化学研究火山并取得重要发现——已熄灭了380多年的云南腾冲火山群不是死火山，而是处在休眠状态的活火山！

3.3.4 镜泊湖火山群

镜泊湖位于黑龙江省东南部张广才岭与老爷岭之间，即宁安市西南50km处，距牡丹江市区110km；湖面海势拔350m，湖长45km，面积90km^2，原来安静流淌在高山峡谷中的牡丹江，被因火山爆发喷涌而出的熔岩拦腰截断，象三峡大坝一样，使上游水位逐渐提升，形成现在这个美丽的高山平湖。镜泊湖火山群位于黑龙江镜泊湖西北约50km，在张广才岭海拔1000米的深山区。火山活动发生在2000~3000年以前，可以见到13个保存完好的火山口。从火山口内壁可观察到火山以喷发和溢流交替方式活动。区内熔岩隧道发育，火山喷发物阻塞了牡丹江，形成了我国最大的火山堰塞湖——镜泊湖。这些火山主要由火山弹、岩饼、火山渣、浮岩、火山砾、火山砂等火山碎屑岩和熔岩组成的火山锥体，熔岩分布于火山口周围，大量充填于河谷。在方圆20km范围内有内岩壁陡峭形状不同的七个火山口连在一起，在3号与4号火山口之间，有熔岩隧道相通。镜泊火山是爆发的休眠火山，经千万年沧桑变化，成为低陷的原始林带，故称火山口原始森林。

实际上，镜泊湖又分为北湖、中湖、南湖和上湖四个湖区，由西南向东北走向，蜿蜒曲折呈S状分布。吊水楼瀑布、珍珠门、大孤山、小孤山、白石砬子、城墙砬子、道士山和老鸹砬子是镜泊湖中著名的八大景观，八大景观犹如八颗光彩照人的珍珠镶嵌在万绿丛中；其中以吊水楼瀑布最为著名，它酷似世界闻名的“尼亚加拉大瀑布”，幅宽大于40m，落差为60m，雨季或汛期，瀑布呈现两股或数股迭落，总幅宽大于200m，有着“疑似银河落九天”的壮观气势。环潭的黑古壁，是一个天然的回音壁，可与北京天坛公园的“回音壁”相媲美，游人的轻歌笑语经圆形石壁折射，可清晰地传到自己的耳边。镜泊湖风光旖旎，湖区还是个天然动物园，这里有野生动物及鸟类200余种，珍禽异兽举目可见。1982年被国务院批准为国家首批44个重点风景名胜之一。

3.3.5 乞力马扎罗山

乞力马扎罗山(Kilimanjaro)是坦桑尼亚东北部的大火山体，邻近肯尼亚边界，它位于坦桑尼亚东北部及东非大裂谷以南约160km，赤道与南纬3°之间，地理坐标是S 3°4′33″, E37°21′12″，它是非洲最高的山脉，也是一个火山丘。大约在2500万年之前，在地壳断裂造成东非大裂谷的时候，地壳的大幅度抬升和岩浆的猛烈涌动，在裂谷两岸形成一系列火山；其中最高者就是乞力马扎罗山，大约形成于75万年之前。该山的主体沿东西向延伸将近80km，主要由基博峰（Kibo，5892m）、马温西峰（Mawensi，5149m）和希拉峰（Shira，3962m）三个死火山构成，面积756km^2，其中央火山锥呼鲁峰，海拔5892m，是非洲最高点，因此乞力马扎罗山素有“非洲屋脊”之称，而许多地理学家亦称它为“非洲之王”。该山的主体以典型火山曲线向下面的平原倾斜，平原的高度约海拔900m，山顶终年满布冰雪。

乞力马扎罗山这座休眠火山，其主峰基博峰的火山口在顶峰南侧，保存完好，直径2400m，深200多米，内有一个由火山灰形成的内锥，口内四壁是晶莹无瑕的巨大冰层，底部耸立着巨大的冰柱，冰雪覆盖，宛如巨大的玉盆。虽然基博峰还在休眠，现在其火山喷气孔还不时地释放出火山气体。科学家在2003年的一次考察证实火山熔岩距离顶峰的火山口地表只有400m，现在尚没有爆发的迹象。非洲历史上没有乞力马扎罗山火山爆发的记录，但根据研究，最近的一次大爆发可能在15万~20万年前。

远远望去，在乞力马扎罗山两个主峰之间有一个10多公里长的马鞍形的山脊相连，乞力马扎罗山是一座孤单耸立的高山，在辽阔的东非大草原上拔地而起，高耸入云，气势磅礴。当你凝神远眺这座壮丽深邃的大雪山时，常常能感受到它有股内在的伟力，一种燃烧的、躁动着的原始生命力。该山四周都是山林，生活着众多的哺乳动物，其中一些是濒危灭绝的物种。酷热的日子里，从很远处望去，蓝色的山基令人赏心悦目。

但近些年来由于气候变暖，乞力马扎罗山山顶的积雪正在融化、冰川逐渐消失，在过去的80年内冰川已经萎缩了80%以上。有环境专家指出，乞力马扎罗雪顶可能将在10年内彻底融化消失，届时乞力马扎罗山独有的“赤道雪山”奇观将与人类告别。这种现象已引起联合国等国际组织的关注。

历史上，150多年前，西方人一直否认非洲的赤道旁会有雪山存在；1848年，一位名叫雷布曼的德国传教士来到东非，偶然发现赤道雪峰的奇景，回国后写了一篇游记，发表在一家刊物上，详细介绍了自己的所见所闻。然而，连雷布曼自己也没有想到，就是这篇文章给他带来了无穷无尽的麻烦，众人指责他在无中生有地宣传异端邪教，怀有不可告人的目的，使这位传教士备受冤枉。1861年，又有一批西方的传教士、探险者来到非洲，亲眼目睹赤道旁边的这座峰顶积雪的高山，并拍下了照片，西方人开始相信雷布曼所讲的事实，从而结束了对他长达13年的指责。尽管后来仍然有人否认非洲赤道旁会有雪峰，但事实上乞力马扎罗山雪峰的存在至少已有数万年的历史。山麓的气温可高达59℃，而峰顶的气温又常在-34℃，故有“赤道雪峰”之称。在过去的几个世纪里，乞力马扎罗山一直是一座神秘而迷人的山——如果不是亲眼所见，没有人真的相信在赤道附近居然有这样一座覆盖着白雪的山峰。多年来，乞力马扎罗山吸引了无数的登山家和徒步旅行者来攀登和旅游观光。

3.3.6 富士山

富士山(FujiSan)是日本第一高峰，是一座横跨静冈县和山梨县的休眠火山，地理坐标是N 35°21′28.8″/E 138°43′51.6″，海拔3775.63m。富士山也是世界上最大的活火山之一，目前处于休眠状态，但地质学家仍然把它列为活火山。

富士山的喷发历史：距今大约11000年前，古富士的山顶西侧开始喷发出大量熔岩，这些熔岩形成了富士山主体的新富士，此后，古富士与新富士的山顶东西并列；约2500~2800年前，古富士的山顶部分由于风化作用，引起了大规模的山崩，最终只剩下新富士的山顶。据估计，距今11000~8000年前的3000年间，新富士山顶仍在不断喷发出熔岩，后来山顶部没有新的喷发，但是长尾山和宝永山等侧火山仍有断断续续的喷发活动。关于喷发的文字记载有：公元800~802年的“延历喷发”，以及864年的“贞观喷发”；富士山最后一次喷发是在1707年，这次由宝永山发出的浓烟到达了大气中的平流层，当时的剧烈喷发让100km外的东京都笼上了一层厚约4cm的火山灰，而环绕富士山周围的平原也一直有强烈的火山活动，仍不断观测到火山性的地震和喷烟，认为今后仍存在喷发的可能性。2013 年 4 月富士山不断发现山体出现异变，一条长 300m、宽约 10m 的裂缝让当地人感到不安。

富士山据传是公元前 286 年因地震而形成的。自公元 781 年有文字记载以来，共喷发过 18 次，最后一次是 1707 年，此后变成休眠火山。整个山体呈圆锥状，一眼望去，恰似一把悬空倒挂的扇子，四周有剑峰、白山岳、久须志岳、大日岳、伊豆岳、成就岳、驹岳和三岳等“富士八峰”。山麓周长约 125km，连同山麓宽广的熔岩流一起，底部直径约 40～50km，山顶的火山口地表直径约 500m，深约 250m。富士山白雪皑皑的山顶，是日本人津津乐道的话题，富士山下有五个湖，湖光山色，景色十分美丽，还有原始森林、瀑布和山地植物，自然景色优美。

3.3.7 马荣火山

马荣火山位于吕宋岛东南部，属于 Bicol 行政区、阿尔拜省，在首都马尼拉东南方约 340km 处。距菲律宾首都马尼拉大约 500km，是世界上最著名的活火山之一。马荣火山具有完整的火山锥，方圆达 130 多公里，高 2400 多米，因马荣火山呈完美的圆锥形，顶端为熔岩覆盖，呈灰白色，绮丽、壮观，被人们誉为“世界上最完美的火山锥”。经常被人与富士山相媲美，是菲律宾著名的旅游景点，在过去的 400 年的时间里，总共喷发过 49 次。最严重的一次是在 1814 年 1 月喷发，摧毁了附近的村庄，并造成 2200 名当地人的伤亡；1993 年的爆发导致 75 人死亡，2010 年 1 月 1 日大规模喷发，火山向空中喷发的圆柱形火山灰高度达到 10km，2013 年 5 月 7 日，马荣火山发生小规模喷发，造成 12 人伤亡。虽然近年来火山多次濒临喷发，政府也将当地居民疏散，但却吸引了许多欲一睹完美火山爆发景象的火山爱好者及摄影爱好者。

据菲律宾火山和地震研究所研究显示，马荣火山内的岩浆在不断上升，估计一场大规模爆发即将到来。菲律宾火山和地震研究所已将马荣火山的警戒等级提高到三级，火山“三级”警戒意思是“紧急”，即火山即将爆发。

3.3.8 喀拉喀托火山

喀拉喀托火山是亚洲近代喷发最猛烈的一座活火山。位于印度尼西亚苏门答腊岛与爪哇岛之间的巽他海峡南口的拉卡塔岛。海拔 813m，1883 年 8 月 27 日的一次喷发是历史上最严重、最猛烈的一次，喷出大量石英安山岩质浮石及火山灰，使原有 $75km^2$ 的海岛崩毁 2/3，火山灰直达 80km 多的高空，长时间飘荡全球，使此后整整一年在地平线上的日照呈现奇妙的红晖。火山爆发时，3500km 以外可听到爆炸声，这次火山爆发还引起强烈的地震和海啸，海浪高达 30～40m，摧毁了附近许多城镇和村庄，死亡 30000 多人。1928 年火口湖中冒出一座新山峰，被命名为阿纳喀拉喀托，此后多次出现喷发活动，平时多冒蒸气；后来逐渐供旅游、体育及科研工作者登山观察。

3.3.9 斯德朗博利火山

斯德朗博利火山位于意大利西西里岛北部的利帕里群岛中的圆锥形小岛上，海拔 926m，火山口直径约 580m。长年不断的燃烧，赋予了斯德朗博利这座火山惊险神秘的气氛，高大巍峨的山峰吸引了无数人的关注。数百年来，它每隔 2～3min 就响起一阵轰隆声，随即喷发出巨大的烟柱、蒸汽和碎屑，升到数百米的天空，接着，烟柱在天空中弥漫开来，烟和灰尘逐渐消失。火山爆发时喷出的烟柱，黑夜里被沸腾的熔岩的深红色回光映得通红，一明一暗，在离火山 100km 多的海上都能见到。因此，它被人们誉为“地中海的灯塔”。

3.4 火山活动的监测与预报

目前全球有大约 1300 多座在 1 万年以来至少有过一次喷发的活火山。其中 534 座火山在历史时期喷发过。在这些活火山中，只有少数(约 150 座)火山被不同程度地监测。因此人们无法预报那些未被监测的火山的未来喷发情况。火山学家们期望将来完成对所有活火山或潜在活火山的灾害评价，并被监测它们以获取可信的长期和短期喷发前兆，从而在全球范围大大减轻火山灾害。目前在全球 55 个火山观测站中，普遍或较普遍采用的火山监测技术是火山地震学方法(92%的观测站采用)、地形变测量(71%)和火山气体地球化学观测(55%)。大约有 1/3 的火山观测站还设有地热和地温场观测、重力及电磁监测等手段。近年来卫星热红外技术也被认为是一种很有前途的火山监测方法。火山学家认识到，以预报未来喷发和减轻火山灾害为目的的火山监测，要对被监测的火山进行详细的火山学研究，掌握其喷发历史，充分了解岩浆的物理化学性质和补给岩浆系统几何学及深部岩浆构造条件。常用的火山地震学法和地面形变测量法是应用于火山监测的有效方法。

3.4.1 火山的监测

(1) 卫星红外技术

利用卫星红外技术监测火山活动性是近年来发展起来的一种快速、经济而有效的方法。由于火山喷发从本质上说是由地球内部热物质向地壳的热发散。这些热物质在通向地表过程中的热活动很易被每天都在高空中游弋的卫星热红外仪器捕捉到。因而这将成为监测火山活动性及预报火山喷发的最有前途的新方法之一。强祖基等学者曾观测到印度尼西亚默拉皮火山 1998 年 7 月 11 日喷发前后的热红外图像变化。

(2) 孔径雷达技术

SAR(合成孔径雷达)和 INSAR(合成孔径雷达干涉测量)也是可用于火山监测的一种新方法，其原理是将星载雷达的相位信息应用于地面点的高程及其动态变化测量。INSAR 技术能全天候获得地面三维信息，空间分辨率高，具有比 GPS 更高的地形变化观测精度。目前已有多颗载有成像雷达卫星，如欧洲空间局的 ERS21、ERS22，日本的 JERS21，加拿大的 Radarsat 等。中国地面卫星接收站已能接收和分发这些雷达数据。随卫星遥感技术的发展，已成功地将孔径雷达技术应用于火山喷发前后以及地震前后的地表定点变形监测，精度可达 1cm。

(3) 地震学技术

实时地震振幅测量(RSAM)和地震谱振幅测量(SSAM)系统是用于火山地震的快速分析工具，美国地质调查局已将其投入使用。RSAM 系统提供每个地震台连续的 1~10min 平均绝对地震振幅或能量而不考虑事件的类型。SSAM 给出每个地震台每分钟一次的平均地震谱振幅，其数据用时间—频数—振幅标示在图上，相应的强度用 11 级灰度或色标表示。这两种分析监测工具对火山危机时快速自动定量确定总的地震活动特征非常有用。现已部署在 MVMS(流动火山监测系统)中。

(4) 火山喷发指数法

近年来估计火山喷发指数(VEI)法也取得进展，其方法是将火山颤动标准化，即将颤动还原置换，火山喷发指数法对估计火山喷发柱高度、火山喷发规模和火山灰体积估计很有帮助。

（5）宽频带地震仪法

在活火山监测中，最有希望的技术是使用密集阵列数字化宽频带地震仪进行连续观测，以获得高分辨的岩浆流体动力活动图像。这种技术与高灵敏钻孔应变观测相结合，配合传统的应力应变测量，有助于查明喷发前兆信号。

3.4.2 我国的火山监测

近年来，我国地震科学工作者采用多学科监测和研究途径，对火山地震活动规律、火山地质及火山喷发年代、喷发周期、喷发类型、岩浆生成系统、岩浆囊分布及岩浆活动及以火山灾害预测进行了广泛的研究，以达到火山活动监测、预测和灾害防御的目的。通过加密及完善火山活动监测系统与观测，研究火山喷发危险性并提出火山减灾的对策方案。

中国地震局刘嘉麒院士认为，与地震预测相比，我们对火山活动监测和预报要实际一些，准确率比地震高。火山喷发通常是在有过喷发记录的火山发生，地点比较容易锁定，火山预报比较难的是喷发的时间、规模和类型。许建东说，目前用地震手段监测火山活动是最普遍、最重要的方法之一，地形变化、地球化学元素异常等也是监测火山喷发的前兆性信号。人类有过一些成功预报火山喷发的实例，如 2000 年，日本北海道有珠火山喷发预测的就相当准，由于预测准确，当地政府提前一周疏散居民，未造成一人死亡。

我国与冰岛、意大利、日本等先进水平国家相比，我国的火山监测和预报工作刚刚起步，处于积累数据阶段，差距具体表现在：监测时间短、积累的资料少、研究程度低，如火山的流动地震台网监测、GPS 观测、形变、地球化学等只有很少的资料，仅仅依靠这些资料难以定量地分析其活动危险性，观测数据的记录、传输与分析技术水平也较低。火山灾害的评价工作所依据的野外调查、探测和测试工作已取得的成果还不足以对火山区未来喷发危险性和火山灾害程度做出定量性的评价。刘嘉麒院士认为，虽然我们在吉林长白山天池火山、长白山龙岗火山、云南腾冲火山、黑龙江五大连池火山、黑龙江镜泊湖火山和海南琼北火山建立了火山监测台网，但在监测台网的分布、监测数据的准确性和政府的关注程度上与国外有很大差距，火山喷发预报仍然是科学界的一个有待攻克的难题，做到精确预报任重道远。

下面据云南省防灾研究所研究情况，以腾冲火山为例加以说明。

（1）台网建设

① 地震台网：建设 8 个固定数字宽频带如网，辅以 15 台流动数字化地震仪流动观测；

② 形变台网：新建 GPS 网（20 个测点），扩大原水准网至 92 点 245km，控制面积 $1800km^2$，重力网扩大至 92 测点；

③ 地球化学观测站：在腾冲建立综合火山地球化学实验室进行实地地球化学观测，作为火山流体地球化学监测、实验、研究的开放实验室，配备气体分析设备（气相色谱仪）、微量元素分析设备（原子黄光光谱仪）、常量元素分析仪器及其他辅助设备；监测热海及相邻火山温泉中与火山岩浆活动有关的气体组分、离子组分、热泉流量变化特征，同时对热海水热爆炸活动进行监测。

（2）观测

台网建设完成后，对腾冲火山区的地震活动进行长期监测，对火山区大地形变、重力、火山区流体化学进行活动观测。为火山的监测与预测提供可靠的观测资料，并为火山预报、资源开发及减灾提供科学依据。

（3）专题研究

在台网建设和观测基础上，还要进行如下几方面的专题研究：火山地震活动研究，火山区地壳形变及重力场研究，火山区流体地球化学研究，最新火山喷发年代研究，火山喷发危险性综合评价，编制未来火山喷发灾害区划图，火山应急救灾对策的制定。

3.5 火山灾害的预防与减灾对策

3.5.1 火山喷发的征兆

① 火山喷发往往几个月前就有征兆，因为在突然喷发以前，岩浆会从下面向外挤压，在火山的一侧产生一个可看得见的圆丘；小的火山岩喷发会使圆丘增加隆起程度，使它更不稳定，直到最后发生崩溃，产生巨大爆炸释放压力。

② 灾难来临的最初征兆是火山灰开始雨点般地降落；湍急的泥流从火山上奔泻而下，溢出山溪与河流迅速漫流。

③ 火山在喷发之前常常活动增加，伴有隆隆声和蒸气与气体的溢出，硫磺味从当地河流中就可闻到；刺激性的酸雨、很大的隆隆声或从火山上冒出的蒸气是警告的信号。

④ 随着爆炸和火山岩外壳出现破裂，火山震动现象有所增加，种种迹象表明火山已接近喷发。

⑤ 小动物(如猪、狗、猫、家禽等)均会出现烦躁不安的状况。

⑥ 海洋盐度发生改变，鱼类的游向怪异。

3.5.2 火山喷发后的逃生方法

① 注意熔岩危害：在火山的各种危害中，熔岩流可能对生命的威胁最小，因为人们能跑出熔岩流的路线。

② 注意喷射物危害：如果从靠近火山喷发处逃离时，头盔将给你一定的保护；在更广阔的区域，逃离也许没有必要。

③ 注意火山灰危害：戴上护目镜、通气管面罩或滑雪镜能保护眼睛，用一块湿布护住嘴鼻，也可用工业防毒面具；到安全地方后，脱去衣服，彻底洗净暴露在外的皮肤，用干净水冲洗眼睛。

④ 注意气体球状物危害：在附近没有坚实的地下建筑物的条件下，惟一的存活机会可能就是跳入水中；屏住呼吸半分钟左右，球状物就会滚过去。

⑤ 在驾车逃离时必须要记住；火山灰可能会使路面打滑。

⑥ 切记：不要走峡谷路线，它可能会变成火山泥流经过的道路。

思考题

3.1 火山按其活动情况可分为哪三种类型？

3.2 世界上著名的十次火山爆发是哪些？

3.3　火山喷发的危害与益处有哪些?

3.4　你所知道的维苏威火山是怎样的?

3.5　你知道的著名火山景观有哪些?

3.6　长白山天池是怎样形成的?

3.7　火山喷发的征兆有哪些?

3.8　火山喷发后的逃生方法有哪些?

第4章　山地灾害

4.1　山地灾害概述

发生在山地环境中的灾害叫做山地灾害。因此，我们首先必须知道什么是山地？广义的山地包括山、高原和丘陵三部分，狭义的山地仅指山和高原。山地是世界陆地的主要组成部分，也是陆地的主要地貌骨架，其面积占整个陆地的30%。全球有两大山带：环太平洋山带和阿尔卑斯-喜马拉雅-印度尼西亚山带，这两条山带是中生代至新生代形成的褶皱带，全球的主要山地都集中在这两大山带上。

通常，根据海拔高度和相对高差，把海拔5000m以上的山地划为极高山，这类山地山顶终年积雪，发育着现代冰川；把海拔3500~5000m的山地划为高山，这类山地位于现代雪线以下、森林线以上，大多受到冰川作用和寒冻作用；把海拔1000~3500m的山地划为中山，这类山地位于森林线以下，山体侵蚀切割作用显著，一般谷坡陡峻；把海拔500~1000m的山地划为低山，山势低缓，地形破碎较严重。

极高山、高山主要分布在中国西部，著名的喜马拉雅山、昆仑山、祁连山、天山、唐古拉山、冈底斯山等海拔高度均在4000~5000m以上，喜马拉雅山平均海拔超过6000m，海拔7000m以上的高峰多达约50座，是世界上最雄伟高大的山系。世界上海拔8000m以上的14座高峰全都集中于喜马拉雅山和喀喇昆仑山，其中位于中国国境上和境内的高峰达9座。中山、低山主要分布于中国东部，低山多分布于中山的外围，尤以江、淮下游及南方的湘、赣、珠江流域广泛。

山地有明显的走向，呈条带状走向的山地称为山脉。中国山脉的走向有五种：东西走向、南北走向、北东或北北东走向、北西或北北西走向、弧形山脉。不同走向的高大山脉纵横交错，构成了中国地形的格架，并控制着其他地貌类型的轮廓。

中国的山脉以东西走向和东北-西南走向为主，东西走向的山脉是中国陆地上重要的山脉系统，主要有三列：北列 天山-阴山-燕山，中列 昆仑山-秦岭-大别山，南列 南岭，它们是中国的三条重要地理界线。其中，昆仑山-秦岭-大别山构成大陆中部的骨架，秦岭的地理意义尤为重要，它是中国南北方的重要分界线。

北东或北北东走向的山脉多分布在东部，主要有三列：西列 大兴安岭-太行山-巫山-雪峰山，中列 长白山-武夷山，东列 台湾山。其中的西列山脉为中国地形上重要的分界线，其西为地形第二阶梯，为高山、高原、盆地集中分布区；其东为地形第三阶梯，为低山丘陵，大平原分布区。南北走向的山脉主要在中部，自北向南有贺兰山、六盘山、横断山等，它们把全国分为东、西两大部分，西部山地多以东西向、北西或北北西向山脉为主，山势高峻，多为极高山、高山；东部山地多以东西向、北东或北北东向山脉为主，山势较低，多为中山、低山。北西或北北西向的山脉主要有阿尔泰山、祁连山等。喜马拉雅山脉为典型的弧形山脉，西段为北西向，向东逐渐转向东西向，呈现出向南突出的弧形。不同走向的山脉交织成网，地势相对低洼的高原、盆地、平原等地貌类型分布其间。

中国是个多山的国家，山地、丘陵和高原的面积约占全国土地总面积的69%。由于山地的热量和水分条件随海拔高度增加而发生变化，使得植被、土壤的分布发生垂直变化，农业生产方式随之发生改变。同时，山地具有丰富的动植物资源和矿产资源，其自然风景和独有气候是重要的旅游资源。山地地区人口虽仅占世界人口的10%，但是依赖山地资源生活的人口却占世界人口的30%~40%。可见，山地对人们的生产生活有着非常重要的作用，但由于山地地形陡峻、岩性复杂、构造发育、地震活动频繁及降水充沛等原因，使其容易发生各种山地灾害。

山地灾害特指只在山地发生的自然灾害，山地灾害经常是山地自然环境发展演化与人类经济活动共同作用的产物。山地灾害主要包括滑坡、崩塌、泥石流等，具有区域性明显，突发性强，分布散，一次灾害范围较小，灾后恢复困难；季节性强，频率高；预报预测、预防难度大；破坏性强，危害大等特点。

全球部分地区如日本、印度尼西亚、俄罗斯、意大利和中国等都有许多城市受到崩塌、滑坡、泥石流灾害的破坏及威胁，在许多欠发达国家，由于人口众多、区划法规不健全、山地灾害知识普及不够及预防教育与措施不充分，导致了山地灾害一旦发生就会出现灾难性的后果；在20世纪发生的典型事件见表4-1。除了直接经济损失和人员伤亡外，山地灾害还可能诱发多种间接灾害而造成人员伤亡和财产损失，如交通阻塞、水库大坝上游滑坡导致洪水泛滥、水土流失等。鉴于山地灾害对人们的危害如此巨大，本章将着重介绍山地灾害中的崩塌、滑坡和泥石流造成的灾害及防御方法。

表4-1　20世纪全球部分山地灾害(滑坡)造成的死亡人数

年份	地点	死亡人数
1916	意大利、澳大利亚	1000
1920	中国	180000
1945	日本	1200
1949	前苏联	12000~20000
1954	澳大利亚	200
1962	秘鲁	4000~5000
1963	意大利	2000
1970	秘鲁	20000
1985	哥伦比亚	23000
1987	厄瓜多尔	1000

注：资料来源于Barbara W M. Brian J S and Stephen C P. Dangerous Earth John Wiley & Sons，Inc. 1997。

4.2　崩塌

崩塌属于斜坡变形破坏地质灾害。斜坡变形破坏地质灾害是内、外动力地质作用下斜坡岩土体处于不稳定状态或失稳的一种现象。斜坡变形的基本形式为拉裂松动和蠕动。斜坡变形破坏的主要形式有崩塌、滑坡、流动。

崩塌是指陡峭斜坡上的岩体或土体在内、外动力地质作用下，突然脱离母体，发生崩落、滚动的现象或过程。破裂面分割的块体突然脱离母体后，主要以垂直运动为主翻滚跳跃而下(见图 4-1)。岩(土)体的崩落方式有：滑移式、坠落式和倾倒式三种类型。崩塌的特征是崩塌体脱离母岩而运动，下落速度快，下落过程中崩塌体的整体性遭到破坏，垂直位移大于水平位移。危岩体是具有崩塌前兆的不稳定岩体，它最易被引发崩塌。危岩体崩落后，以翻滚、跳跃的方式，由坡面较高处冲至较低处，由势能转化为动能，具有一定的冲击力，对危岩体危险区范围内的人员、财产等形成潜在威胁。

图 4-1　崩塌发生示意图

4.2.1 崩塌的形成条件

崩塌的发生虽然具有突然性，但也不是一朝一夕就能发生的，它需要具备一定的形成条件和发展过程。崩塌发生的条件具体说来主要有以下几方面：

(1) 地形条件

地形条件包括坡度和坡地相对高度。坡度对崩塌的影响最为明显，斜坡上物体的重力切向分力和垂向分力是随着山坡坡度大小而变化的。当山坡坡度达到一定角度时，岩屑重力的切向分力能够克服摩擦阻力向下移动，一般大于33°的山坡，不论岩屑大小都将有可能发生移动。但是不同岩性的山坡，形成崩塌的坡度也不完全相同。坡地的相对高度和崩塌的规模有关，一般当坡地相对高度超过50m时，就可能出现大型崩塌。斜坡高、陡是形成崩塌的必要条件。江、河、湖(岸)、沟的岸坡及各种山坡、铁路、公路边坡，工程建筑物的边坡及各类人工边坡都是有利于崩塌产生的地形部位，坡度大于45°的高陡边坡、孤立山嘴或凹形陡坡均为崩塌形成的有利地形。调查表明，规模较大的崩塌，一般多产生于高度大于30m，坡度大于45°(大多数介于55°~75°)的陡峻斜坡上；另外，斜坡的外部形状，对崩塌的形成也有一定的影响，一般在上缓下陡的凸坡和凹凸不平的陡坡上易于发生崩塌。

(2) 岩性条件

岩土是产生崩塌的物质条件，不同类型岩土所形成崩塌的规模大小不同。坚硬的岩石(如厚层石灰岩、花岗岩、砂岩、石英岩、玄武岩等)具有较大的抗剪强度和抗风化能力，能形成高陡的斜坡，在外来因素影响下，一旦斜坡稳定性遭到破坏，即产生崩塌现象。所以，崩塌常发生在由脆性坚硬的岩石构成的斜坡上。此外，由软硬互层(如砂页岩互层、石灰岩与泥灰岩互层、石英岩与千枚岩互层等)构成的陡峻斜坡，由于差异风化，斜坡外形凹凸不平，因而也容易产生崩塌。

（3）构造条件

各种构造面，如节理、裂隙、层面、断层等对坡体的切割、分离，为崩塌的形成提供脱离体（山体）的边界条件。如果斜坡岩层和岩体的完整性好，就不易发生崩塌。在节理和断层发育的山坡，岩石破碎，很易发生崩塌。实际上，自然界的斜坡经常由性质不同的岩层以各种不同的构造和产状组合而成的，而且常常为各种构造面所切割，从而削弱了岩体内部的联结，为产生崩塌创造了条件。一般说来，岩层的层面、裂隙面、断层面、软弱夹层或其他的软弱岩性带都是抗剪性较弱的"软弱面"。如果这些软弱面倾向临空且倾角较陡时，当斜坡受力情况突然变化时，被切割的不稳定岩块就可能沿着这些软弱面发生崩塌。

（4）气候条件

气候可使岩石风化破碎，加快坡地崩塌形成的时间，在日温差、年温差较大的干旱、半干旱地区，物理风化作用较强，在较短时间内岩石就会风化破碎。例如兰新铁路一些新开挖的花岗岩路堑，仅四、五年时间路堑边坡岩石就遭到强烈风化，形成崩塌。

（5）地表水和地下水

融雪、降雨特别是大暴雨长时间的地表冲刷、浸泡，使地表水渗入坡体，软化岩土及其中软弱面，裂隙中的地下水及其流动对危岩体产生静水压力和动水压力；降低了危岩体与稳定岩体之间的摩擦力；裂隙填充物在水的浸泡下抗剪强度大大降低等。

（6）地振动

地壳的强烈震动可使边坡岩土体中各种结构面的强度降低，甚至改变整个边坡的稳定性。地震时能形成数量多而规模很大的崩塌体，例如 1920 年宁夏海原 8.5 级地震，有 650 多处发生大规模崩塌（其中有一部分是滑坡），地震形成的崩塌分布在 10000km^2 范围内。1970 年秘鲁境内的安第斯山附近发生一次大地震，当时从 5000～6000m 高山上倾泻下来的岩块和冰块等崩塌体，连抛带滚波及范围达到 10km 以外。1974 年 7 月 8 日在昭通地震区的老寨堡附近发生一次巨大崩塌，它是在一次 2.6 级小余震的触发作用下发生的。大规模崩塌前山崖上有小石块崩落，随即开始大规模的崩塌，转瞬间巨大石块从山坡上向下倾泻，击毁了山下原有的老崩塌体，随后新、老崩塌体一起往山下流动，形成长约 1.5km、宽 150～200m 的崩塌体，自上而下分成崩塌、滑坡和泥石流三个地段。

（7）不合理的人类活动

人类不合理的工程活动如公路路堑开挖过深，边坡过陡，也常引起边坡发生崩塌。由于开挖路基，改变了斜坡外形，使斜坡变陡，软弱构造面暴露，使部分被切割的岩体失去支撑，从而引起崩塌。施工中的爆破可使边坡岩土体受到振动而降低结构面的强度，甚至可使边坡失稳，继而可促使斜坡发生崩塌现象。

4.2.2 崩塌的分类

按照不同的指标分类，可以将崩塌分为各种各样的类型，目前比较普遍的主要有以下几种：

1）根据崩塌岩石性质，分为岩崩、土崩。以一次崩落岩土体体积大小标度崩塌规模，崩塌可分为 4 级：

① 小型崩塌：岩土崩落体积小于 1×10^4 m^3；

② 中型崩塌：岩土崩落体积为 1×10^4～10×10^4 m^3；

③ 大型崩塌：岩土崩落体积为 10×10^4～100×10^4 m^3；

④ 特大型崩塌：岩土崩落体积大于 $100\times10^4\ m^3$。

2）根据组成坡地的物质结构，崩塌可分为以下几类：

崩积物崩塌：这类崩塌是山坡上已经发生过崩塌的岩屑和沙土等物质，处于很松散状态，当有雨水浸湿或受地震震动时，可再一次形成崩塌。

表层风化物崩塌：这是在地下水沿风化层下部的基岩面流动时，引起风化层沿基岩面崩塌。

沉积物崩塌：有些由厚层的冰积物、冲积物或火山碎屑物组成的陡坡，由于结构松散形成的崩塌。

基岩崩塌：在基岩山坡上常沿节理面、层面或断层面等发生的崩塌。

3）根据崩塌体移动形式和速度，崩塌可分为以下几类：

散落型崩塌：在节理或断层发育的陡坡，或是软硬岩层相同的陡坡，或是由松散沉积物组成的陡坡，常常形成散落型崩塌。

滑动型崩塌：这类崩塌沿一滑动面发生，有时崩塌土体保持了整体形态，这种类型的崩塌和滑坡很相似。

流动型崩塌：降雨时斜坡上的松散岩屑、砂和黏土，受水浸透后产生流动崩塌。这种类型的崩塌和泥石流很近似，实际上这是坡地上崩塌型泥石流。在北京西山一带称这种崩塌泥石流为“龙扒”。

4）按崩塌发展模式也就是按崩塌的形成机理可以把崩塌划分为：倾倒式崩塌、滑移式崩塌、鼓胀式崩塌、拉裂式崩塌、错断式崩塌（见表 4-2），崩塌的类型在一定条件下并不是单一类型，也有过渡类型的产生，如鼓胀-滑移式崩塌、鼓胀-倾倒式崩塌等。

表 4-2　崩塌的类型及其主要特征

类型	岩性	结构面	地貌	崩塌体形状	受力状态	起始运动形式	失稳主要因素
倾倒式	黄土，石灰岩等直立岩层	垂直节理、柱状节理、直立岩层面	峡谷、直立岸坡、悬崖等	板状、长柱状	主要受倾覆力矩作用	倾倒	水压力、地震力、重力
滑移式	多为软硬相间的岩层	有倾向临空面的结构面	陡坡，通常>45°	板状、圆柱状及其组合形状	滑移面主要受剪切力	滑移	水压力、地震力、重力
鼓胀式	直立黄土，黏土或坚硬岩石下有较厚软岩层	上部垂直节理，柱状节理，下部为近水平的结构面	陡坡	岩体高大	下部软岩受垂直挤压	鼓胀伴有下沉、滑移、倾斜	重力、水的软化
拉裂式	多见于软硬相间的岩层	多为风化裂隙和重力拉张裂隙	上部突出的悬崖	上部硬岩层以悬臂梁形式突出来	张拉	拉裂	重力
错断式	坚硬岩石、黄土	垂直裂隙发育，无倾向临空的结构面	>45°的陡坡	多为板状、长柱状	自重引起的剪切力	错断	重力

注：资料来源于蒋爵光．铁路工程地质学，中国铁道出版社，1991。

4.2.3 崩塌的力学机制

崩塌是岩体长期蠕变和不稳定因素不断积累的结果。崩塌体的大小、物质组成、结构构造、活动方式、运动途径、堆积情况、破坏能量等虽然千差万别，但崩塌产生的模式都是大同小异的。按崩塌发生时受力状况的不同，可将其形成的力学机制分为倾倒崩塌、滑移崩塌、鼓胀崩塌、拉裂崩塌和错断崩塌 5 种类型。

(1) 倾倒崩塌

在河流峡谷区、黄土冲沟地段或岩溶区等地貌单元的陡坡上，经常见有巨大而直立的岩体以垂直节理或裂缝与稳定的母岩分开。这种岩体在断面图上呈长柱形，横向稳定性差。如果坡脚遭受不断地冲刷掏蚀，在重力作用下或有较大水平力作用时，岩体因重心外移倾倒产生突然崩塌。这类崩塌的特点是崩塌体失稳时，以坡脚的某一点为支点发生转动性倾倒。

(2) 滑移崩塌

临近斜坡的岩体内存在软弱结构面时，若其倾向与坡向相同，则软弱结构面上覆的不稳定岩体在重力作用下具有向临空面滑移的趋势。一旦不稳定岩体的重心滑出陡坡，就会产生突然的崩塌。除重力外，降水渗入岩体裂缝中产生的静、动水压力以及地下水软弱面的润湿作用都是岩体发生滑移崩塌的主要原因。在某些条件下，地震也可能引起滑移崩塌。

(3) 鼓胀崩塌

若陡坡上不稳定岩体之下存在较厚的软弱岩层或不稳定岩体本身就是松软岩层，深大的垂直节理把不稳定岩体和稳定岩体分开，当连续降雨或地下水使下部较厚的松软岩层软化时，上部岩体重力产生的压应力超过软岩天然状态的抗压强度后软岩即被挤出，发生向外鼓胀。随着鼓胀的不断发展，不稳定岩体不断下沉和外移，同时发生倾斜，一旦重心移出坡外即产生崩塌。

(4) 拉裂崩塌

当陡坡由软硬相间的岩层组成时，由于风化作用或河流的冲刷掏蚀作用，上部坚硬岩层在断面上常常突悬出来。在突出的岩体上，通常发育有构造节理或风化节理。在长期重力作用下，节理逐渐扩展。一旦拉应力超过连接处岩石的抗拉强度，拉张裂缝就会迅速向下发展，最终导致突出的岩体突然崩落。除重力的长期作用外，震动力、风化作用(特别是寒冷地区的冰劈作用)等都会促进拉裂崩塌的发生。

(5) 错断崩塌

陡坡上长柱状或板状的不稳定岩体，当无倾向坡外的不连续面和较厚的软弱岩层时，一般不会发生滑移崩塌和鼓胀崩塌。但是，当有强烈震动或较大的水平作用时，可能发生如前所述的倾倒崩塌。此外，在某些因素作用下，可能使长柱或板状不稳定岩体的下部被剪断，从而发生错断崩塌。悬于坡缘的帽檐状危岩体，仅靠后缘上部尚未剪断的岩体强度维持暂时的稳定平衡。随着后缘剪切面的扩展，剪切应力逐渐接近并大于危岩与母岩连接处的抗剪强度时，则发生错断崩塌。

另外一种错断崩塌的发生机制是：锥状或柱状岩体多面临空，后缘分离，仅靠下伏软基支撑。当软基的抗剪强度小于危岩体自重产生的剪应力或软基中存在的顺坡外倾裂隙与坡面贯通时，发生错断—滑移—崩塌。

产生错断崩塌的主要原因是由于岩体自重所产生的剪应力超过了岩石的抗剪强度。地壳上升、流水下切作用加强、临空面高差加大等，都会导致长柱状或板状岩体在坡脚处产生较大的自重剪应力，从而发生错断崩塌。人工开挖的边坡过高过陡也会使下部岩体被剪断而产生崩塌。

4.2.4 崩塌的危害

（1）崩塌对线性工程的危害

崩塌的危害体现在大量崩塌块体垮塌堆在线性工程上可致使阻断交通、砸坏输油气管道等。若引起管道泄漏，将引发更大的次生灾难；若阻断输水渠道，还会造成渠道垮塌。

2007 年 11 月 20 日 8 时 40 分，宜万铁路湖北省恩施州巴东县，木龙河段高阳寨隧道进口处，发生岩崩，崩塌体堆积物方量约 3000m^3，巨石将 318 国道掩埋约 50m 长的路段，造成隧道进口处铁架上施工的 4 名民工死亡，更为严重的是一辆从上海返回利川途经此处满载乘客的客车也被崩塌体砸毁并掩埋。此次灾害共造成 31 人死亡，1 人失踪，1 人受伤。

（2）崩塌对房屋等建筑物的危害

崩塌对房屋等建筑的危害方式是砸、撞和埋三种方式：

① 砸：崩塌块体脱离母岩在斜坡上迅速连滚带跳最后落于地面将建筑物砸坏。

② 撞：崩塌块体在陡坡上快速滚动、碰撞，遇上建筑就撞击建筑，使建筑物损坏。

③ 埋：大型崩塌几十万~数百万立方米，从斜上部铺天盖地下来将下面（坡脚）的建筑物通通埋上，就连高速汽车也难逃此灾难。

1980 年 6 月 3 日，湖北省远安县盐池河磷矿突然发生了一场巨大的岩石崩塌。山崩时，标高 830m 的鹰嘴崖部分山体从 700m 标高处俯冲到 500m 标高的谷地，在山谷中形成南北长 560m、东西宽 400m、石块加泥土厚度 20m 的堆积体，崩塌堆积的体积共 10^6m^3，最大的岩块重约 2700t。顷刻之间盐池河上筑起了一座高达 38m 的堤坝，构成了一座天然湖泊。乱石块把磷矿区的五层大楼掀倒、掩埋，死亡 307 人，还毁坏了该矿的设备和财产，损失十分惨重。

（3）崩塌对江河的危害

历史上大型、特大型崩塌堵河造成上游淹没、溃坝和对下游淹没的危害事件也不少。2000 年 4 月 9 日，西藏林芝地区易贡湖左岸的扎木隆巴发生特大型崩塌、雪崩，推动沟床两岸松散土层形成近 3 亿 m^3的巨大泥石流，堵断易贡藏布江，形成长 1.5km、高近 100m 的土石坝，淹没上游近万亩茶园和农田，60 天后溃决，形成巨大山洪泥石流，给下游沿岸公路、桥梁、森林造成毁灭性灾难。

（4）对森林生态的危害

2008 年 5 月 12 日 14 时 28 分 04 秒，四川汶川县发生 7.8 级大地震。据四川省地震灾害和抗震救灾最新进展情况通报，截止 5 月 13 日下午 16 点，四川省内灾情为：死亡已超过 12000 人，受伤 26206 人，被埋 9404 人，损害房屋 346 万间。在地震损害人民生命财产的同时，地震引发的崩塌滑坡对森林生态产生了毁灭性的破坏。

（5）对人民生命安全的危害

崩塌对人民生命安全的危害很普遍，也很严重。在高山峡谷行进，一个元宵大小的石块从高边坡落下即可置人于死地，一个 0.1m 大小的石块就可使奔驰的小汽车瞬间瘫痪。2008 年 5 月 12 日，四川汶川大地震，伤亡人数巨大，大地震引发的大量崩塌滑坡，损坏、埋没了大量进出九寨沟、黄龙景区旅游的各类车辆和行人，景象凄惨。

4.2.5 崩塌的防治

(1) 崩塌发生前的危险斜坡识别

崩塌与滑坡虽有许多相似性，但崩塌有许多独有的地貌特征(见图 4-2)。崩塌发生前的危险斜坡判别主要从以下几个方面进行：

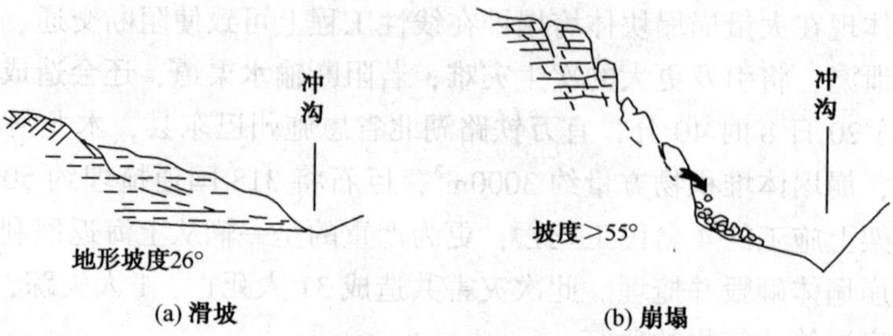

图 4-2 崩塌与滑坡的形成差异图

1) 斜坡坡度：一般 55°以上的斜坡容易发生崩塌，崩塌发生的最佳地形为 60°以上的斜坡。

2) 斜坡体组成结构：若斜坡为裸露岩体，上部有脆性坚硬岩石，下部为泥岩、页岩软弱地层，岩层产状近于水平，这种组成结构利于崩塌的形成。

3) 斜坡岩体风化程度与变形现状：若岩体表层呈强风化状，陡岩顶已有开裂变形，可依据开裂变形程度对危险边坡进行分级。一般分为①极危险斜坡、②危险斜坡及③危险性小斜坡。对于前两类斜坡必须进行防治、加固处理，因其极有可能发生崩塌；对③类斜坡可暂时不进行处理，但应进行及时观测，防止其突然发生变化及灾害。

(2) 防治原则

由于崩塌发生突然而猛烈，治理比较困难且复杂，特别是大型崩塌，所以一般多采取以防为主的原则。

① 在选线时，应注意根据斜坡的具体条件，认真分析崩塌的可能性及其规模。对有可能发生大、中型崩塌的地段，有条件绕避时，宜优先采用绕避方案。若绕避有困难时，可调整路线位置，离开崩塌影响范围一定距离，尽量减少防治工程，或考虑其他通过方案(如隧道、明洞等)，确保行车安全。对可能发生崩塌或碎落的地段，应视地形条件进行经济比较，确定绕避还是设置防护工程通过。如拟通过，路线应尽量争取设在崩塌停积区范围之外；如有困难，也应使路线离坡脚有适当的距离，以便设置防护工程。

② 在设计和施工中，避免使用不合理的高陡边坡，避免大切大挖，以维持山体的平衡。在岩体松散或构造破碎地段，不宜使用大爆破施工，以免由于工程技术上的错误而引起崩塌。

(3) 崩塌的防治措施

1) 遮挡清除：

即遮挡清除斜坡上部的崩塌物(见图 4-3)。这种措施常用于中、小型崩塌或人工边坡崩塌的防治中，通常采用修建明洞、棚洞等工程进行，在铁路工程中较为常用。

2) 坡面加固：

如坡面喷浆、抹面、砌石铺盖等以防治软弱岩层进一步风化；灌浆、勾缝、镶嵌、锚栓以恢复和增强岩体的完整性。

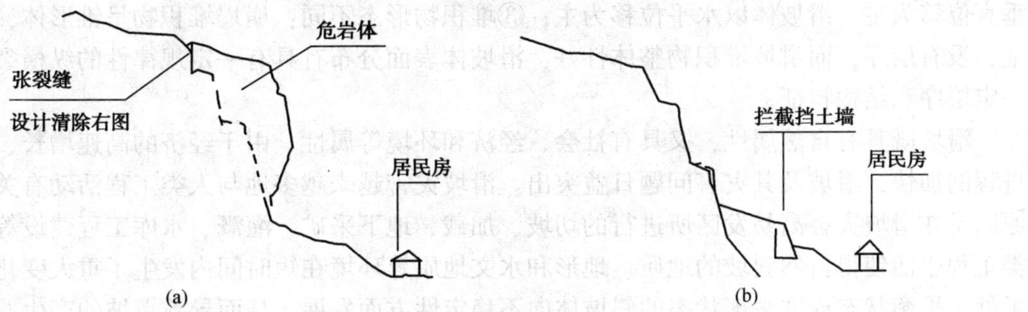

图 4-3　危岩清除示意图

3）危岩支顶：

在外形突出或不稳定的大孤石下面用石砌或用混凝土做支垛、护壁、支柱、支墩、支墙等以增加斜坡的稳定性。

4）拦截防御：

对于仅在雨后才有坠石、剥落和小型崩塌的地段，可在坡脚或半坡上设置拦截构筑物。如设置落石平台和落石槽以停积崩塌物质，修建挡石墙以拦坠石；利用废钢轨，钢钎及纲丝等编制钢轨或钢钎栅栏来拦截等措施，也常用于铁路工程。

5）调整水流：

如修筑截水沟、堵塞裂隙、封底加固附近的灌溉引水、排水沟渠等，防止水流大量渗入岩体而恶化斜坡的稳定性(盛海洋等，2004)。

6）刷坡削坡：

在危石孤石突出的山嘴及坡体风化破碎的地段，采用刷坡技术放缓边坡。

4.3　滑坡

滑坡是在自然地质作用和人类活动等因素的影响下，斜坡上的岩土体在重力作用下沿一定的软弱面整体或局部保持岩土体结构完整而向下滑动的过程和现象及其形成的地貌形态。滑坡也被认为是构成斜坡的岩土体在重力作用下失稳，沿着坡体内部软弱结构面(带)发生剪切而产生的整体性运动现象，俗称“垮山”、“地滑”，是较为严重的一种山地灾害。滑坡是一种地质作用，是地貌演化的一种方式(见图 4-4)。发生变形破坏的岩土体以水平位移为主，各部分的相对位移变化不大；滑动体始终沿着一个或几个软弱面移动；滑动过程可以瞬时完成，也可持续几年或更长的时间；在较平缓的斜坡中也可发生滑坡。

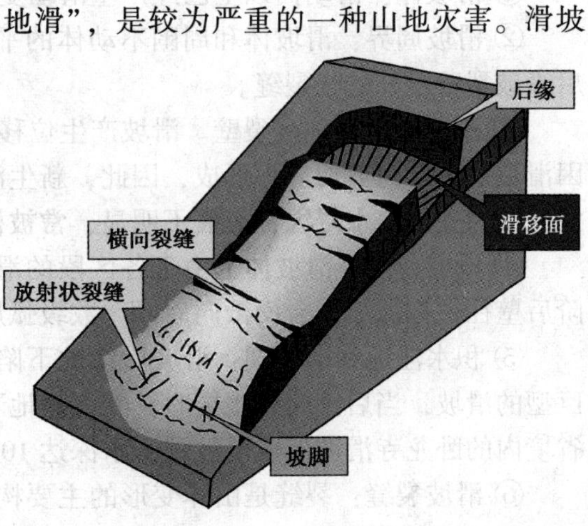

图 4-4　滑坡示意图

滑坡与崩塌的关系表现在崩塌与滑坡既有联系也存在差异。滑坡与崩塌的联系是它们的触发因素相似，二者互相影响和转化。滑坡与崩塌的主要区别：①与母体关系不同：崩塌体完全脱离母体，而滑坡体则有部分滑体残留在滑床上；②位移量不同：崩塌体以垂直位移为主，滑坡体以水平位移为主；③堆积物形态不同：崩塌堆积物呈锥形体，结构零乱，没有层序，而滑坡堆积物整体性好，滑坡体表面分布有具有一定规律性的纵横裂缝，有一定层序和结构特征。

滑坡既具有自然属性，又具有社会、经济和环境等属性。由于经济的高速增长、城市化进程的加快，滑坡及其灾害问题日益突出。滑坡灾害越来越多地与人类工程活动有关，主要原因是在滑坡灾害高易发区所进行的切坡、加载、地下采矿、灌溉、水库工程建设等各种人类工程生活使得自然斜坡的地质、地形和水文地质等环境在短时间内发生了重大变化，加速了处于平衡状态或准平衡状态的斜坡体向不稳定性方面发展，从而导致滑坡的产生并造成经济损失和人员伤亡等灾害。

4.3.1 滑坡的要素及形成

(1) 滑坡的要素

滑坡要素是滑坡现象反映在地表的构造形迹和各部位的名称。一个完整的滑坡一般具备(图 4-5)的各种要素；但并非所有的滑坡都有齐全的要素特征，许多滑坡由于受各种因素影响(如应力条件，剥蚀和堆积作用)，而失掉某些要素。

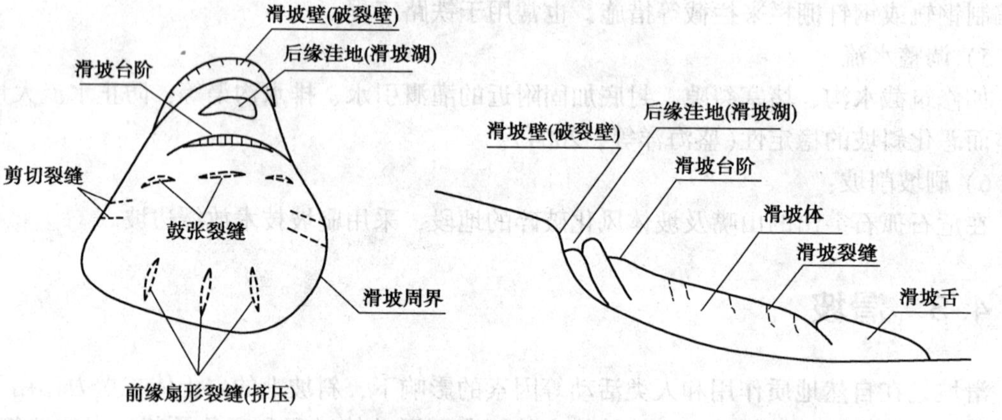

图 4-5 滑坡要素示意图

① 滑坡体：滑动面以上已经产生滑动变形的岩土体，称滑坡体。

② 滑坡周界：滑坡体和周围不动体的平面分界线，包括后缘和两侧的破裂壁。不包括后缘破裂壁以外的张裂缝。

③ 滑坡壁：亦称破裂壁。滑坡产生位移后，在后缘和两侧出露的岩土陡壁，称滑坡壁。因滑坡壁主要由剪切应力形成，因此，新生滑坡的滑坡壁常可找到明显的擦痕。而古滑坡的滑坡壁因受地表水侵蚀，擦痕不明显，常被植被覆盖住。

④ 滑坡台阶：滑坡体上由于各区段的滑动速度不同而形成的错台，称作滑坡台阶。台阶后壁往往称弧形，台面微向后倾。数级弧形台阶的弧顶连线大致指向滑动方向。

⑤ 积水洼地和滑坡湖：滑坡后缘的下陷带或地表后倾时，易于形成积水洼地。有些大巨型的滑坡，当后壁为含水层时，有大量地下水排出，则可能形成半月形的滑坡湖，如陕西省境内的卧龙寺滑坡形成滑坡湖，水深达 10m 以上。

⑥ 滑坡裂缝：裂缝是山体变形的主要构造形迹，是判定山坡是否稳定的主要依据。滑坡裂缝根据其力学成因，可分为张拉裂缝和剪切裂缝两大类。张拉裂缝根据其与滑动方向的

关系，又可分为横张拉裂缝、纵张拉裂缝、雁式张裂缝等。

⑦ 滑动面和滑动带：滑坡体依附于母岩作向下滑动的软弱结构面，亦即滑体与滑床的分界面，称滑动面。滑动面的主要特征是具有明显的擦痕，擦痕的方向代表滑坡的滑动方向。平行滑动面受揉皱的软弱带，称作滑动带，滑动带中的土层称作滑带土，滑带土一般呈软塑状或流塑状，厚度为几厘米~几十厘米。

⑧ 滑床：亦称滑坡床，滑体沿滑动面滑动时，被依附的下伏不动体。滑床常由较坚硬的岩层或土层组成。

⑨ 滑坡舌：在滑坡前缘深入沟壑或河道中的舌形地带。新生滑坡的滑坡舌常由松散的堆积物组成；而古滑坡的滑坡舌大多已开辟成耕地，堆积物比较密实。

(2) 滑坡的形成条件

滑坡的形成条件分为内部条件和外部条件，其内部条件主要有地形坡度、地层岩性、地质构造等；外部条件是滑坡形成的诱发因素，当形成滑坡的内部条件满足时，在外部条件的激发下，滑坡随之产生。滑坡形成的外部条件主要有降水、流水、地震及一些人为因素。

1) 地形条件：

据调查统计分析，易于滑坡形成的地形坡度多在10°~35°，尤其以20°~35°的坡度最利于滑坡的发生。

2) 地层岩性条件：

有利于滑坡形成的地层岩组称为易滑岩组，如侏罗纪、白垩纪的泥岩、页岩泥质砂岩、粉砂岩、三叠纪以前的砂板岩、千枚岩等。

3) 地质构造条件：

滑坡滑动需要在坡体内有完整的软弱结构面，滑坡的后缘及两侧则可能是层面、节理、裂隙等。这些在滑坡形成中可供利用的结构面称为优势结构面。

4) 降水：

雨季是滑坡的多发季节，尤其是大雨暴雨后和长降雨中更容易发生滑坡，据统计80%以上的滑坡发生在雨季。雨水降到地表后，会对坡体产生三个作用：①侵蚀软化作用：雨水渗透到地下，在软弱结构面上富集，使岩土侵蚀软化，抗剪强度迅速降低。②增重作用：雨水渗透到地下，可迅速增大坡体的自重、静水压力和动水压力，从而造成滑坡的发生。③水劈作用：雨水到地面，沿裂缝迅速渗透到地下，并很快充满裂缝，对裂缝两侧壁产生较大的侧向压力(水劈作用)，使滑坡迅速启动。

5) 流水：

流水对陡坡脚的冲刷，使起支撑作用的坡脚岩体被破坏，从而导致滑坡的发生。

6) 地震：

地震对斜坡的振动作用十分复杂，水平振动和垂直振动几乎同时交替进行，其作用结果相当于增大滑坡的下滑力，减小滑坡的抗滑力，使滑坡在地震过程中同时发生。据调查研究，地震区的滑坡分布主要集中在Ⅵ度以上的烈度区，Ⅵ度以下的烈度区很少有滑坡分布，所以可以把地震诱发滑坡的烈度下限定为Ⅵ度。

7) 人为因素：

人为因素对加速滑坡的发生起着重要作用，如开挖坡脚、大药量放炮振动、生产生活用水的侵蚀和人工堆填加载等都能加快滑坡的发生。

① 开挖坡脚：开挖坡脚削弱了滑坡体前部的抗滑支撑作用，铁路、公路等工程建设常

常因不科学的的开挖坡脚引起了大量的滑坡崩塌。

② 大药量爆破：大药量爆破对地表产生的振动作用不可忽视，放炮采石引发滑坡的例子也不少，如重庆市华莹山煤矿厂区川南煤矿区，因坑道放大炮采矿引起了地表大量滑坡塌陷。

③ 生产生活用水、渠塘渗透：生产生活用水、渠塘渗透引发滑坡的例子也很多。四川省汉源县东沟昔达格地层滑坡，因新开稻田灌水渗漏引起，体积 80 多万平方米，滑到冲沟对岸，埋没民房，造成 34 人死亡。

④ 人为加载作用：在新建公路、铁路、矿山的外边坡上，不合理的堆放大量的废石或弃渣，增大了边坡的下滑力，从而容易引发滑坡。

(3) 滑坡的形成过程

滑坡的形成一般要经历蠕变、蠕滑、滑动和停止 4 个阶段。

1) 蠕变阶段：滑坡形成的初期，地表无明显的开裂变形迹象，滑动面还未形成，滑动面连带土体仅开始蠕变，没有位移。

2) 蠕滑阶段：滑坡后缘弧型裂缝开始形成，裂缝逐渐扩大联通，滑动面从后缘、前缘逐渐向中间发育，但滑动面未完全贯通。到本阶段末期，滑动面上段有蠕滑变形，没有整体位移变形。

3) 滑动阶段：后缘裂缝出现加速变形，滑动面完全贯通，整体滑动开始。因滑动面上的抗剪特性不同，可能出现高速滑动、中速滑动和低速滑动。

4) 滑动停止：对于中高速滑动经过一个滑动过程便进入停止滑动的相对稳定阶段，对于低速滑动，滑动阶段和停止阶段交叉进行，可能经历数天、甚至数年。

4.3.2 滑坡的分类

合理的滑坡分类对认识和防治滑坡非常有帮助，分类的角度不一样，分类得到的结果也不一样。目前，滑坡的分类方式主要有以下几种：

(1) 根据滑坡的体积大小划分

① 小型滑坡：$<10\times10^4$ m^3；

② 中型滑坡：$10\sim100\times10^4$ m^3；

③ 大型滑坡：$100\sim1000\times10^4$ m^3；

④ 特大型滑坡：$>1000\times10^4$ m^3。

(2) 根据滑坡的滑动速度划分

① 蠕动型滑坡：人们仅凭肉眼难以看见其运动，只能通过仪器观测才能发现的滑坡；

② 慢速滑坡：每天滑动几厘米~几十厘米，人们凭肉眼可直接观察到滑坡的活动；

③ 中速滑坡：每小时滑动几十厘米~几米的滑坡；

④ 高速滑坡：每秒滑动几米~几十米的滑坡。

(3) 根据滑动面特征划分

① 顺层滑坡：沿已有层面或层间软弱带等发生滑动而形成的滑坡。

② 切层滑坡：指滑动面与岩土体中的沉积结构面相交切的滑坡。

(4) 根据滑动性质划分

① 牵引式滑坡：滑坡下部首先失稳发生滑动，继而牵动上部岩土体向下滑动的滑坡。

② 推动式滑坡：斜坡上部首先失去平衡发生滑动，并挤压下部岩土体使其失稳而滑动

的滑坡。

③ 混合式滑坡：属于牵引式滑坡和推动式滑坡的混合形式。

4.3.3 滑坡机理

滑坡是依附于其内在软弱结构面的地表斜坡岩土体，在一定的地质力学机制下，失去原有平衡条件而产生以水平位移为主的顺坡移动现象。按滑坡发生的初始条件、根本原因及滑动方式可将其分为以下几种主要滑坡机理：

(1) 流变倾覆滑坡机理

流变倾覆滑坡的根本原因是斜坡岩层的流变作用，由于斜坡岩层在自重的恒载持续作用下，变形随时间而增长，强度降低，在一定范围内产生流变，而致岩层逐渐倾倒、扭曲甚至倒转变形。

(2) 应力释放平移滑坡机理

应力释放平移滑坡的根本原因是构造残余应力释放。滑动面为层面或节理面，产状为中低倾角或近水平。由于河流侵蚀或人工开挖，原聚集于岩体内部的应力释放，岩体普遍回弹、松弛而导致卸荷张裂隙生成。主压应力经坡体传递于结构软弱面产生切向应力，当总的剪应力超过岩体强度时，最终将导致滑坡的形成。

(3) 震动崩落滑坡机理及震动液化平推滑坡机理

震动崩落滑坡及震动液化平推滑坡的根本原因是震动(地震或人为震动)，其产生的充分条件决定于震动水平惯性力的大小及作用方向。

(4) 潜蚀陷落滑坡机理

这类斜坡中节理发育完好，底部有相互连通的砂砾层，而在斜坡上部有丰富的地下水补给，斜坡坡脚有排泄区出路，雨水的大量补给或河段水位暴涨暴落，库区地下回水迅速跌落，以及其他原因导致地下水力梯度增大到足以使细粒砂土发生潜蚀及液化，在动水压力作用下而最终导致滑坡发生。

(5) 高势能飞越滑坡机理

高势能飞越滑坡由于滑体势能大，因而滑体在滑出时具有很快的速度、并具有较远的滑程，滑体下部分与空气直接摩擦滑动，其土层地质条件受控于滑体岩土的层状、板片状以及其他延伸性强的节理构造结构而且顺坡倾斜。滑体在滑脱原始位置时获得很大的加速度，滑体绝大部分甚至全部脱离滑床，越出坡脚外若干距离。

(6) 孔隙水压浮动滑坡机理

孔隙水压浮动滑坡的原因是孔隙水压升高，表现出浮动的情况。当滑体平时水位低，但遇到降雨或其他因素大量补给后，地下水位上升，同时斜坡下部岩土是细颗粒的粘质上，由于地下水排泄不畅，造成压力水头升高，孔隙水压增大，消弱了滑体的抗剪强度，最后导致滑坡形成。

不管何种滑坡机理都有其相应的发生发展规律，都与其地区稳定条件、工程地质条件、水文地质条件密切相关，并非单一的力学机理。

4.3.4 滑坡的危害

我国是一个容易发生滑坡灾害的国家，严重的滑坡灾害对人民群众的生命财产安全构成极大的损害和威胁，已成为区域经济社会可持续发展的重要制约因素之一。

(1) 直接危害城镇及村庄，威胁人民群众的生命和财产安全

滑坡易发生于山高坡陡地区，不少地区城镇村庄就直接位于滑坡体上或较平缓的泥石流堆积扇上，滑坡一旦发生，这些城镇、村庄将直接遭受滑坡、泥石流侵害，人民群众的生命和财产安全受到威胁。

(2) 威胁河流河道安全

滑坡泥石流搬运大量泥沙石块堆积于主河，抬高河床，增大洪水危害，恶化自然环境。

(3) 影响水利水电及防洪工程效益的发挥

由于滑坡易造成水库泥沙淤积、减小库容和发电调节能力，其对水能的开发利用造成危害或威胁，同时也给流域防洪产生一定的威胁。

(4) 影响交通运输

滑坡易发生区段的公路，每年雨季都因泥石流灾害而发生断道现象，一些路段甚至整个雨季都无法通行，严重制约当地经济发展。

(5) 对农业的危害

滑坡泥石流冲毁或淤埋耕地，毁坏庄稼和水渠、提灌站、塘坝等农灌或蓄水设施的灾害年年发生。

(6) 滑坡的次生灾害

滑坡灾害不仅直接危害受灾地区，还常常引发一系列次生灾害，如洪水，涌浪淤积等，造成更大范围的影响和更严重的危害(见表4-3)。

表4-3　全球历史上部分大型岸坡崩塌造成的涌浪及伤亡情况

崩滑名称	所在地	发生年代	水体性质	崩滑土方量/m^3	涌浪高度/m	死亡人数
Chungar	秘鲁	1971	湖泊	1×10^5	30	400~600
Vaiont	意大利	1963	水库	$(2.5\sim3)\times10^8$	260	3000
Liwya Bay	美国	1958	海湾	3×10^7	530	2
Lion Lake	挪威	1636	湖泊	1×10^6	70	73
Taford	挪威	1934	峡湾	1.5×10^6	62	44
Lion Lake	挪威	1905	湖泊	4×10^5	40	61
Shimabara	日本	1792	海湾	5.4×10^8	10	1500
Laufjord	挪威	1756	峡湾	1.2×10^7	40	32
长江新滩	中国	1985	水库	3×10^7	36.5	10
乌江鸡冠岭	中国	1994	峡湾	3.9×10^6	30	9
柘溪塘岩光	中国	1961	水库	—	21	—

注：资料来源于潘懋，李铁峰．灾害地质学．北京大学出版社，2008。

4.3.5　滑坡的防治

(1) 滑坡的前兆

不同类型、不同性质、不同特点的滑坡，在滑动之前，均会表现出各种不同的异常现象，显示出滑动的预兆，归纳起来常见的有以下几种：

① 大滑动之前，在滑坡前缘坡脚下，有堵塞多年的泉水复活现象，或者出现泉水(水井)突然干枯、井(钻孔)水位突变等类似的异常现象。

② 在滑坡体中、前部出现横向及纵向放射状裂缝，它反映了滑坡体向前推挤并受到阻碍，已进入临滑状态。

③ 大滑动之前，在滑坡体前缘坡脚处，土体出现上隆(凸起)现象。这是滑坡向前推挤的明显迹象。

④ 大滑动之前，有岩石开裂或被剪切挤压的影响。这种迹象反映了深部变形与破裂。动物对此十分敏感，有异常反应。

⑤ 临滑动之前，滑坡体四周岩体(土体)会出现小型坍塌和松弛现象。

⑥ 如果在滑坡上有长期位移观测资料，那么大滑动之前，无论是水平位移量还是垂直位移量，均会出现加速变化的趋势。

⑦ 滑坡后缘的裂缝急剧扩展，并从裂缝中冒出热气(或冷风)。

⑧ 动物惊恐异常，植物变态。如猪、狗、牛惊恐不宁，不入睡；老鼠乱窜不进洞；树木枯萎或歪斜等。

(2) 滑坡预报

滑坡预报主要包括：1)空间预报，进行危险性分析与区划。主要措施有：①滑坡调查；②滑坡勘探；③滑坡水文地质分析；④滑坡动态监测；⑤模拟试验；⑥单个滑坡的危险性分析；⑦滑坡区划。2)时间预报，进行趋势性分析与临滑预报；趋势性分析主要进行滑坡稳定性分析及诱发因子变化分析，临滑预报主要有宏观前兆分析及蠕变曲线法分析预报。3)滑坡速度和滑动距离的预报。

滑坡的动态监测方法主要有：①位移监测；②裂缝形变监测；③岩土破坏和变形监测；④地应力监测；⑤地下水动态监测；⑥地面倾斜监测；⑦建筑物变形监测。

(3) 防治主要措施

目前常用的滑坡治理工程措施主要有以下几种：

1) 清除滑坡体：

对坡高小于15m、坡面长小于50m的小型土质边坡，且其无继续向上及两侧扩展的可能。由于挖方工作量较小，且挖除后可永久消除危害，因此可采用挖除的方法一次根治。

2) 排水工程：

排水工程应在滑坡防治总体方案基础上，结合工程地质、地下水及降雨条件，制定地表排水、地下排水以及二者相结合方案。整治滑坡地表排水一般应在滑坡体外修环形截水沟，将地表水引至天然沟谷。滑体内修建树枝状排水系统，布置时主沟应尽量与滑坡方向一致，支沟与滑向成30°~50°斜交，据排水沟布设(见图4-6)的位置可分为：

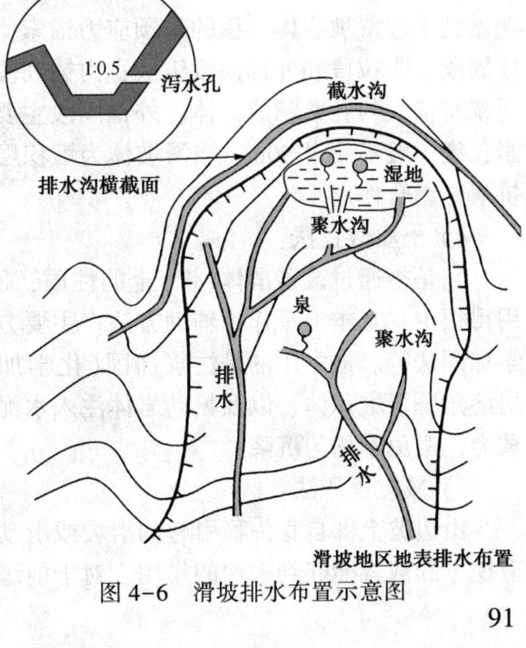

图4-6　滑坡排水布置示意图

① "八"字形环形排水，修在滑坡后缘及两侧稳定斜坡上，截排后山坡及两侧地表水。

② 树枝状排水明沟，修在滑体地表，排除低洼地表积水。

③ 滑体内排水盲沟(渗沟)，修在地下2m左右，排除滑体内地下积水。盲沟实际上是地

下汇水廊道，将两侧地下水汇集于沟中排除。沟内需填实了渗水性非常好的粗沙、砾石、碎块石，以便地下水尽快排出。

除此还有地水排水井，修建在滑坡体中部，采用钻孔集水排除地下水。

3）支挡工程：

在滑坡体上建造支挡建筑物来增加抗滑能力，以获得岩土体稳定。

① 抗滑挡土墙。挡土墙是边坡防护与治理中广泛应用的一种构筑物，较多为重力式抗滑挡土墙、锚杆锚索挡土墙，其可以作为单独抗滑结构物，也可以与其他防治滑坡的措施结合使用。抗滑挡土墙与一般挡土墙的主要区别在于抗滑挡墙的平面布置是根据滑坡范围、滑坡推力大小、滑移面位置以及挡墙基础的地质条件等因素确定。其结构尺寸随土压力大小、方向、分布和作用点而不同。

挡土墙最常用的形式是重力式挡土墙，实践证明重力式挡土墙墙高不宜超过 8m，否则应采用特殊形式挡土墙，或每隔 4~5m 设置厚度不小于 0.5m、配适量构造钢筋的混凝土构造层。为了改善档土墙不宜过高这种状况，出现了加筋挡土墙、锚定板挡墙以及预应力锚索、锚杆挡墙等新型挡墙，它从本质上改变了挡土墙的受力机制(主动受力)，而且节省圬工、降低造价。挡土墙工程应布置在滑坡主滑地段的下部区域，当滑体长度大而厚度小时宜沿滑坡倾向设置多级挡土墙。

② 抗滑桩。抗滑桩是借助桩与周围岩土共同作用，把滑坡推力传递到稳定地层的一种抗滑结构。抗滑桩适用于一些中、深层滑坡，用抗滑挡土墙难以整治的情况下采用。抗滑桩在滑坡体上挖孔设桩，不会受施工破坏其整体稳定，施工方便，圬工量小，桩位灵活等优点。抗滑桩一般布置于滑坡体厚度较薄、推力较小且嵌岩段地基强度较高地段。采用抗滑桩对滑坡进行分段阻滑时，每段宜以单排布置为主，若弯矩过大，应采用预应力锚拉桩。目前使用最多的有钢筋混凝土桩和钢管桩，我国主要采用钢筋混凝土桩。其主要形式有：a. 大截面排式抗滑单桩；b. 键式抗滑桩；c. 钢筋混凝土圆管打入桩和沉井桩；d. 承台式抗滑桩；e. 桩拱墙；f. 桩基挡墙；g. 椅式桩墙；h. 排架式抗滑桩；i. 抗滑刚架桩；j. 锚固桩。

③ 锚固法。锚固法是指用预应力锚索或锚杆来加固滑体的一种方法，其优点是主动受力、施工简便、工期短、成本低。锚杆加固多用于辅助工程，配合其他措施治理滑体，真正能做到治理滑坡主体工程的是预应力锚索，而且多用于岩质滑坡。预应力锚索结构主要由内锚固段、张拉段和外锚固段组成；内锚固段分为粘结式和机械式，目前多用粘结式，即用水泥浆将锚索与孔壁粘成一体；外锚固段主要由外锚头夹具和钢筋混凝土垫墩组成。预应力锚索长度一般不超过 50m，当滑坡体为堆积层或土质滑坡，预应力锚索应与钢筋砼梁、格构或抗滑桩组合作用。

4）土质改良法：

它是指通过改善滑体(带)土的性质，使之坚固以达到稳定滑体的目的，这种方法国内用得很少，基本上是作为辅助方法。主要方法有电渗法、焙烧法、动力固结法、爆破法、化学加固法等。最常用的是注浆加固(化学加固法)，注浆加固目的在于通过对崩滑堆积体、岩溶角砾岩堆积体、以及松动岩体注入水泥砂浆，以固结围岩或堆积体，从而提高其地基承载力，避免不均匀沉降。

5）减重反压法：

由边坡上部自身失稳引起的滑坡或滑动面不深且滑动面具有上陡下缓形状时，对坡顶采取挖方卸载就能起到根治的作用。对于前缘失稳的牵引式滑坡，整治的工程措施是在滑坡前缘修建片石垛加载反压、增加抗滑部分的土重，使滑坡得到新的稳定平衡。

6）抗滑明洞：

人工挖方引起的工程滑坡破坏原来山体的平衡，滑坡前缘临空面高，下滑力大。如果用抗滑明洞，在明洞顶部回填土恢复山体平衡，则较其他工程措施显得经济合理。

7）格构锚固：

格构锚固技术是利用浆砌块石、现浇钢筋砼或预制预应力砼进行坡面防护，并利用锚杆或锚索固定的一种滑坡综合防护措施。格构技术应与美化环境相结合，利用框格护坡，并在框格之间种植花草达到美化环境的目的。根据滑坡结构特征，选定不同的护坡材料：当滑坡稳定性好，但前缘表层开挖失稳出现坍滑时，可采用浆砌块石格构护坡并用锚杆固定；当滑坡稳定性差且滑坡体厚度不大，可用现浇钢筋砼格构+锚杆(索)进行滑坡防护，须穿过滑带对滑坡阻滑；当滑坡稳定性差，且滑坡体较厚，下滑力较大时，可采用砼格构+预应力锚索进行防护，并须穿过滑带对滑坡阻滑。

8）避绕：

当线路遇到严重不稳定斜坡地段，处理很困难时，可考虑采用此措施。具体工程措施有：外移作桥和内移作隧。特别是在山区公路设计时，在满足最低技术标准的前提下，宜弯则弯，宜坡则坡，不要片面追求路线平直，减少大填、大挖；充分利用地形，应尽量减少破损山体；充分且恰当的利用人工构造物的作用。

9）综合治理：

整治滑坡用单一的工程措施往往不是最佳的方案，应根据滑坡类型、规模、稳定性，并结合滑坡区工程地质条件、建筑类型及分布情况、施工设备和施工季节等条件，选用多种工程措施组合起来进行综合整治。这些措施有：①减重反压和抗滑挡墙相结合；②明洞和抗滑桩相结合；③明洞和抗滑挡墙相结合；④抗滑桩和抗滑挡墙相结合；⑤锚杆(索)和抗滑挡墙相结合；⑥锚杆(索)和抗滑桩相结合。

4.4 泥石流

泥石流是山区沟谷中由暴雨、冰雪融水等激发的、含有大量泥沙石块的特殊洪流。泥石流是介于流水与滑坡之间的一种地质作用，饱含大量泥沙石块和巨砾的固—液两相流体，呈黏性层流或稀性湍流等运动状态。典型的泥石流由悬浮着粗大固体碎屑物并富含粉砂及黏土的黏稠泥浆组成。在适当的地形条件下，大量的水体浸透山坡或沟床中的固体堆积物质，使其稳定性降低，饱含水分的固体堆积物质在自身重力作用下发生运动，就形成了泥石流。

泥石流主要分为3个区：①形成区：包括汇水动力区和固体物质补给区，通常呈树冠状或羽毛状。②流通区：地形较为顺直、稳定，沟槽坡度较大，多峡谷地形。③堆积区：流域下游或出山口处，有些流域沟谷的缓坡宽槽段也可能构成堆积区。这里坡度平缓，通常呈扇形、堆形或带状。

泥石流的分布广泛，世界六大洲的50多个国家如俄罗斯、日本、中国、美国等地均有，主要集中在阿尔卑斯-喜马拉雅带、环太平洋山带、欧亚大陆内部一些褶皱断裂山地、斯堪的纳维亚高原西部山地。通常情况下，从内陆至沿海，从高纬度区到低纬度区，泥石流复杂程度和活跃度逐渐增强。泥石流分布于我国的20多个省、市、自治区的山区，流域分布面积占国土面积的18.6%，主要分布于辽西山地、冀北山地、太行山、华山、龙门山、乌蒙山一线以西，集中分布于青藏高原东南部山地(冰雪型泥石流)、川西云贵山地(暴雨型泥石流)、陕甘黄土高原(暴雨型泥流)、巫山、大巴山、秦岭、太行山、燕山、辽西山地的带状区域内。

泥石流的发生与降雨、地震关系密切，具有季节性、周期性和夜发性等特点：

1）季节性：

我国以暴雨泥石流为主，泥石流活动周期与暴雨活动周期基本一致。我国大部分地方的降雨主要集中在5~10月，其间的降水量占全年降水量的70%~95%，暴雨也主要集中在这段时间，与此对应，绝大多数泥石流灾害发生在5~10月，尤其集中在暴雨频繁发生的6~9月。据不完全统计，发生在雨季的泥石流灾害约占全部泥石流灾害的90%以上。

2）周期性：

泥石流的发生受降雨洪水、地震的影响，而降雨洪水、地震总是周期性地出现，因此泥石流的活动周期与降雨洪水、地震的活动周期大体一致。当降雨洪水、地震的活动周期叠加时，常常形成一个泥石流活动周期的高潮。例如1966年云南省东川地区是近几十年来的强震期，使东川泥石流的活动加剧，仅东川铁路在1970~1981年的11年中就发生泥石流灾害250余次。如1981年，东川达德线泥石流，成昆铁路利子依达泥石流，宝成、宝天铁路的泥石流，都是在暴雨周期内发生的。

3）夜发性：

受暴雨活动时间控制，我国泥石流主要发生在夏季。我国西部如重庆等地因多夜雨，导致泥石流夜发率高。夜间，人们都在屋内休息，突然暴发的泥石流往往造成大量人员伤亡。

通常，泥石流的形成暴发有三种形式：

① 地表水在沟谷的中上段侵润冲蚀沟床物质，随冲蚀强度加大，沟内某些薄弱段块石等固体物松动、失稳，被猛烈掀揭、铲刮，并与水流搅拌而形成泥石流。

② 山坡坡面土层在暴雨的浸润击打下，土体失稳，沿斜坡下滑并与水体混合，侵蚀下切而形成悬挂于陡坡上的坡面泥石流。

③ 沟源崩、滑坡土体触发沟床物质活动形成泥石流。滑体发生溃决，强烈冲击并带动沟床固体碎屑物的活动而形成泥石流。

4.4.1 泥石流的形成条件

泥石流的形成，必须同时具备三个基本条件，即大量的松散固体物质、陡峻的地形和丰富的水源。此外，各种人为活动也在多方面加剧上述因素的作用，促成泥石流的形成。

(1) 固体物质条件

沟内的斜坡或沟床有足够数量的松散堆积物，能为泥石流形成提供必要的固体物源。山坡表层岩石风化破碎后形成的残积物、坡积物，滑坡、崩塌发生后在坡脚和沟床上形成的松散堆积物，沟谷中各种沉积物及人工开山采石、采矿、隧道施工和筑路开挖、水利水电站工程建设等的弃渣，是最常见的泥石流固体物质的来源。

(2) 地形条件

泥石流沟一般具有陡峻的地形，为泥石流形成和向下运动提供必要的势能条件。典型泥石流沟上游多为三面环山，一面出口的漏斗状地形，山坡坡度多为30°~60°，沟床纵坡一般大于13°。这样的地形条件有利于承受周围山坡上的松散碎屑物质，集中水流，还有利于水流与松散碎屑物质混合在运动过程中搅拌，进而转化为泥石流。

(3) 水源条件

水不仅是泥石流的重要组成部分和泥石流的动力条件，而且还是泥石流暴发的激发因素。在我国，形成泥石流的水源主要是来自降水如暴雨。在青藏高原边缘现代冰川发育的地方，冰雪融水也是泥石流重要的水源。此外，冰湖、水库、堰塞湖等溃决时下泻的水体，也是激发泥石流的水源。有关资料显示，24h 暴雨量在 100mm 以上时，由于暴雨量大及强度大，山丘坡面陡，水流汇集迅速，产生较大冲刷力，在花岗岩类岩石组成的坡面、岩石风化碎屑堆积层、硅质灰岩、软弱岩层的中低山区极易引发泥石流。

(4) 人类活动

根据与人类活动的关系，泥石流可分为自然泥石流和人为泥石流。人为泥石流主要由人类活动诱发，如森林破坏、不合理的工程开挖、弃土、弃渣、水库与引水渠道渗漏等。

① 森林破坏：过度砍伐森林、陡坡开垦农田和放牧使森林植被破坏，山体裸露，加剧水土流失，导致山坡冲沟发育，破坏山体的稳定性，造成滑坡、崩塌等不良物理地质现象大量出现，最终就可能造成泥石流活跃。

② 不合理的工程开挖：在铁路、公路、水利和其他基础设施建设中，不合理的工程开挖造成山体滑坡、崩塌发生，进而引起泥石流发生。

③ 弃土、弃渣：工程建设、采矿、采石、不合理的弃土、弃渣，为泥石流的形成直接提供了大量的松散碎屑物质。

④ 水库、引水渠道渗漏：水库、引水渠道渗漏和斜坡上的水田渗漏，造成大量水体渗入斜坡岩体诱发滑坡后，产生泥石流；水库、渠道溃决，直接造成溃决型泥石流。

泥石流的主要影响因素，如地质构造、岩性、水文、植被、人为活动等，都是通过固体物源、地形条件和水分条件这三个基本条件而起作用的。

4.4.2 泥石流的分类

泥石流的分类方法很多，如根据泥石流的激发泥石流的水源条件、流体中固体物质颗粒组成、规模大小等。把各种分类综合起来进行分析，能够较全面地认识泥石流，为有效防治泥石流提供科学依据。常见的泥石流分类主要有以下几种：

(1) 泥石流的流体性质

① 黏性泥石流：泥沙、石块与水混合均匀，流体中泥沙和石块的含量多于水，浓稠得像搅拌均匀的混凝土，停留后即使水分丧失还能保持流动时的形态和结构，如堆积物边缘的坡度较陡等。

② 稀性泥石流：流体中泥沙含量较少，石块和水的含量较多，浓稠性差，停留后随着水分丧失，形态和结构发生变化，如堆积物边缘的坡度变平缓等。

③ 过渡性泥石流：黏性和稀性泥石流两者之间的过渡类型。

(2) 激发泥石流的水源条件

按泥石流激发的水源条件，泥石流可分为降雨型泥石流、冰川型泥石流、冰雪融化型泥石流和溃决型泥石流。

(3) 泥石流发生的地貌位置

可分为沟谷型泥石流和山坡型泥石流(也称坡面泥石流)。沟谷型泥石流一般流域面积 $>0.5km^2$，有明显的沟道，水系发育完整；山坡型泥石流一般流域面积 $<0.5km^2$，发生在山坡上，流域发育不完整。

（4）泥石流的危害性大小

泥石流的危害性可分为危害性特大、危害性大、危害性中等和危害性小，具体见表4-4。

表 4-4　泥石流灾害分类

灾情分类	死亡人数/人	经济损失/万元
轻灾	0	10<
中灾	1~3	10~100
重灾	10~100	100~1000
特重灾	>100	>1000

（5）泥石流流体中固体物质颗粒组成

泥石流按流体中固体物质颗粒组成可分为泥石质泥石流和泥流，组成泥石质泥石流流体的固体物质有黏土、沙和大石块等，泥流主要发生在黄土高原，流体由黄土组成，基本不含大石块。

（6）泥石流发生频率的高低

泥石流按爆发频率可分为高频率泥石流、中频率泥石流和低频率泥石流。高、中、低频泥石流的率重现期分别约为1~3年、3~30年及30年以上。

（7）泥石流一次带出的物质量

可分为特大规模泥石流、大规模泥石流、中等规模泥石流和小规模泥石流，具体见表4-5。

表 4-5　泥石流规模分类

泥石流规模	一次泥石流总量/$10^4 m^3$	泥石流规模	一次泥石流总量/$10^4 m^3$
特大规模	≥50	中等规模	1~10
大规模	10~50	小规模	<1

4.4.3　泥石流的特征和运动机理

（1）泥石流的特征

选取按泥石流发生的地貌位置分类所得的沟谷型泥石流和山坡型泥石流来说明泥石流的特征：

1）沟谷型泥石流沟特征：

一条完整的泥石流沟，就是一个完整的小流域，从上游到下游一般由清水汇流区、泥石流形成区、泥石流流通区、泥石流堆积区四个部分组成(如图4-7所示)。

① 泥石流沟清水汇流区的特征：清水汇流区位于泥石流沟的源头或上游，一般有较好的植被，山坡比较稳定，土壤侵蚀量很小，基本没有滑坡、崩塌等不良物理地质现象发生，或仅有零星的发生，并且规模很小。这个区主要为泥石流的形成提供水源。

② 泥石流形成区的特征：泥石流形成区一般位于泥石流沟的上游段，地形呈漏斗状，周边高，中间低，出口向下游，沟床纵坡陡急，地形有利于松散碎屑物质和水流的汇集，形成泥石流的松散碎屑物质主要由此段供给。这里山坡陡、表层破碎，坡体不稳定，滑坡、崩塌、岩堆等不良物理地质现象很多，植被的生长环境差、覆盖度低，水土流失严重。泥石流在此段形成，并向下游流动。

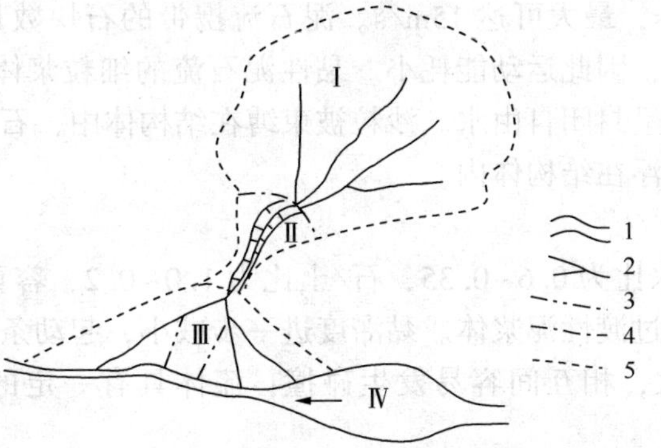

图 4-7　典型泥石流流域示意图

Ⅰ—泥石流形成区；Ⅱ—泥石流流通区；Ⅲ—泥石流堆积区；Ⅳ—泥石流堵塞和流形成的湖泊；
1—峡谷；2—有水沟床；3—无水沟床；4—分区界线；5—流域界限

③ 泥石流流通区的特征：泥石流流通区一般位于泥石流沟的中游地段，多为峡谷地形，沟谷两侧岸坡急陡，沟床纵坡大，多陡坎或跌水。此区段是连接泥石流形成区和堆积区的中间地段，泥石流以通过为主，流量变化不大。

④ 泥石流堆积区的特征：泥石流堆积区又被称为泥石流的沉积区，位于泥石流沟的下游，多呈扇形或锥形，是泥石流体的停积地段。这里大小石块混杂堆积，地面坎坷不平，有的还有多条与沟道大致平行的起伏状垄岗。由于每一次泥石流堆积物的停积部位不一致，受泥石流堆积物阻塞的影响，这里的沟道不稳定，常常发生改道等变化。

2）山坡型泥石流特征：

山坡型泥石流一般发育在尚未形成明显沟槽且陡峻的山坡（坡度 20°~40°）上，有一定汇水条件的凹型坡面，坡体上有一定厚度的松散碎屑物（一般≥0.5m）。山坡型泥石流规模较小，流域面积一般≤0.5km²，没有明显的形成区和流通区，堆积物多为一次性搬运，泥沙输移量为几十~几千立方米。

（2）泥石流的运动机理

泥石流的运动模式主要取决于其物质组成，黏粒的性质与含量决定着泥浆的结构、浓度、强度、黏性和运动状态（吴积善等，1993；潘懋等，2008）。按黏粒含量变化，将泥石流运动模式划分为塑性蠕动流、黏性阵流、阵性连续流和稀性连续流，它们的运动机理各不相同。

① 塑性蠕动流

塑性蠕动流的浆体中土/水比>0.8，石/土比>4.0、容重>2.3t/m³，泥浆具有极高的黏滞力。在运动中石块之间泥浆变形所产生的阻力相当大，泥石流运动速度缓慢，流体中石块大体可保持相对稳定的状态。塑性泥石流流体中，细粒浆体的网状结构十分紧密，呈聚合状，不发生"压缩"沉降，所有的石块被"冻结"在细粒浆体内。静止时，石块既不上浮，也不下沉；运动过程中石块与浆体互不分离，等速前进。当沟床坡度较小、流速较慢时，流体呈蠕流形式前进，在流体边缘石块可发生缓慢转动；当沟床坡度较大、流速较快时，多以滑动流的形式运动，其底部有一层阻力较小的润滑层。因此，塑性泥石流可以认为是土体颗粒被水饱和并具有一定流动性的滑坡体。实际上，许多塑性泥石流是直接由滑坡体演变而来的。

② 黏性阵流

黏性阵流的浆体中土/水比为 0.6~0.8，石/土比为 1.0~4.0，容重为 1.9~2.3t/m³。它流速很快，一般为 8m/s，最大可达 15m/s。泥石流携带的石块数量不如黏性泥石流多，泥浆体的粘滞度也比较小，因此运动能耗小。黏性泥石流的细粒浆体呈蜂窝状或聚合状结构，水充填在结构体中，多呈封闭自由水。沙粒被束缚在结构体中，石块与浆体构成紧密的格式结构，绝大部分石块悬浮在结构体内。

③ 阵性连续流

阵性连续流的土/水比为 0.6~0.35，石/土比为 1.0~0.2，容重为 1.9~1.6 t/m^3。泥浆更接近于流体性质，属过渡性泥浆体。黏滞度进一步减小，起动条件降低，搬运力下降；流体中石块的自由度增大，相互间容易发生碰撞；流体具有一定的紊动特性，石块多呈推移质。

④ 稀性连续流

稀性连续流的土/水比小于 0.35，石/土比 0.2~0.001，容重为 1.6~1.3 t/m^3。泥浆体的粘滞作用很小，接近水流特征，流态紊乱，石块翻滚并相互撞击。

4.4.4 泥石流的危害

泥石流是最具危害性的山地灾害之一，常常造成重大的人员伤亡和财产损失，给国家区域发展和公共安全等造成了巨大的危害，严重阻碍社会经济的发展。泥石流具有暴发突然、来势凶猛的特点，并兼有崩塌、滑坡和洪水破坏的双重作用，其危害程度比单一的崩塌、滑坡和洪水的危害更为广泛和严重，它的危害具体表现在如下五个方面：

①对居民点的危害：冲进乡村、城镇，摧毁房屋、工厂、企事业单位及其他场所设施，淹没人畜、毁坏土地，甚至造成村毁人亡的灾难。

②对公路、铁路的危害：泥石流可直接埋没车站，铁路、公路，摧毁路基、桥涵等设施，致使交通中断，还可引起正在运行的火车、汽车颠覆，造成重大的人身伤亡事故。有时泥石流汇入河道，引起河道大幅度变迁，间接毁坏公路、铁路及其他构筑物，甚至迫使道路改线，造成巨大的经济损失。

③对水利、水电工程的危害：冲毁水电站、引水渠道及过沟建筑物，淤埋水电站尾水渠，并淤积水库、磨蚀坝面等。

④对矿山的危害：摧毁矿山及其设施，淤埋矿山坑道、伤害矿山人员、造成停工停产，甚至使矿山报废。

⑤次生灾害：除上述几方面的直接灾害外，泥石流还可引发次生灾害。如堵断河道、回水淹没成灾；主河床上涨加速、缩短航道、扩大两岸农田洪涝灾区范围；破坏森林植被、降低保水保土能力、增强洪涝灾害等。

例如，1985 年，哥伦比亚的鲁伊斯火山泥石流，以 50km/h 的速度冲击了近 $3\times10^4 km^2$ 的土地，其中包括城镇、农村、田地，哥伦比亚的阿美罗城成为废墟，造成 2.5 万人死亡，15 万家畜死亡，13 万人无家可归，经济损失高达 50 亿美元。

4.4.5 泥石流的防治

(1) 泥石流的防御

泥石流发生前的迹象：①河流突然断流或水势突然加大，并夹有较多柴草、树枝；②深谷或沟内传来类似火车轰鸣或闷雷般的声音；③沟谷深处突然变得昏暗，并有轻微震动感等。

在不同的地区、不同的情况下遭遇泥石流，应该选择不同的防御方法，下面内容引以为鉴。

如果在山区旅游时，不幸遇上泥石流，游客不要惊慌，必须遵循规律采取以下应急避险措施：①根据各种现象判断泥石流发生之后应立即逃逸，选择最短最安全的路径向沟谷两侧山坡或高地跑，切忌顺着泥石流前进方向奔跑；②不要停留在坡度大，土层厚的凹处；③不要上树躲避，因泥石流可扫除沿途一切障碍；④避开河(沟)道弯曲的凹岸或地方狭小高度又低的凸岸；⑤不要躲在陡峻山体下，防止坡面泥石流或崩塌的发生；⑥长时间降雨或暴雨渐小之后或雨刚停不能马上返回危险区，泥石流常滞后于降雨暴发；⑦白天降雨较多后，晚上或夜间密切注意雨情，最好提前转移、撤离；⑧人们在山区沟谷中游玩时，切忌在沟道处或沟内的低平处搭建宿营棚；⑨游客切忌在危岩附近停留，不能在凹形陡坡危岩突出的地方避雨、休息和穿行，不能攀登危岩。另外，在山区旅游，除了山洪、泥石流、滑坡、崩塌外，夏季雷电灾害、冬季冰雪灾害等都对游客的人身安全构成威胁。

遇到泥石流如何脱险：①沿山谷徒步时，一旦遭遇大雨，要迅速转移到附近安全的高地，离山谷越远越好，不要在谷底过多停留。②注意观察周围环境，特别留意是否听到远处山谷传来打雷般声响，如听到要高度警惕，这很可能是泥石流将至的征兆。③要选择平整的高地作为营地，尽可能避开有滚石和大量堆积物的山坡下面，不要在山谷和河沟底部扎营。④发现泥石流后，要马上与泥石流成垂直方向向两边的山坡上面爬，爬得越高越好，跑得越快越好，绝对不能往泥石流的下游走。

当遇到泥石流发生时，管理部门必须采取下列紧急措施：

1）当处于泥石流区时，应迅速向泥石流沟两侧跑离，切记不能顺沟向上或向下跑动。一般黏性泥石流比稀性泥石流容易躲离。而当处于非泥石流区时，则应立即报告该泥石流沟下游可能波及到的村、乡、镇、县或工矿企业单位，密切注视泥石流的变化发展趋势。

2）有关政府部门应立即组织由政府、单位(村、乡、镇)、专家及当地群众参加的抢险救灾活动。

3）拟定并实施应急措施(或计划)。包括加强管理泥石流沟及下游沟谷。比如：酌情限制车辆和行人通行；组织危险区群众迅速撤离等。

4）密切注视该泥石流灾害可能引发某种生命线工程(如水库、铁路、公路、发电厂、通信设施、渠道等)的次生灾害甚至第三次灾害。如火灾、洪水、中断交通、爆炸、房屋倒塌等。

5）建立观测站(网)进行长期动态监测，掌握灾情的变化发展趋势，并作出决断。特别要注意泥石流具有阵发性、间歇性等特点。

泥石流应急要点：①发现有泥石流迹象，应立即观察地形，跑至沟谷两侧山坡或高地。②逃生时，要抛弃一切影响奔跑速度的物品。③不要躲在有滚石和大量堆积物的陡峭山坡下。④不要停留在低洼地方，也不要攀爬到树上躲避。

泥石流逃生要点：①沿山谷徒步行走时，一旦遭遇大雨，发现山谷有异常的声音或听到警报时，要立即向坚固的高地或泥石流的旁侧山坡跑去，不要在谷地停留。②一定要设法从房屋里跑出来，到开阔地带，尽可能防止被埋压。③发现泥石流后，要马上与泥石流成垂直方向一边的山坡上面爬，爬得越高越好，跑得越快越好，绝对不能向泥石流的流动方向走。④发生山体滑坡时，同样要向垂直于滑坡的方向逃生。⑤要选择平整的高地作为营地，尽可能避开有滚石和大量堆积物的山坡下面，不要在山谷和河沟底部扎营。

防御泥石流灾害的专家提示：

① 去山地户外游玩时，要选择平整的高地作营地，尽可能避开河(沟)道弯曲的凹岸或地方狭小高度又低的凸岸。

② 切忌在沟道处或沟内的低平处搭建宿营棚。当遇到长时间降雨或暴雨时，应警惕泥石流发生。

③ 夏汛时节，选择去山区峡谷游玩时，一定要事先收听当地天气预报，不要在大雨后、连续阴雨天进入山区沟谷。

④ 雨季时切忌在危岩附近停留。

⑤ 不能在凹形陡坡、危岩突出的地方避雨、休息和穿行，不要攀登危岩。

⑥ 山体坡度大于45°，或山坡成孤立山嘴、凹形陡坡等形状，以及坡体上有明显裂缝，均容易形成崩塌。

(2) 泥石流的防治

泥石流的防治主要有工程措施和非工程措施两种，其具体的措施主要有以下几点：

1) 工程措施：

工程措施是根据泥石流的特性与破坏程度，以及当地的地形地貌，因地制宜的利用拦蓄或疏导工程来避免或降低泥石流灾害带来的损失。泥石流防治的工程措施具有更直接的意义，一般是在泥石流的形成、流通、堆积区内，采取相应的治理工程(如蓄水、引水工程，拦挡、支护工程，排导、引渡工程，停淤工程及改土护坡工程等)，以控制泥石流的发生和减轻危害。通常适用于泥石流规模大，暴发不很频繁，松散固体物质补给及水动力条件相对集中的地区。工程措施中又可以分为：

① 治水为主的方案：修建水库或蓄水池，排水水渠或隧道，利用蓄水、引水和节水等工程控制地表洪水径流，削减水动力条件，使水土分离，稳定山坡，适用于水力类泥石流的治理。

② 治土为主的方案：利用拦挡、支护工程，拦蓄泥石流固体物质，稳定沟岸，防治崩塌或滑坡，适用于土力类崩塌滑坡型泥石流沟的治理。

③ 排导为主的方案：利用排洪道、渡槽等工程，排泄泥石流，减小泥石流的危害。

工程措施见效快、效果好，可以将泥石流带来的损失减到最小。但由于工程措施涉及工程过程，所需的投资较大，同时其对环境的影响也较大，特别是疏导工程，要全流域统一调度与管理，才能有效的将泥石流带来的不利影响减到最小程度。人们在抵御泥石流灾害时，往往采用综合治理的方案，即采取坡面、沟道兼顾，上游、下游统筹的综合治理方案。

一般在沟谷上游以治水为主，中游以制土为主，而下游则以排导为主。通过上游的稳坡截水和中游的拦挡护坡等，减少了泥石流固体物质，控制了泥石流规模．改变了泥石流的性质，有利于下游的排导效果，从而能够有效地减轻泥石流的危害。

2) 非工程措施：

非工程措施主要有以下几点：

① 做好合理的山区及坡地使用规划，保护植被，制定相应的法律法规与管理措施，以进行水土保持。

② 加强土地使用管理，在泥石流易发区及重灾区，应严格控制建造房屋以及居民点，防止无计划的开垦坡地和纵火开荒等。

③ 避让措施。在泥石流发育分布区，工矿、村镇、铁路、公路、桥梁、水库的选址、

旅游开发等一定要在查明泥石流沟谷及其危害状况的情况下进行，尽量避开造成直接危害的地区与地段。如泥石流沟的中、上游段及沟口，主支沟交汇部的低平地，靠近河床的低缓阶地或坡脚处，河道弯道外侧等。实在无法避开时应考虑修建防护工程或采取其他措施。

④ 重新区划、重新安置泥石流易发区及重灾区的居民区，可能比为在该地区居住而修建工程措施更经济。搬迁泥石流威胁区居民及限制该处的土地使用，是彻底解决泥石流灾害的重要措施。但以目前社会经济发展的水平看，不可能完全搬迁或避免开发受泥石流威胁的地区。

⑤ 实时发布正确的泥石流公共信息，进行全民的泥石流特性、泥石流预警预报信息获取、本地区泥石流分布以及泥石流易发区泥石流防御方案等公众防御泥石流灾害知识的教育。

⑥ 制定详细的泥石流防御方案，包括疏散路线、疏散地点、救助措施、卫生防疫、抗灾减灾等具体措施及实施细则。

思考题

4.1 如何利用崩塌、滑坡和泥石流之间的联系和区别来防治？

4.2 什么是崩塌？崩塌的主要特征是什么？

4.3 崩塌形成的主要条件有哪些？

4.4 滑坡与崩塌有怎样的关系？

4.5 怎样进行滑坡的动态监测？

4.6 什么是泥石流？泥石流发生主要有哪三个条件？

4.7 泥石流发生前的迹象？

4.8 遇到泥石流如何脱险？

4.9 当遇到泥石流发生时，必须采取哪些紧急措施？

4.10 在山区旅游时遇上泥石流，游客应采取哪些应急避险措施？

4.11 泥石流的应急要点及逃生要点有哪些？

4.12 泥石流防治的工程措施和非工程措施有哪些？

第5章 地面变形灾害

5.1 地面变形灾害概述

广义的地质地面变形地质灾害是指因内、外动力作用和人类活动而使地面形态发生变形破坏，造成经济损失和(或)人员伤亡的现象和过程。狭义的地面变形地质灾害主要是地面沉降、地裂缝和岩溶地面塌陷等以地面垂直变形破坏或地面标高改变为主的地质灾害。

地面变形灾害的形成原因分内因和外因两方面，内因主要包括构造运动，火山喷发和地震；外因则主要包括抽取地下水、开采地下矿产、修建地下工程、筑路架桥、农业活动。地面变形灾害的分类多种多样，按表现形式可分为地面沉降、地面塌陷、地裂缝、渗透变形、特殊岩土胀缩变形等；按成因可分为内动力、水动力、重力地面变形和人类活动诱发地面变形等。内动力地面变形主要有地震裂缝、地面塌陷、构造地裂缝、火山地面变形等；水动力地面变形是指由地表水和地下水运动引起的地面变形；重力地面变形是指在岩土体自身重力作用下发生的地面变形；人类活动诱发的地面变形种类最多，如修路开挖边坡，采矿地面塌陷等，随着经济社会和人类活动的发展，人类活动已经成为地面变形地质灾害的重要原因。

地面沉降、地面塌陷、地裂缝除共同表现为地壳表面形态发生严重破坏外，还有一些其他方面的相似特征：在形成条件方面，虽然都受多种动力条件控制，但过量抽取地下水经常是它们形成的重要原因；在分布特征方面，城镇、工厂、矿区、铁路沿线是这些灾害的多发区，地面变形灾害一旦发生，就会对人民的生产生活带来严重的危害，因此非常有必要了解认知地面变形灾害，本章主要介绍了地面沉降、地裂缝和岩溶与地面塌陷三种地面变形灾害。

5.2 地面沉降

地面沉降是自然因素和(或)人为活动引发地壳表层松散土层压缩并导致地面标高降低的地质现象。地面沉降是一种缓慢的地基压缩变形过程，常发生在那些新近沉积的正在发生固结的地方或是正在开发的城市，具有生成缓慢、持续时间长、影响范围广、成因复杂和防治难度大等特点。通常情况下，自然因素造成的地面沉降范围大，速率小；而人为因素引发的地面沉降范围小，但速率和幅度较大。随着工业生产、城市建设和人们生活的发展，人为因素对地面沉降的发生越来越重要。

5.2.1 地面沉降的国内外现状

20世纪是人类发展史上工业化、城市化发展最快的时期，由于期间大量地开采地下流体资源，使得地面沉降逐步发生在人口稠密、工业化程度较高的国家，因地下流体资源的大量开采而导致的地面沉降现象已经遍及世界各地(见表5-1)。

表 5-1 世界各地部分城市地面沉降情况统计表

国别及地区	沉降面积/km^2	最大沉降速度/cm/a	最大沉降量/m	发生沉降的主要时间	主要原因
东京	1000	19.5	4.60	1892~1986	抽地下水
大阪	1635	16.3	2.80	1925~1968	
新潟	2070	57.0	1.17	1898~1961	
加州圣华金流域	9000	46.0	8.55	1935~1968	抽地下水
加州洛斯贝诺斯-开托尔曼市	2330	40.0	4.88	1912~1955	
加州长滩市威明顿油田	32	71.0	9.00	1926~1968	采石油
内华达州拉斯维加斯	500		1.00	1935~1963	抽地下水
亚利桑那州凤凰城	310		3.00	1952~1970	
得克萨斯州休斯顿-加尔维斯顿	10000	17	1.50	1943~1969	
墨西哥城	7560	42.0	7.50	1890~1957	采石油
意大利波河三角洲	800	30.0	>0.25	1953~1960	
中国上海		10.1	2.667	1921~1987	
天津	8000	21.6	1.76	1959~1983	抽地下水
宁波	91		0.30	1965~1986	
台北	100	2.0	1.70	1955~1971	

注：资料来源于张倬元等，工程地质分析原理．北京：地质出版社，1994。

(1) 国外地面沉降现状

自 1860 年开凿第一口深井以来，地下水开采在墨西哥城已经很普遍了，1891 年墨西哥城最早记录了地面沉降现象，一百年间中心区平均沉降量高达 7.5m，历史上墨西哥城的年沉降率高达 0.46m/a (Poland et al.，1984)。直到 1948 年经研究证实墨西哥城地面沉降的主要原因为地下水开采，1953 年城区很多开采井才开始关闭(Figueroa et al.，1976)。泰国曼谷于 1969 年发现地面沉降，而直到 1978 年才将地面沉降的主要原因归咎于地下水开采，至 1980 年中心区累积沉降量为 1.14m (Holzer et al.，1985)。20 世纪五六十年代，地下水开采是引起意大利威尼斯地面沉降的主要因素，1952~1969 年间地下水开采引起的地面沉降占当时威尼斯总沉降量的 70%，1969 年威尼斯的累积沉降量已达到 9m。

根据 1999 年美国地质调查局的研究报告，美国有 45 个州超过 $4.4\times10^4 km^2$ 的土地受到地面沉降的影响，其中由于地下水开采引起沉降的代表性地区有：

① 圣克拉拉流域：美国第一次认识到地下流体开采引起地面沉降是在加州的圣克拉拉流域，圣克拉拉流域自开采地下水以来，1964 年地下水位下降 71.6m，为历史最低水位。该区地面沉降于 1933 年发现，1967 年地面沉降量达 3.9m。

② 圣华金流域：该区于 1935 年发现地面沉降，1969 年最大沉降量达到 8.5m。

③ 休斯顿-加尔维斯顿地区：该区由于地下水开采导致地下水位持续下降，水位最大降幅达到 100m，1943~1973 年沉降量超过 0.15m 的沉降区面积约为 $1.2\times10^4 km^2$，其中最大沉降量约 2.3m，该沉降区也成为美国最大的沉降漏斗之一。

④ 拉斯维加斯地区：该区沉降于 20 世纪 40 年代发现，20 世纪 60 年代末至 80 年代沉降加速，形成了大面积的区域沉降漏斗，至 2000 年漏斗中心沉降量普遍超过 0.6m，最大沉

降量达 1.7m。

⑤ 亚利桑那州：该区地面沉降是 1948 年在南部发现的，当时埃洛伊(Eloy Basin)的沉降量仅为 0.03m，至 1967 年沉降量已增至 2.3m，相应的地下水位下降 34m，其中最大水位降深达 46m。亚利桑那州的图森(Tucson Basin)和 Avra Valley 在 1987~2005 年间的平均累积沉降量分别为 0.40m 和 0.85m。

日本的地面沉降历史悠久，由于过量开采地下水，日本最早于 1898 年在新潟(Niigata)发现地面沉降，1924 年和 1925 年东京和大阪先后发现地面沉降。二战后由于地下水开采量减缓，地面沉降曾经暂时停止过。1950 年起随着经济复兴，地下水使用量迅猛增加，日本出现了二次沉降阶段。1956 年以来日本新潟发生了严重的地面沉降，1958 年年均沉降量达到 0.530m/a。20 世纪 60~70 年代是日本地面沉降最严重的年代。期间东京由于地下水开采引起的沉降面积超过 3000km^2，最大沉降量达到 5m；至 1970 年大阪沉降面积超过 500km^2，最大沉降量达到 3m。1975 年后日本开始推行限制地下水开采的措施，地面沉降得到很大的控制。据 2007 年统计，日本有 60 个地区地面沉降现象十分显著，9 个地区年沉降量超过 0.02m，见图 5-1。其中，地面沉降较严重的地区有关东平原(Kanto Plain)、大阪平原(Osaka Plain)、浓尾平原(Nobi Plain)等。

图 5-1　2007 年日本地面沉降分布图

(2) 国内地面沉降现状

我国最早于 20 世纪 20 年代在上海和天津地区发现地面沉降，20 世纪 60 代两市地面沉降灾害已十分严重。70 年代，长江三角洲主要城市及天津市平原区、河北平原东部相继产生地面沉降。20 世纪 90 年代以来，随着我国经济的发展，地下水开采量不断增长，由于地下水的过量开采形成的地下水位降落漏斗由城市扩展到农村，形成以城市为中心的大范围沉降区域。据不完全统计，我国目前因地下水开采引起的地面沉降已遍及 17 个省市，90 多个城市和地区发生了不同程度的地面沉降，其中 80%分布在东部地区，总沉降面积超过 $9\times10^4 km^2$。我国地面沉降主要分布在长江三角洲地区、华北平原、汾渭盆地以及东南沿海其他地区，其中前三者是我国沉降最严重的区域。表 5-2 列出了我国代表性沉降地区的基本情况。

表 5-2 我国地面沉降基本情况

地区		地下水初始开采期	发现沉降时期	严重沉降时期	最大年均沉降量/(mm/a)	最大沉降量/m
长江三角洲地区	上海	1860 年	1921 年	1957~1961	110	2.9
	苏锡常地区	1927 年	20 世纪 60 年代	20 世纪 80 年代后期	109	2.8
	杭嘉湖平原	1914 年	1964 年	1984~1990	>50	1.0
华北平原	天津	1907 年	1923 年	1967~1985	>100	3.18
	北京		1935 年	1973~1982	66	1.08
	沧州	1970 年左右	1971 年	1996 年后	100	2.32
汾渭盆地	西安		1959 年	20 世纪 80 年代	300	2.8(2000 年)
山西	太原	1949 年前	1956 年	20 世纪 80 年代	63	2.96(2003 年)
东南沿海其他地区	宁波	20 世纪 30 年代	20 世纪 60 年代中期	1978~1985	35	0.5
	湛江	20 世纪 50 年代末	20 世纪 80 年代	20 世纪 90 年代	5	0.18(2001 年)
	台湾地区		20 世纪 40~50 年代	20 世纪 70 年代后	400	3.20(2001 年)

5.2.2 地面沉降的成因机制及影响因素

目前，大多数人认为地面沉降是由于过量开采地下水石油天然气、卤水以及高大建筑物的超量荷载等引起的，其是因为在孔隙承压含水层中，抽取地下水引起承压水位降低，必然要使含水层本身及其上、下相对隔水层中的孔隙水压力随之减小。根据有效应力原理，土中由覆盖层荷载引起的总应力是由孔隙中的水和土颗粒骨架共同承担的。由水承担的孔隙水压力和由土颗粒承担的有效应力二者之和等于总应力。假定抽水过程中土层内部应力不变，那么孔隙水压力的减小必然导致土中有效应力等量增大，结果引起孔隙体积减小，从而使土层压缩。由于透水性能的显著差异，上述孔隙水压力减小、有效应力增大的过程在砂层和黏土层中是截然不同的。在砂层中，随着承压水头降低和多余水分的排出，有效应力迅速增至与承压水位降低后相平衡的程度，所以砂层压密是“瞬间”完成的，在黏性土层中，压密过程进行得十分缓慢，往往需要几个月、几年甚至几十年的时间，因而直到应力转变过程最终完成之前，黏土层中始终存在有超孔隙水压力。

影响地面沉降的因素包括自然因素和人为因素(见表 5-3)，自然因素包括地壳运动、土体自然固结、岩溶自然塌陷等。人类活动是诱发地面沉降的重要因素。人为因素主要为地下固体矿产、地下流体开采，以及工程建设活动。自然因素所引起的地面沉降量较小、地面沉降速率小、沉降过程缓慢，人类活动是产生地面沉降的主要原因。

(1) 产生地面沉降的物质基础

地面沉降主要是抽取地下流体引起土层压缩，厚层松散细粒土层的存在构成了地面沉降的物质基础。易于发生地面沉降的地质结构为砂层、黏土层的松散土层结构。随着抽取地下水，承压水位降低，含水层本身及其上、下相对隔水层中孔隙水压力减小，地层压缩导致地面发生沉降。

表 5-3 地面沉降的影响因素

原因		说明
自然因素	地壳运动	火山喷发、地震、断裂构造影响等
	土层自然作用	黄土类土的湿陷性压密，有机质土排水固结，冻土融化
	岩溶自然塌陷	岩溶上方的岩土体在自然作用下发生变形破坏，并在地面形成塌陷坑
人为因素	开采固体矿产	地下煤矿、盐矿及石灰岩矿等采空塌陷
	地下水开采	含水层在抽水过程中压实而引发地面沉降
	地下石油、天燃气开发	油气田开采过程中，在土体自重和开发石油减压双重压力下，极易产生地面沉降
	地热开采	随着城市规模扩大，地热开采加大，诱发一系列环境地质问题
	工程建设	建筑荷载作用下形成软土的固结流变而发生明显的地面沉降；工程施工引起土体的固结压缩；交通等动荷载的影响；地下构筑物的挡水作用

(2) 全球海平面上升

气候变暖导致的全球海平面上升使沿海地区地面沉降问题更加突出，而中国沿海城市地区大都面临着海平面上升问题。由于海平面上升仅是 mm 级，因此这一因素的影响是次要的。

(3) 软土地基自然沉降的影响

我国沿海城市地区大多沉积有巨厚的第四纪松散沉积物，这些沉积物含水量高、粘粒含量高、固结程度差，大多未固结，在达到完全固结之前，必然会自然沉降。

(4) 过量抽取地下流体

长期过量抽取地下流体如地下淡水、石油、天然气等是城市地区地面沉降的主要原因。存在突出地面沉降问题的城市主要是上海和天津。它们是我国经济建设的前沿阵地，拥有众多大型工业企业，人口众多，对地下淡水的需求也很大。在过去的几十年中，天津的经济和社会生活蓬勃发展，但长期过量开采地下水所导致的地面沉降有时突然发展到令人瞠目的境地；上海的地面沉降问题也很突出，密集林立的高楼负荷过重是需要解决的问题。

(5) 建筑施工造成的局部沉降

相对于抽取地下水流体引起的地面下沉而言，城市建设造成的地面沉降是局部的，有时也是不可逆转的。城市建设施工造成局部地面沉降主要是以高层建筑基础工程为代表，如基坑开挖、降排水、沉桩等。沉降效应较为明显的工程措施有开挖、降排水、盾构掘进、沉桩等。若揭露有流砂性质的饱水砂层或具流变特性的饱和淤泥质软土，在开挖深度和面积较大的基坑时，则有可能造成支护结构失稳，从而导致基坑周边地区地面沉降。而规模较大的隧道、涵洞的开挖有时具有更显著的沉降效应。

5.2.3 地面沉降的危害

地面沉降所造成的危害是多方面的，主要表现为地面不均匀沉降、地面下沉引起地层被压缩和相对海平面(河水位)上升，相应的后果为滨海城市海水侵袭；港口设施失效；地基不均匀下沉，建筑物开裂倒塌；桥墩下沉，影响航运等。

(1) 滨海城市海水侵袭

世界上有许多沿海城市，如日本的东京市、大阪市和新玛市，美国的长滩市，中国的上海市、天津市、台北市等，由于地面沉降致使部分地区地面标高降低，甚至低于海平面。这些城市经常遭受海水的侵袭，严重危害当地的生产和生活。为了防止海潮的威胁，不得不投入巨资加高地面或修筑防洪墙或护岸堤。

如中国上海市的黄浦江和苏州河沿岸，由于地面下沉，海水经常倒灌，影响沿江交通，威胁码头仓库。1956 年修筑防洪墙，1959~1970 年间加高 5 次，投资超过 4 亿元，每年维修费也达 20 万元。为了排除积水，大得不改建下水道和建立排水泵站。

1985 年 8 月 2 日和 19 日，天津市沿海海水潮位达 5.5m，海堤多处决口，新港、大沽一带被海水淹没，直接经济损失达 12 亿元。1992 年 9 月 1 日，特大风暴再次袭云天津、潮位达 5.93m，有近 100km 海堤浸水，40 余处溃决，直接经济损失达 3 亿元。虽然风暴潮是气象方面的因素而引起的，但地面沉降损失近 3m 的地面标高也是海水倒灌的重要原因。

地面沉降也使内陆平原城市或地区遭受洪水灾害的频次增多、危害程度加重。可以说，低洼地区洪涝灾害是地而沉降的主要致灾特征。无可否认，江汉盆地沉降、洞庭湖盆地沉降(现代构造沉降速率为 10 mm/a)和辽河盆地沉降加重了 1998 年中国的大洪灾。

(2) 港口设施失效

地面下沉使码头大去效用，港口货物装卸能力下降。美国的长滩市，因地面下沉而使港口码头报废，我国上海市海轮停靠的码头，原标高 5.2m，至 1964 年已降至 3.0m，高潮时江水涌上地面，货物装卸破迫停顿。

(3) 桥墩下沉，影响航运

桥墩随地面沉降而下沉，使桥下净空减小，导致水上交通受阻。上海市的苏州河，原先每天可通过大小船只 2000 条，航运量达$(100\sim120)\times10^4$t；由于地面沉降，桥下净空减小，大船无法通航，中小船只通航也受到影响。

(4) 地基不均匀下沉，建筑物开裂倒塌

地面沉降往往使地而和地下建筑遭受巨大的破坏，如建筑物墙壁开裂或倒塌、高楼脱空，深井井管上升、井台破坏、桥墩不均匀下沉，自来水管夸裂漏水等。我国江阴市河塘镇地面塌陷，出现长达 150m 以上的沉降带，造成房尾墙壁开裂、楼板松动、横梁倾斜、地面凹凸不平，约 5800m^2时建筑物成为危房，一座幼儿园和部分居民已被迫搬迁。地面沉降强烈的地区，伴生的水平位移有时也很大，如美国民滩市地面乖直沉降伴生的水平位移最大达到 3m，不均匀水平位移所造成的巨大剪切力，使路而变形、铁轨扭曲、桥墩移动、墙壁错断倒塌、高楼支柱和偷架弯扭断裂、油井及其他管道破坏。

(5) 地裂缝

在区域性地面沉降的发生过程中，由于存在特定的地质环境条件，导致一些沉降地区出现地裂缝灾害，如美国的亚利桑那州，沙特阿拉伯的 WadiAI-Yutamah，我国的西安、苏锡常地区。

5.2.4 地面沉降的防治

① 建立长期地面沉降观测网。建立观测网，能及早发现一些地区出现沉降的苗头，从而把它控制在最初始的阶段。通过观测，建立起本地区沉降范围、沉降量的数据库，从而可以进行数理统计等分析研究工作，也为采取保护措施提供了可靠依据。

② 建立数学模型，进行中心控制模拟试验。地面沉降实际上是一个很复杂的过程，人们不可能直接观察它的变化机理。因此建立数学模型，进行中心控制试验可以从理论上进行

地面沉降研究，预测沉降的发展趋势及将来的可能沉降量，以便采取相应的预防、补救措施。

③ 减少地下水开采量，进行回灌。沉降量较大的地区应减少或停止地下水的开采，控制地面沉降的发展，并进行水的回灌(可以是汛期的洪水)，以提高地下水位，降低暂时性沉降。局部地区可进行特殊液体的回灌，甚至进行灌浆。

④ 合理开采地下水，保护好地下水源。根据地下水均衡、合理确定允许开采量，科学地布置开采井位，对三水(雨雪水、地表水、地下水)进行统一规划，节约用水；治山治川，大力提倡绿化，大力开展水土保持，使地下水源有一个相对稳定的储存、开采量，从而杜绝地面沉降的发生。

5.3 地裂缝

5.3.1 地裂缝的概述

地裂缝是地表岩土体在自然或人为因素作用下，产生开裂，并在地面形成一定长度和宽度的裂缝的一种地质现象。或者也可以表述为：地裂缝是在一定地质自然环境下，由于自然的或人为的原因，地表岩土体开裂，在地面形成一定长度和宽度的裂缝的现象或过程。大部分地裂缝是由于地震、火山喷发、构造蠕变活动引起，部分地裂缝是由于崩塌、滑坡、地面沉降、岩土膨缩、黄土湿陷以及水的渗蚀、冻融等原因引起。

地裂缝的成因类型主要有：

① 地震裂缝：各种地震引起地面的强烈震动，均可产生这类裂缝。

② 基底断裂活动裂缝：由于基底断裂的长期蠕动，使岩体或土层逐渐开裂，并显露于地表而成。

③ 隐伏裂隙开启裂缝：发育隐伏裂隙的土体，在地表水或地下水的冲刷、潜蚀作用下，裂隙中的物质被水带走，裂隙向上开启、贯通而成。

④ 松散土体潜蚀裂缝：由于地表水或地下水的冲刷、潜蚀、软化和液化作用等，使松散土体中部分颗粒随水流失，土体开裂而成。

⑤ 黄土湿陷裂缝：因黄土地层受地表水或地下水的浸湿，产生沉陷而成。

⑥ 胀缩裂缝：由于气候的干、湿变化，使膨胀土或淤泥质软土产生胀缩变形发展而成。

⑦ 地面沉陷裂缝：因各类地面塌陷或过量开采地下水、矿山地下采空引起地面沉降过程中的岩土体开裂而成。

⑧ 滑坡裂缝：由于斜坡滑动造成地表开裂而成。

地裂缝的特征主要表现为以下几方面(潘懋等，2008)：

① 方向性和延展性：常沿一定方向延伸，在同一地区发育的多条地裂缝延伸方向大致相同。

② 非对称性和不均一性：以相对差异沉降为主，其次为水平拉账和错动。

③ 渐进性：因地裂缝的缓慢蠕动扩展而逐渐加剧。

④ 周期性：受区域构造运动及人类活动影响，在时间序列上表现出一定的周期性。

通常情况下，将地裂缝划分为 3 个等级：

① 小规模地裂缝：地裂缝累计长度 100m，影响范围 $<0.5km^2$；

② 中等规模地裂缝：地裂缝累计长度 100~1000m，影响范围 0.5~5.0km^2；

③ 大规模地裂缝：地裂缝累计长度>1000m，影响范围>5.0km^2。

当按其形成的动力条件划分时，可分为构造地裂缝和非构造地裂缝。构造地裂缝是由于地壳构造运动直接或间接在基岩或土层中所产生的开裂变形。构造地裂缝多数由断裂的缓慢蠕滑或快速粘滑而形成，断层的快速粘滑活动常伴有地震发生，因而又称为地震地裂缝；褶皱构造作用和火山活动可产生构造地裂缝。

构造地裂缝分类较为粗略，仅分为无震和地震地裂缝两种，无震构造地裂缝应分为沿活断层分布的断层蠕滑型地裂缝和广泛呈面状散布的区域微破裂(节理)开启型地裂缝，地震地裂缝则分为主要沿地震能量集中释放的发震断裂分布的地震断层地裂缝(王景明，1985)。

构造地裂缝的延伸稳定，不受地表地形、岩土性质和其他地质条件影响，可切错山脊、陡坎、河流阶地等线状地貌。构造地裂缝的活动具有明显的继承性和周期性。

构造地裂缝在平面上常呈断续的折线状、锯齿状或雁行状排列；在剖面上近于直立，呈阶梯状、地堑状、地垒状排列。

非构造地裂缝又可分为膨胀土、黄土湿陷、冻融、干旱等特殊土地裂缝，滑塌、陷落、地震次生等自然重力地裂缝。非构造地裂缝常伴随着崩塌、滑坡及地面沉降等灾害发生，其纵剖面形态大多呈弧形、圈椅形或近于直立。此外，矿山塌陷、岩溶塌陷以及特殊土的理化性质改变也会引发地裂缝。

在自然界中，引起和导致地裂缝的因素是多种多样的，通常地裂缝的形成和发育是多种因素共同作用的结果。归纳起来，主要包括以下几种，即地面沉积物本身的特征(如膨胀土失水收缩会引起地裂缝)、人类活动造成的地下采空(如抽汲地下水、石油及采矿等可造成地下水位急剧变化及地面塌陷等从而导致地裂缝)以及地质构造运动(如地震、火山或活动性断裂等均可导致地裂缝)。

5.3.2 地裂缝的危害

地裂缝灾害是严重影响我国人民生活、生产建设的主要地质灾害之一，广泛分布于全国各地。地裂缝主要毁坏住房等建筑物，破坏农田、切断公路、导致地下管道破裂，严重危害人们的生命财产安全。截至 2000 年，已造成将近 90 亿的经济损失(具体见表 5-4)，且表现出了愈演愈烈的倾向。

表 5-4 中国地裂缝及部分地区灾害损失情况简表

省(市、自治区)	一般地裂缝			地震断层地裂缝			灾害损失估算值/万元
	处	条	累计长/km	处	条	累计长/km	
陕西	91	250	76	1	2	>120	63580
山西	78	179	71	1	1	45	49640
河北、北京、天津	267	765	176.3	3	3	29.5	56530
山东	74	446	59.4	1	1	120	61710
河南	128	550	>100				61580
安徽	>100	>400	>50				40500
江苏	119	>500	>80				47860

续表

省(市、自治区)	一般地裂缝			地震断层地裂缝			灾害损失估算值/万元
	处	条	累计长/km	处	条	累计长/km	
内蒙古	2	2	2	1	1	0.5	9000
宁夏	1	7	1.04	3	3	267	9000
辽宁	4	11	>1.5	1	1	5.5	9000
吉林	2	29	1.0				
黑龙江	3	8					9000
江西	14	36	>5				7300
贵州	18	316	>15.8				9300
湖南	7	7	>2.5				9000
湖北	7		>2				9000
四川	3	3	0.5	9	9	375.0	9000
西藏						283.5	9000
新疆						590.8	9000
青海						366.5	9000
甘肃	1	>20		4	4	235	5800
云南	1	1	1	9	9	467.8	10000
西安市	1	10	76.9				168900
邯郸市	1	7	24				63370
大同市	1	7	10				25370
广西	15	>180	>18				29000
广东、海南	86	>280	>28	1	1	2.6	56820
台湾				4	4	129	9000
合计	1024	>4014	801.9	78	79	3037.7	858290

注：1. 各省地震断层地裂缝灾害均未计入地裂缝经济损失内。
2. 陕西、山西、河北三省灾害损失估算不包括西安市、大同市、邯郸市。
3. 辽宁、黑龙江、内蒙古、宁夏、湖北、湖南、四川、台湾、新疆、青海、西藏 11 省(自治区)估算经济损失系根据类比得出的估算值。
4. 资料截止到 2000 年。资料来源于百度网。

5.3.3 地裂缝的防治

地裂缝防治主要从控制人为因素的诱发、建设设施避让防灾、监测预报三个方面着手，具体地行动步骤如下：

① 准确了解地裂缝的分布位置，修造建筑物时尽量避开，在不能避开的情况下，沿地裂缝带作建筑物的相对位移运动的工程性处理。

② 加大地下水资源开采的监管力度，控制地裂缝分布区地下水的过量超采，同时，人工补偿地下水，以提高地下水位，以减缓地面沉降形变梯度，降低地裂缝的活动性。

③ 建立区域活动断裂和地裂缝的监测点，把握地裂缝发生、发展的时空分布特点；在充分研究断裂活动性机制和地裂缝成因机理的基础上，开展地裂缝诱发风险性评价，为区域

地裂缝防治、区域市政建设规划提供决策支持。

5.4 岩溶与地面塌陷

“岩溶”或称“喀斯特(Karst)”，主要指水对可溶性岩石——碳酸盐类(石灰岩、白云岩等)、硫酸岩(石膏等)和卤化物岩(岩盐等)的溶蚀作用，并伴有水流侵蚀、冲蚀和重力崩塌等次生作用，形成多种地表、地下奇异的景观与现象的组合。因此，“岩溶”可概括为以岩石化学溶解作用为主的地质作用及其结果现象的总体。

地面塌陷是指地表岩体或土体受自然作用或人为活动影响向下陷落，并在地面形成塌陷坑洞而造成灾害的现象或过程(见图5-4)。引起地面塌陷的动力因素主要有地震、降雨以及地下开挖采空，大量抽水等。地面塌陷所形成的单个塌陷坑洞的规模不大，直径一般为几米~几十米，个别巨大者达100m左右。

通常，地面塌陷分为4个等级：①小型塌陷：塌陷坑洞1~3处，合计影响面积小于$1km^2$；②中型塌陷：塌陷坑洞4~10处，合计影响面积1~$5km^2$；③大型塌陷：塌陷坑洞11~20处，合计影响面积5~$10km^2$；④特大型塌陷：塌陷坑洞超过20处，合计影响面积$10km^2$以上。

地面塌陷按其发生原因，又可分为岩溶塌陷、采空塌陷及黄土湿陷3种，其中岩溶塌陷是比较常见的地面塌陷，是本节主要讲述的重点。岩溶地面塌陷是指覆盖在溶蚀洞穴之上的松散土体，在外动力或人为因素作用下产生的突发性地面变形破坏，其结果多形成圆锥形塌陷坑。自然条件下产生的岩溶地面塌陷一般规模小，发展速度慢，不会给人类生活带来太大的影响，但在人类工程活动中产生的岩溶地面塌陷不仅规模大、突发性强，出现在人口聚集地区，对人们的生命财产构成巨大的威胁。激发塌陷的直接诱因主要有降雨、洪水、干旱、地震以及抽水、排水、蓄水等人为因素。

5.4.1 岩溶地面塌陷的分布规律

岩溶地面塌陷主要分布于岩溶强烈到中等发育的覆盖型碳酸盐岩地区。我国岩溶塌陷分布广泛，从南到北，从东到西都有发育。目前已见于除北京、天津、上海、河南、甘肃、宁夏、新疆以外的24个省市区，但主要分布于辽宁、河北、江西、湖北、湖南、四川、贵州、云南、广东、广西等省区。另外，华南岩溶塌陷多而强，华北相对少且弱一些。全国岩溶塌陷总数为2841处，塌陷坑有33192个，塌陷面积为$332.28km^2$。

岩溶塌陷主要分布于具备塌陷形成条件且有多种不利要素综合作用的结果，对自然或人为诱塌因素的作用较为敏感的地段，这些地段有：

① 岩溶强烈发育的可溶岩分布地带，或沿其与非可溶岩的接触地带。这些地带中隐伏岩溶形态(漏斗、溶槽等)较发育；

② 沿可溶岩中的断裂带或主要裂隙交汇破碎带，岩层剧烈转折、破碎的地带；

③ 第四系松散盖层较薄以砂土为主，其底部黏性土层缺失或甚薄(一般不足1~2m)的“天窗”地段；

④ 岩溶地下水的主迳流或岩溶管道上；

⑤ 具有潜水和岩溶水近含水层分布地带；

⑥ 岩溶地下水的排泄区；

⑦ 岩溶地下水位在基岩面上下频繁波动的地带，或受排水影响强烈的降落漏斗中心及近侧地段；

⑧ 临近河、湖、塘地表水体的近岸地带；

⑨ 岩溶地下水位埋藏较浅的低洼地带及河床两岸。

5.4.2 岩溶地面塌陷的形成条件及形成机理

(1) 岩溶地面塌陷的形成条件

岩溶地面塌陷的形成一般具备以下三个条件：

① 存在开启的岩溶洞隙：

岩溶洞隙的发育主要归因于两种作用：一是水对可溶矿物的溶解；二是流动水对可溶岩的动力浸蚀。而开启岩溶洞隙的存在，是岩溶地面塌陷产生的基础。向上开口的洞隙越大、越多，洞隙间的连通性越好、洞隙水的循环交替越快，就越利于岩溶地面塌陷的产生。水对可溶岩的溶解和侵蚀作用，通常在可溶岩浅部和结构破裂部位最活跃，岩溶洞隙最发育段的深度通常不大。

② 有不厚的未固结沉积物盖层：

国内、外已报道过许多岩溶地面塌陷事件，虽然有的是基岩盖层塌陷，但大多数是土层塌陷，土层厚度、岩性和结构，是否存在土洞，控制着岩溶地面塌陷的产地产生和发展。

一般来说，松散沙层最易发生塌落，双层结构的河流冲积物也易发生塌落。而黏性土或多层砂土夹沙砾的盖层，由于黏土有黏结性抗塌的性能要好些。易引起塌陷产生，而且是识别潜在塌陷的一个重要标志。

③ 水活动的动力条件：

水活动是岩溶地面塌陷形成的十分重要的动力条件，而人类水活动引起的水动力作用，要比水的自然活动作用强烈的多。可以认为，如果没有水活动造成水动力条件的剧烈改变，则目前所见到的大多数人为塌陷就不会产生。

(2) 岩溶地面塌陷的形成机理

首先看看岩溶的发育条件，岩溶的发育条件主要有以下两个方面：

① 具有可溶性的岩层。

② 具有一定的地下水的循环交替条件，即地表水有补给下渗，地下水有流动的途径和排泄的条件。

实际上岩溶发育过程的物质化学反应式为：

$$CaCO_3+H_2O+CO_2 \rightleftharpoons Ca(HCO_3)_2$$

岩溶地面塌陷的形成机理主要有以下 6 类：

① 真空吸蚀论：即岩溶水被开采后，地下空间(空隙)出现负压状态，可以吸蚀上覆的松散沉积物向下掉落或陷落，从而形成岩溶地面塌陷；

② 潜蚀论：是指地下水流动可以冲蚀松散沉积物散落向下移动，从而产生岩溶地面塌陷的一种动力形成方式(详见图 5-2)；

③ 荷载振动(液化)论：振动液化是一些粉细砂层的重要属性，通常是指这些粉细砂层在重力荷载的周期性或间断性有节奏的影响下，松散沉积物发生液化，从而向下“流动”，进而导致岩溶地面塌陷的产生。

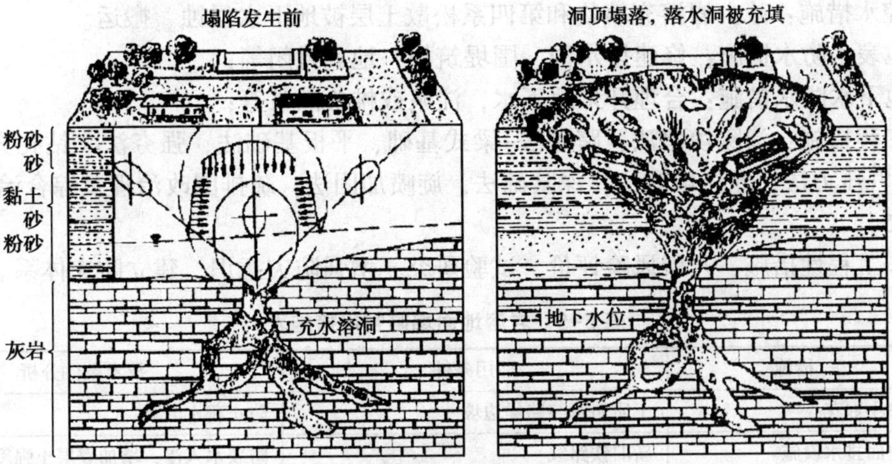

图 5-2　岩溶地面塌陷过程示意图

④ 失托加荷效应论：由于岩溶水的开采导致地下水位下降时，岩溶之上的松散沉积物失去了天然条件下的岩溶水的顶托作用称作“失托”，其反作用就是“加荷”效应；

⑤ 渗压效应论：是指松散沉积物内部孔隙水的(向下)运动，产生渗压，可使得松散沉积物颗粒的黏着力减弱，进而产生崩落，直至产生岩溶地面塌陷；

⑥ 地震触发论：即地震可以诱发岩溶地面塌陷，这显然是一种天然诱发力量。

5.4.3　岩溶地面塌陷的危害及其防治

(1) 岩溶地面塌陷的危害

岩溶地面塌陷的危害主要有以下三个方面：

① 影响资源的开发，主要是地表水资源、岩溶地下水资源和矿产资源的开发。

② 恶化地质环境，主要表现在地表泥砂涌入矿坑或地下工程；污染岩溶地下水；破坏地表径流，改变水循环条件；破坏地表形态，加剧土地荒漠化；恶化城乡居民生活环境。

③ 形成地质灾害，主要有毁坏水库大坝，诱发洪水灾害；威胁道路和桥梁的安全；破坏矿山设施，引发矿坑突水溃泥；毁坏建筑设施，危害生命财产安全。

岩溶塌陷是广西、广东、江西、湖南、辽宁等 5 个省区的主要塌陷类型。而人为因素是诱发岩溶塌陷的主要原因。如在岩溶塌陷中，自然塌陷占总数 30.4%，成因不明的占 1.2%，人为因素诱发的占 68.4%；其中矿坑排水诱发的占 24.8%，生活用抽水诱发的占 29.6%。湖南人为因素诱发的岩溶塌陷占总数的 86.6%，塌坑占总数的 99.8%，而广西人为诱发岩溶塌陷也占总数的 77.24%。从调查数据以及实地调查可看出，凡是矿区大强度排水及过量抽汲岩溶地下水的地区，都是岩溶地面塌陷发育强烈及损失惨重的地区，即二者之间是一种正相关关系。人为因素诱发的岩溶塌陷特点是突然、点多、塌坑大小形状不一，小者不足 $1m^2$，大者达几百平方米，且发育具有持续性、重复性，发育时间及分布范围也比较集中，因此造成的危害很大。安徽每年因岩溶塌陷造成的直接经济损失约 436.8 万元，辽宁、湖南 2 省年均分别达 5000 万元、3000 万元，云南省年均约 1000 万元，估计全国每年因岩溶塌陷造成的直接经济损失在 1.2 亿元以上。

(2) 岩溶地面塌陷的防治

岩溶地面塌陷的防治措施主要有以下三方面：

1）控水措施：减少岩溶充填物和第四系松散土层被地下水侵蚀、搬运。

① 地表水防水措施：修建排水沟，围堤筑坝，地表封闭等；

② 地下水防水措施：合理开采地下水，注浆或帷幕灌浆等；

2）工程措施：清除填堵法，跨越法-梁式基础、平板基础法，强夯法，钻孔充气法-平衡其水、气压力法，灌注填充法，深基础法，旋喷加固法，疏排围改治理及综合治理等方法（见表5-5）。

3）非工程性措施：开展风险评价，试验研究，增强防灾意识，建立防灾体系。

表5-5　岩溶地面塌陷整治措施表

分类	措施	适用条件	技术条件分析
地表防水封闭	种小冠花	土质路堑与路堤边坡	防止积水入渗
	地面排水设施	新旧铁路线	防表水入渗，增加表层土强度
	水泥土封闭	路堑、运营线需撤线施工	防表水入渗
	氯丁橡胶封闭	路堑每4~5根枕为一施工段，不撤线施工	防表水入渗
	玻璃纤维涂料	路堑每4~5根枕为一施工段，不撤线施工	防表水入渗
构筑物跨越	网格梁	地形平坦的基床面与路堤基地	以结构的整体性抗衡塌陷
	地基梁	新线或有拔道条件的旧线	跨越陷穴或隐伏洞穴
	框架梁	旧线路堤	顶压入路堤中，跨越洞穴
	桥	新旧线，旧线需撤线	跨越塌陷或隐伏洞穴
	扣轨梁	旧线上的路堤或路堑	可作永久或临时跨越陷穴
	渡槽	引渡地表河水	跨越洞穴，引渡河水
	钢轨或钢筋混凝土板	新旧线，周边有稳定岩土体	跨越塌陷或隐伏洞穴
地下加固处理	回填抹面	一般直径及中等埋深的陷穴	堵塞洞穴，防止河水入渗及洞穴扩展
	碎石路堤	新建路堤	对突发的塌陷有缓冲作用
	恢复水位	地下水位下降致塌地区	保持原水位状态消除致塌条件
	限制水位不低于基岩面	地下水位下降至基岩面致塌地区	制约地下水的作用，防止塌陷
	钻孔充气	地下水位下降时，在密闭的岩溶腔中形成真空负压的地段	消除密闭岩溶腔中的真空状态，使内外气压平衡
	压浆	小型的无充填或充填不密实的洞隙	堵洞与固结土体防止塌陷
	强夯	土体厚小于10m地形平坦	破坏土洞，提高土洞强度
	旋喷桩	新旧线上具有充填物的洞穴	充填土洞固结土体或凝结成桩
	锚固桩	土体厚，陷穴深	桩作只当建筑
	桩栅栏	截阻洞穴充填物溜坍致塌	用密排钢筋混凝土桩形成栅栏，防止洞穴充填物坍塌
	锚杆	塌陷频繁的路堤路堑	横向交叉设置，支承路基
	压浆井	新线或旧线有拔道的地段	沿陷穴追踪开挖，井壁压浆再回填
	挖孔桩	基岩面深浅、且不平	桥基用桩置于基面上

思考题

5.1 地面变形灾害的联系与区别在哪里？

5.2 岩溶地面塌陷的形成条件是什么？

5.3 岩溶的发育条件是什么？写出岩溶过程化学反应式？

5.4 什么是地裂缝？其主要特征是什么？

5.5 岩溶地面塌陷的防治措施主要有哪些？

第6章　干旱与风沙灾害

6.1　干旱与风沙灾害概述

6.1.1　干旱

目前国内外对干旱的定义还未达成一致：国际气象界一般将干旱定义为“长时期缺乏降水或降水明显短缺”或“降水短缺导致某方面的活动缺水”(Heim et al.，2002)；我国国家气象局认为干旱是指因水分的收与支或供与求不平衡而形成的持续的水分短缺现象；《中华人民共和国抗旱条例》中将干旱灾害定义为由于降水减少、水工程供水不足引起的用水短缺，并对生活、生产和生态造成危害的事件。

对干旱的定义虽然在一定程度上反映了引起干旱的直接原因，但由于干旱涉及的范围广泛，时空分布多样，以及人们对水资源的不同需求，使干旱的单一定义很难满足各行业、各部门的需求，目前将干旱分成气象干旱、农业干旱、水文干旱和社会经济干旱的分类方法已基本达成共识。

气象干旱是指某时段内，由于蒸发量和降水量的收支不平衡，水分支出大于水分收入而造成的水分短缺现象；农业干旱指在作物生长关键期由于土壤水分持续不足而造成的作物体内水分亏缺，影响作物正常生长发育，进而导致减产或失收的现象；水文干旱指因降水长期短缺而造成某段时间内地表水或地下水收支不平衡，出现水分短缺，使河流径流量、地表水、水库蓄水和湖水减少的现象；社会经济干旱是指自然系统与人类社会经济系统中水资源供需不平衡造成的异常水分短缺现象。气象干旱可以迅速开始和突然结束，农业干旱的爆发一般晚于气象干旱，取决于上层土壤的前期含水量；水文干旱则在气象干旱结束后仍将持续较长时间。另外根据干旱发生的频次，干旱可分为因气候引起的常年性干旱以及由气象因子(降水少、气温高)引起的季节性干旱。

(1) 干旱的特点

新中国成立以来我国旱灾呈现以下特点：

1) 干旱发生区域有扩大的趋势

据张家团等统计，近年旱灾发生区域有从北向南、从西向东扩展的趋势，尤其是长江流域地区的旱情近年明显加重，2001年长江流域降水严重偏少，发生了罕见的春、夏、秋三季连旱(表6-1)。

表6-1　近30年不同年代不同区域作物因旱受灾情况

区域	1980~1989年			1990~1989年			2000~2007年		
	年均受灾面积/万亩	年均成灾面积/万亩	成、受灾面积比/%	年均受灾面积/万亩	年均成灾面积/万亩	成、受灾面积比/%	年均受灾面积/万亩	年均成灾面积/万亩	成、受灾面积比/%
全国	36843.3	17642.7	47.9	37343.9	17945.0	48.0	39278.9	23290.1	59.3

续表

区域	1980~1989 年			1990~1989 年			2000~2007 年		
	年均受灾面积/万亩	年均成灾面积/万亩	成、受灾面积比/%	年均受灾面积/万亩	年均成灾面积/万亩	成、受灾面积比/%	年均受灾面积/万亩	年均成灾面积/万亩	成、受灾面积比/%
东北	7110.7	3809.6	53.6	7102.8	3463.4	48.8	12825.4	7753.3	60.5
西北	3327.0	1730.6	52.0	5029.2	2705.1	53.8	4767.1	2948.7	61.9
黄淮海	16430.6	7765.2	47.3	14812.6	7154.8	48.3	10777.1	6466.2	60.0
长江中下游	3953.3	1885.8	47.7	3923.7	1692.1	43.1	3929.4	2490.4	63.4
西南	3368.2	1560.7	46.3	4408.0	1962.6	44.5	4696.2	2499.1	52.4
华南	2314.3	790.1	34.1	2067.6	935.2	45.2	2025.9	1036.1	51.1

2）旱灾影响范围有从农村向城市蔓延的趋势

一般在发生干旱时城市供水都得以优先保证，但是由于一些地区连年发生严重旱灾，水利工程蓄水普遍不足，干旱逐步影响到北方一些大中城市，导致城市生产、生活用水出现短缺，工矿企业减产或停产，严重制约城市经济社会的发展，在 80 年代以后表现得尤为明显(图 6-1)。2000 年大旱，全国一度有 18 个省(区、市)的 620 座城镇(含县级政府所在地)严重缺水，影响城镇人口 2635 万人。天津、烟台、威海、长春、承德、大连、鞍山、营口等大中城市不得不采取一些强制性节水措施，大量削减城市生活和工业用水量。2002 年的春季发生的严重旱灾又造成北京等 24 个省(区、市)769 座县以上城镇(包括县政府所在镇)缺水，影响人口 3069 万人，其中地级以上缺水城市 118 座，日缺水 11590kt，影响人口 1686 万人。

3）干旱导致生态环境进一步恶化

持续干旱不但使地表径流和地下水储量减少，地面下沉，小泉小水干涸，而且造成土地沙化、树木枯死、草场退化、冰川退缩、湖泊干涸、风蚀加剧，生态环境恶化．据有关部门统计，近年来我国土地沙化面积以年均 $2460km^2$ 的速度扩张，全国水土流失面积已经达到 $367\times10^4km^2$，占国土面积的 38%，其中水力侵蚀面积 $179\times10^4km^2$，风力侵蚀面积 $188\times10^4km^2$，每年流失地表土壤 50×10^8t，导致大量耕地、草场废弃。2001 年和 2002 年春季，我国北方地区多次出现大范围的沙尘暴天气，就是干旱导致生态环境恶化的说明。

2011 年夏季，美国得克萨斯州遭遇特大干旱，湖泊干涸，过去的九个月是得克萨斯州自 1895 年有记录以来最干旱的时期，该州 75%的地区被列为重干旱区，史无前例；2012 年进入 7 月以来，持续高温至少 74 人死于高温，3000 多个气温计爆裂，另外，当年前 6 个月非常干燥，降雨量比往年平均水平少 40mm，其中，6 月列美国本土“最干 6 月”第十位，本土 56%的地区遭遇干燥气候。高温干旱将导致中西部玉米等作物减产，森林火灾增多。

相似的是中国也连续遭到了旱灾的“攻击”，2011 年夏一场历史罕见的大旱席卷了中国水资源丰富的长江中下游地区，曾经烟波浩渺的两大淡水湖中心区成了“草原”，监测显示，当年前 5 个多月，长江中下游大部分地区降水量较常年同期减少 3~8 成，安徽、江苏、湖北、湖南、江西等地平均降水量为 1954 年以来的同期最低水平。中国气象局国家气候中心评估，这是长江中下游自 1954 年有完整气象观测记录以来较为严重的旱情，达到极端气候事件标准。特别要指出的是，2012 年云南连续第四年遭遇大旱，雨季降水量及总降水量异常减少，农业生产和群众生活受到极大影响，造成云南 631.83 万人受灾，已有 242.76 万人、155.45 万头大牲畜出现不同程度饮水困难，全省直接经济损失 23.42 亿元，其中农业损失 22.19 亿元。2012 年以来的持续干旱导致云南丽江市近 3 个月无明显降雨，2012 年 5 月 10 日，丽江市著名景区黑龙潭公园干涸见底，裸露的潭底在阳光的暴晒下开裂，残留的一股清流也面临干涸。

（2）干旱的成因

干旱灾害是全球和我国最严重的自然灾害之一，严重阻碍经济的健康发展，我国旱灾年年不断，从新中国成立以来至 2002 的 53 年间，全国部分地区干旱情况较严重的年份有 36 年，出现频率接近 70%，经分析研究认为旱灾频繁的原因分为自然因素和人为因素两方面：

1）自然因素

① 水资源区域性缺水严重。我国水资源与人口、土地、经济发展组合状况不理想，水资源区域性分布南北不均衡，我国降雨量南方比较充沛，年平均降雨超过 1000mm，而北方内陆地区降雨量少，年平均降雨量少于 400mm，这种降雨分布的区域性导致我国北方资源性缺水严重。长江流域及其以南地区国土面积占全国的 36.5%，但水资源占全国的 81%；而淮河流域及其以北地区国土面积占全国的 63.5%，而水量仅占 19%，其中西北内陆河地区资源性缺水更严重，这种南北水资源分布的极不均衡造成的区域缺水，是我国干旱灾害频发的重要原因之一。

② 气温变化。全球气候变暖使极端气候事件发生频率增加，降水分布越来越不均匀，出现严重干旱和洪涝等灾害天气越来越多。根据气象资料分析，近 50 年来我国气温呈明显上升趋势，特别是 20 世纪 80 年代中期以来，升温速度显著加快。从全国年平均气温变化趋势的分布来看，全国大部分地区都出现了温度升高的现象，其中，北方地区增暖趋势非常显著，华北、东北及西北的北部和东部增温幅度达 0.4~0.8℃。在全球变暖的大环境下，区域气温升高加剧了干旱发展。

③ 河川径流变化。根据我国的水情资料分析，近 50 年来，特别是 1980 年以来，我国水文循环发生了较明显的变化，全国六大江河流域的实测径流量整体上呈下降趋势，其中，海河、黄河、辽河、松花江实测径流量下降明显，淮河、珠江、长江也有不同程度的小幅下降。海河流域 1980 年以来的径流量与 1980 年以前相比减少了 4~7 成，黄河中下游地区径流量减少也非常明显。1998 年嫩江、松花江大水之后，东北大部和内蒙古东部地区连续 10 年遭遇枯水年，大部分地区年均降水量偏少 3~5 成以上，许多一级支流长时间处于断流状态，大部分水库蓄水严重不足，辽河、嫩江、松花江等主要江河来水量和水位屡破历史最低记录。近几年，长江、西江等南方大江大河也多次出现历史最低水位和流量。河川径流的持续减少，对那些以河川径流为主要水源的地区工农业生产和城乡居民生活用水造成很大影响。近几年湘江、赣江，以及珠江三角洲城市群供水频繁出现危机就说明了这一点。

2）人为因素

干旱灾害形成的人为因素有两个，一是人类社会经济活动带来的需水量的增加。特别是工农业生产的迅速发展，对水资源量的需求急剧增大，从而造成我国水资源供需不平衡，这是形成干旱灾害的重要原因。据统计，我国农田灌溉用水随着粮食产量的增加，由建国初期的 $40\times10^8m^3$增加到 1990 年的 $140\times10^8m^3$；工业和城镇用水量随着工业和城镇的发展，由 1949 年的 $30\times10^8m^3$增加到 1988 年的 $521\times10^8m^3$。1997 年，城市生活和工业用水占总用水量的比重，由 1949 年的 2.9%增加到 29.6%。二是水资源开发利用因财力不足和难度越来越大等原因不能满足水资源需求量的增加。

① 水资源刚性需求增加。随着人口的增长和经济社会发展，水资源刚性需求大幅度增

加，同时对水的质量、供给保证率的要求也越来越高，导致水资源供不应求，加剧干旱的影响。据统计，近30年来，我国城镇生活用水已从1980年的$68\times10^8m^3$，增加到2005年的$381\times10^8m^3$，增长了4.6倍；工业用水从1980年的$457\times10^8m^3$，增加到2005年的$1285\times10^8m^3$，增长了1.8倍。用水量的大幅增加，导致相同的干旱频率和强度，在过去影响甚微，在今天则影响甚大。

② 水资源利用率较低。水资源管理粗放，利用率低。目前我国农业灌溉年用水量3900多亿立方米，约占用水总量的70%。虽然，近几年加强了节水技术的推广和灌区的续建配套，农业用水总量没有随着粮食产量的提高而大幅增长，但全国仍有许多地区大水漫灌，水的有效利用率平均只有40%，远低于发达国家的70%~80%。农业水的生产能力为0.85kg/m^3左右，比先进国家低2倍以上。用水浪费与水资源短缺并存，导致农业缺水每年达$300\times10^8m^3$。我国工业万元产值用水量超过$90m^3$，是发达国家的3~7倍，工业用水重复利用率约52%，而发达国家可达80%。此外，水资源污染严重。目前，在全国七大流域中，有近50%的河段受到不同程度的污染，其中10%的河段污染极为严重，已丧失了水体应有的功能，75%的城市河段已不适宜作为饮用水源。

③ 抗旱基础设施建设严重滞后。目前，全国有效灌溉面积为8.3亿亩，不到总耕地面积18.5亿亩的1/2，其中1/3以上是中低产田，大部分耕地粮食产量低而不稳。现有的水利工程大部分修建于20世纪70年代以前，设计标准偏低，建设质量较差，工程设施老化失修严重，抗旱效益衰减。同时，全国有2.8亿农村人口饮用水不安全，相当一部分城市供水体系脆弱，供水量不足，供水保证率低，经常处于干旱的威胁之下。

(3) 干旱的影响

对于干旱造成的影响，闫淑春认为可从自然环境、经济和社会三方面来概述：

1）对自然环境的影响：

① 土地资源：土地沙漠化、盐碱化，植被资源破坏退化，土地资源减少。

② 水资源：河流水库干涸，地下水位下降，土壤干燥，冰雪融化减少，水质含盐量增高、恶化。

③ 环境质量：空气质量变差，尘埃增多，水土污染增大。

2）对经济的影响：

① 农业：影响作物产量，降低土地生产力，病虫害蔓延，延迟作物播种。

② 林业：影响木材产量，降低土地生产力，病虫害蔓延，森林火灾。

③ 牧业：牧草生长差，饲料减少，饮用水减少，产奶量和肉量减少。

④ 渔业：改变鱼类生态环境，河湖干涸，导致鱼类死亡。

⑤ 工业：缺水停工，缺电停产，工作时间缩短，工作效率降低。

⑥ 交通：降低河道适航性，道路干裂影响交通。

⑦ 能源：增大电力消耗。

3）对社会的影响：

饥荒增加，瘟疫增多，生活水平降低，社会治安恶化。

6.1.2 风沙灾害

(1) 基本概念

风沙灾害是由风沙活动造成的人畜伤亡，村庄、粮田、牧场、交通通讯设施破坏，土地生物生产能力下降，大气环境质量恶化，各种运输机械和精密仪器毁损等共同组成的生态灾难，人们通常把风沙灾害称作“沙患”。

风沙活动是指风挟带起大量沙尘，按一定路径移动扩散，造成空气浑浊、能见度显著降低的现象。风沙在活动过程中，对地表物质发生的侵蚀、搬运和堆积作用，称为风沙作用。风沙形成的基本条件是：地表具有大量容易被风吹起的疏松沙土物质；地面风速超过浮尘扬沙的风速。风沙主要出现在干旱、半干旱地区，但在偏于湿润地区的河滩、海滩和覆有大最松散堆积物的裸露田野等处也经常发生。

根据风沙物质成分和强度，将风沙分为浮尘、扬沙和沙尘暴。浮尘和扬沙是指大量尘土或沙粒被风挟带，在空中浮游，造成空气浑浊，水平能见度不少于 1000m 的天气现象；沙尘暴是指大量尘土或沙粒被风挟带，在空中浮游，造成空气浑浊，水平能见度下降到 1000m 以下的天气现象。

风沙活动是与气象条件密切相关的重要的地球外动力活动，它能局部改变地表形态，形成各种风沙地貌，并造成风沙灾害。

（2）成因

杨兴学将风沙灾害成因主要归结于以下三个方面：

① 气候、风速、风向、空间距离。季节性差异和年际、年内降雨量分布不均及降水量不足，会使地表因水蒸发量较大而土壤干燥。尤其是降水量较低且大风频发的冬春两季，裸露的农田因严重风蚀，致使干燥的土壤在大风的作用下发生起沙、扬沙甚至沙尘暴，形成风沙灾害；风速大时沙尘扩散的距离较远，范围较大；风沙随大风吹蚀的方向扩散；大风携带沙尘物质的风沙运动因受到空间阻力，风沙在逐渐扩散的过程中，随着距离的增大，所造成的危害影响会越来越小。

② 环境、下垫面状况。以细沙及粉沙为主的沙地、荒草地、耕地、林地，其土壤表层干燥、土质疏松、粘力差，抗风蚀能力低，容易形成风沙；根据不同土质、土地利用类型、植被覆盖度及地表景观格局对风沙扩散的不同阻力影响，其下垫面可分为衰减型、累加型和波动型。属衰减型的粗糙度较高的乔灌草复合防护林对风沙抑制作用最强，而属累加型的裸露农田则对风沙阻力很小，受风沙危害程度较大。

③ 人为因素。滥砍滥伐等刨草毁林现象，严重破坏了所在区域的生态系统稳定，大面积撂荒的土地被沙化；过度放牧使草场退化，风蚀加剧；滥用和浪费水资源，致使生态用水困难，大面积天然林死亡、植被干枯、草地退化、土壤沙化，从而引发风沙灾害。

（3）风沙灾害危险程度区域界定

界定风沙灾害危险程度区域及进行等级划分，有利于确定风沙危害源及沙尘漫延范围，正确评估风沙扩散对环境、动植物与人类造成影响和危害的程度，根据不同级别的区域设计治理方案和采取应对措施。

① 风沙源区：风沙源是风沙灾害形成的起源地，是风速达到引发地表起沙的主要区域。多见含有丰富沙物质的沙垄、沙带及干涸河滩，基本呈条带状分布。这些区域植被覆盖很低，地表物质多为沙质土壤或土壤沙化严重，极易受风蚀影响，是风沙危害的重灾区。

② 高度危险区：处于风沙源外围的区域，在风沙灾害发生、扬沙天气出现时，沙尘浓度最大，是风沙危害危险程度最高的区域。

③ 中度危险区：在高度危险区外围的区域，是风沙灾害发生时受影响较大的区域。

④ 低度、轻度危险区：风沙进入距风沙源有一定距离，但仍然能受到风沙扩散影响的

区域，速度逐渐减缓，浓度减小，是风沙危害开始减轻并逐渐减小的过渡区域；离风沙源距离较远地区是风沙危害的轻度危险区。

(4) 风沙灾害的防治

张国祯等认为，主要应从以下几方面进行风沙灾害的防治工作：

1) 加强建设生态环境管理体系

根据风沙灾害危险程度区域界定的级别，针对各级别区域所需的相应风沙扩散阻力值划分出治理区，统筹设计治理方案。

① 核心区：将风沙源区及其临近区域设定为核心治理区，实施乔灌草相结合，针对干旱和半干旱地区的水资源制约，选择抗旱、根系发达的树种及草种进行治理，争取迅速增加地表覆盖，固定土壤，恢复天然植被及生态系统的原有保障功能。

② 治理区：将高度危险区设定为外围治理区，做好生态规划，保护好现有沙区植被，严禁滥伐、乱垦、滥牧；恢复并扩大自然林植被种植；实行农田保护，进行保育种植，减少沙化土地的裸露面积；对沙化程度较高的土地开展综合治理，发展经济林木与半人工草地，建立起遏制沙漠推进的生态屏障，以减缓和治理沙尘。

③ 控制区：将中度危险区设定为外围控制区，统筹生态效益、经济效益、社会效益，结合水资源状况和生态环境条件加以科学布局，优化设计土地利用及不同土地覆被结构，合理配置草、田、林的种植比例及品种组合，进行农业生产与生态景观结合的生态环境建设，使之构成高效生态防护、经济效益复合系统的第二层防护体系，以控制风沙漫延，并保证地区的可持续发展。

④ 保护区：将低度危险区和轻度危险区划为外围保护区，以现有林地、果园、苗圃、庭院绿化、城市公园作为风沙控制屏障，构建城乡连通的护林路、护堤林、农田林网等生态网络，实现对景观生态过程的整体控制。

2) 构建防灾减灾预警及科研体系

① 建立和完善沙尘天气的动态监测、预警系统　利用卫星遥感、雷达和探空等高科技手段，对沙尘天气的形成、发展和扩散进行实时跟踪观测，及时发布预警。

② 做好防灾减灾的科学研究　加强对沙尘源区形成及环境与沙尘运移规律的分析，研究气候条件对沙化、沙尘天气相互作用的机理，探讨历史上气候变迁与沙化及沙尘天气的对应关系，预估未来气候变化状况，为准确评估气候变化和人类活动对沙化和沙尘暴的影响，有效防止风沙灾害提供科学依据。

6.2　沙漠化灾害

根据 1994 年签署的《联合国防治荒漠化公约》中“荒漠化是指包括气候变异和人类活动在内的种种因素造成的干旱、半干旱和亚湿润干旱地区的土地退化”，沙漠化仅是荒漠化的一种类型，即沙质荒漠化。它是指在干旱、半干旱(包含部分半湿润)地区，脆弱的生态条件下，人为过度的经济活动，破坏生态平衡，使原非沙漠地区出现了以风沙活动为主要特征为类以沙质荒漠环境为退化。凡是具有发生沙漠化过程的土地都称之为沙漠化土地。沙漠化土地也还包括了沙漠边缘风力作用下沙丘前移入侵的地方和原来为固定、半团定沙丘由于植被破坏产生流沙活动为沙丘活化地区。董光荣等又把这一沙漠化定义进一步简化为“沙漠化是原非沙漠地区出现以风沙活动为主要标志的类似沙漠景观的环境变化过程”。并指出，它实质上是风作用于沙质地表而产生的土壤风蚀、风沙流、风沙沉积和沙丘前移等风沙地貌过程的产物，而地表风蚀是沙漠化过程的重要组成部分和首要环节。

6.2.1 沙漠化土地的分布

据朱震达、董玉祥等统计，我国有沙漠化土地 $20.1\times10^4km^2$，沙漠化土地在我国北方富裕、扶余、康平一线以西，塔里木盆地西部以东，康平、赤峰、张家口、绥德、固原、贵南至昆仑山一线以北，国境线以南的广大干旱半干旱及部分半湿润地区均有不同程度的分布。按其所处区域的自然条件和发生发展特点，大致可划分出三个分布区(表 6-2)：一是半湿润森林草原区，该区自然条件相对比较优越，沙漠化土地面积较小且多零星分布，沙漠化土地面积 $6938km^2$，仅占我国沙漠化土地总面积的 3.45%；二是半干旱干草原和干旱荒漠草原区，大致是贺兰山、乌鞘岭一线以东和白城、康平一线以西的地区，自然条件较差但尚可适度开发利用；生态环境脆弱，沙漠化较易发生与发展，是我国沙漠化土地的集中分布区，区内共有沙漠化土地 $145952km^2$，占我国沙漠化土地总面积的 72.67%；三是干旱荒漠区，即狼山、贺兰山与乌鞘岭一线以西的广大地区，该区气候干旱，沙漠广布，沙漠化的主要形式是流沙入侵及固定半固定沙丘活化等，沙漠化土地主要分布于绿洲边缘和沙漠边缘，区内共有沙漠化土地 $47693km^2$，占全国沙漠化土地面积的 23.88%。

我国的沙漠化土地分布于北方 11 个省(自治区)，对其中 212 个县(旗、市)的社会经济发展造成危害和构成威胁(表 6-3)。初步测算，沙漠化土地以内蒙古自治区分布最多，其 80 年代中期的沙漠化土地面积为 $117290km^2$，占我国沙漠化土地总面积的 58.40%，涉及到 70 个县(旗、市)。

沙漠化程度有轻度、中度，重度和严重四个等级(表 6-4)，我国的沙漠化灾害程度就沙漠化土地自身程度而言是以中度为主(表 6-5)，现有 $20.1\times10^4km^2$沙漠化土地中中度沙漠化土地占 50.61%、重度的占 31.10%、极重度的占 18.29%。

表 6-2 我国 80 年代中期沙漠化土地的面积与分布

地区	沙漠化土地面积/km^2	占分布区内沙漠化土地总面积/%	占全国沙漠化土地总面积/%
半湿润森林草原区	6938	100.00	3.45
嫩江下游	3564	51.37	1.77
吉林西部	3374	48.63	1.68
半干旱草原和干旱荒漠区	145952	100.00	72.67
呼伦贝尔	3799	2.60	1.89
科尔沁	29477	20.20	14.68
河北坝上	4514	3.09	2.25
锡林郭勒	22450	15.04	10.93
乌蒙后山	23000	15.76	11.45
鄂尔多斯	61038	41.82	30.39
狼山以北	2174	1.49	1.08
干旱荒漠区	47963	100.00	23.88
阿拉善	7263	15.14	3.62

续表

地区	沙漠化土地面积/km^2	占分布区内沙漠化土地总面积/%	占全国沙漠化土地总面积/%
河西走廊	4656	9.71	2.32
柴达木	5573	11.62	2.77
塔里木	24223	50.50	12.06
准噶尔	6248	13.30	3.11
合计	200853		100.00

表 6-3　我国沙漠化土地在各省(自治区)的分布

省(区)	沙漠化土地面积/km^2	比率/%	县(旗市)数
内蒙古	117290	58.40	72
新疆	30471	15.17	55
宁夏	16550	8.24	14
陕西	13219	6.58	9
青海	5573	2.77	6
甘肃	4656	2.32	21
河北	4514	2.25	6
黑龙江	3564	1.77	6
吉林	3374	1.68	11
山西	991	0.49	8
辽宁	651	0.33	4
合计	200853	100.00	212

表 6-4　沙漠化程度分级

程度指标	风沙面积占总面积的百分比/%	年均扩大面积/%	地表植被覆盖度/%	生物量年均降低/%
轻度(L)	<5	<1	>60	<1.5
中度(M)	5~25	1~2	60~30	1.5~3.5
重度(S)	25~50	2.5	30~10	3.5~7.5
严重(VS)	>50	>5	10~0	>7.5

注：植被覆盖度按投影法估算并以当地原生景观的植被覆盖度为100%计。

表 6-5　中国80年代中期沙漠化土地程度构成

地区	程度构成/%				沙漠化土地占地率/%
	中度	重度	严重	合计	
呼伦贝尔与嫩江下游	91.91	7.51	0.58	100.00	16.85
科尔沁地区	70.08	14.99	14.33	100.00	38.90
河北坝上	83.89	15.94	0.17	100.00	25.56
乌盟后山	74.81	23.60	1.59	100.00	47.39
锡盟南五旗	79.12	19.10	3.78	100.00	43.39
锡林郭勒草原	76.17	17.68	6.15	100.00	31.69

续表

地区	程度构成/%				沙漠化土地占地率/%
	中度	重度	严重	合计	
鄂尔多斯地区	44.60	25.16	30.24	100.00	78.66
狼山以北	17.04	65.50	15.46	100.00	4.52
阿拉善	12.11	83.16	4.73	100.00	2.69
柴达木盆地	25.82	41.45	32.73	100.00	4.42
准噶尔盆地	15.42	84.76	0.00	100.00	2.90
河西走廊	25.82	41.45	32.73	100.00	4.42
塔里木盆地	9.94	58.62	31.44	100.00	2.79
合计	50.61	31.10	18.29	100.00	10.65

6.2.2 沙漠化的成因

沙漠化是环境退化的现象，是一种逐步导致生物性生产力下降的过程，包括发生、发展和形成三个阶段。发生阶段(初期阶段)是潜在性沙漠化，仅存在发生沙漠化的基本条件，如气候干燥、地表植被开始被破坏，并形成小面积松散的流沙等；发展阶段，地面植被开始被破坏，出现风蚀，地表粗化、斑点状流沙和低矮灌丛沙堆，随着风沙活动的加剧，进一步出现流动沙丘或吹扬的灌丛沙堆；形成阶段，地表广泛分布着密集的流动沙丘或吹扬的灌丛沙堆，其面积占土地面积50%以上。

地球上受到沙漠化影响的土地面积有3800多万平方公里，目前，全世界每年约有$6\times10^4km^2$土地发生沙漠化。如果沙漠化继续下去而得不到有效抑制，21世纪末，预计损失的耕地将会达到目前耕地的1/3。我国也是一个土地沙漠化严重的国家，沙漠与沙漠化的地域已由1949年的$66.7\times10^4km^2$扩大到1985年的$130\times10^4km^2$，约占国土总面积的13.6%。

王涛等对形成沙漠化的原因即自然成因和人为成因进行了详细地分析：

① 自然成因。在我国干旱、半干旱地区，沙漠化自然发生、发展的现象是普遍存在的。如河流阶坎滩地的自然风蚀、流动沙丘的自然前移和风口地段植被的自然破坏等，均属于自然成因的沙漠化。关于自然成因的沙漠化机制，可以归结为两点：a. 全球气候变化异常，特别是中纬度地区的气候正在朝着暖干的方向发展，造成大的生态背景有利于沙漠化的发生；b. 存在一些不利的自然因素，如气候干旱、降水变率大、土壤沙粒含量高、地表土质疏松易于流动等，特别是强劲频繁的起沙风为沙漠化的发生提供了强大的动力。但在自然界，地球表面系统总是存在着一定的自我调节能力，当该系统受到轻度损伤时，会通过内部的一定反馈机制进行自我调整，从而恢复和保持系统的稳定性。因此，认为自然原因所引起的沙漠化往往规模小、程度低，并且可得到自然恢复。

② 人为成因。沙漠化主要发生于人类历史时期，尤以近百年来发展为快，但在百年尺度下，自然条件的变化，即主要是气候的波动毕竟较小，不足以造成自然环境有较大的改变。而同期人口压力的急剧增加和经济活动对环境的强烈干扰，则可造成大面积的生态环境恶化和沙漠化急剧发生、发展。当游牧民族占据北方半干旱地区时，对生态环境的压力较小；而农业生产活动取而代之后，生态环境则受到较大破坏。关于沙漠化的人为成因，目前

比较统一的认识是在大的不利环境背景条件下，由于人口压力持续增长和普遍采用滥垦、滥牧、滥樵、过度开采地下水等粗放掠夺式的生态经营方式，从而造成地表覆盖破坏，最终导致了沙漠化迅速发展。根据研究，由于人为破坏地表覆盖，将导致水分难以涵养，不利于地表气流的抬升、辐合；同时地表反射率也会急剧增加，下沉气流盛行，最终导致气候更加干旱。因此由于人为原因所形成的沙漠化经过生物—地球物理反馈机制的影响，其危害要比自然原因所形成的沙漠化更为迅速、直接，也更为严重。

根据统计发现，中国北方地区由于过度农垦而导致土地退化的占沙漠化土地面积的25.4%，由于过度放牧的占28.3%，由于过度樵采的占31.8%，水资源利用不当及工矿建设破坏植被所引起的占9%，而单纯由风力作用的沙丘前移所形成的沙漠化土地仅占5.5%。由上可见，人为因素应当是沙漠化过程中最为活跃和主要的因素。其详细发展过程为在我国北方广大干旱、半干旱及半湿润地区，由于气候干旱，降水稀少且变率高，地表物质疏松，又多大风天气，环境恶劣，生态条件极为脆弱，加之人口的文化素质较低，生产方式和土地的生产力低下，所以人口承载力较低。受自然原因限制，地区合理生产经营方式应是以畜牧业和林业为主，然而随着人民生活水平的提高和医疗卫生事业的发展，人口数量逐渐增多，土地所受的压力愈来愈大。为了养活更多的人口，不得不扩大农业土地面积和采集生活燃料，人们首先砍伐植被，失去植被保护的土地在当地恶劣的自然条件下，无法迅速恢复原有的天然景观，逐渐演替为草地景观。当过度放牧、农业活动及工矿建设作用到草原地区时，按照上述生物学过程所描述的模式，草质开始一步步发生退化，最后地表出现裸斑，这时已无植被保护的地表在该区干旱及大风天气下极易起沙，形成风沙流，继而风蚀、风积以及沙丘活化过程出现，土壤也出现粗化、贫瘠化、干旱化的特征，蓄水保水能力变差，土壤含水量下降，原有的森林、草地景观被荒漠景观代替。裸露地表既无法抵抗风蚀又增加地表反射率，使得气候更加干旱，沙漠化愈发严重。

6.2.3 沙漠化的危害

沙漠化造成的危害是多方面的，农业、水利设施、交通道路和生态环境等都受到其危害。其主要危害表现在：

① 可利用土地面积缩小。据不完全统计，在我国北方 $33.4\times10^4km^2$ 的沙漠化土地中，潜在沙漠化土地为 $15.8\times10^4km^2$，已经沙漠化土地约 $17.6\times10^4km^2$。已经沙漠化土地在50年代初只有 $13.7\times10^4km^2$，到70年代末的25年内净增 $3.9\times10^4km^2$，平均每年扩大沙漠化土地或损失可利用土地 $1560km^2$。由于沙漠化的蔓延还有近 $4\times10^4km^2$ 农田、$4.67\times10^4km^2$ 草场同时受到威胁。

② 土地肥力降低。中国科学院兰州沙漠研究所伊克昭盟沙漠化考察队调查得知，在我国沙漠化地区，由于风蚀作用强烈发展，使有机质和养分大量吹失而引起土壤肥力降低的情况也是十分可观的。以伊克昭盟为例，每年耕地风蚀5~7cm，每平方公里土地损失有机质约777t，氮素38.7t，磷素54.9t。朱震达教授估计，25年来，在草原旱作农业地区，因沙漠化造成的肥力损失，仅氮素一项就达103.78亿元，平均每年约为4.15亿元。据董光荣等研究发现，若以伊克昭盟土壤肥力损失标准估计，全国受沙漠化威胁的 $4\times10^4km^2$ 农田和 $4.67\times10^4km^2$ 草场，每年土壤有机质、氮、磷共损失 1068.83×10^4t，相当各种肥料总量 36360.34×10^4t，总价值达155.54亿元(表6-6)。

表 6-6　中国受沙漠化威胁的农田、草场土地肥力损失情况表

农牧场地	有机质/ $\times 10^4$t	厩肥/ $\times 10^4$t	价值/ $\times 10^8$ 元	氮素/ $\times 10^4$t	尿素/ $\times 10^4$t	价值/ $\times 10^8$ 元	磷素/ $\times 10^4$t	过磷酸钙/ $\times 10^4$t	价值/ $\times 10^8$ 元
$4\times 10^4 km^2$农田	3110.7	15522.4	27.94	154.8	335.92	17.47	219.6	1098	26.35
$4.67\times 10^4 km^2$草场	3831.74	18122.39	32.62	180.73	392.18	20.39	256.38	1281.92	30.77
合计	6742.44	33844.79	60.56	335.53	728.1	37.86	475.98	2379.92	57.12

③ 毁坏各种生活设施和建设工程。沙漠化对北方沙区人民生活设施和生产建设工程的危害同样也十分严重。据不完全统计，解放以来，伊克昭盟南部 12 个乡流沙埋压房屋 2203 间，栅、圈 3012 间，水井 1438 眼，有 698 户人家被迫搬迁。靠近塔拉滩的青海藏族自治州共和县沙珠玉乡上卡力岗村百余户人家，40 年来也因流沙埋压房屋，曾经迁居三次。

沙漠化地区的铁路、公路受沙埋的情况更是时常发生。据 1974 年调查，伊克昭盟境内 4260 余公里的公路，每年沙区路段共有百余处，长达 200 多公里，每当春季，西三旗各线路经常中段，为清除路面积沙，每年耗资 100 万元以上。包兰铁路的乌(乌达)吉(吉兰泰)支线是 1967 年建成通车，但 1970 年以来，线路因沙害造成大车脱轨事故达 22 次(其中 1982 年 5 月就脱轨 4 次)，沙埋铁路最深 1.7m，沙埋 1m 深以上约 2km，几年中铁路部门用于防沙投资已达 200 多万元。

风成沙是各种水利工程和河道淤积物的重要来源。为保证沙区灌溉、发电所修建的一系列水库和渠道，由于受风沙流和沙丘前移影响，难以发挥正常经济效益。例如，青海龙羊峡水库，每年进入的流沙约 $141\times 10^4 m^3$，加上黄河和支流挟带泥沙以及库区塌岸泥沙，进入库区的总泥沙量为 $0.313\times 10^8 m^3$。随泥沙堆积量增加，库容逐步缩小，将在发电、防洪、灌溉等方面造成相当的经济损失。仅投资一项按青海省现行标准每万立方米库容 1.5 万元计，每年约损失 4696.5 万元。

沙漠化在一些地区造成铁路路基、桥梁、涵洞损坏，使公路路基、路面积沙，迫使公路交通中断，甚至使公路废弃；沙漠化导致的沙尘天气，影响飞机正常起飞和降落；内蒙古草原由于长年干旱、沙尘肆虐，把地表土壤吹走，使草根裹露，大面积沙化。

④ 污染环境，危害人畜生命。沙漠化过程中产生的一系列沙尘物质，在风力作用下同时对环境发生严重污染，其中以地表蠕移和跃移状态运动的风沙流以及细沙以上各种沙质沉积物的污染主要限于沙漠化地区，而以悬浮状态运动的沙尘物质(主要是部分极细沙及其以下的微沙特别是粉尘)，则可扩及沙漠化地区以外的广大空间，尤以与大风伴生的沙尘暴的污染最为强烈，成为对我国环境影响范围广、危害严重的最大污染源。同时，沙漠化扬起的沙尘形成沙尘暴，通过呼吸系统进入人畜体内，危害生命安全。

6.2.4　沙漠化的防治

沙漠化是人与自然相互作用的结果。在沙漠化的防治中，既要充分考虑减轻人类对生态环境的压力，又要符合其自然发展规律和提高资源的生产潜力，注重必要的才力和物力投入以提高单位面积土地的承载力，在防治过程中逐步改善人与自然的关系，使之逐步融洽和协调。针对我国目前土地沙漠化总体状况仍在恶化，“沙进人退”的局面还未得到根本扭转的局面，人们主要采取途径来防沙治沙：

① 合理利用水资源；

② 利用生物和工程措施构筑防护林体系；

③ 调整土地利用结构，合理配置农林木牧渔的生产比例；

④ 采取综合措施，多途径解决当地能源问题；

⑤ 控制人口增长；

⑥ 推广作物的轮休制度；

⑦ 加强植被的保护、修复与重建；

⑧ 加强对沙漠化危害知识的教育。

下面就是通过不同整治模式的研究在沙漠化土地整治方面所取得的成果，具体事例如下：

① 辽宁省彰武县章古台沙地樟子松固沙造林。辽宁省彰武县章古台乡地处科尔沁沙地的东南部，由于风沙灾害严重，自1952年起就在这里开展了固沙造林和引种试验工作。主要成果体现在引进樟子松进行沙地造林和对流动沙丘的固定。目前，已营造樟子松试验示范固沙林21.30km²，在6个中试推广点造林固沙逾30km²。通过对大面积固沙樟子松林的长期观测，对其已产生的生态效益、经济效益和社会效益的评估是肯定的。除在辽宁和内蒙古大面积推广外，在华北北部和西北地区也都开始引种。示范和中试区每年还向“三北”地区输送逾1000kg种子和3000多万株苗木，为我国“三北”防护林体系建设和治沙工程都做出了重要的贡献。

② 内蒙古乌兰察布盟后山“进一退二还三”防沙治沙。内蒙古乌兰察布盟阴山以北地区，包括化德县、商都县、察哈尔右翼中旗、察哈尔右翼后旗、四子王旗5旗县。长期以来，气候干旱少雨，风沙灾害严重，农业生产环境恶劣，沙漠化严重，土壤瘠薄，广种薄收，农业产量低，人均年占有粮食从535kg下降到272kg，人均年收入只有200元，粮化—沙化—贫困化的路子导致了产业结构不合理的深层矛盾。

1991年全国治沙工作会议后，把乌兰察布盟后山沙漠化土地综合治理列人全国20个重点项目之一，在乌兰察布盟后山实施“进一退二还三”战略，加快沙漠化土地综合治理，为防沙治沙、改变沙区面貌、人民脱贫致富创出一条新路。

③ 陕西榆林引水拉沙治沙造田。榆林地区位于毛乌素沙地的南缘，包括7个县。该地区自然条件十分恶劣，风沙危害严重，地方经济脆弱，人民生活贫困。通过10年的以水治为主的综合治理，沙区面貌发生了巨大的变化，生态、经济和社会效益明显提高。10年间治理面积937.5km²，其中新增农田100km²，水土保持9400km²，人工草地400km²，林草植被覆盖度由治理前的24.5%提高到74.3%。人均年占有粮食由428kg提高到1861kg。牧畜存栏数由13.7万只增长到17.5万只。人均年收入由497元提高到1045元。使这一地区由昔日不毛之地变成“塞上江南”。

6.3 石漠化灾害

石漠化是“石质荒漠化”的简称，是指在热带、亚热带湿润、半湿润气候条件和岩溶极其发育的自然背景下，受人为活动干扰，使地表植被遭受破坏，导致土壤严重流失，基岩大面积裸露或砾石堆积的土地退化现象，也是岩溶地区土地退化的极端形式。

我国石漠化区域分布于湖北、湖南、广东、广西、贵州、云南、重庆和四川8省市自治区(见表6-7)，跨中国地貌单元的三级阶梯，主要位于第二级阶梯的云贵高原；区域内地势西北高、东南低。这些区域岩溶面积达50多万km^2，居住着1亿多人口。截至2005年底，该区域石漠化土地总面积为$1.296\times10^5km^2$，占国土总面积的1.35%。我国石漠化严重地区(石漠化程度划分见表6-8)为贵州、云南和广西3省，面积总和超过$8.5\times10^4km^2$。

表6-7　八省区岩溶面积和石漠化面积

省(区)	土地面积/km^2	岩溶面积/km^2	岩溶面积比例/%	岩溶县数/个	石漠化面积/km^2
贵州	18.98	11.61	61.2	70	3.24
云南	38.43	10.83	30.0	57	3.33
广西	23.64	8.21	34.8	48	2.73
重庆	8.17	3.01	36.8	13	0.45
湖南	21.15	6.36	30.1	47	0.51
湖北	18.56	5.18	27.9	29	0.43
四川	48.11	7.03	14.6	28	0.42
广东	17.65	1.03	5.8	3	0.24
合计	194.69	53.26	27.4	295	11.35

注：数据中岩溶县以岩溶面积占30%以上划分。

表6-8　石漠化程度划分

石漠化程度分级	基岩裸露率/%	裸岩结构	植被结构	植被土被覆盖率/%
无明显石漠化	<20	无	乔灌草	≥70
潜在石漠化	≥20~30	点状	乔灌草	≥50~70
轻度石漠化	≥30~50	点状+线状	乔草+灌木	≥35~50
中度石漠化	≥50~70	线状+点状	疏草+疏灌	≥20~35
重度石漠化	≥70~90	面状	疏草	≥10~20
极重度石漠化	≥90	面状	稀少	<10

通常，石漠化的分布具有这样的特征：一是分布相对比较集中。以我国为例，以云贵高原为中心的81个县，国土面积仅占监测区的27.1%，而石漠化面积却占石漠化总面积的53.4%。二是主要发生于坡度较大的坡面上。发生在16度以上坡面上的石漠化面积达1100万公顷，占石漠化土地总面积的84.9%。三是程度以轻度、中度为主。轻度、中度石漠化土地占石漠化总面积的73.2%。四是石漠化发生率与贫困状况密切相关。监测区的平均石漠化发生率为28.7%，而县财政收入低于2000万元的18个县，石漠化发生率为40.7%，高出监测区平均值12个百分点；在农民年均纯收入低于800元的5个县，石漠化发生率高达52.8%，比监测区平均值高出24.1%。

6.3.1　石漠化的成因

石漠化的形成是自然环境与人为干扰共同作用的结果，脆弱的生态环境是石漠化形成的前提和基础，人为干扰是必要条件，土地石漠化成因复杂，因素众多，人类影响因素越来越成为石漠化发生的主导因素。从中国石漠化情况来看，自然因素形成的石漠化土地面积占石漠化土地总面积的26%，而人为因素形成的石漠化占74%。

(1) 自然因素

碳酸盐区造壤能力低。石漠化形成的最根本原因在于岩溶生态系统的脆弱性。石漠化发生扩展于较纯的碳酸岩区，说明石漠化的物质基础为可溶性岩石。加上自然地质地貌、岩溶空间结构和土体坡面结构与水作用的影响，使得石漠化在自然因素下也能发生。

(2) 人为因素

① 人口密度的影响。岩溶生态环境是一种对人类活动极敏感的脆弱环境，倘若一地区的人口数量过多，超过了土地的人口承载力，则人为活动将成为石漠化形成的催化剂。

② 不合理的垦荒与耕作活动。乱砍滥伐、过度樵采和过度放牧。乱砍滥伐与樵采活动使乔木和大灌木林被破坏，使适宜在荫蔽环境下生活的苔藓、地衣等底层部位植物种群失去生存条件而很快死亡，攀缘植物因失去攀缘条件而减少，导致石漠化。

③ 人为剥蚀作用的影响。人们用自身的体力或借助各种工具、设备将地表岩石、土壤从原来的位置剥离开的作用就是人力剥蚀作用。露天采矿、采石、采砂及采土、修建房屋建筑、修筑道路和机场等人类活动，将地表岩石、土壤连同植被一并扒掉，让岩石裸露出来而形成"人造石漠"。

④ 传统的养殖方式导致石漠化逐步加剧。过度放牧是加剧土地石漠化又一因素，由于传统的散养牲畜，特别是农户养殖的黑山羊，对喀斯特地形中多年生长的石生灌丛植被危害最大，一旦破坏，植被恢复难度大，仅存的一点土壤会随着降雨量的增加而流失，造成土地石漠化。

⑤ 有毒工业废弃物的影响。有毒、有害废弃物的排放对石漠化的影响也比较大。这些废弃物对植被有毒害作用，可使植被大片死亡，甚至使受害的土地完全变成没有任何生物的"死坡"。这种"死坡"完全没有植被的保护，任由流水肆意侵蚀，水土很快流失，石漠化十分迅速。

⑥ 人口教育程度、素质的影响。人口素质低、环保意识薄弱加速了石漠化的发展。石漠化地区大多地处偏远，当地村民受教育程度低。这些劳动力对现代新农业生产技术掌握较少、环保意识差。大多数地区易被眼前短期利益所吸引，牺牲环境换取利益。

6.3.2 石漠化的危害

石漠化独特的地质地貌使其对自然环境和人们的生产生活造成了严重的危害，主要表现在：

① 土地资源丧失。土地石漠化现象，是因为喀斯特地貌发育，地层岩性以碳酸盐岩为主，土壤以石灰土为主，地貌类型以碳酸盐岩、可溶岩经地表、地下水长期溶蚀而形成的喀斯特溶蚀、溶蚀构造地貌为主。由于喀斯特地区土层薄，成土速度慢，严重的水土流失会使坡地上土壤很快流失殆尽。

② 河道淤积。石漠化可引起河道淤积。喀斯特石漠化地区因植被稀疏、岩石裸露，涵养水源的功能衰减，迟滞洪涝的能力明显降低。同时流域面上的土壤由于受集中降雨的冲刷侵蚀，泥沙随地表径流入河，成为河流泥沙的主要来源。

③ 植被逆向演替。石漠化破坏生态系统，导致植被逆向演替。岩溶石漠化地区由于森林植被严重破坏，植物种群结构的垂直结构和水平结构已越来越不明显，高大的乔木逐渐被典型的小灌木取代，群落的生物量急剧降低，随之而来的是生物遗传多样性、物种多样性和生态系统多样性的消失，很多珍稀濒危物种受到石漠化加剧的严重威胁。其中相当一部分是

岩溶地区特有植物。与此同时，还导致石漠化地区小生境气候恶化，且土壤容重增加，孔隙度、自然含水量、有机质、有机碳含量、总氮及总磷含量降低。而重度垦植和有机质含量低的土壤特别容易产生聚合体分解和形成表面硬壳层，降低入渗率，又进一步促进石漠化的发展。

④ 导致水库功能丧失。土地石漠化对水库的危害，也是致命的。据 2006 年 8 月新周报专题报道，由于水土流失严重，贵州贞丰县鲁贡镇坡搞水库建成不到 15 年便被泥沙淤平报废，下游农田被冲毁；另一水库管路水库建成不到 20 年也被泥沙淤平报废，作为灌溉的主要水源，丧失蓄水功能后，其下游的几千亩农田因此不能灌溉。使得良田肥力下降，有的甚至变为荒地，而这种现象已经成了石漠化地区的一种普遍现象，从而使当地居民生存环境更为恶化。

⑤ 饮、用水困难。石漠化加剧了人畜饮水和灌溉用水的困难程度。在一些岩溶地区由于岩溶漏斗、裂隙及地下河网发育，地表径流能较快汇入地下河系而流走，加上石漠化地区地表土层流失，植物生长困难，地表土壤植被系统的保水功能大幅度降低，导致地表可方便利用的水资源极度匮乏，大部分石漠化地区都不同程度地存在人畜饮水困难。

⑥ 土地石漠化导致人类丧失生存基础，贫困程度加深。土地是人类生存之基础，水也是组成生态环境的最重要的因素。而在石漠化严重地区，强石漠化使得农民的土地日趋减少，导致农民失去其生存基础，出现了“一方水土养不活一方人”的现象。目前，整个西南岩溶地区有国家重点扶持的贫困县 156 个，有近千万贫困人口生活在这一区域，约占全国贫困人数的一半。

⑦ 环境灾害频繁。石漠化还会导致干旱、洪涝、滑坡等环境灾害频繁。

6.3.3 石漠化的治理

石漠化治理必须以小流域为单元进行综合治理，首先应以石漠化较重的区域作为重点，其次治理中度石漠化土地，最后治理轻度石漠化土地和潜在石漠化土地，具体措施如下：

（1）植被恢复

① 封山育林，主要在生态条件极为恶劣的中强度石漠化区的疏林地以及未成林造林地进行封山育林，恢复荒山荒坡植被，同时兼以人工促进补植补播，树种选择除具有保土保水的生态效益外，还要兼故具有一定的经济价值。

② 人工造林，人工造林主要在石漠化程度较重的域进行种植生态防护林和用材林，树种以马尾松、云南松、柏木、青冈、杨树、樟树、喜树、刺槐、香椿等为主，通过人工造林改善石漠化地区的生态环境，同时增加经济收入。

③ 经济林，经济林主要以条件相对较好(如土层相对深厚的山脚山腰)的农地或荒山荒坡(一坡度一般小于 25°)进行，结合实际，经济林树种主要种植：核桃、板栗、油桐、杜种、柑桔、漆树、花椒、银杏、石榴、桃等。

④ 人工种草，人工种草主要布局在面积集中连片，土层相对深厚的地方，草种的选择以适合本地生长，蛋白质含量丰富的黑麦草、三叶草、黄竹草等。

（2）农村能源建设

① 以沼气为主的农村能源建设。一是要以利用沼气解决石漠化地区农村居民的生活能源问题，减少对森林的砍伐，从而巩固石漠化植被恢复成果，二是产生的沼气渣沼、沼液等，可以作为植物的优良有机肥料，减少化肥使用量，从而减少投入，达到治理效果。

② 节柴灶建设。节柴灶简便易行，成本低，在没有条件建沼气池的家庭推广节柴灶，提高林木利用率，减少砍伐，恢复植被。

(3) 水利开发建设

① 通过拦沙坝，引水渠，小山塘建设。采取修水池，山塘等拦蓄坡面水，通过拦山沟-引水渠-沉沙池-蓄水池-管网输水或人工挑水的途径，主要解决石漠化山区的生产用水，同时兼故部分人畜饮水。

② 小水池、水窖建设。采取建水池和水窖开发利用，重点解决人畜用水问题。

(4) 生态移民

通过对居住在生态环境恶劣，生态位置重要，生产生活条件差的地区群众进行生态移民，搬迁到生存环境较好的地方居住，一是可以对搬迁群众的土地实行退耕还林，增加林地面积。二是可以减少人为活动给生态环境造成破坏，减轻土地承载压力，防止土地石漠化进一步加剧。

6.4 沙尘暴灾害

沙尘暴是沙暴和尘暴两者兼有的总称，是指强风把地表大量沙尘卷入空中，使空气特别混浊，水平能见度低于1km的天气现象。其中沙暴系指大风把大量沙粒吹入近地面气层所形成的携沙风暴；尘暴则是大风把大量尘埃及其它细粒物质卷入高空所形成的风暴。沙尘暴是沙漠化的主要过程之一，也是沙漠及其他边缘等特殊垫面条件下产生的一种灾害性天气。一般地，采用风速和能见度两个指标进行等级的划分，我国在前人划分的沙尘暴基础上进行了补充，得出了表中的沙尘暴等级。

表 6-9 沙尘暴等级划分表

沙尘暴等级	风速	能见度
弱	4 级<风速≤6 级	500m≤能见度<1000m
中	6 级<风速≤8 级	200m≤能见度<500m
强	风速≥9 级	50m≤能见度<200m
特强	瞬时最大风速≥25m/s	0~50m

6.4.1 沙尘暴的成因

我国沙尘暴存在2个多发区：一是河西走廊、巴丹吉林沙漠、腾格里沙漠、毛乌素沙地及其周边地区，尤其是紧靠腾格里沙漠的甘肃民勤和宁夏盐池呈现了2个极大值；其次是塔克拉玛干大沙漠和柴达木盆地及其周边地区，尤其是塔克拉玛干沙漠西南沿的和田地区，是沙尘暴发生次数的高值区。那里是全球四大沙尘暴区（中亚，北美，中非和澳大利亚）之一的中亚沙尘区，为全球现代沙尘的高活动区之一。在地质时期和历史时期，这里一直是沙尘暴的主要成灾地区和“雨土”释放源地。近几十年来，由于人为破坏，环境日益的恶化，造成沙尘暴灾害频繁发生。沙尘暴形成原因很多，主要有以下几点：

① 少雨干旱。少雨干旱有助于沙尘暴的发生。我国北方部分地区发生近几年来最严重的持续干旱，使土质疏松为沙尘暴提供了地面条件；加之春天华北和西北东部气温偏高，为近几年以来所少见，降水又稀少，植被尚未形成，且在每次大风到来之前均没有可以抑制扬

沙的明显降雨，解冻后大面积表层土壤干燥、疏松，因此引起多次强沙尘天气。

② 植被稀少、土地沙漠化。我国北方生态环境的恶化和沙漠化土地的不断发生是重要原因。有关专家研究发现，尘土并非来自大沙漠腹地，而是主要来自沙漠边缘正在沙化的草地、耕地、抛荒地。我国西北许多地区人口过快增长，传统的垦荒现象至今屡禁不止。冬春季节干燥裸露的薄土层经不住西伯利亚强风的吹掠，2~3 年之后就沙石尽现，相当一部分沦为戈壁荒漠。

③ 气候干燥多风。沙尘暴是沙化的产物，沙尘暴频发期均处于干旱期，近几年来我国西部冬季温差增大，强冷空气活动频繁，大风频发，为沙化土地扩展提供了动力条件，春季温度增幅大，使大气层处于不稳定状态，遇冷压冷风过境，极易形成大风天气。沙尘暴一到，顿时狂风大作，沙尘扬，气压猛升，温度剧降。

④ 沙源丰富。地表丰富的沙源是沙尘暴的基础。我国是亚洲沙质荒漠广泛发育的地区，沙漠和沙地广布于荒漠、半荒漠及草原地区，总面积达 $171\times10^4 km^2$，90%以上分布在西北地区。其中位于南疆的塔克拉玛干沙漠面积 $33.76\times10^4 km^2$，是我国最大也是世界著名的大沙漠；北疆的古尔班通古特沙漠面积 $4.88\times10^4 km^2$，在全国位居第二；我国中东部沙区也是沙漠分布最多的地区，自东北向西南分布有呼伦贝尔、科尔沁、浑善达克、库布齐、毛乌素、乌兰布和、腾格里、巴丹吉林、甘肃河西走廊绿洲外缘沙漠、青海柴达木等处沙漠和沙地，总面积达 $26.9\times10^4 km^2$。上述沙漠区受干旱气候和地表营力的影响，地表物质以物理风化为主，质地轻粗松散，沙源丰富，为沙尘暴形成创造了条件。

⑤ 水资源遭破坏。在西部地区，河流的水源是经济建设和生命系统的命脉，但由于历史原因，许多山川的森林急剧减少，雪线上移，高山涵养水源下降，造成雨季洪水泛滥，冬季无水供给，河流干枯现象突出。近十年来自然生态环境严重恶化，加上北方强冷空气南下引起的“狭管效应”，北临腾格里和巴丹吉林沙漠，面积达 $12\times10^4 km^2$ 的戈壁和沙地、绵延 1000 多公里的河西走廊地区以及内蒙古阿拉善盟地区，目前已经成为中国北方强度最大的沙尘暴策源地。

6.4.2 沙尘暴的影响因素

沙尘暴的影响因素很多，归纳起来主要有以下几点。

(1) 降水

一般来说，降水量越少，地表土层越干燥，越有利于沙尘暴的活动。降水可直接增加土层湿度，从而增加土粒、沙粒的固结性，减小沙尘暴发生的可能性；降水还可以促进植被的生长，从而提高植被覆盖状况，减小沙尘暴的形成和强度。但在降水量最少的 12 月~1 月期间，因地表冻结或被雪覆盖，沙尘暴较少或无。在春季，降水量较少，气温较高，蒸发作用强，又植被稀疏，地表裸露，固结作用弱，为沙尘暴活动提供了丰富的物质源。而夏季降水较多的年份，沙尘暴则明显偏少。

(2) 植被

植被起到物理隔绝作用，由于几何形态的季节性变化，造成植被覆盖区域地表粗糙度等参数发生动态改变，对边界层大气产生机械阻挡作用。不同季节、不同植被类型，对天气动力的影响程度有很大差别。风洞试验证实，空气流经植被体时，植被对大气的总阻力由两部分组成：一是粗糙元对流体的阻力，另一个是植被间裸露地表的阻力。当地表植被覆盖密度越大、高度越高时，大气对土壤的风蚀力越小。当植被覆盖率超过 35%以上时，土壤几乎没有风蚀作用，即使稀疏植被也能有效减少风蚀。

自20世纪80年代以来，随着风动力的逐年减弱，在中国主要沙尘源地，植被覆盖变化已逐渐成为影响沙尘天气发生频次的重要因素之一。卫星监测数据显示，植被覆盖状况不但同步影响沙尘天气的发生频次，而且具有显著的滞后性影响效应．在西北地区，夏季植被的覆盖率与后期冬春两季各类沙尘天气的发生频次高度相关。

（3）地质地貌

地质地貌对沙尘暴的发生起着重要作用，沙尘暴发生源地地表沉积物往往比较松散、粒度较细，我国沙尘暴源地均为流动沙丘及半流动沙丘所在地。如源地之一科尔沁沙地组成物质主要为上更新统顾乡屯组的中细砂和粉砂层，以及中更新统大青沟组粉细砂；再如鄂尔多斯等地含细砂、粉砂高达80%。根据典型沙尘暴天气的个例分析，发现突起的山脉与盆地交接地带容易形成沙尘暴。如1984年发生于河套地区的两次沙尘暴，是由于冷空气翻越贺兰山向银川盆地俯冲时，冷空气迅速下沉，加之锋前高温，在银川盆地形成强烈的辐合上升运动形成强烈的沙尘暴。另一种类型是地形的狭管效应，如吐鲁番沙尘暴高发中心，有西段的托克逊风口；河西走廊和南疆盆地南缘是冷空气活动的通道，加上该两地区南侧山地地形绕流的加速作用，所以也具备强风条件。

（4）人类活动

随着人口的增加和科学技术的相对进步，滥垦、滥伐、滥牧等造成大面积植被的破坏，带来了沙化和沙漠化面积的增加，扩大了沙尘源区。据统计，20世纪70年代，我国土地沙化扩展速度每年1560km^2，80年代每年2100km^2，90年代前5年达2461km^2，后5年则达3435km^2。沙化土地扩展，5%是干旱等气候原因，95%是人为因素。

6.4.3 沙尘暴的危害

沙尘暴危害巨大，是我国现今最重大的气象和环境灾害之一，对人们的日常生活带来极大的不便。

（1）土地资源减少

沙尘暴使我国本来就十分有限的土地资源减少，质量下降。近半个世纪以来，我国因沙化而退化的耕地达到7.722×10^{4}km^2，退化草地1百万余平方公里。我国的沙化土地面积由20世纪50~60年代平均每年扩展1560km^{2}发展到90年代每年扩展2460km^2，相当于每年损失1个中等县的土地面积。我国有5万多个村庄经常受到风沙危害，成千上万的农牧民成为“生态难民”。

（2）影响农业生产

沙尘暴带来的沙尘覆盖在植物叶面上，影响正常的光合作用，造成作物减产；重则倒伏折断、苗死、花落。专家测算，近年来我国每年因风沙造成的直接经济损失高达540亿元。

（3）加剧了生态环境的恶化和大气污染，危害人体健康

草场和农田受到严重的风蚀，土地沙化面积不断扩大，加速了水土失黄河每年16×10^{8}t的泥沙。沙尘暴还会使地表层土壤风蚀、沙漠化加剧，覆盖在植物叶面上厚的沙尘，影响正常的光合作用，造成作物减产。甘肃省民勤的室外空气的TSP浓度达到1016mg/m^3，室内为80mg/m^3，超过国家标准的40倍。2010年3~4月，北京地区受沙尘暴的影响，空气污染指数达到4级以上，同时影响到我国东部许多城市。出现沙尘暴天气时狂风裹的沙石、浮尘到处弥漫，同时沙尘暴天气携带的大量沙尘蔽日遮光，天气阴沉，造成太阳辐射减少，几小

时~十几个小时恶劣的能见度，容易使人心情沉闷，工作学习效率降低。

(4) 生命财产遭受严重损失

沙尘暴发生时，尘土遮天蔽日，飞沙走石，严重时可导致人畜走失或死亡，造成生命财产遭受严重损失。沙尘暴发生时，尘土遮天蔽日，飞沙走石，严重时可导致人畜走失或死亡，造成生命财产的巨大损失。如1993年5月5日，发生在甘肃省金昌、威武、民勤、白银等地的强沙尘暴天气，受灾农田161.90×10^4km^2，损失树木4128万株，造成直接经济损失达2136亿元，死亡50人，重伤153人。2000年4月12日，永昌、金昌、威武、民勤等地强沙尘暴天气，据不完全统计仅金昌、威武两地发生直接经济损失达1534万元。

(5) 影响交通，道路及其他设施

沙尘暴天气经常影响交通安全，造成飞机不能正常起飞或降落，使汽车、火车车厢玻璃破损、停运或脱轨。

沙尘暴所到之处沙尘飞扬，其威力巨大(图6-1)，甚至某些大城市在出现扬沙天气后，也会导致午后时分的街头呈现一片昏黄的现象。

图6-1　沙尘暴横扫村镇及城市

6.4.4　沙尘暴的防治

沙尘暴危害性大，目前主要从以下几方面进行防治。

① 加强对沙尘暴的研究：沙尘暴研究是一项非常重要的基础资料，它是防灾减灾的主要依据，并且是计划、统计、国土、畜牧、农业、保险等部门必不可少的资料。由于在实际工作中凭主观判断估计数字的现象普遍，因此，应加快研究和拟定出沙尘暴评价指标体系，开发和利用遥感技术及地理信息系统，建立快速和科学的资料收集和核实手段，达到科学、简便、实用的要求。

② 加强对沙尘暴的监测：沙尘暴监测是掌握其发展趋势的重要手段，通过现代遥感和自动化处理技术，进行信息管理，对不同类型沙尘暴进行监测，及时预测沙尘暴的动态变化，利用高科技手段，定期进行沙尘暴发展、势态的评估，制定整治计划，进一步在沙化地区的资源环境和高效农业的研究与实践方面利用“3S”(RS，CS，GIS)等高新技术，建立资源环境信息系统。

③ 加强植被的种植：目前比较经济有效的方法是，大幅度增加地表植被覆盖度，既可以减少流沙裸露面积，防止扬沙起尘，又可以降低近地表风速，减小风力对土壤的侵蚀。据研究，形成沙尘暴的起沙风速一般要达到4级以上，在建有防护林网并配置有灌草植被覆盖

的林网内部，风速可降低30%~40%，最大能降低风速50%~60%

④ 实行封禁保护：对生态区位重要，沙化严重，需要治理但目前暂不具备治理条件的集中连片沙化土地，划定为沙化土地封禁保护区，实行严格的封禁保护。通过封禁保护，减少人为干扰，促进生态系统的自然修复，保护沙化土地结皮层不被破坏，减轻风力作用下的扬沙起尘。

⑤ 加强水资源管理，优化水资源配置：要加强水资源管理，制定管理办法，合理调配江河流域水资源，科学分配上中下游用水。在现有水资源条件下，兼顾好生活、生产和生态用水，科学用水，节约用水，鼓励农牧民推广使用滴灌、喷灌等所有节水措施，最终实现水资源的永续利用。

⑥ 调整产业结构、转变经济增长方式：要建设保护型林业、自给型农牧业，摆脱资源依赖型经营，实现沙区社会经济可持续发展。要大力调整产业结构，发展特色农牧业，改变传统的以扩大规模的方式提高收入的做法，用高科技成果来提升质量和效益，注重发展农副产品加工业，延长产业链，实现加工增值。同时要发挥沙区风能、太阳能和生物质等能源优势，加快农村能源建设和城镇化进程。

思考题

6.1 什么是沙尘暴？沙尘暴的形成原因有哪些？
6.2 沙尘暴天气会造成哪些危害？
6.3 沙尘暴灾害形成的自然与人为原因是什么？
6.4 我国北方的沙尘暴的沙源区主要在哪里？主要在什么季节？
6.5 沙尘暴的危害及影响因素有哪些？
6.6 什么是沙漠化？沙漠化治理措施主要有哪些？
6.7 目前主要从哪些方面防治沙尘暴危害？
6.8 沙尘暴灾害防治措施有哪些？

第7章 水 灾

7.1 洪涝灾害

洪涝灾害，是因局部地区的大雨、暴雨、大暴雨或大范围的历时较长的连阴雨天气过程所产生的地表径流，使地面积水过多而形成；或超过地表水系宣泄洪水径流的能力，造成河道泛滥决口，形成洪水，从而威胁人民生命财产的现象。洪涝自古以来，洪涝灾害一直是困扰人类社会发展的自然灾害。我国有文字记载的第一页就是劳动人民和洪水斗争的光辉画卷——大禹治水。时至今日，洪涝依然是对人类影响最大的灾害。我国长江连年洪灾给中下游地区带来极大的损失，严重损害了社会经济的健康发展。因此，研究洪涝灾害的成因、类型、特点和防治对策尤为重要。

洪水及洪水灾害的概念：洪水是指河流水位超过河滩地面溢流现象的总称，通常由暴雨或融水造成，以公认的某一有影响的水位为标准；洪水强度一般用洪水三要素(洪峰流量——水位、洪水总量和洪水历时)出现的频率来描述洪水强度，此外还常用到洪水水深、洪水淹没范围、洪水淹没历时、洪水重现期等；洪水按成因和地理位置的差异，分暴雨洪水、融雪洪水、冰凌洪水、溃堤(坝)洪水和海岸洪水(风暴潮、海啸等)。

洪涝灾害主要发生在长江、黄河、淮河、海河的中下游地区，四季都可能发生。洪涝灾害还可分为：

洪涝：洪涝灾害可分为洪水、涝害、湿害。

洪水：大雨、暴雨引起山洪暴发、河水泛滥、淹没农田、毁坏农业设施等。

涝害：雨水过多或过于集中或返浆水过多造成农田积水成灾。

湿害：洪水、涝害过后排水不良，使土壤水分长期处于饱和状态，作物根系缺氧而成灾。

春涝：主要发生在华南、长江中下游、沿海地区。

夏涝：夏涝是我国的主要涝害，主要发生在长江流域、东南沿海、黄淮平原。

秋涝：多为台风雨造成，主要发生在东南沿海。

7.1.1 洪涝灾害的主要特征

通常，洪涝灾害主要呈现以下特征：

① 在面上多为局地、带状、分散的分布，一般范围较小。

② 突发性强，没有较长时期的酝酿渐变过程，往往是由于局地性高强度、短时的大雨、暴雨和大暴雨所造成，也有降水强度较大、历时数天至几十天的连阴雨天气过程所形成的洪涝灾。

③ 出现的频次较小，大洪涝灾害出现的频次更少。据统计，近代以前洪涝灾平均9.4年一遇，大洪涝灾平均36.7年一遇。不过洪涝灾出现频次虽小，但一旦出现就将给国民经济和人民生命财产造成严重的，甚至是毁灭性的损失，并可能引起一些次生灾害如水土流

失、地质灾害和瘟疫等。

④ 洪涝灾对局部地区可造成及其严重的损失，但在面上的大范围地区则因大雨、暴雨而缓解了旱情，使农业受益匪浅。

⑤ 由于降水在时间和空间上的分布不均匀，在同一年内的同一局部地区可能先后出现旱、涝灾情，也可能在不同地区同时分别出现洪涝灾、旱灾等灾情。

7.1.2 洪涝灾害的形成

洪涝灾害具有双重属性，既有自然属性，又有社会经济经济属性。它的形成必须具备两方面条件：第一，自然条件：洪水是形成洪水灾害的直接原因，只有当洪水自然变异强度达到一定标准，才可能出现灾害。主要影响因素有地理位置、气候条件和地形地势；第二，社会经济条件：只有当洪水发生在有人类活动的地方才能成灾。受洪水威胁最大的地区往往是江河中下游地区，而中下游地区因其水源丰富、土地平坦又常常是经济发达地区。

洪涝灾害的形成与很多因素有关，但主要是地形地貌和气候条件。

（1）地形地貌

中国地势总体是西高东低，自西向东呈三级阶梯状分布。最高一级为青藏高原，海拔高程一般在4000m以上。高原上湖泊众多、雪峰连绵、人烟稀少，是中国长江、黄河等主要江河的发源地。第二级阶梯为青藏高原以北和以东地区，其地势显著下降到海拔1000~2000m，有广阔的高原和巨大的盆地相间分布。这一地区是中国主要江河的过渡地区，人口相对集中在坪坝、山间盆地和平原区。第三阶梯起自大兴安岭、太行山、巫山、云贵高原东缘线以东，直至滨海地区，海拔高程一般在500m以下，仅局部少数山峰海拔高程在2000m左右。在这一区内，自西向东有丘陵和平原交错分布，平原地区海拔大都在200m以下；自北向南有东北平原、华北平原、长江中下游平原、珠江三角洲平原以及东部滨海地区，这些平原地区，人口稠密、经济相对发达、江河湖泊众多。

中国地貌类型复杂多样，大体分为山地、高原、丘陵、盆地和平原五种地貌类型（见表7-1），呈梯状，且以山地高原为主。山地面积约占全国面积的33%，高原约占26%，丘陵约占10%，盆地约占19%，平原约占12%。

表7-1　中国各类地貌类型区简况

地貌类型	面积/$\times 10^4 km^2$	占国土面积比例/%
山地	316.8	33
高原	249.6	26
丘陵	96	10
盆地	182.4	19
平原	115.2	12
总计	960	100

（2）气候

根据降水量和蒸发量的相对大小，可将中国划分为湿润、半湿润、干旱和半干旱四类地区。湿润地区年降水量大多在800mm以上；半湿润地区年降水量多在400~800mm；半干旱地区年降水量大多在200~400mm，干旱地区年降水量在200mm以下。

中国东部广大地区和华南地区为温带、亚热带季风气候区。这些地区夏季一般受海洋气流的影响，冬季主要受大陆气流的影响，雨热同季，温湿同期，冬干夏湿。因受夏季风控制时间长，降水较多，灾害性天气频繁。西藏南部和云南大部属西南季风区，雨季和旱季分明。西北内陆地区由于深入欧亚大陆腹地，受山脉高原阻挡，来自海洋的水汽难以达到这一地区，降水稀少，成为干燥的大陆性气候区，形成洪水灾害的几率相对较小，但短历时暴雨也常在局部地区灾害。

每年夏季中国大部分地区受夏季风的影响，活跃的季风可到达华北、东北甚至西北地区，加上复杂的地形作用和多样的气候类型，常使这些地区产生暴雨。当大尺度环流发生明显调整时，则会出现大暴雨或特大暴雨，形成较大的洪水。

另外，影响洪水灾害发生的因子有天文因子、气候因子、水文气象因子、植被土壤因子、地貌因子、地质因子和人类活动因子。

7.1.3 洪水类型及主要江河水系洪水特征

（1）洪水类型

中国幅员辽阔，气候、地形、地貌等特性复杂多样，影响洪水形成过程的人类经济社会活动情况也不一样，因而形成多种类型的洪水，不同类型的洪水具有各自的特点。从西部的崇山峻岭，到东部的广域平原，可能发生各种类型洪水的地区约占国土面积的 70%以上。按洪水成因分析，中国的洪水可分为：暴雨洪水、风暴潮洪水、融冰融雪型洪水和冰凌型洪水等类型。在中国受洪水影响的地区，各种类型的洪水或其组合有一定的时空分布规律，其中以暴雨洪水发生最为频繁，影响范围最为广大，危害也最为严重。中国年平均 400mm 降雨等值线大约与多年平均年最大 24h 降雨 50mm 等值线基本一致，分布在自云南腾冲至黑龙江呼玛一线，该线以东地区的洪水主要是由暴雨和沿海风暴潮形成，北方地区的一些河流也可能出现冰凌洪水，该线以西地区的洪水则以融冰融雪洪水、局部地区暴雨洪水（如山洪）以及融雪与暴雨形成的混合型洪水为主。

1）暴雨洪水特征

暴雨及其下垫面条件决定了暴雨洪水的特性。总的说来，中国暴雨洪水有以下两个特点：

① 洪水发生频繁。表 7-2 列出了中国主要江河 1900～1999 年 100 年中洪水发生的频次统计。就全国范围而言，中国主要江河 100 年间共发生频率 10%～20%以上的洪水 213 次，平均每年超过两次，且每两年可能发生一次频率 5%～10%的洪水，每 3 年左右就可能发生一次频率 5%以上的较大洪水或大洪水。

② 洪水峰高，洪量集中。中国特殊的气候条件，加上江河上中游山区集水面积广大，支流发育，汇流迅速，下游河道位于冲积平原，比降平缓，泄水不畅，且干支流洪水极易遭遇，使得中国不少江河洪水洪峰高涨，洪量集中，大洪水和特大洪水年的洪峰流量和洪水量往往数倍于正常年份。

2）风暴潮型洪水

中国近海地区经常遭受到区域性、季节性的风暴潮灾害，夏秋季节东南沿海的台风和风暴潮，冬季渤海和北黄海的冰害，以及时有发生的海上大风浪，往往造成沿海地区重大经济损失和生命损失，其中特别以风暴潮为烈。中国大陆海岸线全长约 1.8×10^4km（不包括沿海 6500 多个大小岛屿约 1.4×10^4km 的海岸线），几乎均可受到风暴潮的袭击。

据统计，中国沿海登陆的台风平均每年约 7 个。东南部沿海是中国遭受台风侵袭引发风暴潮严重的地区，韩江口、珠江口、雷州半岛东部、海南省东北部和广西沿海是受台风风暴潮侵袭最严重的海岸段。平均每年在广东沿海登陆的台风约 3.5 个，在海南登陆的台风约 2.1 个，在广西沿海登陆的台风约 2 年 1 个，在福建、浙江、上海等省市登陆频率约 2 年一次，每次台风登陆几乎都引发风暴潮，引起大幅度增水，潮位陡升，使当地经常出现高潮位超过警戒水位的情况。例如 1980 年第 7 号台风在广东省雷州半岛东部岸段登陆，使该岸段南渡站潮位净升高 5.94m，是近百年来罕见的大风暴潮，也是中国沿海出现的风暴潮最大增水值。

表 7-2　20 世纪主要江河洪水发生频次统计表

流域	频率 5%以上洪水	频率 5%～10%洪水	频率 10%～20%洪水	合计
长江	6	19	33	58
黄河	4	4	15	23
淮河	4	9	14	27
海河	3	5	10	18
松花江	3	4	16	23
辽河	3	6	17	26
珠江	5	5	16	26
浙闽地区	3	3	6	12
合计	3	55	127	213

风暴潮引起潮位高涨，严重威胁沿海地区的安全，并往往与江河洪水发生遭遇，导致江水排泄不畅，引起沿海地区的洪灾发生。

3）融雪融冰型洪水

融雪融冰洪水是由冰川融水和积雪融水为主要补给来源所形成的洪水。中国有稳定季节性积雪区约 $420 \times 10^4 km^2$，主要分布在青藏高原、阿尔泰山、天山、祁连山、兴安岭和长白山区。最大积雪深度，西部高山地区可达 80～90cm，东北东部和北部可达 40～50cm；大部分地区积雪深度较小，最大积雪深度一般为 20～30cm。融雪洪水一般发生在 4～6 月份，由于积雪厚度不大，融雪洪水过程涨落平缓，洪水造成的灾害损失相对较小。

中国有永久积雪区，即现代冰川 $5.87 \times 10^4 km^2$，冰水总储量约 $51300 \times 10^8 m^3$，主要分布在西藏、新疆以及青海、甘肃等省区。冰川洪水一般出现在 7～8 月份，洪水过程变化缓慢，流量与气温有明显同步关系。在特殊气温条件下，也可能产生突发性冰川洪水，如冰湖冰坝突然溃决，形成突发性洪水，洪峰陡涨陡落，对局部地区产生较大的破坏。冰川洪水主要分布在天山中段北坡的玛纳斯地区，天山西段南坡的木扎提河、台兰河，昆仑山喀拉喀什河，喀喇昆仑山叶尔羌河，祁连山西部昌马河、党河，以及喜马拉雅山北坡雅鲁藏布江部分支流。

中国西北部高寒山区一些有冰川和融雪补给的河流，因春夏强烈降水和雨催雪化形成雨雪混合洪水，在缓慢涨落的洪水过程中突然增加峰形尖瘦的暴雨洪水，往往形成山区河流的较大春汛。

4）冰凌型洪水

在中国东北、华北和西北地区，有些河流或河段在从低纬度流向高纬度，冬春季节由于上下游封冻和解冻时序的差异，易形成冰塞或冰坝，使江河水位陡涨，造成河水泛滥。黄河宁蒙河段、山东河段和松花江依兰河段是发生冰凌最严重的河段。冰凌洪水的特征是，流量不大但水位很高。

(2) 主要江河洪水特性

中国幅员辽阔、地形复杂、跨多个气候带，因此，各大江大河洪水具有鲜明的地域特征。

长江洪水主要由暴雨形成，汛期时间长达半年之久，洪水发生时间一般是中下游洪水早于上游，江南先于江北。洞庭湖、鄱阳湖水系洪水多发生于5~7月，金沙江和长江上游北岸支流洪水发生时间为6~9月。受支流影响，长江上游干流洪水发生时间为7~9月，中下游干流为5~10月。长江洪水峰高量大，历时长，上游一次洪水过程短则7~10天，长的可达一月以上，中下游由于众多支流汇入，常形成多次洪峰的连续洪水，持续30~60天，甚至更长。长江上游洪水和中下游洪水遭遇机会虽然较小，但一旦上游洪水提前或中下游洪水延后，上游洪水就可能与中下游洪水遭遇，形成全流域的大洪水。长江洪水除超额洪量巨大之外，还有年际变化较小，含沙量低，输沙量大等特点。

黄河洪水主要由暴雨和冰凌形成。暴雨洪水发生在7~8月的称“伏汛”，9~10月的称“秋汛”，“伏秋大汛”是黄河的主汛期。2~3月上游宁、蒙河段和下游山东河段易发生冰凌型洪水，称“凌汛”。黄河上游洪水过程平缓，含沙量小，一次洪水历时平均40天左右；中游洪水主要来源于河口镇–龙门区间、龙门–三门峡区间及三门峡–花园口区间，三区间同时发生洪水的情况少有记载，但部分遭遇的情况时有发生；黄河下游洪水主要来自中下游地区。含沙量大、水少沙多、水沙异源、水沙过程不同步以及年际变化大是黄河下游洪水的最大特点，使黄河防洪具有特殊难度。近年来，由于持续来水偏少，加之滩区生产堤的建设阻断了滩槽的水沙交换，导致河道主槽淤积萎缩严重，平滩流量下降到2000~3000m^3/s，部分河段甚至形成了“二级悬河”，一旦在洪水期间发生横河、滚河、斜河，有导致黄河大堤大堤出现冲决、溃决的危险。

淮河流域洪水发生时间主要集中在6~8月。从梅雨期开始，大范围连续多次暴雨可形成历时达2个月以上的流域型洪水；而由台风或涡切变天气系统暴雨则往往形成的局地性洪水，且洪峰流量很大，部分山区河流洪峰流量创下了全国同样汇流面积实测最大洪峰流量的记录。淮河水系为非对称的羽状河流，来自淮南山区的暴雨洪水源短流急，暴涨暴落，而来自北部平原支流的洪水在比降平缓的中游河段相继汇入，干支流洪水相互顶托影响，作用关系十分复杂。13~19世纪黄河夺淮期间，大量泥沙淤积在淮河下游，使淮河丧失了自己的入海通道，在淮河平原洼地上蓄积成洪泽、高邮等湖泊后，被迫向南汇入了长江。而在干流中游入洪泽湖的河段甚至形成了倒比降，使得中游洪水消退缓慢，汛期长时间处于高水行洪状态，不得不沿河设置大量行洪区与蓄洪区以分滞大量的洪水。

海河洪水来自夏季暴雨，可分南系洪水和北系洪水，南系洪水主要来源于太行山区，北系洪水主要来源于燕山山区，南北水系同时发生大洪水的机会较小。海河洪水发生时间主要集中在7月下旬至8月上旬，洪水季节在七大江河中最为集中。大部分河道中游段短，洪水源短流急，洪量集中。洪水洪峰流量量级和洪水年际变化大是本流域洪水的最大特点。流域中一些不同集水面积的河流曾发生过接近世界实测记录的洪峰流量。

辽河暴雨洪水多出现在7~8月份，其主要支流大都流经山丘地区，集水面积小，流程短，故洪水一般为陡涨陡落，一次洪水过程一般不超过7天，最长为半个月左右。由于洪水成因和汇流条件等不同，东、西辽河洪水与干流中下游洪水一般不遭遇。两大支流浑河与太子河相邻，常处于同一暴雨区，洪水同时发生且在下游遭遇，因而量级很大。辽河洪水年际变化大，仅次于海河洪水。

松花江的暴雨洪水多发生在7~9月，干流洪水涨落缓慢，洪水过程持续时间长，一次洪水过程历时可达90d甚至更长。干流(哈尔滨以上)大洪水主要来自与嫩江和第二松花江，干流下游大洪水则是由干流上游洪水和支流呼兰河或牡丹江或汤旺河洪水相遭遇而形成。

珠江流域的洪水主要由暴雨形成，4~7月份为前汛期，主要由大气环流热带季风影响的结果；8~9月份为后汛期，主要由热带风暴和台风形成。洪水峰高量大，历时长。一般来说，各大支流洪水出现的时间自东向西逐步推进，但西江与北江洪水遭遇的情形较多，且两江洪水量级越大，其遭遇的机会越多，从而形成珠江三角洲特大洪水。另外，热带风暴和台风导致的风暴潮对沿海地区威胁很大。

太湖流域84%为平原水网区，其洪水可分两类：一类是梅雨型洪水，特点是历时长、范围广，洪量大，可影响全流域；另一类为台风暴雨型，特点是历时短，范围相对小，多为地区性洪水，但降雨强度大，局部灾害严重。太湖流域洪水灾情依河网水位变化十分敏感，洪涝矛盾突出是其最大特点。

我国东南部沿海还有许多独流入海的中小河流，具有河流比降大、源短流急、洪水暴涨暴落的特点。西北地区一些内陆河流，包括季节性河流，行洪能力较弱，一旦遭遇暴雨也时有泛滥发生。

7.1.4 洪涝灾害的危害

洪水灾害对中国的社会经济等影响十分严重，所造成的经济损失和人员伤亡在各种自然灾害中列居第一位。洪水灾害的影响主要表现在以下两个方面。

(1) 洪水灾害对国民经济的影响

洪水灾害对国民经济的影响主要体现在以几个方面：

1) 对农业的影响

据高庆华、马宗晋研究，严重的暴雨洪水常常造成大面积农田被淹、作物被毁，致使作物减产甚至绝收(见表7-3)。

表7-3 1950~1998年不同时段中国水灾灾情统计表

时期	死亡人数	倒塌房屋(万间)	农作物受灾面积/万公顷	成灾农作物面积/万公顷
1950~1959	8571	241	736	456
1960~1969	4091	251	767	473
1970~1979	5179	123	536	229
1980~1989	4349	154	1043	552
1990~1998	4153	344	1545	868
多年平均	5300	220	913	509

2) 对交通运输的影响

铁路是国民经济的动脉。而中国不少铁路干线处于洪水严重威胁之下，在七大江河中下游地区，有京广、京沪、京九、陇海和沪杭甬等重要铁路干线，受洪水威胁的铁路长度1万多公里，西南、西北地区铁路常受山洪泥石流袭击，这些地区的铁路干线为山洪泥石流高强度多发区。因洪灾造成铁路中断、停止行车的事故是很严重的，1954年大洪水中，作为南北大动脉的京广铁路就曾中断运行100d。

中国公路网络里程长，水灾造成公路运输中断的影响遍及全国城乡各个角落。随着公路建设迅速发展，水毁公路里程也成倍增加，中国所有山区公路都不同程度受山洪、泥石流的危害，西部10余条国家干线，频繁受到泥石流、滑坡灾害。川藏公路沿线大型泥石流沟就有157条，每年全线通车时间不足半年。

3）对城市和工业的影响

城市人口密集，是国家政治经济文化中心，工业产值中约有80%集中在城市。中国大中城市基本沿江河分布，受江河洪水严重威胁，有些依山傍水的城市还受山洪、泥石流等灾害的危害。中国600多座城市中，90%有防洪任务。20世纪90年代以来，中国城市化进程显著加快，大量人口从内地涌向沿海沿江城市，城市面积迅速扩张，新扩张的城区往往是洪水风险较高而防洪能力较低的区域。由于城市资产密度高，对供水、供电、供气、交通、通讯等系统的依赖增大，一旦遭受洪水袭击，损失更为严重。统计数据表明，一些经济较发达的沿海省份，城市与工业的水灾损失已经占到水灾总损失的60%以上。

（2）洪水灾害对环境的影响

洪水灾害不仅带来巨大的经济损失，而且对人类的生存环境也会造成极大破坏。这种对环境的破坏主要表现为以下四个方面。

① 对生态环境的破坏。水土流失问题是中国严重的生态环境问题之一，而暴雨山洪是主要的自然因素。至2000年，全国水土流失面积$356\times10^4km^2$，约占国土面积的37%，每年土壤流失量约50×10^8t，大量泥沙淤积在河、湖、水库中，同时带走大量氮、磷、钾等养分。水土流失危害不仅严重制约着山丘区农业生产的发展，而且给国土整治、江河治理以及保持良好生态环境带来困难。

② 对耕地的破坏。洪水灾害对耕地的破坏，主要是水冲沙压、破坏农田。如1963年海河大水，水冲沙压造成失去耕作条件的农田达13万余公顷。黄河决口泛滥对土地的破坏更为严重，每次黄河泛滥决口都使大量泥沙覆盖延河两岸富饶土地，导致大片农田被毁。

③ 对河流水系的破坏。中国河流普遍多沙，洪水决口泛滥致使泥沙淤塞，对河道功能的破坏极其严重，尤其是黄河泛滥改道，对水系的破坏范围极广，影响深远。

④ 对水环境的污染。洪水泛滥对水环境的污染，主要是造成病菌蔓延和有毒物质扩散，直接危及人民的身体健康。

2011年7月底在泰国南部地区因持续暴雨而引发的水灾，有些区域的降水量达120cm，至少造成366人死亡，两百万人受洪水影响；泰国76个府中有50个府受到洪水影响，受灾土地面积达160000亩，泰国央行及政府预期水灾将导致1000亿泰铢损失，占全国国内生产总值(GDP)逾1%；泰国政府预估这次灾害引发的重建经费将达33亿美元。

新华网报道，2013年5月14日以来的中国南方遭遇强降雨袭击，局地伴有雷电、大风、冰雹等强对流天气，引发洪涝、风雹、山体滑坡等灾害；此次暴雨洪涝灾害仅广东省就已造成韶关、清远、广州等7市26个县(区、市)受灾，紧急转移安置3.6万人，农作物受灾面积17000亩，其中绝收800亩以上；截至5月16日20时，南方暴雨洪涝风雹灾害已造成安徽、福建、江西、湖北、湖南、广东、广西、重庆、四川、贵州10省区市33人死亡、12人失踪。

另外，2013年夏季的洪水还肆虐欧洲多国，据德国《图片报》报道，德国2013年6月3日在其南部和东部洪水灾情继续加剧，河水水位不断上升，上万人不得不离开家园；连日来泛滥的洪水已给德国造成了数亿欧元的损失，其中仅农业损失就已高达3亿欧元，约有150000亩的农田和绿地被淹没。

7.1.5 洪涝灾害的防御

洪水常常通过淹没、冲刷和淤积三种方式来危害环境，洪水往往淹没城镇建筑；淹冲农田、作物和牲畜；冲击水库大坝和河堤；破坏铁路、公路、航运等交通设施；摧毁厂矿、电力和通讯等，与此同时伴随着洪水过程中冲走的有毒有害物质及洪水后的土地沙化、次生盐碱化、水质恶化、生态平衡破坏等环境变化。

我国对洪涝灾害的防御自古就很重视。中国治水的祖先大禹用疏导的办法治水，比他父亲一味拦堵高明，因而名传千古。当代水利专家也把今后治水重点归纳为：疏通河道，给洪水以出路。

近几十年来，中国更多地在规划洪水使其驯服上下功夫，江河防洪以加高加固堤防为主，今后在加固加高堤围工程上还要继续加强，但必须把江、河道清淤疏浚也重视起来。大江大河堤围近年来年年加高，但许多江河基本上被泥沙淤积抬高河床抵消了成为了悬河。

当前对洪涝灾害的主要防御措施为：

第一，山区水土保持是根治河流水患的重要环节，主要措施是植树造林、种牧草、修梯田、挖蓄水坑和蓄水塘等。

第二，扭转重库轻堤，重建轻管的倾向。

第三，疏通河道，还地于水，提高防洪行洪能力。

第四，增强水患意识，提高大江大河防洪除涝能力。

第五，提高气象监测、预报水平，准确预报洪涝灾害。

另外，还应注意要从整个流域上、中、下游、山区、平原、丘陵、洼地全面规划和治理，做到河库相通，塘堰相连，大、中、小水利工程结合起来，化水患为水利。此外还需注意如下具体措施：

① 实行深沟、高畦耕作，可迅速排除畦面积水，降低地下水位，雨涝发生时，雨水及时排出。

② 洪涝发生前，如作物接近成熟，应组织力量及时抢收，以免洪涝损失。

③ 洪涝灾害发生过程中，要利用退水清洗沉积在植株表面的泥沙，扶正植株使其尽快恢复生长。

④ 洪涝灾害过后，必须迅速疏通沟渠，尽快排涝去渍。

⑤ 旱地怕涝作物要采取联片种植，做到排灌分家，避免水田和旱田用水相互矛盾。

7.2 冰雹

冰雹是直径大于0.005m的固体降水物，呈球、椭球、圆锥和不规则状，常由透明与不透明层交替组成，中心为雹胚(霰或冻滴)，一般3~5层，通常雹块愈大，层次愈多。构成雹块层次结构的有3种不同形式和密度的冰。

① 透明冰，其密度大，接近$0.9g/cm^3$，雹胚碰冰的水滴在冻结前可沿雹面伸展，并形成连续薄层，冻结时热交换足以使薄层全部冻结，只含少量气泡，此为冰雹湿增长层。

② 凇晶冰，密度小，可低至$0.1g/cm^3$，由雹面碰冻小的过冷云滴结凇形成，小冻滴中

含气泡多，冻滴间有空隙，呈白色不透明层，此即冰雹干增长层。

③ 海绵冰，是一种冰水混合体，密度最大，可超过 0.9g/cm³，形成于不完全冻结过程中。有 20%的水保存在已冻雹块呈枝星状网络的雹面内，可降落至地面，但出现机会少，数量也少。

根据一次降雹过程中，多数冰雹直径、降雹累计时间和积雹厚度，将冰雹分为 3 级。

① 轻雹：多数冰雹直径不超过 0.5cm，累计降雹时间不超过 10min，地面积雹厚度不超过 2cm；

② 中雹：多数冰雹直径 0.5~2.0cm，累计降雹时间 10~30min，地面积雹厚度 2~5cm；

③ 重雹：多数冰雹直径 2.0cm 以上，累计降雹时间 30min 以上，地面积雹厚度 5cm 以上。

7.2.1 冰雹的形成

(1) 冰雹的形成条件

① 大气中必须有相当厚的不稳定层存在。

② 积云必须发展到能使个别大水滴冻结的高度(一般认为温度达-16~-12℃)。

③ 要有强的风切变。

④ 云的垂直厚度不能小于 6~8km。

⑤ 积雨云内含水量丰富，一般为 3~8g/m³，在最大上升速度的上方有一个液态过冷却水的累积带。

⑥ 云内应有倾斜的、强烈而不均匀的上升气流，上升速度一般在 10~20m/s 以上。

(2) 冰雹的形成过程

冰雹和雨、雪一样都来自于云，但是能形成冰雹的云是一种发展十分强盛的积雨云，而且只有发展特别旺盛的积雨云才可能降冰雹。积雨云和各种云一样都是由地面附近空气上升凝结形成的。空气自地面上升的过程中气压降低，体积膨胀，如果上升空气与周围没有热量交换，由于膨胀消耗能量，空气温度则降低，这种温度变化称为绝热冷却。据计算，在大气中空气每上升 100m，因绝热变化会使温度降低 1℃左右。而在一定温度下，空气中容纳的水汽量有一个限度，达到这个限度就称为“饱和”。温度降低后，空气中可能容纳的水汽量就要降低。因此，原来没有饱和的空气在上升运动中由于绝热冷却可能达到饱和，过剩的水汽便附着在飘浮于空中的凝结核上，形成水滴。当温度低于 0℃，过剩的水汽便会凝华成细小的冰晶，这些冰晶和水滴聚集在一起，飘浮于空中便成为云。大气中有各种不同形式的空气运动，从而形成了不同形态的云，因对流运动而形成的云有淡积云、浓积云和积雨云等，统称为积状云。积状云因对流强弱不同，形成各种不同云状，其云体大小悬殊很大，如果云内对流运动很弱，上升气流达不到凝结高度，就不会形成云，只有干对流。如果对流较强，可以发展形成浓积云，浓积云的顶部像椰菜，由许多轮廓清晰的凸起云泡构成，云厚可以达 4~5km。如果对流运动很猛烈，就可以形成积雨云，云底黑沉，云顶发展很高，可达 10km 左右，云顶边缘则变得模糊，云顶还常扩展开来形成砧状。一般积雨云可能产生雷阵雨，而只有发展特别强盛的积雨云，其云体十分高大，云中有强烈的上升气体，云内有充沛的水分，才会产生冰雹，这种云通常也称为冰雹云。冰雹云是由水滴、冰晶和雪花组成的。一般为 3 层：最下面一层温度在 0℃以上，由水滴组成；中间温度为-20℃~0℃，由过冷却水滴、冰晶和雪花组成；最上面一层温度在-20℃以下，基本上由冰晶和雪花组成。

在冰雹云中，强烈的上升气流携带着许多大大小小的水滴和冰晶的运动，其中有一些水滴和冰晶合并冻结成较大的冰粒，这些粒子和过冷水滴被上升气流输送到含水量累积区，就可以成为冰雹核心，这些冰雹初始生长的核心在含水量累积区具有良好的生长条件。雹核在上升气流的携带下进入生长区后，在水量多、温度不太低的区域与过冷水滴碰并，形成一层透明的冰层，再向上进入水量较少的低温区，这里主要由冰晶、雪花和少量过冷水滴组成，雹核与它们粘并冻结就形成一个不透明的冰层。这时冰雹已长大，而那里的上升气流较弱，当其支托不住增长大了的冰雹时，冰雹便在上升气流里下落，在下落过程中不断地并合冰晶、雪花和水滴而继续生长，当落到较高温度区时，碰并上去的过冷水滴便形成一个透明的冰层。这时如果落到另一股更强的上升气流区，那么冰雹又将再次上升，重复上述的生长过程。这样冰雹就一层透明、一层不透明地增长。由于各次生长的时间、含水量和其他条件的差异，其各层的厚薄度及其他特点也各有不同。最后，当上升气流支撑不住冰雹时，就从云中落下来，成为人们所看到的冰雹(见图 7-1)。

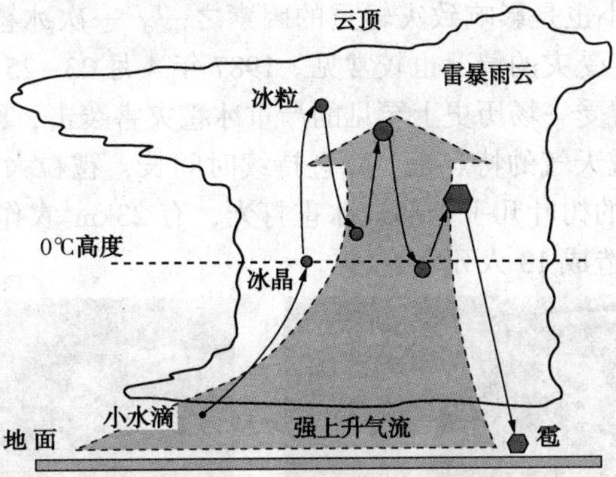

图 7-1　冰雹形成过程示意图

7.2.2　冰雹灾害特征及影响因素

(1) 冰雹灾害的特征

总的说来，冰雹灾害有以下几个特征：

① 局地性强，每次冰雹的影响范围一般宽约几十 m 到数 km，长约数百 m 到十多 km；

② 历时短，一次狂风暴雨或降雹时间一般只有 2~10min，少数在 30min 以上；

③ 受地形影响显著，地形越复杂，冰雹越易发生；

④ 年际变化大，在同一地区，有的年份连续发生多次，有的年份发生次数很少，甚至不发生；

⑤ 发生区域广，从亚热带到温带的广大气候区内均可发生，但以温带地区发生次数居多。

(2) 冰雹灾害主要有以下几个影响因素

① 雹块的大小，是冰雹能否造成灾害和造成灾害轻重的主要原因。通常直径<2cm 的叫小冰雹，一般不会造成灾害，只有数量特别多，或持续时间很长时才会致灾。直径 3~5cm 的叫大冰雹，一般会造成灾害。直径>6cm 的叫特大冰雹，一般会造成严重灾害。重量在几百克到几千克的冰雹，它们能直接砸坏汽车、房屋、门窗、农作物以及砸死砸伤人畜等。2003 年 3 月 31 日铜仁市遭受特大冰雹袭。冰雹平均直径 2cm，最大直径为 6cm，打伤 6 人，死

亡1人，民房倒塌82间，村民的瓦房、草莓、蔬菜及温棚也受到不同程度的损坏，特别是村民蒋细清家瓦房有50%的瓦片被冰雹打碎，被冰雹砸开的瓦洞长达0.6m左右，与天窗一般。

②冰雹的数量多少，也是冰雹致灾的又一个重要原因。其表示法有平地积雹深度和单位面积上的雹粒数两种。我省出现的冰雹天气中地面积雹在0.10~0.2m较为常见，1m的情况也出现过几次。1994年4月8日，湄潭县降雹，冰雹灾情最重的地方地面堆积冰雹一般有0.40~0.50m，最厚处达1.20m。经查阅近40年来降雹情况记录，比较常见的是每平方米几十粒，几百粒的属于少见，千粒以上也发生过几次。赤水县1989年4月20日降雹，每平方米约有1000~3000颗雹粒。

③ 降雹时间长短，也是造成灾害轻重的因素之一。据统计，单站一次降雹持续时间，一般5~15min，最短的1min，最长的是间歇性降雹，可长达4~5h，降雹间歇现象是极其常见的。例如2002年3月4日，凤冈出现3次降雹过程，降雹持续长达1h。降雹连日出现的概率也很大。如1961年4月10~25日，思南县连续遭受数次猛雨夹降冰雹。

④ 降雹波及范围大小也是影响致灾轻重的因素之一。一次冰雹过程一般造成几个县到十几个县受灾，几十个县受灾的情况也较常见。1987年4月23~25日，松桃、沿河、思南、印江、德江、江口等县遭受一场历史上罕见的严重冰雹灾害袭击，给人民生命财产造成重大损失(图7-2)。这次降雹天气的特点是：降雹持续时间长，雹粒大，密度高，受灾范围广，为历史罕见。有17个区的树叶几乎全部被冰雹打光，有23km²农作物受灾，毁坏民房6687间，打死耕牛40头，并造成13人死亡。

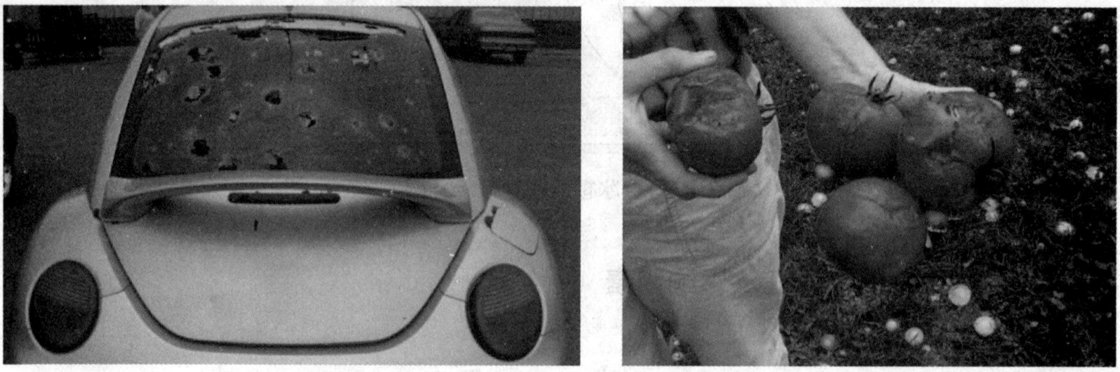

图7-2　冰雹灾害给人民生产及生活造成重大损失

7.2.3　冰雹灾害的防御

通常根据冰雹灾害发生次数、发生频率对其进行区划，具体见表7-4。通过对冰雹灾区的受灾程度判别，人们可以有针对性地对其进行预防。

表7-4　冰雹灾害等级区划

冰雹灾害区划	冰雹灾害发生次数	冰雹灾害发生频率/%
轻度发生区	<10	<18
中度发生区	<20	<35
重度发生区	<30	<52
特重发生区	>30	>52

目前，冰雹灾害主要从消雹减雹和防雹两方面着手。

(1) 人工消雹

① 用火箭、高炮或飞机直接把碘化银、碘化铅、干冰等催化剂送到云里。

② 在地面上把碘化银、碘化铅、干冰等催化剂在积雨云形成以前送到自由大气里，让这些物质在雹云里起雹胚作用，使雹胚增多，冰雹变小。

③ 在地面上向雹云放火箭打高炮，或在飞机上对雹云放火箭、投炸弹，以破坏对雹云的水分输送。

④ 用火箭、高炮向暖云部分撒凝结核，使云形成降水，以减少云中的水分。

⑤ 在冷云部分撒冰核，以抑制雹胚增长。

(2) 防雹

① 增种抗雹和恢复能力强的农作物，成熟的农作物要及时抢收。

② 夏粮种植作物要选择早熟品种，使抽穗、开花及灌浆成熟期避开冰雹出现季节。

③ 在多雹灾地区降雹季节，农民下地随身携带防雹工具如竹篮，以减少人身伤亡。

7.3 海啸

海啸是一种具有强大破坏力的海浪。当地震发生于海底，因震波的动力而引起海水剧烈的起伏，形成强大的波浪，向前推进，将沿海地带淹没的灾害，称之为海啸。

7.3.1 海啸的形成及特点

海啸是由海底地震、火山爆发或海底塌陷、泥石流、滑坡等大海底地形突然变化所引发的具有超大波长和周期的大洋行波。李宏博研究将海啸可分为四种类型：即由气象变化引起的风暴潮、火山爆发引起的火山海啸、海底滑坡引起的滑坡海啸和海底地震引起的地震海啸，见图 7-3~图 7-5 所示。

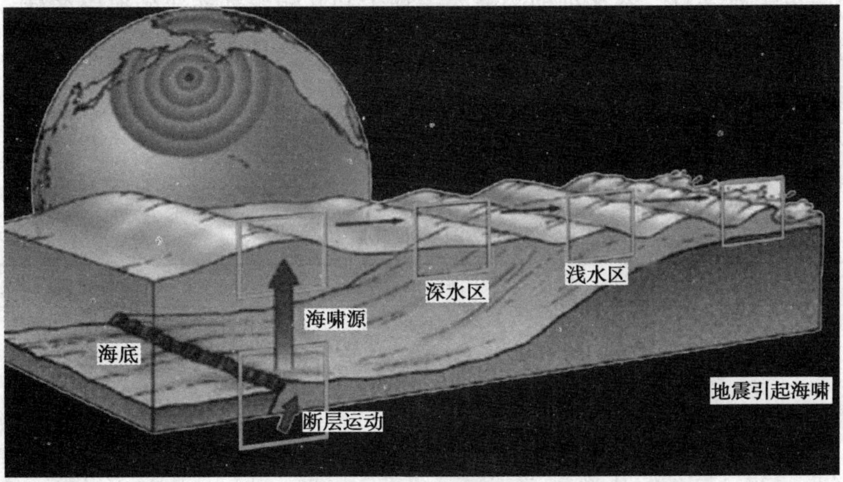

图 7-3　地震海啸

地震次生海啸通常简称为地震海啸或简称海啸，它是在海底或海岸附近的地震造成海底大幅度隆起或大幅度下沉而产生。按地震产生的垂直形变类型不同，海啸可分为上隆型，下

图 7-4　火山海啸

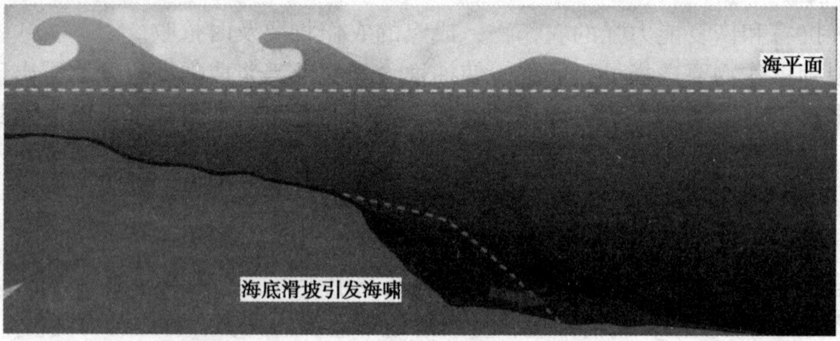

图 7-5　海底滑坡海啸

降型，冲击型。按受灾地点的远近区分，则可分为远地海啸和近地海啸。远地海啸的源地多在数千公里之外的大洋里，所以也称为越洋海啸，越洋海啸较易预报预防。近地海啸的源地太多，距离海岸较近，海啸常常在震后十几分钟甚至几分钟内即可登陆，因此较难预报预防。

海啸的发生需要满足三个条件即深海、大地震和开阔逐渐变浅的海岸条件。地震释放的能量要变为巨大水体的波动能量，地震必须发生在深海，只有在深海海底上面才有巨大的水体。浅海地震产生不了海啸。

海啸的浪高是海啸的最重要的特征。我们经常用观测到的海啸浪高的对数作为海啸大小的度量，叫做海啸的等级。据陈颙等研究的海啸浪高度及等级划分见表 7-5。

表 7-5　海啸浪高度及等级

地震震级	产生海啸的等级	可能海啸的最大浪高/m
6	−2	≤0.3
6.5	−1	0.5~0.7
7	0	1.0~1.5
7.5	1	2~3
8	2	4~6
8.5	4	16~24
8.75	5	≥24

尽管海啸是由海底的地震和火山喷发引起的。但海啸的大小并不完全由地震和火山的大

小决定。海啸的大小是由多个因素决定的，例如：产生海啸的地震和火山的大小、传播的距离、海岸线的形状和岸边的海底地形等等。海啸要在陆地海岸带造成灾害，该海岸必须开阔，具备逐渐变浅的条件。海啸的产生是一个比较复杂的问题，具备了上面三个才有产生海啸的可能性。

据陈颙等研究，海啸形成有 3 个特点：①传播速度快，每小时可达 700～900km，相当于越洋波音 747 飞机的速度(见图 7-6)；②波长极长，可达几百公里；③这种波长极长、速度极快的海啸波，一旦从深海到达了岸边，前进受到了阻挡，其全部的巨大能量，将变为巨大的破坏力量，摧毁一切可以摧毁的东西，造成巨大的灾难，其形成过程见图 7-7。

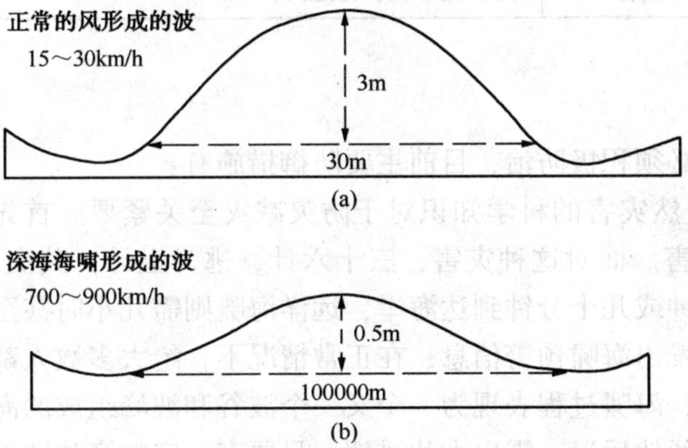

图 7-6　海啸速度比较图

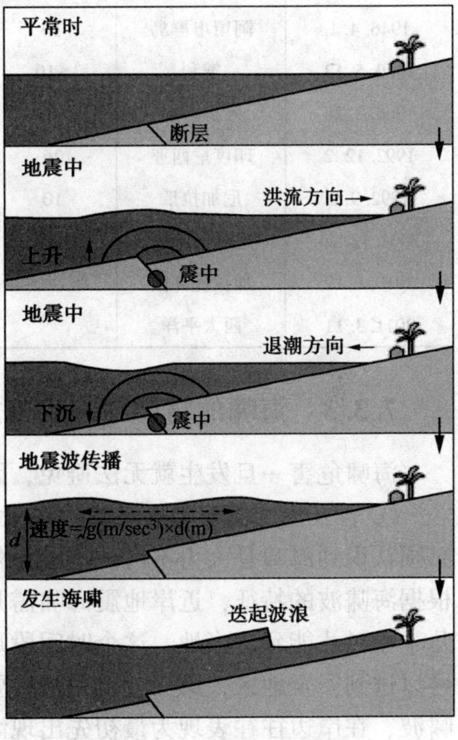

图 7-7　海啸的成因图

海啸的发生发展特点：

① 海底发生地震时并不一定会引起海啸，但当浅层地震的规模够大时，就有机会产生海啸。

② 海啸的传播速度约 500～1000km/h，浪高也许不超过 30～60cm，不致引起海面船只之注意。

③ 当其接近沿岸时，受到海岸及海底地形之影响，波浪前进速率减小而造成堆积现象，使浪高大为增加(可达 20～30m 高)，会造成沿岸地区重大的破坏及生命财产的损失。

让人们记忆犹新的是 2004 年 12 月 26 日，在印度尼西亚海域发生的里氏 9 级地震并引发的海啸中，至今已经造成超过 17 万人的死亡，印尼、泰国、斯里兰卡、印度等国损失惨重，更多的人流离失所，失去家园。

7.3.2　海啸的分布

海啸分布于广泛，发生频繁，且每一次的破坏力都巨大无穷，具体危害见表 7-6。

表 7-6 历史上破坏巨大的海啸

日期	发源地	浪高/m	发生原因	备注
1600B. C	Santorin		海底火山喷发	地中海沿岸受到破坏
1755. 11. 1	大西洋东部	5~10	地震	摧毁里斯本
1868. 8. 13	秘鲁-智利	>10	地震	破坏夏威夷、新西兰
1883. 8. 27	Krakatan	40	海底火山喷发	36000 人死亡
1896. 6. 15	Honshu	24	地震	26000 人死亡
1933. 3. 2	Honshu	>20	地震	3000 人死亡
1946. 4. 1	阿留申群岛	10	地震	159 人死亡，损失 2500 万美元
1960. 5. 13	智利	>10	地震	智利 909 人死亡，834 人失踪；日本 120 人死亡
1964. 3. 28	阿拉斯加	6	地震	加州死亡 119 人，损失 1. 04 亿美元
1992. 12. 2	印度尼西亚	26	地震	137 人死亡
1992. 9. 2	尼加拉瓜	10	地震	死亡 170，受伤 500，13000 人无家可归
2004. 12. 26	印尼苏门答腊岛	>10	地震	死亡约 30 万人
2010. 1. 12	加拉比岛国		地震	22. 25 万人死亡，19. 6 万人受伤
2011. 3. 11	西太平洋		地震	死亡 8277 人，12722 人失踪

7. 3. 3 海啸的防御与逃生措施

海啸危害一旦发生就无法避免，因此必须积极防治，目前主要防御措施有：

① 普及海啸防灾救灾知识。有没有自然灾害的科学知识对于防灾减灾至关紧要。首先必须认识到海啸是人力不可抗拒的自然灾害。面对这种灾害，三十六计，逃为上计；其次，根据海啸波的特征，近岸地震海啸需几分钟或几十分钟到达海岸，远洋海啸则需几小时甚至几十小时才能到达当地，这个时间段足以发出海啸预警信息，在正常情况下，绝大多数人都可以逃到安全地区；第三，也是最重要的，海啸过程表现为一个又一个波谷和波峰组成的海啸波，在岸边往往表现为最初先出现海水猛然后退，露出大片滩地，只要有一定的海啸知识和海底地震的信息，采取一切有效措施，大多数人都能成功自救，极大地减轻人员的死伤。

② 建立和完善海啸预警系统。首先建设由海洋浮标(向下通过电缆连接着海底地震仪和海水压力仪)、传感器、海洋站、气象站、潮位站、卫星遥感、计算机、通讯设备等组成的海啸预警系统。将监测所得各种参数数据分析处理后，传送到各个远程的海洋信息处理中心。这时既可以立即通过各种煤体发布海啸的定性预警信息，同时进行数值模式的计算，以便立即发布海啸的定量警报信息。

各个地区都要制定海啸和风暴潮预警预案。包括接到海啸信息后预计采取的应急措施：通报和通知海啸信息，组织安全撤离，撤离路线和方式，在预定安全地点储藏必要的食品、饮用水和药品，保证必需的交通运输工具等。

③ 对海啸敏感和脆弱的海岸地区制定科学的发展建设规划。建筑必要而又坚固的海堤，在较高的地点建筑海潮灾害庇护所，禁止在没有海堤保护的海滩上建筑低矮不坚固的住房和人员居住。珊瑚礁、红树林、防护林带等都是保护海岸不受大潮巨浪侵蚀的天然屏障，必须停止采伐并加强保护。

④海啸实时监测：及时准确地对海啸进行监测是提高防灾减灾能力的关键。海啸监测可

以通过潮位站观测、浮标测量和高精度卫星遥感等手段进行。数值模拟方法是模拟和预报海啸灾害的有效手段之一，数值模拟不仅可以模拟地震、海啸波浪传播以及近岸爬坡的全过程，而且可以为海啸预警系统提供大量的数据，为准确模拟和评估海啸灾害，建立海啸预警系统提供必要的支撑。

那么遭遇海啸如何逃生呢？

① 前兆预防：地震是海啸最明显的前兆，如果你感觉到较强的震动，不要靠近海边、江河的入海口。如果听到有关附近地震的报告，要做好防海啸的准备，注意电视和广播新闻。要记住，海啸有时会在地震发生几小时后到达离震源上千公里远的地方。

② 船只勿回港：海上船只听到海啸预警后应该避免返回港湾，海啸在海港中造成的落差和湍流非常危险。如果有足够时间，船主应该在海啸到来前把船开到开阔海面。如果没有时间开出海港，所有人都要撤离停泊在海港里的船只。

③ 重视观察：海啸登陆时海水往往明显升高或降低，如果你看到海面后退速度异常快，立刻撤离到内陆地势较高的地方。

④ 急救必备：在海啸高发区，每个人都应该有一个急救包，里面应该有足够 72h 用的药物、饮用水和其他必需品。实际上，这一点适用于海啸、地震和一切突发灾害高发区群众。

另外，据中国海洋局统计，2012 年中国沿海各省、自治区、直辖市的主要海洋灾害及损失见表 7-7。

表 7-7　2012 年沿海各省（自治区、直辖市）主要海洋灾害损失

省（自治区、直辖市）	致灾原因	死亡（含失踪）人数	直接经济损失/亿元
辽宁	海浪、海冰	0	4.49
河北	风暴潮	0	20.44
天津	风暴潮	0	0.04
山东	风暴潮、海浪、海冰、绿潮	0	34.92
江苏	风暴潮、海浪	0	6.24
上海	风暴潮	0	0.06
浙江	风暴潮、海浪、赤潮	13	42.67
福建	风暴潮、海浪、赤潮	11	22.76
广东	风暴潮、海浪	21	17.47
广西	风暴潮	0	5.33
海南	海浪	23	0.83
合计		68	155.25

还有，各种飓风对人类社会造成的巨大危害亦不可轻视。例如形成于大西洋洋面上的一级飓风“桑迪”，于 2012 年 10 月 24 日、25 日、26 日袭击了古巴、多米尼加、牙买加、巴哈马、海地等地，造成大量财产损失和人员伤亡；牙买加当地时间 2012 年 10 月 24 日下午，“桑迪”登陆加勒比海牙买加，造成狂风暴雨，至 2012 年 10 月 25 日，古巴东部 11 人死亡并造成重大经济损失；北京时间 2012 年 10 月 30 日 6：45，飓风“桑迪”在美国新泽西州登陆，截至 2012 年 11 月 4 日上午，飓风桑迪已导致美国 113 人死亡，联合国总部受损。另据美国中新社 2013 年 5 月 16 日报道，美国得克萨斯州北部达拉斯—沃斯堡及其附近地区，在 2013

年5月15日以来遭受至少10场龙卷风袭击，造成大面积房屋被毁，至少6人死亡，数十人受伤，上百人无家可归；5月16日下午，紧急救援人员仍在寻找7名失踪者。

7.4 海水入侵

7.4.1 海水入侵的概念

海水入侵是滨海地区常见的一种自然地质灾害，迄今为止，还没有一个一致的定义。国外文献一般称之为盐水入侵，国内文献除称海水入侵外，还有海水侵染、海水地下入侵、咸水侵染、卤水侵染等。中华人民共和国国家标准《水文地质术语》(GB/T 14157—93)中提到："海水入侵是指海滨地区，因过量抽取地下水，海水和地下淡水的天然平衡条件被破坏，从而引起海水向大陆含水层推移的一种有害水文地质作用"。海水入侵相对完整的定义为：在自然或人为因素的影响下，使滨海地带含水层的水动力条件发生了改变，淡水与海水之间的平衡状态发生了变化，导致海水或与淡水有直接动力联系的高矿化度的地下水沿含水层向内陆方向侵入，咸淡水界面不断向陆地推进，使地下淡水资源不断遭受破坏的过程与现象。

华北地区的沿海城市海水入侵最为严重。华北地区水位每年下降0.5~3m，河北省浅层地下水开采量已达到允许开采量的90%，河南省已达到70%。目前，这些地区有些地方的农业生产和城市供水，在一定程度上是以超采地下水的代价来维持的。北方地区已形成8个总面积为$1.5\times10^4km^2$的超采区。由于地下水的严重超采，造成沿海地区的海水入侵。山东莱州湾海水入侵面积达400多平方公里，海水以每年400m入侵速度向内陆推进。渤海地区海水入侵面积已达$1433km^2$，造成耕地盐化，居民饮水困难。大连、青岛、烟台、盘锦、海口等城市都有类似问题。山东省平度市新河、灰埠、张舍三镇，由于乡镇工业的迅猛掘起，高产高效农业的快速发展，小城镇建设规模的不断扩大，人口的急剧膨胀，用水量越来越多，超采地下水引起地下水位的不断下降，使之形成大面积负值水位区，促使海水南移而侵染地下淡水。海水入侵造成水环境恶化，对该区人民的生产生活构成严重威胁。

7.4.2 海水入侵的原理

天然状态下，沿海地带含水层的咸淡水保持着相对平衡：一方面，地下水位自陆地向海洋方向倾斜，地下水向海洋排泄；另一方面，由于海水的密度大于淡水的密度，必然会有一部分海水向陆地移动，通常情况下前者大于后者，即排入海洋的淡水多于流入陆地的海水，从而保证了沿海地区的含水层不被海水入侵。地下淡水向海排泄与咸水向陆移动的过程中，两者因扩散和弥散而形成一定宽度的过渡带(图7-8)，在咸淡水平衡条件下，过渡带基本稳定，当外界条件发生改变，咸淡水平衡就会遭到破坏，过渡带发生相应移动。如果大量开采地下水使淡水压力降低，临界面就要向陆地方向移动，原有的平衡被破坏，含水层中淡水的储存空间被海水取代，于是就发生了海水入侵。

海水入侵的成因主要有：①水资源贫乏；②地质结构层状分布的影响；③缺乏统一规划，超采严重；④上游截流，减少地下水补给量；⑤地表水污染加剧。

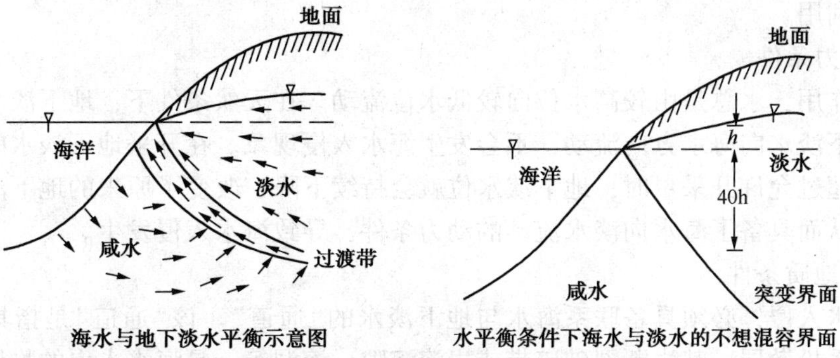

图 7-8　海水入侵机制示意图

7.4.3　海水入侵的方式与途径

(1) 海水入侵的方式

海水入侵污染地下水的方式，随着岸边含水层介质和空隙性状不同而区别，大体可分为两种入侵方式：一是均匀孔隙介质的面状入侵；二是非均匀裂隙岩溶介质的线状或管道状入侵两类：

① 均匀孔隙介质的面状入侵。主要发生在第四系松散堆积层的平原区，含水层(或透水层)埋藏深度低于海平面，当超量开采使孔隙水趋向疏干的情况下，海水便向内陆均匀漫延，从而引起海水入侵。当裂隙岩溶成网状均匀发育时，随裂隙岩溶水开采量的加大，其海水入侵也表现出均匀介质入侵特点。

② 非均匀裂隙岩溶介质的线状或管道状入侵。主要发生在裸露半裸露的基岩裂隙及岩溶水发育区，南关岭地段即属于岩溶发育区范围。海水入侵是不均匀的，其表现无论是在水平方向上还是垂直方向上都有差异性，多呈线状或管道状入侵。

(2) 海水入侵的途径

海水入侵途径较复杂，除受岩性、开采强度、地下水动力场变化因素影响外，主要受岩溶发育和构造断裂的控制。

① 裂隙岩溶是非均匀入侵方式中主要入侵通道。

海水入侵主要与岩溶发育程度密切相关，入侵的快慢受岩溶裂隙发育程度控制，入侵严重地区多是裂隙岩溶发育良好的灰岩、白云质灰岩。

② 造断裂为海水入侵提供了通道。

构造断裂，尤其是正断层沟通海水成为导通海水的最好媒介。

③ 辉绿岩体与基岩的接触带则是海水入侵的一个不可忽视的途径。

由于辉绿岩侵入的烘烤蚀变，使接触带部位裂隙发育，海水容易通过这个接触带入侵，当辉绿岩体垂直于地下水流向则起阻水作用，反之在一定程度上起导水作用。

7.4.4　海水入侵的影响因素及特征

(1) 海水入侵的影响因素

刘杜娟等研究认为，海水入侵的内在原因是沿海地区含水层中的地下淡水与海水之间存在着良好的水力联系。导致咸、淡水平衡状态遭受破坏的外在因素有水文、气候、海平面变化、咸淡水密度比、淡水入海径流量、地下水天然补给量等自然原因和人类活动对天然水资源的开发与利用。

1）水动力条件

受重力作用，水总是由较高水位向较低水位流动。在天然条件下，地下淡水水位高于海水水位，地下淡水向海水方向流动，不会发生海水入侵现象。在开采地下淡水的条件下，尤其当开采量超过允许开采量时，地下淡水位就会持续下降，改变了原来的地下淡水与海水的平衡状态，从而具备了海水向淡水流动的动力条件，导致海水入侵发生。

2）水文地质条件

形成海水入侵，必须具备联系海水与地下淡水的“通道”。该“通道”是指具备一定透水性能的第四系松散层、基岩断裂破碎带或岩溶溶隙、溶洞等，是海水入侵的物质基础，这些“通道”都受水文地质条件控制。发生海水入侵的滨海平原区地层主要为第四纪松散沉积物，透水能力强，地下淡水与海水之间缺乏稳定的隔水层。当地下水位长期处于海平面以下时，海水通过含水层迅速向陆入侵，形成海水入侵。

3）地形地貌条件

沿海平原一般地势低平，地下水埋藏浅，由于过量开采地下水，使其水位下降，形成负值区，改变了滨海地区地下水径流补给方向，从而引起海水入侵。

4）气候条件

地下水来源主要靠大气降水来补给。如果气候持续干旱，地下水补给量严重不足，同时河流入海径流量也减少，将加剧海水入侵活动。全球气候变暖、相对海平面上升可增大潮水沿河流的上溯距离，加剧风暴潮侵袭，亦可诱发海水入侵。

5）人类活动

人类活动对地下淡水资源的开发利用是滨海地带咸、淡水平衡状态遭受破坏的重要因素。如图 7-9 所示，天然状态下，含水层中淡水向海水方向排泄，咸淡水界面为界面 1，地下水潜水面为潜水面 1。当一些地段开采量超过补给量，地下水位连续下降，并低于海平面时，就改变了地下水动力平衡状态，出现水位下降漏斗（或虽未形成水位漏斗，但水位低于海平面，呈下降状态），地下水流向漏斗中心（或向低于海平面的低水位区流动）。这时海水沿通道乘虚而入，图中咸淡水界面由界面 1 渐变为界面 2，潜水面 1 渐变为潜水面 2。

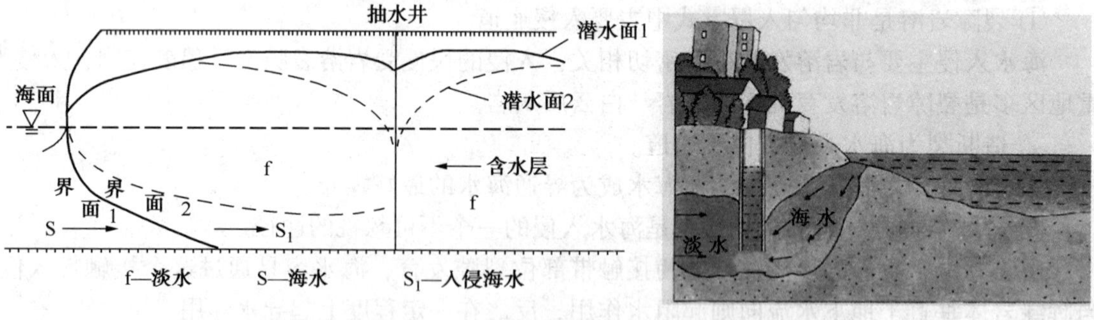

图 7-9　滨海地带海水入侵示意图

沿海地区水资源供需矛盾日趋尖锐，许多地区长期超量开采地下水，使滨海地带地下水水位大幅度下降，形成低于海平面的地下水位负值区，海水沿含水层侵入地下淡水含水层而发生海水入侵。海水养殖和引潮晒盐等经济活动把大量海水引入陆地也扩大了海水向地下淡水的补给范围。此外，在入海河流的上游地区修建水库、塘坝等水利设施，均可使河流入海水量普遍减少，或在河口地区大量挖沙降低河床标高等人为活动加剧了潮水上溯的距离，使河流两侧发生海水入侵。

总之，在影响海水入侵的因素中，干旱少雨、水资源不足是背景条件，含水层导水性等水文地质特征是基础条件，不合理的人类活动是诱发条件。三者共同作用的结果可能导致沿海地区出现大范围的海水入侵。

(2) 海水入侵的基本特征

马凤山，吴崇泽，辛江等学者研究认为，海水入侵区及周边地区地下水水质具有以下几种特征：

① 地下水中氯离子含量及矿化度较入侵以前明显升高。这是因为海水矿化度一般高达30~35g/L，且氯离子含量占首位，在15g/L以上，而淡水矿化度是比较低的，小于1g/L，水中氯离子也不占首位，一般只有50~200mg/L。海水入侵淡水层以后，地下水中混入海水，很自然水中氯离子含量会升高，矿化度增加。氯离子变化表现为从滨海到内陆，或从海水入侵区到非海水侵区都显示出由高值到低值的梯度变化特征。

② 地下水中(Na^{+}+Ca^{2+})：Cl^{-}

比例系数入侵后较入侵前明显降低。在天然海水中(Na^{+}+Ca^{2+})：Cl^{-}系数一般为0.6左右，而地下淡水中由于氯离子少，该系数一般大于1，通常在3以上。遭受海水侵染后的海侵区该系数界于两者之间为1~3.0。

7.4.5 海水入侵的危害与防治

(1) 海水入侵的危害

海水入侵造成的危害主要包括：①对人畜饮水的危害；②对农业的危害；③对工业企业的危害；④土壤盐渍化；⑤生态环境恶化。

目前，全世界范围内已有50多个国家和地区的几百个地段发现了海水入侵，其主要分布于社会经济发达的滨海平原、河口三角洲平原及海岛地区。如美国的长岛、墨西哥的赫莫斯城，以及日本、以色列、荷兰、澳大利亚的滨海地区都存在这一问题。我国海岸线长约18000km，是全球海岸线最长的国家之一，其中，在辽阔陆地与海域之间的狭长地带，即沿海地区，因具有背靠陆地，面向海洋的优势地理位置，这里是我国社会经济发展的战略重点所在。然而，由于沿海地区自然环境的脆弱性，以及地质环境的复杂多变性，在自然条件和人类活动的综合作用下，各类灾害频繁发生。特别是80年代以来，我国渤海、黄海沿岸不少地带，由于地下水的过量开采，不同程度地出现海水入侵加剧的现象，如辽宁、河北、山东、江苏、天津、上海、广西等省市均有发生，给沿海地区带来严重的经济损失，从而严重地制约着沿海开放地区的社会经济发展。其中以山东省莱州湾沿岸最为突出，截至1995年底，莱州湾地区海水入侵面积已发展到970余平方千米，陆侧地下水位低于现代海平面的海水入侵潜在危及区面积已发展到2400多平方千米，并已造成40多万人吃水发生困难，8000余眼农田机井变咸报废，4万多亩耕地丧失灌溉能力，粮食每年减少$3×10^{8}$kg以上的严重灾情形势，严重地妨碍了工农业生产的发展。

① 对水环境的影响。20世纪80年代以来，有些环渤海城市地下水受到严重侵染，其化学组成发生了显著变化，而且具有明显的过渡变化的分布规律，地下水水化学类型由HCO_3型→HCO_3-Cl型→Cl-HCO_3型→Cl型顺序变化，矿化度和Cr浓度不断增加，已远远超过国内外水质标准中口含量规定，丧失了使用价值。如美国和法国公共水体中Cl^{-}含量最大允许

浓度为250mg/L，我国农田灌溉水质标准规定，Cl^-浓度最高为300mg/L。一旦迫于当地工农业生产需要，一方面要继续超量开采深层地下水，使地下水位再度下降，另一方面又不得不移地开采地下水，而导致海水入侵范围的不断扩大，出现了地下水位下降~海水入侵~地下水咸化一地下水位再下降的恶性循环。部分环渤海城市地区地下水已不适于灌溉、饮用和某些工业用水。一些地区工农业生活和生活用水不得不以咸水为主，致使生态环境进一步恶化。

② 自然生态系统的逆向演替。沿海地带是由海相物质和陆相物质互相交接沉积而成，生态环境脆弱，其生态系统在自我调节和抗干扰的缓冲性方面都比较弱，它可以在人为正向因子的影响下向进展方向发展，也可以在人为和自然的负向因子作用下而逆向演替。海水入侵的结果使土壤含盐量增加，盐生植物群落，如碱蓬、黄须菜等日益增多，在大范围内其覆盖度可达90%以上。另外部分农田因地下水变咸而被弃荒，栽培作物逐渐为盐生植被所替代，使农田生态系统退向盐生(旱生)低草群落生态系统。因此，大部分受灾地区的自然景观发生了变化，这正是区域自然生态系统适应退化环境而发生逆向演替的结果。

③ 对人类社会的影响。海水入侵是人类不合理的开发活动造成的，又反作用于人类活动，威胁着人类的工农业生产与生活。由于水质恶化，淡水资源减少，一些工业企业不得不远距离取水或使用咸水，致使产品成本升高、质量下降、工业设备严重锈蚀。海水入侵对农业生产的影响，突出表现在水田面积减少，灌溉面积减少，耕地面积减少，耐盐作物增加，粮食产量降低。海水入侵还威胁着人类生活，使人类饮水困难，地方病增加，人民身体素质和健康水平降低。据有关资料，山东莱州湾地区8县市氟病患者人数达61万，加上其他地方病，患者总数达68万人。日本和美国的学者通过研究还发现，中风、几种慢性心血管疾病及癌症与饮用盐分超标的地下水关系较为密切。

根据2012年中国海洋灾害公报，海水入侵造成的各种经济损失是难以用具体数字来表达的，经济越发达的地区，海水入侵造成的经济损失也就会越大；最严重的会导致工厂、村镇整体搬迁，海水入侵区成为不毛之地。

2012年，渤海滨海平原地区海水入侵较为严重，主要分布于辽宁盘锦地区，河北秦皇岛、唐山和沧州地区，山东滨州和潍坊地区，海水入侵距离一般距岸10~30km；与2011年相比，辽宁营口、河北秦皇岛、山东潍坊滨海地区个别站位氯度明显升高，辽宁盘锦和葫芦岛、河北唐山和秦皇岛监测区入侵范围有所增加；黄海、东海和南海沿岸海水入侵影响范围较小，除江苏盐城和浙江台州滨海地区监测区海水入侵距离稍大外，其他监测区海水入侵距离一般距岸5km以内；与2011年相比，山东威海滨海地区海水入侵范围有所增加，福建长乐滨海地区监测区海水入侵呈加重趋势，广东茂名和湛江、广西北海滨海地区部分站位氯度呈增加趋势。

珠江口、长江口和杭州湾均多次遭遇咸潮入侵，其中珠江口咸潮入侵尤为严重。珠江口全年共监测到咸潮入侵过程4次，集中出现在1~3月，随着时间的推移，强度逐渐减小，持续时间逐渐缩短；广东省中山市南镇水厂监测显示，影响最严重、持续时间最长的咸潮入侵过程始于1月1日，持续时间达14天，在1月4日21时的最高盐度达17.98(氯度9960mg/L)；长江口全年共监测到咸潮入侵过程3次，较2011年的11次减少72%，长江水厂监测站共监测到咸潮入侵过程2次，均出现在1~3月，其中影响较严重、持续时间较长的过程开始于1月7日，持续时间长达7天，过程最高盐度达9.06(氯度5000mg/L)；长江口宝钢水库监测站监测到咸潮入侵过程1次，始于11月17日，持续时间4天，在11月18日13时的最高盐度达0.55(氯度288mg/L)；杭州湾钱塘江全年共监测到咸潮入侵过程2次，出现在10月中旬和11月中旬，浙江省杭州市南星取水口监测显示，影响较严重的咸潮入侵过程开始于10月14日，在10月17日的过程最高盐度达1.33(氯度720mg/L)。

另外，2012年我国土壤盐渍化较严重的区域主要分布于辽宁、河北和山东滨海平原地区。与2011年相比，渤海沿岸辽宁盘锦和锦州、山东滨州和烟台，黄海沿岸山东威海，东海沿岸浙江温州，南海沿岸广东阳江和湛江滨海地区监测区土壤盐渍化范围呈扩大趋势，土壤含盐量均有所提高。

(2) 海水入侵的防治

张更生及郭占荣等认为针对海水入侵产生的严重问题，可以采取以下各种各样的措施来预防：

1) 控制和调整地下水开采：

海水入侵是由于过量开采地下水引起的，所以要防止其入侵就必须将开采量限制在允许开采量范围之内，控制开采量的措施是：①调整开采时间和间隔，丰水年份(季节)多开采地下水，枯水年份(季节)少开采地下水，给地下水恢复的机会；②调整开采井布局和水井密度，现实生活中地下水水源地往往是集中开采，很容易形成局部降落漏斗，给海水入侵创造条件。比较好的做法是实行分散开采，且要避开海水入侵通道；③调整开采含水层层位，对于多层承压含水层分布区，有计划地开采不同层位，控制每个开采含水层的淡水端静水压力不低于海水端静水压力。

2) 增加地下水补给：

地下水的允许开采量是有限的，要想增加地下水的开采量，必须增加地下水的补给。在增加滨海地区地下水补给量方面，国内外总结了许多经验：①拦蓄降水和地表径流补充地下水，如修建橡胶坝、渗井、渗渠回灌工程。沿海地区河流通常独流入海，源短流急，雨后河水暴涨暴落，所以拦蓄工程起到补源与兴利的双重效果；②适当拦蓄地下径流，减少地下淡水入海通量，在滨海构筑地下阻咸帷幕(实体帷幕或水力帷幕)营建地下水库，既起到拦截地下水径流的作用，又起到阻止海水入侵的作用；③在近海地带采用适当处理后的污水、废水回灌地下水，构筑水力帷幕，既利用了污水、废水，又阻止了海水入侵。

3) 节约用水和分质供水：

沿海地区普遍存在资源型缺水，节约用水是一项长期任务。提高工业用水重复利用率，采用先进节水灌溉技术减少灌溉定额，调整农业种植结构，改种部分耐旱作物，在节约用水上都有较大潜力可挖。分质供水一定程度上可以缓解地下水的供需矛盾。

4) 调引客水：

跨地区或跨流域调水，应在当地确实无法解决水资源的供需矛盾情况下考虑，但在前期一定要做好社会效益、经济效益、环境效益等分析论证。

5) 海水淡化：

海水淡化的技术目前已比较成熟，但运行成本过高，可以展望将来经济实力增强后实施，这是缓解沿海地区水资源供需矛盾的可行措施。

思考题

7.1　什么是水灾？水灾的危害及其特征有哪些？
7.2　什么是海啸？海啸是怎样形成的？
7.3　海啸有何危害？遭遇海啸应如何逃生？
7.4　干旱灾害的形成及其防御措施？
7.5　洪涝灾害的形成及其防御措施？
7.6　冰雹的形成及其防御措施？
7.7　海水入侵的成因是什么？
7.8　海水入侵会造成怎样的危害？
7.9　海水入侵的防治对策有哪些？

第8章 气象灾害

8.1 气象变化与气象灾害

8.1.1 气候变化

在不同的时期，人们对气候有着不同的理解，随着时间的推移，文明和科技的不断发展，世界气象组织和国际科学联盟理事会（WMO-ICSU）在1974年斯德哥尔摩召开的的联席会议上，明确地提出了“气候系统”的概念，标志着气候学的研究进入了一个崭新的阶段。气候系统示意图见图8-1。

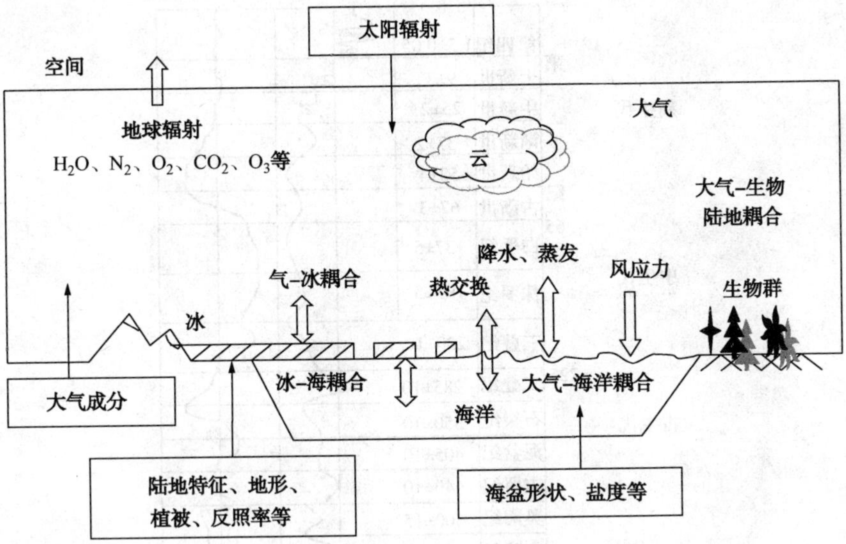

图8-1 气候系统示意图

而对于气候变化的理解，《联合国气候变化框架公约》（UNFCCC）在第一款中，将其定义为：“经过相当一段时间的观察，在自然气候变化之外由人类活动直接或间接地改变全球大气组成所导致的气候改变”。UNFCCC因此将因人类活动而改变大气组成的“气候变化”与归因于自然原因的“气候变率”区分开来。

气候变化根据其历史进度，分为地质时期气候变化、历史时期气候变化以及近代气候变化。

地质时期气候变化，是指距今22亿万年至1万年前的气候变化。地质时期气候变化的幅度很大，它不但形成了各种时间尺度的冰河期和间冰期的相互交替，同时也相应地存在着生态系统、自然环境等的巨大变迁。所以地质时期的气候不仅是一种单纯的大气现象，而且是整个自然地理环境的综合反映，按当前的科学概念，地质时期的气候体现了大气、海洋、大陆、冰雪和生物圈等组成的气候系统的总体变化。

历史时期气候变化是指一万年左右以来，特别是人类有文字记载以来的气候变化，是近代气候变化的背景。由于历史时期可供考证的文物古迹、文字记载和气象观测记录更加丰富，所以用历史记载所得出的资料是弥补现代仪器观测资料年代太短的手段。

近代气候变化是指近200~300年以来的仪器观测时期。随着近代气象观测仪器的出现，可以普遍使用精确的气象观测记录来研究气候变化。由于近代气候变化对当前工农业生产和自然界都有明显的影响，所以是我们目前研究气候变化的重点。

当今世界气候变化主要表现为三方面：全球气候变暖、酸雨、臭氧层破坏。

地球气候变化最基本的特点是既不断变化又相对稳定。

由图8-2可知，在近10亿年中至少发生了六次大冰期，其中著名的三次大冰期是：①震旦纪大冰期(约9亿年前)；②石炭-二叠纪大冰期(约2.5~3亿年前)；③第四纪大冰期(约2百万年前~现在)。另外，在奥陶-志留纪(约4.5~4.8亿年前)也存在过一次较弱的冰期。在原生代和原生代以前，地球还有过大冰期的反复来临。

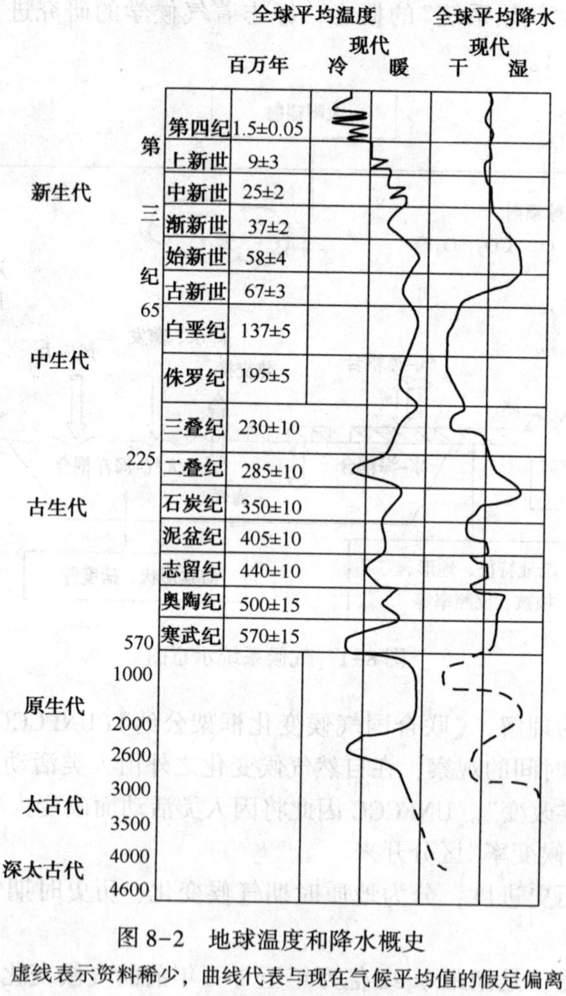

图8-2 地球温度和降水概史

注：虚线表示资料稀少，曲线代表与现在气候平均值的假定偏离，且以相对值表示，在较近的时期，年代比例尺逐渐增大。

与现代气候的观测记录比较：地球整个气候演变史中，有90%的时期比现在暖；最近200万年中(第四纪)有90%的时期比现在冷；与随地球冷暖不断变化一样，降水也不断发生变化，干湿交替出现。虽然地球气候不断变化，但基本稳定；地球气候冷暖交替，干湿交替；并且在地球气候演变史中，温度变幅<20℃。

气候变化在时间和空间上是多尺度性。气候变化的时间尺度有数百万年、数千万年的大冰期和大间冰期的循环变化；有几千年的历史时期的气候变化；也有几百年、几十年，甚至几年的气候变化。气候变化所涉及的空间范围，既有全球范围的，也有一个洲的，甚至更小区域的。

表 8-1 所体现的不同时间尺度温度变化幅度的不同，汤懋苍认为是有其外因和内因共同作用的结果。气候的日、年变化受地球自转和公转变化周期支配，上述时间尺度上的气候变化就是受外部的强迫作用而产生的；而天气周期则可以认为是气候系统内部相互耦合作用形成的具有强迫性质的自然天气周期振荡；其它时间尺度的变化则以随机振荡为特征。

表 8-1　北半球陆地上不同时间尺度平均温度变幅　℃

时间尺度	日	天气周期	季节周期	月	季	年	年际	10 年
变幅	≈10	5~10	≈5	3~5	2~3	10~15	≈0.5	0.1~0.3
时间尺度	10^2年	10^3年	10^4年	10^5年	10^6年	10^7年	3×10^8年	
变幅	≈0.5	1~2	3~5	≈10	1~3	3~5	15~20	

气候的日、年变化与地球的自转和公转有关，10^5年与地球运行轨道参数时间尺度的变化有关，10^8年与太阳系在银河系中的运动周期有联系。一定的地理纬度、一定的海陆分布环境、一定的地形条件下，有一定的气候和气候变化特点，且都遵循基本的气候热力学、水文学和动力学原理。从这个意义上说，气候变化都具有非随机性。但影响气候的各种外部因素具有不同时间尺度的变化，且气候系统内部影响气候的各种物理过程、化学过程和生物过程的时间尺度也各不相同，因此某一类型气候变化的确切程度、影响范围、确切的开始和持续时间都是难以确定和预测的。

如图 8-2 所示，大冰期和大间冰期的气候周期大约有 2.5~3.0 亿年，与银河周期基本相符，但每次大冰期和间冰期中气候冷暖、干湿的变化情形却不相同，特别在冷暖与干湿的配置上有明显位相变化的差异。在石炭纪（约 3 亿年前）以前，冷暖曲线与干湿曲线演变基本同位相，高温对应多雨，低温对应少雨；石炭纪以后两者趋势相反，高温对应少雨，特别在三叠纪-白垩纪时期最为明显。

气候的米氏周期和银河周期是很明显的，气候在经历了一个相对寒冷期后总要出现一个相对温暖期，在经历了一个大冰期之后一定会出现一个大间冰期，虽然这些周期不是很严格（图 8-3）。

图 8-3(a)可见：全球冰的体积呈现出明显的周期变化，其周期长度约 10 万年，即米氏周期，相应的温度变幅大致是 10℃。这种每隔 10 万年左右出现一次的振动，称为亚冰期（亚间冰期）。

图 8-3(b)可见：两次亚冰期之间温度仍有振动，但不规则，每次振动的时间尺度大约是 1~2 万年，其温度变幅约为 3~5℃，比冰川期的变幅小得多。

图 8-3(c)~(e)可见：最近一次亚冰期出现在 1.5~2.0 万年以前，此后温度显著回升，至 4~6 千年前温度回升到一个高点。随之，温度又缓慢下降，中间有 3 次明显的冷期，最近 1 次冷期出现在 15~17 世纪。

在这些周期变化的大背景中，每次冷暖持续时间的长度、变化幅度都是不一样的，使得气候变化的非周期性很很明显。

冰期与间冰期，寒冷期与温暖期都持续了一个相当长的时间；大范围的冰雪覆盖需要相当长的时间才能形成，也需要相当长的时间才能消融。气候变化在一段时间内会体现其持续性，在气候演变的过程中，温度往往会出现一段时间连续温暖、一段时间连续寒冷；降水也会出现一段时间多雨洪涝、一段时间少雨干旱。而在两种状态之间转化时，会出现短暂地突变。

气候的日、年变化，米氏周期和银河周期都很强，引起的温度变幅都在10~20℃，超过了其它(天气周期例外)时间的变化，它们受四种相应的外源强迫作用的影响。由于这些外源强迫的强度很大，能够对全球(至少半球)作用，因而对气候的影响具有全球同步性。除四种外源强迫之外，其余各种时间尺度的气候变化都不具有全球同步性，其中有些变化可能是一个区域同步的，不同的区域却是不同步的。

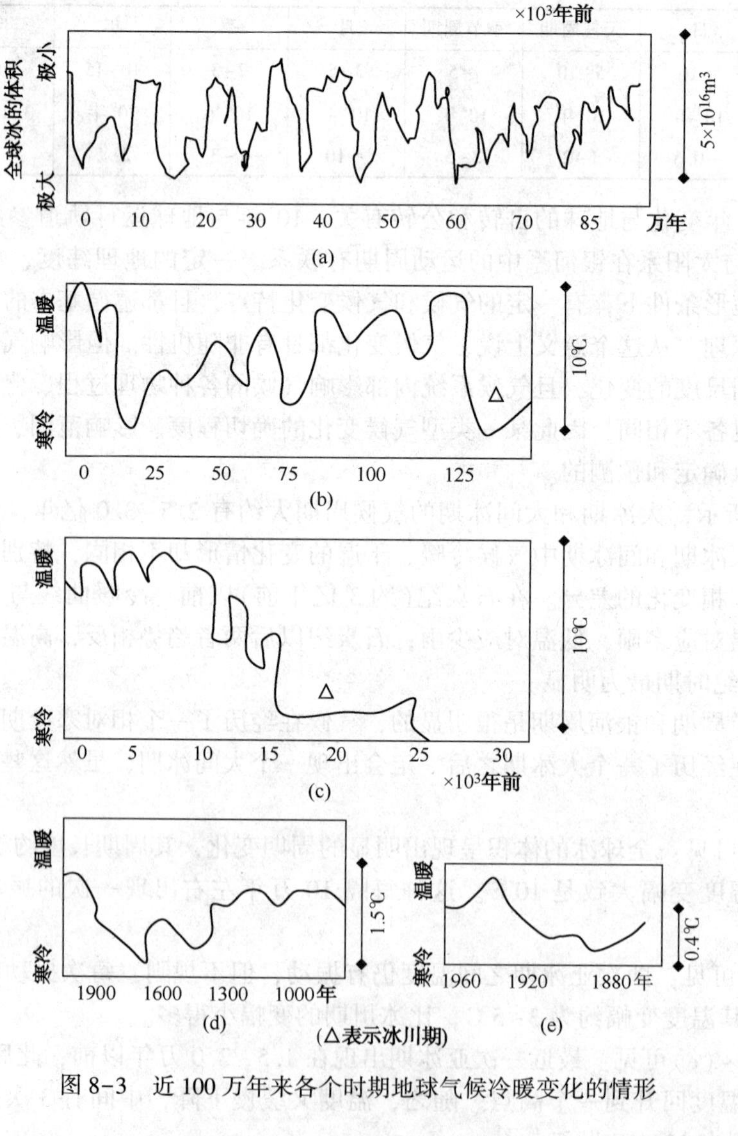

图 8-3　近 100 万年来各个时期地球气候冷暖变化的情形

8.1.2 气象灾害

气象灾害是一种常见的自然灾害，而自然灾害的本质就是自然界部分物质的自然运动并对人类社会造成损害。这里有两个基本属性：一是自然属性，即它是自然界部分物质的自然运动，这种运动的形式呈现多样化，可以是急剧、爆发性的，也可以是较缓慢的。我们称这种自然界的部分物质运动为自然事件；二是社会属性，即这类自然事件对人类社会造成了损害，它使人类生存环境变得恶劣，甚至造成人员伤亡，社会、经济发展受到损失。

一般地，狭义的气象灾害指短暂的异常天气现象所引起的灾害现象和过程。广义的气象灾害则包括气候变化引起的天气异常所产生的灾害现象和过程。而关于气象灾害的含义，也可以理解为能对人类生命财产、社会经济发展造成损害的气象事件。这种气象事件是大气的某些特殊运动，它们可以形成某些灾害性天气。

异常的大气成分和大气物理现象主要有气温异常灾害、降水异常灾害、气流运动异常、光电异常等。其中气温异常灾害主要包括酷热、寒潮、低温、霜冻、干热风；降水异常灾害包括暴雨、干旱、冰雹、雪灾、涝灾、连阴雨；气流运动异常包括大风、台风、龙卷风；光电异常主要是雷电灾害。

气象灾害的特点是：

① 种类多。主要有暴雨洪涝、干旱、热带气旋、霜冻低温等冷冻害、风雹、连阴雨和浓雾及沙尘暴等其他灾害共 7 大类 20 余种，如果细分；可达数十种甚至上百种。

② 波及范围广，一年四季都可出现气象灾害。无论在高山、平原、高原、海岛，还是在江、河、湖、海以及空中，处处都有气象灾害。

③ 频率高。我国从 1950~1988 年的 38 年内每年都出现旱、涝和台风等多种灾害，平均每年出现旱灾 7.5 次，涝灾 5.8 次，登陆我国的热带气旋 6.9 个。

④ 持续时间长。同一种灾害常常连季、连年出现。例如，1951~1980 年华北地区出现春夏连旱或伏秋连旱的年份有 14 年。

⑤ 群发性突出。某些灾害往往在同一时段内发生在许多地区，如雷雨、冰雹、大风、龙卷风等强对流性天气在每年 3~5 月常有群发现象。1972 年 4 月 15~22 日，从辽宁到广东共有 16 个省、自治区的 350 多县、市先后出现冰雹，部分地区出现 10 级以上大风以及龙卷风等灾害天气。

⑥ 灾害连锁反应显著。天气气候条件往往能形成或引发、加重洪水、泥石流和植物病虫害等自然灾害，产生连锁反应。

⑦ 灾情重，经济损失大，人员伤亡严重。联合国公布的 1947~1980 年全球因自然灾害造成人员死亡达 121.3 万人，其中 61% 是由气象灾害造成的。

⑧ 地带性特征显著。例如 2008 年 11 月~2009 年 1 月北方冬麦区出现严重秋冬连旱，2 月在华南、西南地区东部出现明显冬旱，4~5 月在黑龙江及内蒙古东北部出现严重春旱等。

⑨ 具有一定的周期性、季节性和交替性。多种气象灾害都会在一些地区多次且重复地出现。

8.2 气象灾害的影响因素

气象灾害的形成取决于气候变化因子(见图 8-4)。

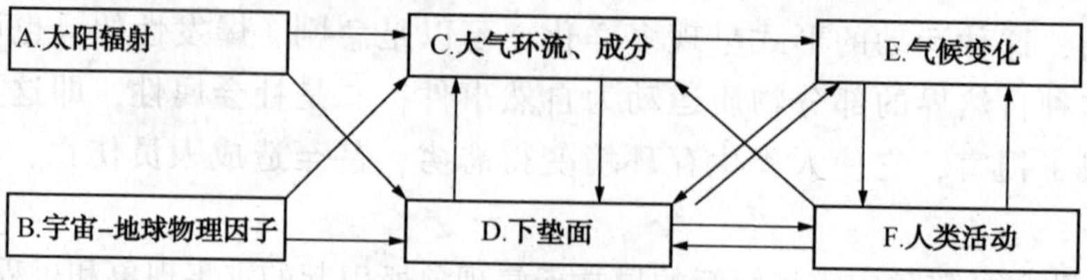

图 8-4　气候变化因子

气候的形成和变化受多种因素的影响和制约，图 8-4 表示各因素之间的主要关系。图 8-4 中 C 和 D 是气候系统的两个主要组成部分，A 和 B 则是两个外界因素。由图 8-4 可以看出：太阳辐射和宇宙–地球物理因子都是通过大气和下垫面来影响气候变化的。人类活动既能通过影响大气和下垫面使气候发生变化，又能直接影响气候。在大气和下垫面间，人类活动和大气及下垫面间，相互影响、相互制约，形成重叠的内部和外部反馈关系，从而使同一来源的太阳辐射影响不断地来回传递，组合分化发展。在这种长期的影响传递过程中，太阳辐射又出现许多新活动，它们对大气的影响与原有的变动所产生的影响叠加起来，交错结合，以各种形式表现出来，使地球气候的变化非常复杂(黄健民等，2005)。

8.2.1 太阳辐射的变化

太阳辐射是气候形成的最主要因素。气候的变化与到达地表的太阳辐射能的变化关系至为密切，而引起太阳辐射能变化的条件却是多方面的。

(1) 太阳活动变化

太阳活动使得太阳输出的辐射能发生变化，其中以太阳黑子活动与气象要素之间关系最密切。观测证明，太阳黑子峰值时太阳常数减少，变化可在 1%~2%，使地面气温下降。

太阳黑子活动主要有 11 年、33 年和 80~90 年三个周期。太阳黑子的这些活动周期与地球上的冷暖变化和大气环流变化有着较好的关联。所以人们试图根据太阳活动的变化来探索气候变化的原因，但尚未取得令人满意的结果。

(2) 地球轨道要素的变化

地球在公转轨道上接收太阳辐射能，在假定太阳辐射源强度不变的情况下，到达地球的太阳辐射量的变化主要是由于地球公转轨道天文参数的长期变化，即地球轨道偏心率、地轴倾斜度的变化以及岁差现象引起的。地球轨道偏心率变动在 0.00~0.06，周期约为 96000 年；地轴倾斜度变化在 22.1°~22.24°，周期约为 40000 年；春分点沿黄道向西缓慢移动，大约每 21000 年春分点绕地球轨道一周。这三个轨道要素的不同周期的变化，不但各自影响地球接收太阳辐射量的变化，而且同时对气候产生影响。米兰柯维奇曾综合三者的作用计算出 65°N 上下级太阳辐射量在 60 万年内的变化，并用相对纬度表示。据此解释了第四纪各次亚冰期和亚间冰期的发生及其相互交替变化。

（3）火山活动引起大气透明度的变化

火山活动对大气透明度的影响最大，强火山爆发喷出的火山尘和硫酸气溶胶能喷入平流层，由于不会受雨水冲刷跌落，它们能强烈地反射和散射太阳辐射，从而削弱到达地面的直接辐射，使地面温度降低。火山活动的这种“阳伞效应”是影响地球上各种空间尺度范围气候变化的重要因素。火山爆发呈周期性，历史上的寒冷时期往往同火山爆发次数多、强度大的活跃时期有关。Baldwin 等指出，火山活动的加强可能是小冰期以至最近一次大冰期出现的重要原因，Bray 则指出，过去200 万年间几乎每次冰期的建立和急剧变冷都和大规模火山爆发有关。

8.2.2 大气环流变化

大气环流形势的变化是导致气候变化和产生异常气候的重要因素，近几十年来出现的旱涝异常就与大气环流形势的变化密切相关。在20 世纪 50 年代和 60 年代，北半球大气环流的主要变化，就是北冰洋极地高压的扩大和加强，它导致北大西洋地面偏北风加强，促使极地海冰南移和气候带向南推进。这一过程在大气活动中心的多年变化中也反映出来。从冬季环流形势来看，大西洋上冰岛低压的位置在一段时间内一直是向西南移动的；太平洋上的阿留申低压也同样向西南移动。与此同时，中纬度的纬向环流减弱，经向环流加强，气压带向低纬方向移动。

1961～1970 年的 10 年，是经向环流最明显的时期，也是我国气温最低的 10 年。在转冷最剧烈的 1963 年，冰岛地区竟被冷高压所控制，原来的冰岛低压移到了大西洋中部，亚速尔高压也相应南移，这就使得北欧奇冷，撒哈拉沙漠向南扩展。在这一副热带高压中心控制下，盛行下沉气流，因而造成这一区域的持续干旱。因为当地中海区域正处于冷暖气团交绥时，静止锋却滞留于此，从而致使该处暴雨成灾。

促成暖冬的主要原因也会造成大气环流异常，因为地球表面中高纬度上空自西向东运动的西风带，由于受大陆、海洋等因素的影响，会出现槽、脊、冷、暖的变化。当冷空气在地球表面上空堆积时就会出现冷高压，而暖空气在地球表面上空堆积时就形成热低压。一般来说，冬季受西伯利亚冷空气团控制，冷空气爆发南下，形成寒潮、大风降温、降雪等天气。但在暖冬气候中，气流难以驱动极地冷空气大举南下，致使一个地区处在干燥而温暖的暖气团的控制之下，天空晴朗少云，光照充足，大气透明度较好，太阳辐射升温效果异常显著，气温居高不下。

与此相对应，位于我国东南部的西太平洋副热带高压是一个暖性气团，它的强弱也直接影响到我国冬季的冷暖。一般情况下，该高压强大，利于南方温暖气流向我国输送，易于出现暖冬。另外，冬季风弱，意味着北方的冷气团不活跃，侵入的冷空气次数少、势力弱、气温偏高。这也是出现暖冬的原因。

8.2.3 下垫面性质的变化

在整个地质时期中，下垫面地理环境发生过巨大的变化，如地极移动、大陆漂移、海陆分布、造山运动等，这些对气候变化产生了深远的影响。地极移动会影响赤道及对应地各地理纬度，从而导致气候发生变化。据计算，北极自古生代泥盆纪以来一直在向北移动（从泥盆纪的 30°N 移到现在 90°N，中间经过几次反复），南极则向南移动，说明地质时期两极位置变动很大，而在各地理纬度的变化上，如斯匹次卑尔根在石炭纪时位于 24°N，属于热带气候，以后一直向北移动，至今位于79°N，属于极地气候。

大陆漂移，联合古陆（或泛大陆）发生分裂，各大陆终于漂移到它们现在所在的位置，其间海陆分布形势也在不断变化，从而影响了洋流的流向和各地冷暖干湿的变化。

据地质学家考察结果发现，在整个地质时期中，气候史上最大的冰川活动时期都发生在地质史上最重要的造山运动之后。例如，第四纪大冰期发生在从第三纪开始的新阿尔卑斯造山运动（亚洲称喜马拉雅运动）之后；石炭纪-二叠纪大冰期发生在晚古生代的海西造山运动之后；震旦纪大冰期发生在太古代、元古代的劳伦造山运动之后。尤其是青藏高原的隆起，使我国西北地区如新疆、宁夏、青海、甘肃及内蒙古西部一带，由第三纪造山运动前的湿润海洋性气候变成今天干旱的大陆性气候。

8.2.4 人类活动对气候的影响

人类活动对气候的影响是通过对下垫面及大气（成分和能量）的影响而实现的。下垫面和大气之间存在着能量和物质的交换，对大气中的长期过程（气候）具有决定性意义。人类社会的发展必然同时改变下垫面的性质。人类生活和生产活动排放至大气中的温室气体和各种污染物质，改变了大气的化学组成，从而使下垫面和大气及它们之间的辐射、热量、动量及物质的交换过程发生变化。

（1）下垫面改变对气候的影响

人类活动改变下垫面的自然性质是多方面的，目前主要是森林植被破坏，海洋石油污染，地表水分状况改变，大型水库建造等。

植被是地表状况的重要特征。每种植被有其本身的反射率、粗糙度、土壤持水能力等，从而形成地气之间固有的辐射、热量和水分的平衡关系。一旦植被发生变化，气候状况也会相应产生变化。植被具有改善气候的许多功能：减少辐射的射入射出；降低气温的日较差和年较差；增大湿度；树冠和落叶层滞留和截留降水，减小地表径流，有明显的蓄水作用和水土保持作用；降低风速，改变方向，防风固沙。其中对气候影响最显著的植被是森林。

海洋石油污染是当今人类活动改变下垫面性质的另一个重要方面。据估计，每年倾注到海洋的石油量达$(2\sim10)\times10^6$t。倾注到海中的废油，有一部分形成油膜浮在海面，抑制海水的蒸发，使海上空气变得干燥。同时又减少了海面潜热的转移，导致海水温度的日变化、年变化加大，使海洋失去调节气温的作用，产生“海洋沙漠化效应”。

采用人工灌溉和排干沼泽地区而改变水分状况是人类影响气候的另一种途径。在干旱与半干旱气候区或干旱季节进行大规模灌溉，可以改变当地小气候条件，其主要效应是：降低气温日较差；增加湿度和降水量。排干沼泽地区对气候条件的影响，通常与灌溉的气候效应相反。由于降低了土壤湿度，减少了蒸发，从而提高了土壤温度。

建立大型水库可使库区周围气候发生一定的改变。水的大量蒸发使得水库沿岸暖季的温度低于远离水库的地区；冷季则温度升高，霜冻减少。

（2）大气成分改变对气候的影响

人类活动对大气成分的影响主要是工业温室气体的大量排放，具体表现在增加大气中二氧化碳（CO_2）、甲烷（CH_4）、氧化亚氮（N_2O）、两种氟利昂气体（HFC 和 PFC）及六氟化硫（SF_6）等。近百年来，人口的急剧增长和工业的飞速发展，使得温室效应对气候变化的影响日益明显，其中最主要的是化石燃料（煤、石油等能源）的大量燃烧和森林的过度砍伐，造成了大气中二氧化碳浓度急剧增大，使地面和低层大气迅速增温。

甲烷主要是由水稻田、反刍动物、沼泽地和生物体的燃烧而排放进人大气。一氧化二氯(Cl_2O)向大气的排放量与农田面积增加和氮肥施放有关。氯氟烃化合物是制冷工业的产物,它们的温室效应差别很大。如果把其他温室气体对辐射的强迫作用也用二氧化碳的影响来表示,那么每种人为的温室气体对气候强迫总增加的影响是,CO_2占55%,CH_4占15%,氯氟烃化合物约占25%(1980~1990)年。因此说,大气中CO_2浓度的增加对气候的影响是最重要的。

大气中温室气体的增加会造成全球变暖,进而使极地冰盖融化,海平面上升;干旱、暴雨、洪涝等极端气候灾害事件层出不穷,二氧化硫和氮氧化物可以形成酸雨;氯氟碳化物气体能破坏大气臭氧层,造成南极臭氧洞和全球臭氧层的破坏;同时,氯氟碳化物也是重要的温室气体,从而使全球自然地理环境发生变化。

人类面临着气候变化问题的长期挑战,需要不懈努力,从而探讨出解决气候问题的各种办法。

8.3 气象气候灾害及防治对策

8.3.1 我国气象气候灾害

我国位于欧亚大陆的东岸和太平洋的西岸,从整体上看为西高东低,呈阶梯状,大陆向太平洋方向倾斜。最高一级是青藏高原,海拔一般在4000m以上。从青藏高原外缘至大兴安岭、太行山、巫山和雪峰山一线之间为第二阶梯,海拔一般在1000~2000m,主要是广阔的高原和大盆地,如云贵高原、四川盆地、黄土高原、关中盆地、内蒙古高原等。东部沿海的低山、丘陵和大平原则是最低的一级阶梯,海拔大部分在500m以下。我国的主要河流,大多从西部山区流经高原后进入大平原后再入海。上述地理位置和地势特点对我国气候形成具有重要作用,例如青藏高原对我国天气气候有十分重要的影响。它的存在阻挡了印度洋水汽输送到我国西北地区,从而加剧了西北内陆的干旱程度;又如青藏高原还可迫使西风气流分支,一支从高原北侧绕过,另一支从高原南侧绕过,两支气流又在高原东侧汇合,常形成低涡和切变线,影响我国东部地区的气候。由于我国东南部地势相对平坦,来自太平洋的暖湿气流可以顺利输入,所以我国东部较为湿润多雨。据分析,我国日雨量≥50mm的暴雨主要出现在100~105°E以东的东南部,由持续暴雨引起的洪涝灾害则主要出现在我国几大河流、湖泊地区,是暴雨与地质、水文等条件结合的结果。另外,暴雨的出现还与地形紧密相关,一般而言,山脉的迎风坡容易出现暴雨。又如虽然冰雹在全国都有可能出现,但从全国总的分布特点看,主要集中在西部,青藏高原是冰雹日最多的地区,其次是云贵高原、川黔鄂边缘山区和黄土高原,大小兴安岭及长白山等,东南地区及西北内陆干旱地区等是冰雹最少的地区。像沙暴这类气象灾害则主要出现在西北内地干旱地区,东北、华北次之,东南部地区则极少出现。

我国的气象灾害主要为干旱、暴雨、热带气旋(台风)、风雹、低温冷害和雪灾,地域特色为:

东北地区主要的气象灾害为暴雨引发的洪涝及低温冷害,此外还有局部的干旱和冰雹等灾害;

华北地区的主要气象灾害有干旱、暴雨和洪涝,其中干旱灾害为其主要特色,群众有

“十年九旱”之说，尤其冬春雨水稀少，故有“雨水贵如油”的说法；

西北黄土高原的主要气象灾害有干旱、冰雹和暴雨等，在这一地区同样存在“十年九旱”的现象；

长江中下游江湖平原地区的主要气象灾害为暴雨引发的洪涝及干旱，另外还受到热带风暴侵袭，以及风暴潮、海啸等；

我国华南地区同样也会出现暴雨、干旱、低温冷害、冰雹等气象灾害，而其中以热带风暴、台风为其主要特点；

西南地区的主要气象灾害有暴雨和其引发洪涝、泥石流、滑坡等及干旱、冰雹等灾害；

青藏高原上的主要气象灾害是暴风雪以及冰雹、暴雨引起的洪涝、泥石流等灾害；

新疆地区由于纬度偏高，且受青藏高原阻挡，夏季风难以直接影响，但来自极地、高纬区的冷空气则较容易入侵和影响，主要气象灾害有雪灾、洪涝、冰雹及大风沙等灾害。

以上事实表明，许多气象灾害诸如低温冷害、暴雨、干旱等在我国许多地区出现，但由于我国幅员辽阔，各地的地理、地形特点不同，这类气象灾害的出现就会显示出明显的地域特色，从而增大了气象灾害的预测预报的复杂性和难度。

8.3.2　防灾减灾对策

减灾的具体措施很多，大致可分为7类：

① 减小(消除)灾害发生的可能性和/或保护某一区域及建筑物所在地区免受灾害(区域防护)等措施。前者如减少暴雨径流的方法，后者如兴建堤坝等工程。

② 着眼于建筑物加固或保护的措施。前者在如框架建筑中采用的抗振剪板以防地震，后者如在泛区中修小的圩堤以保护建筑物。

③ 重视工程选点开发方案中预防建筑物破坏的场地处理方法。如通过适当的土方平整以防滑坡，和采用土壤稳定技术以控制土壤的破坏性胀缩等。

④ 绘制洪泛区风险图，进行洪泛区风险区划。这种方法用于标志(记)洪泛区的风险度，以防止或限制风险区的开发和利用。

⑤ 恢复、救济和安置等方法。如泛区保险计划和根据联邦救济法提供低息贷款等。

⑥ 灾害警报和居民避难系统。如台风和洪水的警报与避难系统。

⑦ 为决策者提供信息和决策辅助手段，以期作出合理有效的灾害管理决策。

面对灾害，必须重视灾前、灾中、灾后，因为它们是环环相扣的，只有把握好每一环，才能切实做到防灾减灾。

(1) 灾前防

气象灾害种类很多，都是由不同的天气现象造成的。在形成气象灾害之前，这些天气现象都有各自的孕育、发生发展过程，如风、雨，气温等超过了某一临界值才会发生灾害。事实上，在发生灾害之前一般都会有前兆出现。所谓灾前防就是要在灾害发生之前尽可能捕捉到灾害发生的前兆，根据前兆作出未来灾害趋势预报，有针对性地制定防灾对策，采取防灾措施。因此，灾前防需要做好三方面工作：一是进行全方位监测，发现前兆，作出预报，并把预报迅速传递到防灾决策部门和有关单位；二是根据灾害预报，制定防灾对策和采取具体防灾措施；三是抓紧组织人力、物力落实防灾措施，以增强承受灾害的能力，避免发生灾害或减轻灾害严重程度。

(2) 灾中抗

当灾害发生时，决策部门的指挥系统在抗灾中起到十分关键的作用，指挥系统应由情报系统、决策系统、传递系统和监督系统组成。指挥系统需及时了解和掌握灾源即灾害性天气的强弱变化和灾区受灾程度以及防汛设施的承灾能力，一旦作出决策，传递系统和监督系统都要发挥作用，确保决策的顺利实施。

(3) 灾后救

灾害发生以后应阻止灾害的蔓延和扩大，迅速开展工作进行补救：一是依靠国家和社会的力量，多渠道筹措资金，救助受灾地区和灾民；二是开展灾情调查，查明造成灾害的原因(包括自然原因、人为原因等等)和受灾程度及损失大小，总结经验和教训，亡羊补牢；三是制定和实施灾后重建规划，修复防灾设施和毁坏的建筑物等等，恢复灾区人民正常生活工作秩序，尽可能减轻灾害造成的损失。

8.4 低温冷害

8.4.1 概述

王绍武认为低温冷冻灾害主要是冷空气及寒潮侵入造成的连续多日气温下降，致使作物损伤及减产的农业气象灾害。上海市气象信息传媒中心认为低温冷害是指作物生长期内因温度偏低，热量不足，或是作物的某一生育阶段，遇有一定强度异常低温，影响作物的生长发育速度或是影响结实、灌浆成熟，使作物受害减产的一种农业气象灾害。统计表明，建国以来东北地区低温冷害约为4年一遇，而较大范围的低温冷害大约6年一遇；从地区上来看，发生概率以辽南近海地区最低(15%以下)，其次是辽宁和吉林的中西部平原(15%~20%)，辽宁山地、吉林北部和黑龙江的平原地区(20%~30%)；最高的是长白山地、大小兴安岭及附近地区(30%以上)，尤以内蒙古高原的东部为最高(超过40%)。从时间分布来看，冷害较严重的集中在1951~1960年、1968~1977年这两段时间。

低温冷害的类型有：

① 延迟型冷害：是指农作物生长期内温度长期偏低，热量不足，使作物生育进程缓慢，出苗迟、发棵晚、成熟迟、粒重降低，导致减产，是东北地区的主要低温冷害。

② 障碍型冷害：指农作物处在孕穗、抽穗、开花时期，温度短时间明显偏低，影响生殖生长的正常进行，使生殖器官的生理功能受阻，甚至完全不能受粉，导致空壳，降低产量的低温冷害。通常以日平均气温连续3天以上小于20℃为标准。

此外，如果延迟型和障碍型两者同时出现，则称为“混合型冷害”。2009年7月中下旬，黑龙江中部和吉林东南部出现4~11d日平均温度低于20℃的天气，其中三江平原大部7月下旬以来出现2~3d日平均温度低于18℃的天气，达到了障碍型冷害的指标(上海市气象信息传媒中心)。

夏季气温长时间的偏低也能造成灾害，我国著名的玉米产地吉林省各区域会遭受不同程度的低温冷害，影响农作物产量。东北地区是我国重要粮食基地，一般来说，这里夏季温度较高，雨水丰沛，对一年一熟的作物适宜，但有的年份夏季出现低温就可能严重影响作物的成长，因此夏季低温是造成我国东北地区粮食减产最重要的气候灾害，例如东北地区因夏季低温冷害造成1972年粮食减产63×10^{8}kg；1976年粮食减产47.5×10^{8}kg。另据研究，东北地区的低温冷害具有2~3年，6~7年和22年的准周期及60~80年长周期变化特点。

若按冷害年的天气气候特点，分为低温多雨型、低温干旱型、低温早霜型和低温少日照型等四种。

8.4.2 春季低温冷害

我国南方在早稻播种育秧时期(3~4月)，由于受低温影响造成烂种烂秧，称为春季低温冷害，俗称倒春寒。由于形成低温冷害的因素比较复杂，除了低温这一主要因子外，还与作物品种、育秧和管理技术等因素有密切关系，所以各地的低温冷害标准有所不同。中国气象科学院农气室，根据各地的试验资料及历年烂秧时段的气象条件，确定日平均气温连续3天<10℃为粳稻烂秧指标；当日平均气温连续3天<11℃为籼稻烂秧指标。应该指出，这一温度指标是可能致灾的临界温度指标，还不能作为灾害标准。

事实表明，春季低温冷害主要发生在3月中旬至4月上旬，正值从南到北大范围早稻播种育秧时期。此时极地冷空气仍然不断入侵，所以各地每年都有程度不同的冷害，但严重灾害较少。长江中下游地区1953~1980年发生了6次严重灾害，平均5年一遇；华南地区北部冷害较多，严重灾害约5~7年一遇；中部南部少，海南未发生过。近几年来，由于早稻播种育秧技术的进步，低温造成的损失明显减轻。

8.4.3 秋季低温冷害

秋季低温冷害是指晚稻抽穗扬花期，受到低温天气的影响，造成空壳和疵粒率增大而减产。由于此种灾害在华南地区多发生在“寒露”节气前后，故称寒露风。我国云贵川地区称为“八月寒”或“秋寒”。一般把日平均气温≤20℃，且持续3天或以上，作为秋季低温冷害的指标。由于作物品种和地域的差异，各地采用的低温指标有所不同。这种低温指标是危害作物抽穗开花时期的临界温度值。一般温度越低，且维持的时间越长，造成的损失越重。

秋季低温冷害主要发生在9月下旬至10月上旬，发生期自长江流域向南逐渐推迟。云贵高原的秋季低温冷害，一般发生在8~9月份。一般秋季低温冷害的发生机率比春季冷害低，但危害大，造成的损失严重。据统计，长江中下游地区，严重秋季低温冷害，平均4~5年一遇；华南，不同程度的寒露风害，约4年一遇；云贵川地区，由于地势高地形复杂，几乎每年都有不同程度的“八月寒”害，但大范围的严重秋季低温冷害发生机率较少，约6~8年一遇，且多发生在云贵高原地区。

8.4.4 东北夏季低温冷害

东北的北部地区是我国最北的农业区，冬季漫长，无霜期短，仅100~200天，≥10℃的积温在1300~3700℃，这种热量一般基本上能满足当地粮食作物的生长需求。但是，夏季平均气温明显偏低，往往使作物生育期延迟。延迟的时间(天数)与平均温度成反比，即平均温度越低，作物生育期延迟的时间越长，所以当未成熟的作物遇到早霜冻就会造成大幅度的减产。

8.4.5 低温冷害预防

作物低温冷害俗称“哑巴灾”，即难以监测和预报，而且发生范围大，因而防御较困难。尽管如此，人们在长期的生产实践中仍总结出了一些防御办法，科研人员也研究出了不少相关成果，多数已在生产中应用。例如，开展作物生长季热量条件长期预测，按热量条件的地域分布规律及作物、品种对热量的要求安排农作物布局、结构配置及品种区划，适时早播抢积温；应用作物抗低温助长剂，地膜覆盖及育苗移栽，加强农田管理、多铲、勤趟，高矮作物搭配、改善群体透光、通风条件，以促生长、促早熟等。对于水稻障碍型冷害的防御，降温天气来临前后，还可进行水温调控及施肥调控等，必要时可采取喷雾、烟雾等应急措施。此外，国内外还应用防风林网防御冷害。这些措施在北方各地都有不同程度的应用，在冷害防御中发挥了较大作用。近些年冷害较轻，除与气候变暖有关外，也与抗灾能力增强有关。

导致农作物遭受低温冷害的原因，一方面是天气气候原因，即由于生育期气温的年际波动，出现低温年或短时期的异常低温；另一方面则是人为原因，即作物品种结构和生产措施不当所致。据此，防御低温冷害的主要技术措施是：充分认识气候规律，合理利用气候资源，依照当地的气候、土壤状况，搞好作物布局，合理安排适宜的作物品种，同时采取措施提高作物抗低温能力，减轻灾害损失。

作物低温冷害防御技术可以分为两大类：第一类是在作物播种前的防御技术，也称主动防御或战略防御技术，这类防御技术主要包括农作物结构优化配置技术、作物品种的合理搭配技术、选择适宜播种期等；第二类是在作物的生长过程中使用的技术，也称为应急防御技术，主要包括施用各种促进作物生长发育的化学药剂，以及在低温来临前采取有关的物理方法和栽培措施，以减轻低温对作物的危害。

主动防御技术是在作物播种前采取战略防御措施，做到有灾防灾，无灾也能保证高产稳产，并能提高农作物的品质。主动防御技术主要包括作物、品种的合理搭配，适时早播和种子处理，地膜覆盖和育苗移栽技术等；应急防御技术主要有化学防控技术和应急田间管理技术。低温冷害的防御只有将宏观和微观、战略和技术措施相结合，运用综合防御技术，建立完善的防御体系，效果才会更好。

而除了农作物会受到低温冷害影响外，人们也会由于忽如其来的低温冷害受到伤害，尤其是老弱病残。对于老弱病残防范低温冷害应特别注意：

① 当气温发生骤降时，要注意添衣服保暖，特别是要注意手、脸(口与鼻部)的保暖。

② 老弱病人，特别是心血管病患者、哮喘病人等对气温变化敏感的人群，尽量不要外出。

③ 注意休息，不要过度疲劳。

④ 提防煤气中毒，尤其是采用煤炉取暖的百姓更要提防。

8.5 台风灾害

我国是世界上少数几个遭受台风危害最严重的国家之一。经常受到台风袭击的沿海地区正是我国重要的经济发展区，城市星罗棋布，人口密集，因此影响极为突出。平均每年登陆我国的台风有7个，最多的年份达12个。2001年7月上旬的短短的一周之内，广西接连遭受“榴莲”、“尤特”两个台风袭击，出现大范围的暴雨或大暴雨，西江干支流洪水暴涨，邕江南宁、贵港等河段发生建国以来最大洪水，全区有48个县、市、区1000多万人受灾，40多万人一度被洪水围困，受灾农作物1000多万亩，直接经济损失150多亿元。

8.5.1 台风特点

台风(typhoon)是生成于热带洋面上的具有暖中心结构的强烈气旋性低气压涡旋。根据风力的强弱，台风可划分为热带低压、热带风暴、强热带风暴(台风、飓风)等。太平洋西岸一般称之为台风，而在美洲和南亚则称为飓风。

2006年5月，中国气象局(CMA)采用两分钟平均风速划分台风分类等级：

① 热带低压，底层中心附近最大平均风速10.8~17.1m/s，也即风力为6~7级；

② 热带风暴，底层中心附近最大平均风速17.2~24.4m/s，也即风力8~9级；

③ 强热带风暴，底层中心附近最大平均风速24.5~32.6m/s，也即风力10~11级；

④ 台风，底层中心附近最大平均风速32.7~41.4m/s，也即12~13级；

⑤ 强台风，底层中心附近最大平均风速41.5~50.9m/s，也即14~15级；

⑥ 超强台风，底层中心附近最大平均风速≥51.0m/s，也即16级或以上。

赵思雄等研究发现登陆我国的台风具有如下几个特点：频率高，平均每年登陆我国的台风有7个，最少的也有3个；登陆时间比较集中，每年7~9月登陆的台风约占全年登陆总数的4/5；登陆地点有明显的季节特征，一般是每年5~6月只在华南沿海地区登陆，7~8月登陆地域扩大到我国整个沿海地区，9~10月登陆地域缩小，主要位于长江口以南沿海一带，11月登陆地域进一步缩小，只分布在广东、海南、台湾3省，12月仅广东偶有台风登陆；影响范围广，台风登陆地点不仅几乎遍及我国沿海省(市、区)，而且大多数内陆省(市、区)也会直接或间接受到它的影响；危害严重，仅据近15年的资料统计，我国(台湾省和港澳地区资料缺)平均每年遭受台风危害的农作物达300多万亩，死亡477人，倒塌房屋30多万间，直接经济损失达240亿元。也就是说，每个登陆的台风就可能使40多万公顷农作物受灾，死亡60多人，倒塌房屋4万多间，直接经济损失30多亿元。

8.5.2 台风分布

台风是因地球空气密度不均匀而发生空气流动的现象。在台风季节时，热带海洋上的空气又热又湿，空气受热上升，且上升的热空气凝结成水滴时放出热量，助长了低层空气不断上升。上升的气流在地球自转所产生的偏向中旋转，在赤道以北，台风转向以逆时钟方向旋转，从而导致台风的形成。

台风的形成具有一定条件。因此它的发源也在特定的地区，台风是热带洋面上的“特产”。它经常发生在南、北纬5~25°左右的热带洋面上。北半球台风主要发生在7~10月，其它季节明显减少。台风形成以后，具有一定的移动路径。以西北太平洋台风为例：在冬春季节(11月至翌年5月)，台风主要在东径130°以东的海面上转向北上，在北纬16°以南往西进入南海中南部或登陆越南南部，还有少数在东径120~125°的近海转向北上，少数台风也可能在5月和11月登陆广东；在7~9月的盛夏季节，台风路径更往北、往西偏移，中国从广西到辽宁的沿海省份在此季节都有可能遭受台风侵袭；在6月和10月的过渡季节，台风主要在东径125°以东海面上转向北上，西行路径较偏北，在北纬15~20°之间，少数可登陆广东和台湾、福建、浙江。台风运动除自身呈快速逆时针(北半球)旋转移动外，主要受副热带高压和长波槽等大尺度天气系统的引导。正常情况下，台风移动路径平滑、稳定。但少数台风移动路径曲折多变，有停滞、打转，突然转向，移速突然变化，路径飘移不定等多种形式。具体来讲，台风的分布具有明显的区域性特征：

① 西北太平洋海域：5~11 月，年均 30 个，占 38%；

② 中美洲海岸以西的北太平洋海域：6~10 月，年均 14 个，占 17%；

③ 北大西洋热带海区：即中美洲海岸以东，包括加勒比海西部和墨西哥湾海域，6~11 月，年均 9 个，占 11%；

④ 孟加拉湾和阿拉伯海：5~6 月和 10~11 月，孟加拉湾年均 4 个，阿拉伯海年均 1 个，共占 6%；

⑤ 140°W 以东的南太平洋海域：12 月~次年 4 月，年均 7 个，占 9%；

⑥ 南印度洋等地：包括澳大利亚西北部沿海海域，11 月~次年 4 月，年均 7 个，占 9%；90°E 以西海域，11 月~次年 5 月，年均 8 个，占 10%。

8.5.3 台风成因

王志烈等研究发现，台风形成的原因与云系结构密切相关，台风云系示意图及台风云图见图 8-5 及图 8-6；台风形成的基本条件，首先要有足够广阔的海洋面，这个洋面不仅海水表面温度要高于 26.5℃，而且在 60m 深的一层海水里，水温都要超过这个数值；其次，在台风形成之前，预先要有一个弱的热带涡旋存在；另外要有足够大的地球自转偏向力，因赤道的地转偏向力为零，而向两极逐渐增大，故台风发生地点大约离开赤道 5 个纬度以上；最后，在弱低压上方，高低空之间的风向风速差别要小。

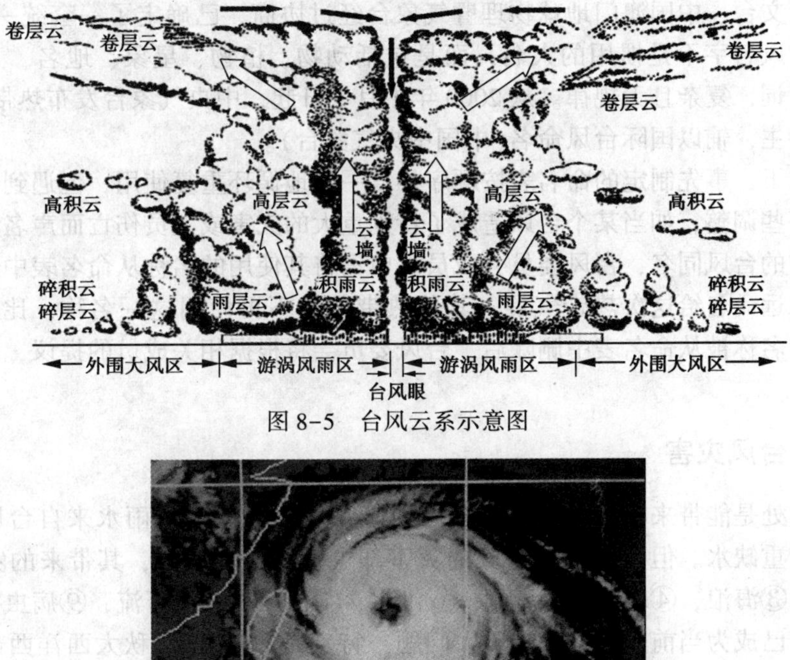

图 8-5 台风云系示意图

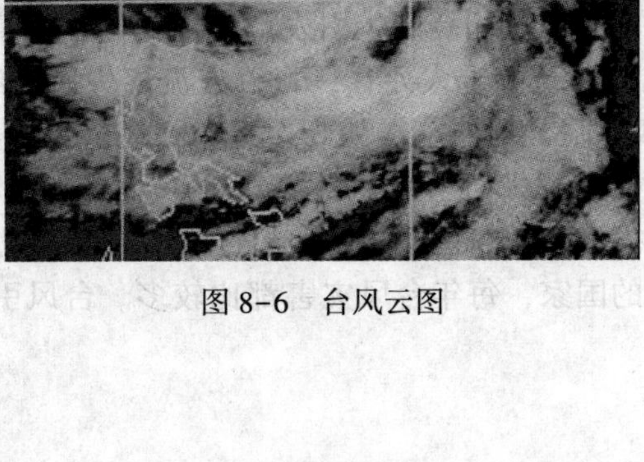

图 8-6 台风云图

8.5.4 台风命名

世界气象组织1997年底在菲律宾马尼拉召开的台风委员会议中决定，自2000年1月1日起，在国际航空及航海上使用西北太平洋及南海地区台风统一识别方式，除编号维持现状外，台风名称全部更换。

国际台风委员会命名表共有140个名字，名字的选择按照台风委员会制订的命名原则（每个名字不超过9个字母、容易发音、在各成员语言中没有不好的意义、不会给各成员带来任何困难、不是商业机构的名字）分别由亚太地区的柬埔寨、中国、朝鲜、中国香港、中国澳门、日本、老挝、马来西亚、密克罗尼西亚联邦、菲律宾、韩国、泰国、美国和越南提供（各提供10个），选取的名字得到全体成员的认可（一票否决）。这套由14个成员提出的140个台风名称中，每个国家和地区提出10个名字。中国提出的10个是：龙王（后被“海葵”替代）、悟空、玉兔、海燕、风神、海神、杜鹃、电母、海马和海棠。有趣的是，国际上所使用的西太平洋台风的名称依然很少有灾难的含义，大多具有文雅、和平之意，如茉莉、玫瑰、珍珠、莲花、彩云等，似乎与台风灾害不大协调。这是因为如果台风到来，可有效缓解当地的旱情，为其带来充足的降水，一般情况下，台风名字还是极其动听的。根据规定，一个热带气旋在其整个生命过程中无论加强或减弱，始终保持名字不变。各成员可以根据发音或意义将命名表翻译成当地语言，为避免一名多译造成的不必要的混乱，中国中央气象台和香港天文台、中国澳门地球物理暨气象台经过协商，已确定了一套统一的中文译名。新的140个台风名字不是惯用的人名，而是包括动物、植物、星象、地名、人名、神话人物、珠宝等名词，复杂且无规律。从2000年1月1日起，中央气象台发布热带气旋警报时，以台风编号为主，辅以国际台风命名（中国中央气象台）。

一般情况下，事先制定的命名表按顺序年复一年地循环重复使用，但遇到特殊情况，命名表也会做一些调整，如当某个台风造成了特别重大的灾害或人员伤亡而声名狼藉时，为了防止它与其它的台风同名，台风委员会成员可申请将其使用的名称从命名表中删去，也就是将这个名称永远命名给这次热带气旋，其他热带气旋不再使用这一名称，比如说“云娜”。当某个台风的名称被从命名表中删除后，台风委员会将根据相关成员的提议，对热带气旋名称进行增补。

8.5.5 台风灾害

台风的益处是能带来丰沛的雨水，台湾地区在夏季有60%的雨水来自台风，若没有台风，台湾将严重缺水。但是台风所造成的灾害却也是相当严重的，其带来的灾害有：①暴风，②飓风，③海浪，④暴潮，⑤暴雨，⑥洪水，⑦山崩，⑧泥石流，⑨病虫害，⑩疫病。

台风灾害已成为当前全球减灾的重大问题，特别是2005年夏秋大西洋西部、西北太平洋的一系列严重台风、飓风再次引起了全球人民的高度重视。2005年的“卡特里娜”（Katrina）飓风，在美国路易斯安那州登陆，引发严重风暴潮，浪高9m，冲毁堤岸，洪水泛滥……新奥尔良市80%被淹没，上千人死亡，百万人流离失所，给美国造成的直接经济损失高达1000多亿美元；仅保险公司的赔偿就高达近500亿，并使美国当年的经济增长放慢约0.5%，据专家估计，“卡特里娜”飓风给美国造成的负面影响并不亚于“9.11”事件！2005年，台风对我国造成的总损失达800亿元，首次超过洪水，成为我国第一大灾。

我国是登陆台风最多的国家，每年台风灾害都比较多。台风引起的灾害通常有三方面：

①风灾：台风及其引起的海浪可以把万吨巨轮抛向半空，拦腰折断，也可把巨轮推入内陆；在陆上台风可拔树倒屋，引起巨灾。②雨灾：短时间高强度的降水可引起滑坡、泥石流等严重地质灾害，江湖泛滥、水库崩溃，冲毁道路建筑，造成交通中断、水电供应中断，工厂、民宅损毁和人员伤亡等；台风暴雨及其造成的滑坡、泥石流是台风造成人员伤亡较多的主要原因。③暴潮：它可淹没岛屿、冲毁堤防、涌入内陆，可使数十万人瞬息之间惨遭灭顶之灾。

台风登陆是台风生命史中一个新的起点，在陆面和地形作用下，会在台风涡旋内产生一系列的中尺度过程，特大暴雨和强风均与这种过程有关。近年来，大西洋飓风和太平洋台风对美国和中国均造成了巨灾(上海市气象信息传媒中心)。

影响我国的台风主要是产生在西太平洋热带洋面上的一种十分强大的大气涡旋，它在每年的6月至10月影响我国的广东、台湾、海南、福建等省区，我国东南沿海的其他地区有时也受其害。我国东南海面是台风侵入中国的主要路径。

8.5.6 台风预防

做好台风的预报，加强台风的监测和预报，是减轻台风灾害的重要措施。对台风的探测主要是利用气象卫星。在卫星云图上，能清晰地看见台风的存在和大小。利用气象卫星资料，可以确定台风中心的位置，估计台风强度，监测台风移动方向和速度，以及狂风暴雨出现的地区等，对防止和减轻台风灾害起着关键作用。当台风到达近海时，还可用雷达监测台风动向。建立城市预警系统，提高应急能力，建立应急响应机制。

气象台的工作人员，根据所得到的各种资料，分析台风的动向，登陆的地点和时间，及时发布台风预报，台风警报或紧急警报，通过电视，广播等媒介为公众服务，让沿海渔船及时避风回港，同时为各级政府提供决策依据。此外，平时要作好台风的宣传、台风登陆时的撤退演习，提高人们的防台风意识；台风登陆时有序地撤退，并对部分生产、生活设施作好加固工作等。

在台风来前，应做好预防工作：

① 准备：台风来临前，应检修屋顶、门窗及墙壁，并使排水沟保持通畅，以免积水。花木果树应剪修或加支架，屋外悬挂的广告、招牌以及杂物应即取下或钉牢，以防被暴风吹毁、破坏屋瓦、电线及伤害人畜。

② 信息：随时拨听气象服务电话，或收听广播电台、电视播报的最新台风消息，亦可利用电话机、传真机、个人计算机或工作站等设备，透过传真回复系统、电子布告栏及全球信息网等各种不同管道随时取得最新台风消息。切勿听信谣言，传播谣言。

③ 防范：台风警报发布后，所有海上作业或靠岸船只应确实做到防台安全措施，并随时收听广播和电视播报的最新台风消息，并注意港口台风旗帜或灯号。

在台风来时，不要慌张，在不同的环境，应对台风主要有如下几点：

① 在家里须立即断电，并且尽量避免使用电话，在未收到台风离开的报告前，即使出现短暂的平息仍需要保持警惕，如果无法撤离至安全场所，可就近选择在空间较小的室内(如壁橱、厕所等)躲避，或者躺在桌子等坚固物体下，在高层建筑的人员应撤至底层。

② 在街上切勿靠近施工工地，马上寻找建筑物，入内躲避。

③ 在海岸附近或海上不要在河、湖、海堤或桥上行走；海上船舶必须与海岸电台取得联系，确定船只与台风中心的相对位置，立即开船远离台风；（船上自测台风中心大致位置

与距离：背风而立，台风中心位于船的左边；船上测得气压低于正常值500Pa，则台风中心距船一般不超过300km；若测得风力已达8级，则台风中心距船一般150km左右。）

台风也可被人们影响和控制，其方法主要是用飞机、气球或火箭把催化剂散播在云里要催化的部位，使得空气中部分水汽凝结、降落，释放潜热，减少空中的潜在能量。

8.6 雷电灾害

雷电是积雨云强烈发展阶段产生的闪电鸣雷现象。可以说它是一种雄伟壮观而又有点令人生畏的放电现象。雷电一般产生于对流发展旺盛的积雨云中，因此常伴有强烈的阵风和暴雨，有时还伴有冰雹和龙卷风。积雨云顶部一般较高，可达20km，云的上部常有冰晶。冰晶的凇附，水滴的破碎以及空气对流等过程，使云中产生电荷。云中电荷的分布较复杂，但总体而言，云的上部以正电荷为主，下部以负电荷为主。因此，云的上、下部之间形成一个电位差。当电位差达到一定程度后，就会产生放电，这就是我们常见的闪电现象。闪电的平均电流是3×10^4A，最大电流可达30×10^4A。闪电的电压很高，约为$10^8\sim10^9$V。一个中等强度雷暴的功率可达1000×10^4W，相当于一座小型核电站的输出功率。放电过程中，由于闪道中温度骤增，使空气体积急剧膨胀，从而产生冲击波，导致强烈的雷鸣。带有电荷的雷云与地面的突起物接近时，它们之间就发生激烈的放电。在雷电放电地点会出现强烈的闪光和爆炸的轰鸣声。这就是人们见到和听到的闪电雷鸣。

虽然雷电放电本身一般持续时间不到1s，但绝大多数的雷电灾害就是在放电瞬间产生的。雷电主要威胁人畜及建筑物和各种线路安全，但随着电子信息时代的迅猛发展，计算机信息系统的高速化、高灵敏话、高密度集成化、多功能以及其广泛的应用领域，使计算机信息系统具有微电子芯片耐过电压水平低（抗毁能力低）和信息系统网络化的特点，极易受到雷击侵害，使得雷电灾害的发生频率、波及面大大增加，严重影响社会生产和生活，雷电灾害已成为联合国“国际减灾十年委员会”公布的十种最严重自然灾害之一。

8.6.1 闪电的类型

曲折开叉的普通闪电称为枝状闪电，如图8-7(a)；枝状闪电的通道如被风吹向两边，以致看来有几条平行的闪电时，则称为带状闪电图8-7(b)；闪电的两枝如果看来同时到达地面，则称为叉状闪电图8-7(c)。

(a) 枝状闪电 (b) 带状闪电 (c) 叉状闪电 (d) 爆炸式闪电

图8-7 不同类型的闪电图示

闪电在云中阴阳电荷之间闪烁，而使全地区的天空一片光亮时，那便称为片状闪电。未达到地面的闪电，也就是同一云层之中或两个云层之间的闪电，称为云间闪电。有时候这种横行的闪电会行走一段距离，在风暴的许多公里外降落地面，这就叫做“晴天霹雳”。

8.6.2 雷电的特点

雷电是云层之间、云地之间、云与空气之间电位差增大到一定程度后的放电。它常常会伴有大风、暴雨甚至冰雹和龙卷，是一种局部的但是却很猛烈的灾害性天气。

它不仅影响飞机、导弹等安全飞行，干扰无线电通讯，而且击毁建筑物、输电和通讯线路的支架、电杆、电气机车，损坏计算机、网络等设备，引起火灾，击伤击毙人畜等。

雷电灾害与其他灾害性天气相比有发生时间短促；影响范围广；局部地区受害；发生的频率高等特点。我国雷电灾害发生分布大致是南方比北方多，山地比平原多，内陆比沿海多。

(1) 雷击灾害的地域性

雷击的发生有地域性特点，一般低纬多于高纬，山区多于平原，平原多于沙漠。我国雷电频数递减的顺序大致为：华南、西南、长江流域、华北、东北和西北。

(2) 雷击灾害的偏向性

雷击灾害有偏向性特点。雷击的发生与地质、地物条件有密切关系，地质、地物条件不同，雷击发生率也不同。从地质条件来说，某些地质易被雷电光顾：一是在大片土壤电阻率较大时，局部电阻率小的地方容易受雷击；二是在土壤电阻率突变的地方，最易受雷击，如岩石与土壤、山坡与稻田的交界处；三是岩石山、土山或土壤电阻率较大的山坡，雷击多发生在山脚，山腰次之；四是地下蕴藏有导电矿物(金属矿、盐矿)的地区，也易遭雷击；五是地下水位高的地方、矿泉、小河沟、地下水出口处易遭雷击。

从地物条件来说，有些地物不易遭雷击，如竹林等，但有些地物易受雷电光顾：一是在空旷地中的孤立建筑物、建筑群中的高耸建筑物易遭雷击；二是排山导电尘埃的厂房及废气管道易遭雷击；三是屋顶为金属结构、地下埋有大量金属管道、内部存放大型金属的厂房易遭雷击；四是建筑群中，个别特别潮湿的建筑，如牛马棚、冰库易遭雷击；五是尖屋顶及高耸建筑物如水塔、烟囱、天窗、旗杆等易遭雷击；六是屋旁大树、接收天线、山区输电线易遭雷击。

(3) 雷击灾害的趋湿性

雷击有趋湿性的特点。雷电喜欢向温度高且潮湿的地方放电，热而潮湿的地区比冷而干燥的地区雷击多。所以，河边、湖边、水田等地方易遭雷击。

(4) 雷击灾害的季节性和时间性

雷击灾害具有季节性和时间性特点。雷电全年的活动主要集中在春末到初秋这段时期，但以夏季为最多；雷电每天的活动时间，大多在午后~上半夜，其中陆地上多在午后到傍晚，海上黑夜多于白天，山谷、盆地多在夜间发生。

(5) 雷击灾害的突发性

雷击有突发性的特点。雷电随积雨云的发展而发生，积雨云发展迅速，从烈日当空到乌云密布仅几小时，甚至几十分钟。因此，雷击也就具有突发性。

(6) 感应雷击越来越严重

随着现代科技的迅速发展，雷击灾害的形式也在发生变化，正从“直击雷害”向“感应雷害”转变。感应雷击主要损坏计算机网络系统、电子、电器设备。近年来，随着计算机和电子、电器设备的广泛应用，感应雷击灾害的频率越来越高。据广东省防雷中心 2000 年的雷害年报显示，“感应雷害”在广东已占雷击灾害事故的 75%以上，具有成片受灾的特点。如 1999 年广东省电信系统 23 个本地网的电信机楼遭雷击 1400 多次；又如 2000 年 3 月 29 日晚，电白岭门镇遭受强雷暴袭击，造成 300 多部电话机、80 多台电视机、镇政府楼顶上 30 多万元的移动电话差转台等被击坏，这次雷击波及几百户人家，损失超过 300 万元。

8.6.3 雷电对人的危害

我国每年有三、四千人因雷击伤亡，造成的财产损失达(50~100)亿元。我国云南南部、两广及海南省，纬度低，太阳辐射强，对流旺盛，雷暴频发。

闪电的受害者有 2/3 以上是在户外受到袭击。他们每 3 个人中有两个幸存。在闪电击死的人中，85%是男性，年龄大都在 10 岁至 35 岁之间。死者以在树下避雷雨的最多。

苏利文也许是遭闪电袭击的冠军。他是退休的森林管理员，曾被闪电击中 7 次。闪电曾经烫焦他的眉毛，烧着他的头发，灼伤他的肩膀，扯走他的鞋子，甚至把他抛到汽车外面。

雷电对人体的伤害，有电流的直接作用和超压或动力作用，以及高温作用。当人遭受雷电击的一瞬间，电流迅速通过人体，重者可导致心跳、呼吸停止，脑组织缺氧而死亡。另外，雷击时产生的是火花，也会造成不同程度的皮肤烧灼伤。雷电击伤，亦可使人体出现树枝状雷击纹，表皮剥脱，皮内出血，也能造成耳鼓膜或内脏破裂等。

雷电发生时产生的雷电流是主要的破坏源，其危害有直接雷击、感应雷击和由架空线引导的侵入雷。如各种照明、电讯等设施使用的架空线都可能把雷电引入室内，所以应严加防范。

雷击易发生的部位有：①缺少避雷设备或避雷设备不合格的高大建筑物、储罐等；②没有良好接地的金属屋顶；③潮湿或空旷地区的建筑物、树木等；④由于烟气的导电性，烟囱特别易遭雷击；⑤建筑物上有无线电而又没有避雷器和没有良好接地的地方。

8.6.4 雷电的预防

为了预防雷暴，确保人民生命安全和保护国家财产，特别是保护化工厂、仓库及高层建筑物等的安全，要进行防雷电波入侵、防静电、防雷击电磁脉冲等防雷设施的建设。我们要高度重视防雷安全工作，并定期开展防雷检查。

预防雷电的方法：

① 建筑物上装设避雷装置，即利用避雷装置将雷电流引入大地而消失；

② 在雷雨时，人不要靠近高压变电室、高压电线和孤立的高楼、烟囱、电杆、大树、旗杆等，更不要站在空旷的高地上或在大树下躲雨；

③ 雷雨天气时，应避免到加油站为汽车加油；

④ 在郊区或露天操作时，不要使用金属工具，如铁撬棒等；

⑤ 不要穿潮湿的衣服靠近或站在露天金属商品的货垛上；

⑥ 雷雨天在高山顶上不要开手机，更不要打手机；

⑦ 雷雨天气，不要用金属立柱的雨伞，不要触摸和接近避雷装置的接地导线；

⑧ 雷雨天在户内应离开照明线、电话线、电视线等线路，以防雷电侵入被其伤害；

⑨ 在打雷下雨时，严禁在山顶或者高丘地带停留，应尽快躲在低洼处或干燥的房层洞

穴躲避。

⑩ 在雷雨天气不要去江河湖边游泳、划船、垂钓等；

⑪ 雷雨天气时应摘下金属架眼镜、手表、裤带，若是骑车旅游要尽快离开自行车，亦应远离其他金属制物体，以免产生导电而被雷电击中；

⑫ 在电闪雷鸣、风雨交加之时，应立即关掉室内的电视机、收录机、音响、空调机等电器，以避免产生导电。打雷时，在房间的正中央较为安全，切忌停留在电灯正下方或靠在柱子、墙壁边、门窗边，以避免在打雷时产生感应电而致意外。

预防雷击的措施：

1）室内预防雷击措施：

① 电视机的室外天线在雷雨天要与电视机脱离，与接地线连接；

② 雷雨天气应关好门窗，防止球形雷窜入室内造成危害；

③ 雷暴时，尽量暂时不用电器，最好拔掉电源插头；

④ 不要处理以开口容器盛载的易燃物品；

⑤ 不打电话和手机，不要靠近室内的金属设备如暖气片、自来水管、下水管；

⑥ 不要穿潮湿的衣服，不要靠近潮湿的墙壁，避免花洒淋浴，切勿游泳或进行其他水上运动。

2）室外避免雷击措施：

① 为了防止雷击事故和跨步电压伤人，要远离建筑物的避雷针及其接地引下线；

② 要远离各种天线、电线杆、高塔烟囱、旗杆，避免引雷上身；

③ 尽量进入有宽大金属构架、有防雷设施的建筑物或金属壳的汽车和船只，但是帆布篷车和拖拉车、摩托车等在雷电发生时是比较危险的，应尽快离开；

④ 应尽量离开山丘、海滨、河边、池塘旁；应尽快离开铁丝网、金属晒衣绳、孤独的树木和没有防雷装置的孤独的建筑物等；

⑤ 雷雨天气尽量不要在旷野里行走，在外时应穿塑料材质等不浸水的雨衣，不要骑在牲畜上或自行车上行走，不要用金属杆的雨伞，不要把带有金属杆的工具如铁锹、锄头扛在肩上。

注意：人在遭受雷击前，会突然有头发竖起或皮肤颤动的感觉，这时应立即躺倒在地，或选择低洼处蹲下，双脚并拢，双臂抱膝，头部下俯，尽量缩小暴露面。

一旦发生雷击时，旅伴应立即将病人送往医院。如果当时呼吸、心跳已停止，应立即就地做口对口人工呼吸和胸外心脏按摩，积极进行现场抢救。千万不可因急着运送去医院而不作抢救，否则会贻误病机而致死。有时候，还应在送往医院的途中继续进行人工呼吸和胸外心脏按摩。若有狂躁不安、痉挛抽搐等精神神志症状时，还要为其作头部冷敷。

8.7 未来气象灾害

8.7.1 我国气象灾害未来发展趋势

我国气候灾害随季节变化很大。一般沙尘暴主要发生在春季；旱涝灾害主要发生在春、夏季；登陆台风的增多与低温主要发生在夏季；冻寒害和雪灾主要发生在冬、春季；霜冻灾害主要发生在春、秋季。

干旱灾害发生频率可达到三年两遇，洪涝灾害发生频率可达2~3年一遇，其他各种气象灾害发生的频率大部分均在3~4年一遇，如果以季为单位，并且考虑到不同地区，则全国平均每年可能发生重大气象灾害十几次之多，有些年份气象灾害发生的频次更多，如1998年、2003年等，在这些年份气象灾害造成的损失就比较严重。

受东亚季风的影响，气象灾害不仅有很大的年际变化，而且有很大的年代际变化。20世纪50~60年代除雨涝灾害较多外，其他灾害不多；70年代气候灾害发生最频繁，干旱、雨涝、低温、霜冻等重大灾害多发生在1969~1979年期间；80年代干旱发生频率增加，其他灾害发生频次地域70年代，与60年代相当，仍远大于50年代；90年代干旱和洪涝发生频率均增加，而沙尘暴发生日数减少；21世纪初我国华北干旱加剧、沙尘暴发生日数剧增。

根据2001年IPCC报告对20世纪后50年极端天气和气候事件的分析表明：世界上与EI Nino事件相关的各地干旱、强降水、高温酷暑、热带强风暴等灾害事件都会增加。国际上有许多研究都表明：在全球变暖的背景下，极端气象灾害事件增加的可能性较大。根据目前气候变化的分析和模式对未来我国气候变化估计，在未来数年，我国气温仍处于偏暖期。因此在这种气候背景下可以推测，未来我国低温冷害的危害相对下降，极端高温酷暑发生的可能性增加；并且沙尘暴包括扬沙天气虽然可能处于相对偏弱期，但由于国民经济迅速发展、人们的生活水平提高，沙尘暴影响程度可能会有所加重。

华北地区在未来几年降水可能仍以偏少为主，发生干旱的可能性比较大，之后可能在接近正常范围内波动；江淮地区降水仍可能处于偏多阶段，出现洪涝灾害的频数较高。因此，旱涝灾害仍是未来我国最严重的气象灾害。虽然气候趋势预估可能存在不确定性，但我们预计未来极端气象灾害事件增多的可能性甚大，这主要是一方面由于我国的气象灾害是严重的，它不仅分布广、发生频率高，而且造成的经济损失是巨大的；另一方面，由于人类活动、社会发展及城市化进程的加快，某些气象灾害虽然并不严重，但其造成的损失及影响却越来越大。

8.7.2 减灾对策

各种自然灾害和人为灾害令人类防不胜防，日益严峻的全球生态危机让人类忧心忡忡，严重的环境污染及其所造成的灾难性后果更使人类焦头烂额。自然灾害的发生是不可能完全避免的. 人类只能通过调整自身的行为准则来预防和减轻，因此防灾减灾已成为了全人类所共同面对的重大课题。

(1) 尊重自然规律，合理利用资源，走可持续发展之路

在人类社会付出惨重代价之后，人类越来越强烈地认识到自然灾害的发生与人为破坏生态环境之间的密切关系，认识到保护和改善生态环境是防止和减轻自然灾害的关键。1968年意大利的奥莱里欧·佩切依博士邀请30名知名学者组成罗马俱乐部，开始对人类长远经济发展面临的问题进行系统研究，在1972年发布的《增长的极限》研究报告中认为，地球作为一个相对封闭的系统，其资源是有限的，因此经济的增长也必须是有限的，否则会导致人类社会的悲剧性结局。从此，“可持续发展”作为一种新的发展观念开始孕育产生，逐渐深入人心，成为人类社会发展思想的主题。

可持续发展的理论是一种全新的发展观。它与传统的高投入、高消耗的发展观不同，它强调经济的高速增长和人口、资源、环境相互协调的双重目的，通过不断改善发展的质量，实现资源的综合和持续利用，从而“既满足当代人的需要，又不对后代人满足其需要的能力

构成危害”。可持续反战理论为当今人类的防灾和减灾行动提供了一种新的指导思想，指导人们如何城区处理减灾与发展的关系。以减少各种灾害对人类生存与发展的威胁，保证人类社会的持续发展。

(2) 加强减灾立法，建立集中统一的减灾管理体制

将防灾减灾纳入法制化轨道是工业化以来人类防灾减灾行动的一个重大对策。发达国家由于进入工业化时代较早，已经建立了较为完备的防灾减灾法律体系，无论是综合性灾害防治法规，还是单项灾害防治法规，包括保护自然资源与生态环境的法规，都已经较为成熟。冠达发展中国家由于起步较晚，防灾减灾的立法工作还比较落后，但依法减灾的观念已深入人心，而且近几年来更获得了十分迅速的发展。

建立集中、统一的减灾管理体制是增强人类防灾、减灾和救灾能力的重要举措。工业化以来，世界各国在长期防灾、抗灾、救灾实践基础上，不断完善灾害管理体制，取得了卓有成效的进展，许多国家已经建立了集中统一的灾害管理体制，并在减灾实践中发挥了巨大的作用。这方面尤其已日本、美国、澳大利亚等发达国家表现最为突出。在中国，适合中国国情的灾害管理体制也在建立过程中。

(3) 加强灾害的科学研究和技术开发

科学技术是一把双刃利剑，它一方面激化了人与自然的矛盾，恶化了人类的生存环境，引发了全球性的环境和生态危机；但另一方面，科学技术又为人类抵御和战胜自然灾害提供了强有力的武器。科学技术在当今社会的防灾减灾行动中发挥着日趋重要的作用。

减灾科学研究就是从灾害学的角度，意见在为基本目的，对灾害的测、防、抗、救、援的综合研究，终点是灾害的预测、预报和防御技术的研究。日本减灾综合研究开始最早，也是最发达的国家。其他国家如美国、英国、俄罗斯、澳大利亚等国灾害科学研究的发展也较好。我国的减灾科学研究刚刚起步，但进展十分迅速，在减灾实践中发挥了极其重要的作用。同时，由于国际交往的日趋紧密，灾害科学研究的国际合作也呈现出繁荣的景象，这大大推动了世界各国减灾事业的发展。

减灾技术在人类减灾活动中发挥着十分重要的作用。尤其是工业化以来，随着现代科学技术的发展和灾害科学的发展，人类在减灾技术的开发方面取得了日新月异的巨大进步，例如卫星、遥感技术、电脑分析等高科技手段已广泛地运用于对各种自然灾害的检测，卫星电视、光纤技术、无线通讯等现代化的信息传递手段及时发布灾害的预警、预报，形成了以高科技手段为主体的监测、预报技术体系。至于各种救灾技术设备的更新换代更为迅捷，已经形成了由直升飞机、救生船、救生艇及各种汽车构成的立体救灾运输体系。这些现代化的减灾技术设备与先进的减灾技术手段，大大的增强了人类抵御自然灾害的能力。

(4) 普及灾害知识，提高公民自救能力

防灾、减灾是全社会共同的事业，单纯的政府行为是不够的，应当动员全社会的力量，而每一个公民都有参与防灾、减灾的义务，自觉地遵守劳动纪律和有关防灾、减灾的规章制度，自觉地在自己从事的事业中考虑自然灾害的时间、空间规律而采取相应的防灾、减灾对策。同时，每一个公民都要加强有关自然灾害及其防灾、减灾知识的学习，接受减灾、救灾基本技能的训练，逐渐形成一种人人正视灾害、重视减灾而且能够减灾的社会环境。

所谓人人能够减灾、救灾，有两个方面的含义：一是每位社会成员都明确自己肩负有减灾救灾的责任，能够积极有效地参加防灾、减灾或者救助他人的公共活动；二是个人在遭遇灾害时能够正确应对，有效自救。要想做到这两点，每位公民都必须了解、掌握基本的灾害

知识，一边在灾害来临之前及时发现问题，采取有效措施，防患未然。这实际上又提出了减灾、防灾知识教育的重要性，可以肯定，这类教育在中国还相当薄弱。广大民众的灾害知识极度匮乏，是制约减灾、救灾实效提高的重要因素之一，所以，作为国民综合素质的重要内容之一，减灾知识的教育亟待加强。

有关经验教训的总结是减灾知识的重要来源之一。如关于防御地震灾害，我国云南就流传着这样一则有参考意义的谚语："震前动物有前兆，密切监察最重要。骡马牛羊不进圈，老鼠成群往外逃。鸡飞上树猪乱拱，鸭不下水狗狂叫。冬眠麻蛇早出洞，燕雀家鸽不会巢。兔子竖耳蹦又撞，游鱼惊慌水面跳。家家户户细观察，综合异常作预报"。由于动物对自然变异有着比人类更为敏感的察觉功能，因此，对于地震等突发性、剧变性自然灾害往往能够较早地作出反应。可能还有类似的情况存在，需要人们在日常生活中留心观察、总结，以便在临灾时及时采取防护对策。

除了及时预防意外，每位公民都必须了解一些自救和互救的方法，以便面对灾祸是保持冷静，正确应对。例如面临火灾时首先要做的就是关闭电源，迅速报警，切忌慌张乃至不顾一切越窗、跳楼；然后选择正确的脱险办法，如用湿毛巾捂住口鼻，沿墙猫腰并夺捷径外逃等。这类自救能力必须在平时就有所积累，必要时可以参加一些救灾演习，而政府也应该多组织一些这类活动，以提高公民的防灾救灾能力。

我们相信，只要人类遵循自然规律，坚定不移地走可持续发展的道路，再加上科学技术的不断进步及其在防灾救灾领域的广泛运用，在未来社会人类与自然灾害的斗争过程中，人类必将立于不败之地。

思考题

8.1　什么是气象灾害？气象灾害的一般特征有哪些？

8.2　什么是海啸？它有何危害？

8.3　试分析气象灾害的利于弊，人们应该如何把握？

8.4　遇到台风时，人们应该怎么办？

8.5　雷雨天气，出门时应该注意什么？

8.6　影响我国的台风发生在什么时间？台风能影响我国的哪些地区？

8.7　预防雷电的方法有哪些？

8.8　室内预防雷击措施有哪些？

8.9　室外避免雷击措施有哪些？

8.10　人在感觉遭受雷击前应迅速采取怎样的措施？

8.11　一旦发生雷击事件，应该怎么办？

第9章　生物灾害

9.1　生物灾害概论

生物灾害是由于人类生产生活不当、破坏生物链或在自然条件下的某种生物的过多过快繁殖(生长)而引起的对人类生命财产造成危害的自然事件。

其分类大致为：农作物病虫害、森林病虫害、蝗灾与鼠害、生物入侵等。

解决方法：我们应该科学地开发、使用资源，在符合客观规律的基础上，对各种自然资源进行改造，以改进我们的生活。在生产生活中及时进行监测，预防生物灾害的发生；在正常时期建立完善的自然灾害处理机制，以便在生物灾害发生以后快速高效地解决问题；积极结合实践的理论研究，以预见和防止因生产生活中的不当行为而造成生物灾害。

在自然界，人类与动植物相互依存，一旦失去平衡，生物灾难就会接踵而至。如捕杀鸟、蛙，会招致老鼠泛滥成灾；用高新技术药物捕杀害虫，反而增强了害虫的抗药性；盲目引进外来植物会排挤本国植物，会造成不同程度的生物灾害，危及生态环境。生物灾害学就是研究生物灾害问题及其控制技术的学问(科学)。

系统地看，生物灾害危及人类社会的主要表现是：①直接导致人畜伤亡。据统计，1907年印度的一只老虎在被击毙前共吃掉当地人436名；1993年2月5日，我国内蒙古突泉县某村遭群狼袭击，咬伤17人，咬死牲畜数十只；②间接危害人畜。如鼠疫已造成数亿人死亡；③危害农牧林业生产。据联合国粮农组织统计，全球谷物年生产因虫害损失14%，因病害损失10%，因草害损失5.8%，病虫草害加起来可夺去农作物产量的30%左右。

9.1.1　生物灾害学及环境生物效应

生物学是研究生物与其生存环境之间的相互作用的规律及其机理的学科，而生物灾害学则是研究受人类干预的生态系统，其主要内容是研究灾害环境对生物的影响，保护并改善人类与环境的关系，更加合理地利用自然与自然资源，保障人类安全。灾害的生物效应有多重体现，如中生代恐龙的突然灭绝；现代工业污水大量排入江河湖泊，造成某些水域鱼类灭绝；滥伐森林，使动物种类和数量减少，破坏了生态平衡，使农林灾害猛增；由于大量致畸、致癌物质的扩散，已造成癌症患者增多。生物灾害引发的后果在时间和程度上的差异，又可将其进一步分为急性环境生物效应(如某种细菌传播引起的流行病)和慢性环境生物效应(如1953~1979年使日本熊本县近千人受害的水俣病)等。再如生物地球化学性疾病也是一类典型生物灾害。通常，地方病主要是因某些致病生物或某些病媒生物的过度繁殖所致，如前苏联、美国等的草原、荒漠地区因野鼠泛滥而成为野鼠疫的自然疫源地；如森林脑炎、血吸虫、疟疾等，人一进入疫区，就必然会患病。

生物灾害学所界定的生物多样性，指一定时间一定空间所有生物物种及其变异和其生态系统组成的复杂性，通常包含三个不同层次及其相互关系的多样性，即遗传多样性、物种多样性和生态系统多样性。生物多样性主要是通过统计物种的数量来衡量，目前地球还存在约

500~3000万种生物，其中170多万种已被分类定名。

9.1.2 生物资源特点及生物多样性价值

生物资源的特点：生物资源的生命特性决定了其具有以下特点：①动态变化性。基因有丢失、重组、突变，物种有灭绝、适应、进化，生态系统有退化、演替等。②可更新性。不同生物资源具有不同的更新周期，人类可长期有效利用。③相互依存性。物种间相互依存，生物与非生物环境因素间也存在相互影响和作用。④有限性。任何一种生物资源都不可能无限地被人们利用。

生物多样性的价值：①自然产品价值。如薪柴、天然饲料、野味、药材等。可不经市场直接为人类消费。这种消耗是粗放的，对生态系统常产生严重破坏。②商业性收获的产品价值。人类将野生生物驯化为农作物和家畜，其产品如市场出售的粮食、蔬菜、水果、木材、油料、肉、蛋、皮毛、布匹、纸张等都能为人类所利用。此外，野生生物资源还可以用来培育新品种。③生态系统的间接价值。如评价其对人类生存环境和未来发展的重大影响和综合效益。间接价值很可能要大于直接价值，但这种价值并不反映在国民收入中，容易被人们忽视。如生物多样性维护了生态系统的稳定，对任何生物资源的过度开发都会破坏生态系统的平衡，最终危及人类自身的生存。植被对于保护水土、调节气候、减轻污染、减轻灾害、增加氧气和负氧离子有着巨大的环境效应。一个生物多样性丰富的环境能成为人类娱乐、休养、科研、教育和精神享受的场所，为人类提供美学、社会文化和历史的非物质消费性价值。即使是目前用途并不明确的物种也具有间接价值，如野生生物资源为人类提供了物种选择的机会，物种本身就具有存在价值，现代人希望所有物种都保留下来，作为子孙后代的知识宝库。

9.1.3 物种灭绝与其原因

近几个世纪由于人类活动加速了物种灭绝的速率。近400年中约有400种的鸟类和哺乳类绝种，哺乳动物17世纪每5年灭绝1种，20世纪每2年灭绝1种。美国全球2000年报告估计，到2000年所有物种的15%~20%可能会消失。世界自然保护联盟濒危物种机构保守的估计，到2050年约有6万种植物灭绝或成为濒危物种，按照10~30种生存动物需要1种植物，到2050年全部灭绝的物种会达(66~186)万种，比起物种进化过程中淘汰的数量至少高出2.5倍。其原因主要是：①人类经济社会发展活动：工矿交通水利建设和大规模农林牧渔业开发，人口猛增对各类需求的增加，破坏了各类自然生态系统，使野生动植物丧失了栖息环境。②环境污染对野生动植物的生存环境造成重大威胁：酸雨、臭氧层破坏、全球气候变暖、农药大量使用等，改变了全球水分平衡，破坏了大量土壤化学成分，改变了物种生境。③人类过度掠夺、滥采滥捕，导致某些物种和种群灭绝：世界珍稀野生生物走私是仅次于毒品和军火的第三大国际走私活动，年走私额达50亿美元。④现代农业生产方法特别是大规模单一种植使农业系统变得十分脆弱。⑤经济系统和政策对生物多样性的保护缺乏充分支持。⑥对于生物多样性保护缺乏必要的知识和技术。⑦法律和组织管理机构尚不适应生物多样性的保护。

9.1.4 生物多样性的保护途径

我国生态系统类型丰富，生物多样性居全球第八，北半球第一。中国大陆因受第四纪冰川影响较小，使得一些古老珍贵生物得以保留。此外，我国还是世界八大栽培植物起源中心之一。

我国已签署《生物多样性公约》，制定了"自然资源开发利用与保护增殖并重"和"谁开发谁保护、谁利用谁补偿、谁破坏谁恢复"的保护政策；陆续建立了 708 处自然保护区，有 10 处列入联合国教科文组织的国际生物圈保护区网；建成了世界最大的作物品种资源库。

保护生物多样性的途径主要有：①健全政策和法规。世界环境与发展大会指出，必须制定国际保护生物多样性公约，由联合国负责监督执行。《中国 21 世纪议程》提出将颁布《中华人民共和国自然保护区管理条例》、《野生动植物保护条例》，制定"中国生物多样性保护行动计划"及有关规范、标准。②加强宣传教育。大力开展普法和科普教育，提高全民环境意识，惩治偷捕偷猎者。③加强生物多样性保护的科学研究。研究生物资源的分布、种群动态、濒危原因、开发利用现状、保护措施、存在等，制定相应保护计划采取保护措施。同时，我国将建立生物多样性监测网络和国家级信息系统。④加强生物多样性保护的国际合作。生物多样性保护是一项全球行动计划，因为生物多样性衰竭的恶果和造成的灾害是全球性的，某些生物资源的存在不受国界限制，属各国公有。我国已与许多国际组织开展了有效的合作，包括濒危物种和生态系统多样性保护和生物资源可持续利用、人与生物圈计划、农业生态系统与资源综合利用、生物防治、全球环境监测和生物多样性监测等。

9.1.5 生物灾害综合治理对策

生态灾害是制约实现第三步战略目标、危及国家安全、企业生存和人们身心健康的瓶颈，保护生态环境及生态减灾就是保护及发展生产力。

生物灾害综合治理科学的对策就是从大生态系统的整体出发，根据有害生物与环境之间的相应联系和人类对社会经济生产及发展的具体要求，充分发挥自然控制因素的抑害减灾作用，因地制宜地运用必要的防治措施，将有害生物控制在经济受害允许水平之下，避免或减轻灾变，以获得综合的生态效益，即开展以生态工程、生态经济、生态设计、产业生态学及环境未来学研究为中心的生物减灾工程实践。

9.2 外来入侵物种

9.2.1 生物入侵

生物入侵(biologica linvasion)是指某种生物从外地自然传入或人为引种后成为野生状态，并对本地生态系统造成一定危害的现象。这些生物被叫做外来物种。外来物种是指那些出现在其过去或现在的自然分布范围及扩散潜力以外的物种、亚种或以下的分类单元，包括其所有可能存活、继而繁殖的部分、配子或繁殖体。外来物种具有生态适应能力强、繁殖能力强、传播能力强等特点；被入侵生态系统具有可利用资源充足、自然控制机制缺乏、人类干扰频率高等特点。

外来物种入侵是一种全球范围的生态现象，已逐渐成为多样性丧失、物种灭绝的重要原因。根据国际自然资源保护联盟提供的数据，目前全球濒临灭绝危险的野生动物共有 10954 种，其中，全球鱼类的 1/3，哺乳类的、鸟类的、爬行类的 1/4，都已高度濒危，如果照此速度发展，到 2100 年，地球上 1/3 到 2/3 的植物、动物以及其他有机体将消失，其大规模死亡的现象和6500万年前恐龙的消亡差不多。

如此严峻的形势，使得越来越多的国家逐渐意识到单靠一国的力量根本无法阻挡外来物种的肆意入侵，只有积极的国际合作才能更有效地消除外来物种对生物多样性的危胁。

9.2.2 外来物种

外来物种(exotic species)的“外来”是以生态系统来定义的，是一个与本地种(native species)相对的概念。它具有三层含义：①借助人为或其他作用超过不可自然逾越的空间障碍而入境；②可在当地的自然或人为生态环境中定居，建立可自我维持的种群，并可自行繁殖与扩散；③对当地的生态系统和景观生态造成明显的影响并损害当地的生物多样性。

外来物种有微生物、植物以及动物，其中微生物主要指对农作物、林木及经济类鱼虾带来危害的病原微生物，不包括人类和家畜疾病。入侵植物主要指在农业、林业、湿地、草原、淡水、海洋等不同生态系统中带来危害与威胁的植物，如草本、藤本、灌木、藻类等植物及部分有明显危害性的乔木。入侵动物主要指对农林牧渔业生产带来危害的昆虫、螨、鱼、两栖爬行类等。

据不完全统计，目前我国有外来杂草107种，外来害虫32种，外来病原菌23种。首批外来物种公布的名单有：紫茎泽兰，薇甘菊，空心莲子草，豚草，毒麦，互花米草，飞机草，凤眼莲(水葫芦)，假高粱，蔗扁蛾，湿地松粉蚧，强大小蠹，美国白蛾，非洲大蜗牛，福寿螺，牛蛙。2010年1月国家公布的第二批入侵物种有：马缨丹，三裂叶豚草，大薸，加拿大一枝黄花，蒺藜草，银胶菊，黄顶菊，土荆芥，刺苋，落葵薯，桉树枝瘿姬小蜂，稻水象甲，红火蚁，克氏原螯虾(小龙虾)，苹果蠹蛾，三叶草斑潜蝇，松材线虫，松突圆蚧，椰心叶甲。

有一种美丽的植物，开着白色的小花，一年四季常绿，繁殖能力极强；但有它在的地方，任何植物都不能生长，它就像一个“绿色杀手”，将所有的植物“杀死”，所到之处成为一“绿色沙漠”。目前由中美洲入侵的这种植物已经将四川凉山州800万亩优良草场变成它的王国，而且它们正以每年30km的速度悄悄向成都逼近。这种“绿色杀手”就是紫茎泽兰，一种有剧毒的毒草，一种外表秀丽、繁殖能力特强的外来恶性杂草。10年前，紫茎泽兰通过飞花传播、鸟类助播等方式，经由缅甸、泰国至我国云南，后又到达贵州，其与农作物争抢土地、水分及营养，抑制林木生长，导致农作物减产，且其茎叶有毒，能够损害人畜健康，马、羊食后会引发气喘病，四川凉山的羊就曾因此减产6万多头，造成的损失达2100多万元。

9.2.3 入侵原因

学术界对外来种入侵发生的原因大致有两个，一是从入侵者的角度分析，二是从被入侵的生态系统考察。入侵生物要经历传播、定居、生长繁衍几个阶段。外来物种通过人们的活动，被有意或无意地带到以前没有生存过的地方，其中一部分会成功地扎根生长，建立了根据地的物种渐渐适应当地的环境，慢慢地开始利用自身的优势不断扩大占领区，有效利用资源，排斥和驱逐本地物种。

一般说来入侵性强的物种都具有一些相似的特征，例如：繁殖能力强，植物能产生大量的种子，动物则产卵量大或产仔量大，这样不仅提高其后代存活的绝对数量，也提高了其传播的几率，在入侵的第一个阶段就占有了优势。为了解释这些现象，科学家们提出了以下几点假说：生态位空缺假说、生物因子失控假说、群落物种丰富度假说、以及迁入前后干扰假说。

生物因子失控假说的中心思想是，外来物种在新区域得以生存和繁殖，不是因为入侵种本身特性所致，而是由于它们偶然到达了不具备天敌或其他生物限制的新环境，因而快速扩散造成灾害。也就是说外来生物之所以在其原产地没有什么危害，是因为在原产地有天敌或其他的生物因素限制了其灾难性爆发，而在被入侵地恰恰少了这些讨厌的克星，于是这些外来者不失时机地为所欲为了。该假说是解释外来种成功入侵最直接的假说，并促使人们在入侵种原产地去寻找其天敌以进行生物控制。

此外，在外来生物入侵中还有一个重要的现象，那就是“时滞”，就是指入侵性外来生物从开始在新的环境里定居到种群开始快速增长和迅速扩大“占领区”之间的时间延迟期（潜伏期），也就是说入侵种在最初的时间不会大量繁殖、扩展领域，它们只是安安静静地在新到达的地方生长。如巴西胡椒在19世纪被引入美国的佛罗里达，但是直到20世纪60年代早期，它们仍不为人所知。现在，它们在佛罗里达已经占据了1133km^2的面积，并且群落密集，别的植物无法与之竞争。

还有一种叫千里光的植物，它在18世纪末仅生长在牛津植物园，但到19世纪中叶已经蔓延到英国许多地方。外来生物入侵过程中的时间延滞，或有或无，或短或长，从短短的几年到几十年或上百年，更有甚者可以持续几个世纪，这样就使得外来生物入侵更加难以琢磨。

至于“时滞”产生的原因，至今还不是很清楚。其可能的原因有以下几点：①由于外来种最初定植的生境并不适于其生存，需要时间扩散到适于其生长的环境；②由于道路、河流、山谷等天然屏障的阻挡，或人为的限制，使之不能扩散到其他有利于生长的地区；③种群太小没有引起人们的注意，即与人们对外来种的认识程度、重视程度有关；④潜在入侵种的数量和分布。一个种群要想快速繁殖，必须达到一定的种群大小，在突破这个临界点以前，不会大规模的爆发；⑤产生新基因型的遗传变异及其适应新环境所需的时间；⑥等待生境的变化。有的外来种在不利的生存条件下可以维持自身的生存，但不会爆发，一旦生长条件适宜将迅速扩增，伺机爆发。

9.2.4 入侵情势

中国跨越50个纬度，气候带包括：寒温带、温带、暖温带、亚热带和热带。各种各样的生态系统为许多外来物种提供了适宜生存的栖息环境，这就为外来种的入侵提供了便利的条件。从森林、水域、湿地、草地、荒漠戈壁等自然生态区域到农业区、城市居民区等人类活动范围都可见到入侵生物，其中情况最为严重的为水生生态系统。现在，全国34个省市自治区都存在外来物种。入侵物种的种类繁多，大到脊椎、无脊椎动物，高等、低等植物，小到细菌、微生物、病毒。哺乳动物如獭狸、麝鼠、褐家鼠；鸟类如爪哇禾雀、小葵花凤头鹦鹉、虹彩吸蜜鹦鹉；爬行类如巴西龟；两栖类如牛蛙、海蟾蜍；鱼类、甲壳类、软体动物的种类也不在少数，昆虫种类尤其是农林害虫的种类相当多且危害广泛。根据中国科学院植物研究所李振宇研究员的粗略统计，入侵我国的植物种类达几百种。虽然引入我国的这些物种有的是无意之间引入的，但由于交通越来越发达，人员和物资流动，以及压舱水使得无意带入的物种很多，如蔗扁蛾、褐家鼠、豚草、北美一枝黄、紫茎泽兰、刺花莲子草、苋属、松材线虫和美国白蛾等。另一些种类则是人为有目的的引入的，中国古代即有引种的传统，中国或其某一地区从国外或外地引入优良品种更有悠久的历史。早期的引入常通过民族的迁移和地区之间的贸易实现。随着经济发展和改革开放，与种植、养殖有关的单位几乎都有大量从外国或外地引进物种的项目。这些单位主要从事农业、林业、园林、水产、畜牧、特种养殖业及各种饲养繁殖，其中大部分引种以提高经济收益、观赏、环保等为主要目的。

我国已成为外来生物入侵最严重的国家，近10年来入侵我国的新外来生物至少有20余种，平均每年新增2种，外来生物入侵呈现出传入数量增多、频率加快、蔓延范围扩大、发生危害加剧、经济损失加重的趋势。

农业部专家说，目前已有400多种外来物种入侵我国，在国际自然保护联盟公布的全球100种最具有威胁的外来生物中，有50余种已入侵我国，其中的11种给我国造成的经济损失每年高达570亿元。随着国际贸易的不断扩大和全球经济一体化的迅速发展，外来生物入侵日益加剧，使得原有生物群落衰退，生物多样性破坏，农、林、牧、渔业损失严重，从而威胁全球的生态安全、经济安全和人民生命健康。

外来入侵生物的有效控制与农业丰产休戚相关。朱秀岩表示，我国高度重视外来入侵生物防治工作，积极采取措施，认真做好外来入侵生物的管理和防治工作。农业部成立了外来物种管理办公室，会同有关部委，建立了分工负责、密切配合的工作机制，按照"广泛发动、除防并举、突出重点、综合防治"的方针，组织各地开展了以紫茎泽兰、豚草、红火蚁、水花生等外来入侵生物为重点的集中灭除，通过发动群众，群防群治，取得了明显成效；加强APEC成员间的技术交流与合作，探讨外来入侵生物防治的对策措施，共同抵御外来生物的入侵。

9.2.5 入侵渠道

一个外来物种进入一个新的生态系统，最后是否形成入侵通常取决于两个因素：进入新环境的外来物种的自身特点，以及这个环境是否容易被这个物种入侵。

(1) 生物入侵种的特点

外来物种在新的生态系统中，如果温度、湿度、海拔、土壤、营养等环境条件适宜，就会自行繁衍。许多外来物种虽然可以形成自然种群，但多数种群数量都维持在较低水平，并不会造成危害。

(2) 被入侵生态系统的特点

几乎所有的生态系统或多或少都有外来物种的入侵，但其中一些生态系统更容易遭到入侵。与外来入侵种一样，这些容易遭到入侵的生态系统也具有一些共同特点：①具有足够的可利用资源；②缺乏自然控制机制；③人类进入的频率高。

(3) 容易遭受外来物种入侵的区域

依据外来入侵种的传入途径以及入侵种和生态系统的特点，可以预测中国外来种容易入侵的区域为：①重要的港口、口岸附近，铁路、公路两侧。经国际货运传入的外来种往往首先在港口、口岸附近登陆，遇到适宜的环境条件建立小的种群后开始扩散；轮船的压舱水排放和营附着生活的海洋物种也常常在港口落脚；火车、汽车携带的外来种则容易在铁路、公路两侧定居、扩散。②人为干扰严重的森林、草场。人类活动可直接带来外来种，森林、草原等生态系统本来是稳定的，严重的人为干扰如乱砍滥伐、过度放牧使生态系统退化、多样性下降，给外来种的入侵创造了良好的条件。③物种多样性较低、生境较为简单的岛屿、水域、牧场。物种多样性低，自然抑制力也低，天敌种类少，外来种容易生存，种群容易扩增。④受突发性的自然干扰，如火灾、洪水和干旱等破坏后的生态环境。在这些生态环境中，生态系统短时间内受到严重破坏，物种组成和群落结构变得简单，入侵种极易迅速占据大量的生态位而成为优势物种。⑤温暖湿润、气候条件好的地区。如中国的南方地区，由于独特的地理和气候条件，常常给外来入侵种的大爆发提供良好的条件。

总的来看，生物入侵的渠道主要包括以下三种：

1）自然入侵：

这种入侵不是人为原因引起的，而是通过风媒、水体流动或由昆虫、鸟类的传带，使得植物种子或动物幼虫、卵或微生物发生自然迁移而造成生物危害所引起的外来物种的入侵。如紫茎泽兰，微甘菊以及美洲斑潜蝇都是靠自然因素而入侵我国的。

2）无意引进：

这种引进方式虽然是人为引进的，但在主观上并没有引进的意图，而是伴随着进出口贸易，海轮或入境旅游在无意间被引入的。我国每年6.5亿人次的越境旅游使观光客媒介外来入侵种的风险大增；水果、种子的入境可能带进入侵的昆虫、微生物，影响农业。

如目前正在黄河流域肆虐的美国白蛾，正是通过木材进口进入我国辽宁的，在1981年由渔民自辽宁捎带木材传入山东荣成县，开始在山东相继蔓延，而后在我国的扩散则更是出人意料，给当地造成了巨大的灾害损失。又如“松材线虫”是我国贸易商在进口设备时随木制的包装箱带进来的。航行在世界海域的海轮，其数百万吨的压舱水的释放也成为水生生物无意引进的一种主要渠道。此外，入境旅客携带的果蔬肉类甚至旅客的鞋底，都可能会成为外来生物无意入侵的渠道。

3）有意引进：

应当说，这是外来生物入侵的最主要的渠道，世界各国出于农业、林业和渔业发展的需要，往往会有意识地引进优良的动植物品种。如20世纪初，新西兰从我国引种猕猴桃，美国从我国引种大豆等。但由于缺乏全面综合的风险评估制度，世界各国在引进优良品种的同时也引进了大量的有害生物，如大米草、水花生、福寿螺等。我国引进的互花米草(spartina alterniflora)也已引起了生态学界的质疑，因为互花米草具有较强的化感作用，它可以分泌出对共生环境中的本土植物有害的物质；互花米草原产于美国东南部海岸，1979年引入我国，分布在我国上海、浙江、福建、广东、香港，其破坏近海生物栖息环境，影响滩涂养殖；堵塞航道，影响船只出港；影响海水交换能力，导致水质下降，并诱发赤潮；威胁本土海岸生态系统，致使大片红树林消失；它正在导致上海九段沙湿地中的本土植物海三棱藨草群落减少。

9.2.6 入侵物种的危害

入侵物种会引起的问题主要有：①直接减少物种数量；②间接减少依赖于当地物种生存的物种的数量；③改变当地生态系统和景观；④对火灾和虫害的控制和抵抗能力降低；⑤土壤保持和营养改善能力降低；⑥水分保持和水质提高能力降低；⑦生物多样性保护能力降低。

入侵物种导致的损失来自于生物多样性及其功能的丧失，主要影响有：①生态系统效益；②生物资源；③社会效益；④40%的世界经济和大约80%的贫困人口的需求；⑤当地物种和特有生态景观；⑥生态旅游收入；⑦当地土特生物产品；⑧当地特有性价值；⑨减少周围农业和林业的收入；⑩虫控制花费；⑪杂草控制花费；⑫降低土壤肥力；⑬使水资源调节能力下降；⑭消弱对土壤、营养和水资源的保护。

（1）加速物种灭绝

外来生物侵入适宜生长的新区后，其种群会迅速繁殖，并逐渐发展成为当地新的“优势种”，严重破坏当地的生态安全，具体而言，其导致的恶果主要有以下几项：第一，外来物种入侵会严重破坏生物的多样性，并加速物种的灭绝。生物的多样性是包括所有的植物、动物、微生物种和它们的遗传信息和生物体与生存环境一起集合起来形成的不同等级的复杂系统。虽然一个国家或区域的生物多样性是大自然所赋予的，但没有任何一个国家莫不是投入大量的人力、物力尽力来维护本国的生物多样性的。而外来物种入侵却是威胁生物多样性的头号敌人，入侵种被引入后，由于其新生环境缺乏能制约其繁殖的自然天敌及其他制约因素，其后果便是迅速蔓延，大量扩张，形成优势种群，并与当地物种竞争有限的食物资源和空间资源，直接导致当地物种的退化，甚至被灭绝。

（2）破坏生态平衡及景观环境

外来物种影响生态系统的机理及其带来的生态学影响如下：①竞争、占据本地物种的生态位，使本地种失去生存空间；②与当地物种竞争食物或直接杀死当地物种，影响本地物种生存；③分泌释放化学物质，抑制其他物种生长，如某些外来生物如豚草可释放酚酸类、聚乙炔、倍半萜内脂及甾醇等化感物质，对禾本科、菊科等一年生草本植物有明显的抑制、排斥作用；薇甘菊也可分泌化感物质影响其他植物生长。④通过形成大面积单优群落，降低物种多样性，使依赖于当地物种多样性的其他物种没有适宜的栖息环境，如水葫芦在河道、湖泊、池塘中的覆盖率往往可达100%，由于降低了水中的溶解氧，致使水生动物死亡。⑤过量利用本地土壤水分，不利于水土保持，如巨尾桉引自澳大利亚，在海南岛和雷州半岛的很多林场都有种植，由于它大量吸收水分，对水土保持十分不利，造成土壤干燥，在一块土地上连续种植，就会使得土壤肥力愈来愈低，甚至形成荒芜之地。⑥破坏景观的自然性和完整性，如藤本植物入侵种，厦门的猫爪藤，可完全破坏发育良好、层次丰富的森林景观。⑦影响遗传多样性。随着生境片段化，残存的次生植被常被入侵种分割、包围和渗透，使本土生物种群进一步破碎化，造成一些植被的近亲繁殖和遗传漂变，而且入侵物种对环境的破坏及对生态系统的威胁是长期的、持久的。

薇甘菊别名小花假泽兰。20世纪80年代侵入我国。它是一种攀援性的草质藤本，生长极为迅速，繁殖力极强，花果茎根均可再生，一天可生长10多厘米。它能爬到树林的顶部蔓延开来，使树木得不到阳光窒息而死，如果任它生长，几年间就能让整座山的植被全部萎缩甚至死去，所以它是典型的“植物杀手”。20多年前，它作为护滩植物被引入我国，近年来，在珠三角一带大肆蔓延，目前仅深圳市受薇甘菊危害的林地面积已达4万多亩，其中4000多亩受害森林已奄奄一息。另外，它也能侵入农田使作物减产，红树林死亡，生态系统遭到极大的破坏，并已危及到600只猕猴，以及鸟类和其他动物的生存。又如湿地松粉蚧、松突圆蚧、美国白蛾、松干蚧等入侵害虫危害的森林面积在我国每年已达约150万亩。稻水象甲、美洲斑潜蝇、马铃薯甲虫、非洲大蜗牛等入侵害虫使每年严重发生的农业面积达到(140~160)万亩。1994年开始入侵在我国的美洲斑潜蝇，目前的蔓延面积已达100多万亩，每年的防治费用需4.5亿元。20世纪80年代初，随木材贸易从美国侵入的红脂大小蠹1999年在山西省大面积暴发，使山西省1/3的油松林在数月间毁灭。入侵我国东北、华北、华东、华中的豚草，入侵西南地区的紫茎泽兰和飞机草，入侵广东的薇甘菊，在我国华东、华中、华南、西南地区作饲料引进的空心莲子草与水葫芦，沿海省区引进的大米草等对本地生物多样性和农业生产造成了巨大威胁，已经到了难以控制的局面。这些物种疯长成灾，侵入草场、林地和荒地，很快形成单优群落，从而导致原有植物群落的衰退。

（3）影响社会和文化

外来入侵物种通过改变侵入地的自然生态系统、降低物种多样性从而对当地社会、文化甚至人们的健康产生严重危害。中国是一个多民族国家，各民族特别是傣族、苗族、布依族等民族聚居地区周围都有其特殊的动植物资源和各具特色的生态系统，对当地特殊的民族文化和生活方式的形成具有重要作用。但由于飞机草、紫茎泽兰等外来入侵植物不断竞争、取代本地植物资源，民族文化的根基正在无声地被削弱。

豚草花粉是人类变态反应症的主要致病源之一，所引起的"枯草热"对很多国家的人民健康造成了极大的危害。一些外来动物如福寿螺等是人畜共患的寄生虫病的中间宿主，麝鼠可传播野兔热，极易给周围居民带来健康问题。疯牛病、口蹄疫、艾滋病更是对人类生存的巨大挑战。

（4）造成经济损失

外来入侵种会带来直接和间接的经济危害，每年给中国带来的经济损失就达数千亿元。①外来入侵动植物是危害农林业经济发展的直接生物，其对农田、园艺、草坪、森林、畜牧、水产等均有影响。水花生对水稻、小麦、玉米、红苕和莴苣5种作物全生育期引致的产量损失分别为45%、36%、19%、63%和47%。广东、云南、江苏、浙江、福建、上海等省市每年都要人工打捞水葫芦，仅浙江温州市和福建莆田市1999年用于人工打捞水葫芦的费用就为1000和500万元，全国总的费用至少超过1亿元，而水葫芦带来的农业灌溉、粮食运输、水产养殖、旅游等方面的经济损失更大。美洲斑潜蝇最早于1993年在海南发现，到1998年在全国21个省市区的发生面积已超过130万亩，它寄生于22个科的110种植物，尤其是蔬菜瓜果类，包括黄瓜、甜瓜、西瓜、西葫芦、丝瓜、番茄、辣椒、茄子、豇豆、菜豆、豌豆和扁豆等，目前中国每年防治斑潜蝇的成本高达4亿元。被称为"松树癌症"的松材线虫病在短短十年间，疫区就扩至江浙六省，发生面积约6.6万亩，对黄山、张家界等风景名胜区构成了巨大威胁，1982年南京中山陵附近的松树林就曾遭受其害。甘肃的古浪县由于虫害而处于被沙漠吞噬的危险之中；天牛虫害也因此被形象地称作"不冒烟的森林火灾"。经彻查，发现这些松树是感染了一种名叫松材线虫的入侵生物。此后，警报一个接着一个，到2001年，江苏、安徽、广东等10个省市都发现了这种凶残的松树杀手。据统计，由于它的入侵，我国每年都有600多万株松树受害致死，南方的5亿亩松林也受到了严重威胁。每年由此造成的直接经济损失已达到25亿元，间接损失达到了250亿元。外来种还常常引起国与国之间的贸易摩擦，成为贸易制裁的重要借口或手段，近年来中国出口美国的木制包装品因光肩星天牛问题给中国的对外贸易带来了数以千万计的经济损失。②外来有害生物通过影响生态系统而给旅游业带来损失。云南昆明的游人原来可以从昆明市内开始乘船游滇池和西山，但自20世纪90年代初大观河和滇池中的水葫芦泛滥成灾后，致使这条旅游线路被迫取消，大观河两侧的配套旅游设施报废或闲置。③外来生物通过改变生态系统所带来的一系列水土、气候等不良影响，从而产生间接的经济损失。与直接经济损失相比，间接损失往往难以计算，如大量的水葫芦植株死亡后与泥沙混合沉积水底、抬高河床，使很多河道、池塘、湖泊逐渐沼泽化，有的甚至因此被废弃使用，引发周围气候和自然景观的恶化，并加剧旱灾、水灾的危害程度；此外，水葫芦植株还大量吸附重金属等有毒物质，死亡后沉入水底，构成二次污染，加剧污染程度。

9.2.7 入侵物种的防治

入侵物种的防治措施主要有：

（1）人工防治

人工防治主要是指依靠人力，捕捉外来害虫或拔除外来植物。人工防治适宜于那些刚刚传入、定居，还没有大面积扩散的入侵物种。我国人力资源丰富，人工防治可在短时间内迅速清除有害生物，但对于已沉入水里和土壤的植物种子和一些有害动物则无能为力；高繁殖力的有害植物容易再次生长蔓延，需要年年防治；人工防治有害动植物后如不妥善处理动植物残株(体，如卵)，可能成为新的传播源，客观上加速了外来生物的扩散。

（2）机械或物理防除

利用专门设计制造的机械设备防治有害植物。机械防除有害植物对环境安全，短时间内也可迅速杀灭一定范围内的外来植物。利用机械打捞船控制水葫芦等水生杂草在非洲的维多利亚湖等地取得了一定的效果。我国云南昆明也曾设计制造过一艘机械打捞船清除滇池水葫芦，福建农业大学也曾帮助福建宁德地区设计制造"割草机"来控制大米草，但均因技术等原因未获成功。机械防除后，如不妥善处理有害植物残株，这些残株可能会依靠无性繁殖成为新的传播源。因此，控制防治外来有害生物也可通过物理学途径，如用火烧控制有害植物，黑光灯诱捕有害昆虫，等等。

（3）替代控制

替代控制主要针对外来植物，是一种生态控制方法，其核心是根据植物群落演替的自身规律用有经济或生态价值的本地植物取代外来入侵植物。它的优点在于：①替代控制植物一旦定植便长期控制入侵植物，不必连年防治；②替代植物能保持水土，改良土壤，涵养水源，提高环境质量；③替代植物有直接经济价值，能在短期内收回栽植成本，长期获益；④替代植物可使荒芜土地变成经济用地，提高土地利用率。替代控制的不足在于环境要求较高，很多生境并不适宜人工种植植物，如陡峭的山地、水域等，同时人工种植本地植物恢复自然生态环境涉及的生态学因素很多，实际操作起来有一定的难度。研究利用替代植物控制外来有害植物，应充分研究当地土生植物的生物生态学特性，如它们与入侵植物的竞争力、化感作用等，掌握繁殖、栽培这些植物的技术要点，并探讨本地植物的经济特性，市场潜力等，以便同时获得经济和生态效益。

（4）化学防除

化学农药具有效果迅速、使用方便、易于大面积推广应用等特点。但在防除外来生物时，化学农药也杀灭了许多本地生物，而且化学防除一般费用较高，在大面积山林及一些自身经济价值相对较低的生态环境如草原使用往往不经济、不现实；而且，对一些特殊环境如水库、湖泊，化学农药具有限制性。另外对于许多多年生外来杂草，大多数除草剂通常只杀灭地上部分，难以清除地下部分，需连续施用，且防治效果不持久。根据作用方式，化学除草剂可分为内吸传导型和触杀型两类，内吸性除草剂如草甘膦等接触杂草后能被杂草吸收并运转到其他部位，对全株均有影响，一般用于多年生杂草，但防治效果缓慢；触杀性除草剂如克芜踪、除草醚等作用部位仅限于接触杂草的部位，因此对地下繁殖体无效，虽然其不被吸收和传导，但适用于一年生杂草，且作用效果快，外来入侵植物大多为多年生，故内吸性除草剂更为适用。化学杀虫剂杀灭害虫的作用方式有触杀、胃毒、驱避等，也有激素和生长调节剂类农药，但外来害虫抗药性发展很快，应经常交替、轮换使用多种杀虫剂，以延缓和降低害虫的抗药性。

(5) 生物防治

生物防治是指从外来有害生物的原产地引进食性专一的天敌将有害生物的种群密度控制在生态和经济危害水平之下。生物防治方法的基本原理是依据有害生物-天敌的生态平衡理论，在有害生物的传入地通过引入原产地的天敌因子重新建立有害生物-天敌之间的相互调节、相互制约机制，恢复和保持这种生态平衡。生物防治的一般工作程序包括：原产地考察、采集天敌；天敌的安全性评价；引入与检疫；天敌的生物生态学特性研究；天敌的释放与效果评价。因为天敌一旦在新的生境下建立种群，就可能依靠自我繁殖、自我扩散，长期控制有害生物，所以生物防治具有控效持久、防治成本相对低廉的优点。从释放天敌到获得明显的控制效果一般需要几年甚至更长的时间，因此对于那些要求在短时期内彻底清除的入侵物，生物防治难以发挥良好的效果。由于利益角度不同，对杂草的认识也不同，使得生物防治杂草容易引起利益冲突。另外，引进天敌防治外来有害生物也具有一定的生态风险性，释放天敌前如不经过谨慎的、科学的风险分析，引进的天敌很可能成为新的外来入侵生物，从而带来“引狼入室”的后果。国际上杂草生物防治已有100多年的历史，引进天敌控制杂草在取得成就的同时，也面临着天敌安全性等新的挑战。1993年FAO颁布了《国际生防天敌引种管理公约》，对天敌的引种进行了规范。目前国际上在有害植物天敌释放前，均对其进行安全性测定，主要方法有选择性和非选择性测定两种，进行风险分析的供试植物种类包括以下几类：①分类上与目标植物同属同科或近缘科的代表种；②本地重要的经济、观赏作物的代表种；③本地濒危物种；④形态学、物候学上与目标种相似的物种。

(6) 综合治理

综合治理技术就是将生物、化学、机械、人工、替代等单项技术融合起来，发挥各自优势、弥补不足，达到综合控制入侵生物的目的的技术。综合治理并不是各种技术的简单相加，而是它们有机的融合，彼此相互协调、相互促进。以利用生物和化学防治综合治理入侵植物为例，由于融合了两者的优势，同时又弥补了各自的不足，因此具有以下特点：①速效性在实施的前期，在一些急需除掉有害植物的地方，有选择地使用一定品种和剂量的除草剂，从而在短期内迅速抑制有害植物种群的扩散蔓延，加快控制速度；②持续性由于除草剂只能取得短期防效，难以持久，因此，使用除草剂后，释放一定数量的专食有害植物的天敌昆虫并使其建立种群定居，长期自我繁殖，并逐渐达到和保持植物-天敌之间的种群动态平衡，取得持续控制的结果；③安全性与单一应用化学除草剂相比，综合治理对化学除草剂的品种、使用浓度、剂量及应用次数都有严格的限制，所选择的除草剂对其他生物安全，使用浓度、剂量、次数都大大低于常规用量，因此具有较高的安全性，对环境影响不大；④经济性综合治理技术以生物防治为主，在释放天敌后，天敌可自我繁殖，建立种群，在达到一定数量后基本上不再需要人工增殖，因此具有一次投资、长期见效的优势，防治成本相对较低。

我国处理外来入侵物种问题的策略有：①提升处理外来种问题的能力；②提升研究能力；③开发处理外来种问题的经济政策与工具；④订定国内法和国际法；⑤环境影响评估系统；⑥提升公众意识；⑦信息分享；⑧相关部门对外来种的反应；⑨将外来种的议题纳入全球变迁方案；⑩国际合作。

9.3 水葫芦

学名凤眼莲(eichhornia crassipes)，俗称布袋莲、水荷花、假水仙，水生直立或漂浮草本，叶直立，卵形或圆形，光滑，叶柄长或短，中部以下膨大如球，基部有鞘状苞片，花茎单生，中部亦具鞘状苞片，穗状花序呈蓝紫色，见图9-1。赵文等对水葫芦的特点、分布、危害及其治理方法进行了比较深入的研究，下面就进行展开说明。

9.3.1 水葫芦的特点

多年生宿根浮水草本植物，因浮于水面生长，又叫水浮莲。因其在根与叶之间有一像葫芦状的大气泡又称水葫芦。凤眼莲茎叶悬垂于水上，蘖枝匍匐于水面；花为多棱喇叭状，艳丽美观；叶色翠绿偏深；叶全缘，光滑有质感；须根发达，分蘖繁殖快，管理粗放，是美化环境、净化水质的良好植物。但是水葫芦也有害处，水葫芦繁殖能力很强，覆盖在整个湖面，使得水中的其他植物不能进行光合作用，水中的动物得不到充分的空气与食物，水生态平衡破坏，严重时会堵塞水道。

图 9-1 水葫芦

水葫芦疯长危害环境的原因是其生命力极强，在很多生态环境中都可生长，水库、湖泊、池塘、渠道、流速缓慢的河道等是其最为适宜的生态环境，在沼泽地及其他低湿地方也可生长繁殖。水葫芦的生长对养分和pH的要求不高，最适合的生长条件是pH=7左右、含磷量20mg/L，并有足够的氮源，但其耐盐性不强，当水中盐分含量超过0.06%或0.01mol/L时就会死亡。气候对水葫芦的生长影响很大，当气温为13℃或水温为10℃时开始生长，气温达25℃或水温达20℃时生长较快，当气温为30~35℃或水温为27~30℃时生长最旺盛，最适宜温度为28~30℃，但当水温在35℃以上并持续5~6h时水葫芦就会萎蔫；可耐低温5℃，7℃以上可安全越冬，5℃以下需保护越冬，冰点以下数小时死亡。

9.3.2 水葫芦的危害

虽说水葫芦本身有很强的污水净化能力，但大量的水葫芦会覆盖河面，造成水质恶化，影响水底生物的生长。水葫芦繁殖速度极快，生长时会消耗大量溶解氧，特别是在秋季，它的根叶会迅速腐烂，不仅堵塞水上交通，还会污染水源，几乎是“污染”的代名词。滇池、太湖、黄浦江及武汉东湖等著名水体，均出现过水葫芦泛滥成灾的情况，耗费巨资也无法根治。水葫芦给滇池造成损失的案例是入侵物种危害的经典案例。

2007年，福建媒体报道了中国的第一次水葫芦暴发，自闽江上游的水葫芦覆盖了水口大坝整个库区，面积近1.6km^2。随后，水葫芦这个名字不断出现在各地报纸上，成为当年上半年以来曝光率最高的植物。4月中旬，水葫芦现身三峡库区周围，其中宜昌黄柏河的水葫芦已经封锁河道；5月中旬，四川南充市滑滩河水葫芦堵塞河道3km；6月初，重庆花溪河水葫芦封锁4km；同期，位于嘉陵江上的华能四川青居水电站遭到大量水葫芦入侵；7月初，浙江省钱塘江上游暴发水葫芦，富春江水库亦未幸免；同期，上海金山、松江两地水葫芦大规模暴发，仅金山区每天至少打捞550t；8月中旬，安徽省安庆市莲湖水葫芦侵占近666600m^{2}水面；9月初，湖南捞刀河水葫芦暴发，厚达3m，打捞者竟可在其上行走，而之前的浏阳河水葫芦已经封锁河面绵延数公里；江山须江也发生过水葫芦泛滥。2007年9月6日，浙江省钱塘江管理局直管的海塘物业管理公司在钱塘江面发现了水葫芦，为及时清理水面，该公司已派出6只打捞船，80多名保洁员日夜不停打捞，截至9日，已打捞350t。

水葫芦造成危害的原因有：①水面与空气隔绝，造成空气中的氧气难于溶解于水中，造成水中缺氧；②隔绝光线，使其他水生植物不能进行光合作用；③沉入水底，腐烂后造成水中养分增加，滋生微生物，影响水质(富营养化)。

9.3.3 水葫芦的入侵状况

凤眼莲，原产于南美洲亚马逊河流域，由于其无性繁殖速度极快，现已广泛分布于华北、华东、华中、华南和西南的19个省市，尤以云南(昆明)、江苏、浙江、福建、四川、湖南、湖北、河南等省的入侵严重，并已扩散到温带地区，如锦州、营口一带。

1884年，它作为观赏植物被带到美国的一个园艺博览会上，当时被预言为“美化世界的淡紫色花冠”，并从此迅速开始了它的世界之旅，目前，水葫芦已广泛分布于北美、非洲、亚洲、大洋洲和欧洲的60多个国家。

19世纪期间引入东南亚，1901年作为花卉引入中国，30年代作为畜禽饲料引入中国内地各省，并作为观赏和净化水质的植物推广种植，后逃逸为野生。由于繁殖迅速，又几乎没有竞争对手和天敌(虽然有多种野生、家养动物以其茎叶为食，但取食量较小，与其庞大的生长量相比毫无影响)，使其在我国南方江河湖泊中发展迅速，成为我国淡水水体中主要的外来入侵物种之一。

凤眼莲主要分布在中国南方；因北方河流有冻结期，凤眼莲无法在自然状态下生存，但近年来随着全球变暖和它的自然选择进化，其危害区域有向北拓展的趋势。

入侵最严重的地区有最早被报道的滇池及其他还有太湖流域等。目前，我国有这种水葫芦184×10^4t，为了减轻水葫芦的危害，政府投资数亿元捕捉水葫芦，已捕捉出了60多万吨。2009年6月央视报道了福建闽江流域水口电站和沙溪口水电站的水浮莲，其在库区已经形成数万亩的聚集带，壮观之极，犹如茫茫草原，人工打捞需要2个月以上，对发电航运和生态环保构成了极大压力。

9.3.4 水葫芦的防治

1901年，凤眼莲被作为观赏植物引入中国，20世纪50~60年代被作为猪饲料推广，之后，凤眼莲在中国一发不可收拾。在南方，凤眼莲已经泛滥成灾，比如现在的珠江水系已经遍布凤眼莲(据统计，珠江水系凤眼莲每十年数目增长十倍)。水葫芦的具体防治措施主要有以下几点：

(1) 化学防除

科学工作者们已经在化学防除方面取得了一定的成绩，通过研究四种除草剂(克芜踪、草甘磷，苄嘧磺隆和恶草灵)对水葫芦的控制效果，发现效果最显著的为克芜踪，其次为草甘磷，苄嘧磺隆和恶草灵也有一定的抑制效果，但并不能起到致死作用。另外，克芜踪对专食水葫芦的天敌—水葫芦象甲成虫具有一定的致死作用，草甘磷对其成虫、卵和幼虫均无直接影响。此外，41%BIOPORCE 水剂防除水葫芦药效迅速，效果较好，持效期也较长，未见对水生动物有不良影响。

（2）生物防除

生物防除水葫芦从 20 世纪 60 年代初期在水葫芦原产地南美乌拉圭进行天敌调查开始（Silveira-Guido，1971），1967 年英联邦生防所在南美北部和西印度地区开始调查研究，1968 年美国农业部在阿根廷实验室也开始了水葫芦的生防研究工作。1978 年澳大利亚在巴西及其邻近国家进行该项研究。在乌拉圭、特立尼达、阿根廷、美国佛罗里达以及南美其他国家和印度共发现了 70 多种取食水葫芦的节肢动物，在巴西也发现 3 种取食水葫芦的节肢动物，以及 3 种螨类 Amblyseius glorius，A. pederosus 和 Flechtmanniaei chhorniae。另外，也有取食、危害水葫芦的两种无脊椎动物和海牛、草鱼及真菌的报道。在天敌的选择过程中，昆虫及螨类由于体型小、易于培养和研究而被特别重视。目前，生物防治中用得最多的生物是水葫芦象甲。在“大养特养”的口号下，水葫芦曾一度被作为一种高产的水生饲料在我国南方的许多地方推广。从 20 世纪 80 年代开始，水葫芦开始在我国南方许多河道泛滥成灾。在脱离原产地天敌控制的状况下，水萌芦疯狂繁殖，破坏了当地物种之间的平衡关系，造成大量水生动、植物的死亡。水葫芦的深刻教训让我们不得不谨慎的对待外来物种的引进，因此，迄今为止，水葫芦象甲还仍在我国科学家的实验室里。水葫芦象甲的安全性实验和对水葫芦的控制实验表明其对水葫芦有很强的专一性，对水葫芦的生长也有明显的控制效果。

20 世纪 50 年代，有人将水葫芦带到非洲的刚果盆地，三年后水葫芦战胜了所有的水生植物对手，在刚果河上游 1500km 的河道上蔓延，阻碍了航道。为了消灭水葫芦，当地政府花费巨资，沿河喷洒除草剂，但不到半个月，水葫芦又迅速生长起来。“后来请来海牛（儒艮）（图 9-2），平均每条每天能吃掉 400m^{2}的水葫芦，于是河道畅通了，刚果河又恢复了往日的生机。”用儒艮来治理凤眼莲，相比除草剂的有污染，费用高，不稳定（有可能增强凤眼莲的抗药性），其无污染，便宜，且控制效果好。

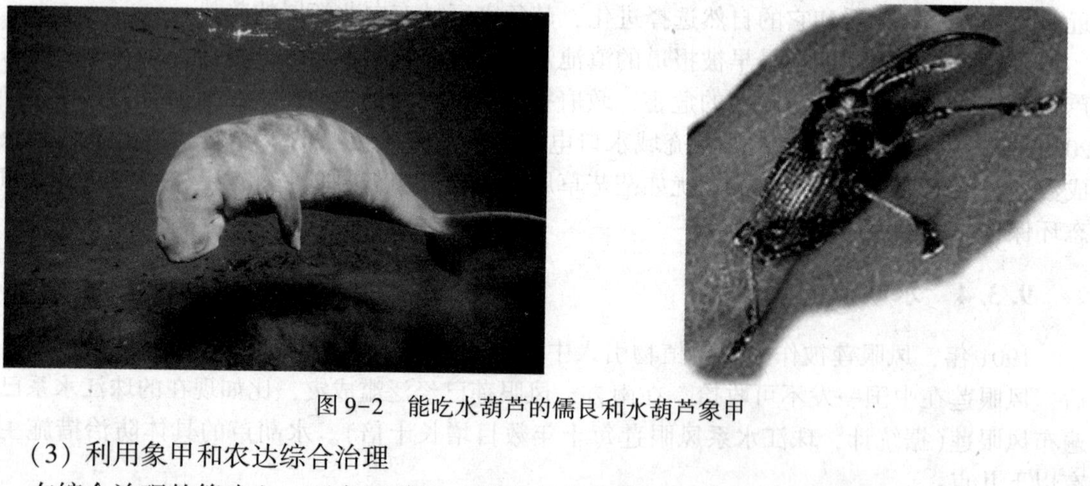

图 9-2　能吃水葫芦的儒艮和水葫芦象甲

（3）利用象甲和农达综合治理

在综合治理的策略上，可在河道的一侧留存水葫芦，以使象甲种群保存，而另一侧喷施除草剂可达到综合治理的效果。直接在有象甲的水葫芦上喷施除草剂农达既可有效控制水葫芦的生长，又可保留一定种群数量的象甲，但农达用量要适宜。选择既可有效抑制水葫芦植株生长和种群繁殖，又可在短期内难以杀灭植株的药量，是维系象甲种群存在的关键。利用这种方法只要使用正常用量的1/10农达制剂，就可获得十分显著的控制效果。这将在很大程度上减少因过量应用农达而带来的环境及成本问题。

(4) 利用河蟹控制

当4~5月份水温达到15℃时，水葫芦将开始繁殖，这时利用河蟹对水葫芦新根、新茎的喜食性，在水葫芦较多的池塘投放一定量的扣蟹或大眼幼体，能有效控制水葫芦的生长，又可提高蟹的产量和成活率。

(5) 人工打捞

人工打捞是一种原始的方法，但很奏效。关键是打捞时间的确定，在水葫芦开始繁殖前，或在施用农药见效后打捞，都能起到事半功倍的效果。特别是将人工打捞与化学防除结合起来，当用除草剂使水葫芦枯萎时，对其进行打捞，效果十分明显。

(6) 综合利用

水葫芦被视作是一种污染环境的有害生物，困扰着我国绝大多数南方城市。目前采用的一些防除水葫芦的方法或多或少的都存在一定的弊端。如化学防除虽然效果比较显著，但大范围的使用费用昂贵，还会产生一系列的环境和安全问题。生物防除已经在一些地区(尤其在国外)取得一定的效果，但那只是国外的情况。正如紫茎泽兰在中美洲的墨西哥能跟其他物种和谐的生存，不会疯长，但是它一到了别的生态环境(如中国的云南)中便表现出强烈的生态入侵，很快成为当地的优势种群，给当地的其他物种造成毁灭性的破坏作用。

实际上，水葫芦也有有益于人类的地方：①据研究发现，水葫芦是一种可供食用的植物，水葫芦的味道像小白菜，是一味正宗的“绿色蔬菜”，爆炒水葫芦、汤煮水葫芦，味道都很不错，除根部外并无害处。用它制成的饮料，曾在武汉上市10万余瓶，一销而空。水葫芦还可以加工提炼食品添加剂，用于治感冒。水葫芦含有丰富的氨基酸，包括人类生存所需又不能自身制造的8种氨基酸。因此，除了人类食用外，还可用做禽畜的优良饲料，还可以开发保健品。②水葫芦可以净化污水，是良好的净水植物，它可以分解有毒物质，保障人体健康。据实验证明，1公顷水葫芦，24h内可以从污水中吸附34kg钠、22kg钙、17kg磷、4kg锰、2. 1kg酚、89g汞、104g铝、297g锶……还有较强的吸收和积累锌的能力。③水葫芦能发电，浙江省海宁市日前在治理水葫芦方面探索出了一条崭新的途径：将水葫芦与畜禽粪便混合发酵，产生沼气，然后再用沼气与柴油进行混合发电，沼液和沼渣则可作为有机肥料。位于斜桥镇金石村的同仁沼气发电站，就是一个畜禽粪便与水葫芦综合利用工程；附近的同仁养殖园区年饲养生猪1. 5万头，肉鸡10万羽。④利用水葫芦制成无毒的生物胶黏剂；⑤利用水葫芦叶片制造写字纸、广告纸和卡片纸等；⑥用于水族箱或室内水池的除污及装饰材料；⑦利用水葫芦制作工艺品，长得茂盛的水葫芦能有1m多高，比藤条还粗，晾干后绝对是编织的好材料，水葫芦是天然材料，成本比藤制和木质家具都要低，而且具有吸附、去除室内有害气体的能力，是值得推广的工艺编织材料和环保型家具材料。

9. 4 蝗灾

中国自古就是一个蝗灾频发的国家，受灾范围、受灾程度堪称世界之最。历史上常见蝗虫飞满天的景象。

9. 4. 1 蝗灾的成因

蝗灾，是指蝗虫引起的灾变。一旦发生蝗灾，禾苗便会被吞食，使农产品完全遭到破坏，引发严重的经济损失以致因粮食短缺而发生饥荒。蝗虫极喜欢温暖干燥的环境，因此蝗灾往往和严重旱灾相伴而生，所谓“旱极而蝗”、“久旱必有蝗”就是真实的写照。

从环境角度看，蝗灾主要是由旱灾引起的。非洲几次大蝗灾也都与当地的严重干旱相关，干旱使蝗虫大量繁殖，迅速生长，酿成灾害的缘由有两方面：一方面，在干旱年份，由于水位下降，土壤变得比较坚实，含水量降低，且地面植被稀疏，蝗虫产卵数大为增加，多的时候每平方米土中可达 4000～5000 个卵块，每个卵块中有 50～80 粒卵，即每平方米有(20～40)万粒卵。同时，在干旱年份，河、湖水面缩小，低洼地裸露，也为蝗虫提供了更多适合产卵的场所。另一方面，干旱环境生长的植物含水量较低，蝗虫以此为食，生长的较快，且繁殖力较高。相反，多雨和阴湿环境对蝗虫的繁衍有许多不利影响，若蝗虫取食的植物含水量高，就会延迟生长和降低生殖力，多雨阴湿的环境还会使蝗虫流行疾病，此外雨雪还能直接杀灭蝗虫卵。再者，蛙类等天敌的增加，也会增加蝗虫的死亡率。

从生活习性上看，蝗灾主要是因为蝗虫：

① 有群居的习性；

② 有很强的繁殖力；

③ 有多食性，也就是它能吃很多种植物；

④ 飞翔能力很强，难于防治；

⑤ 卵深藏于地下，难于被破坏。

另外暖冬后蝗灾易泛滥。全球变暖，尤其冬季温度的上升，有利于蝗虫越冬卵的增加，为第二年蝗灾的爆发提供“虫卵”；此外气候变暖、干旱加剧，草场退化等多种因素的叠加，将为蝗虫产卵提供合适的产地，而且蝗虫适应干旱的能力很强，加上其他昆虫和鸟类在此情况下都不能生存，能造成蝗虫疾病的丝状菌也被抑制，故而使其数量大增。因此专家预测，随着全球变暖的趋势，未来蝗灾发生的规模会越来越大，对粮食生产将造成严重的影响。

虫口密度过大也会引发蝗灾。《科学》杂志有论文报道，当蝗群处于某一密度的时候，蝗虫会排列成行，开始朝同一个方向前进。蝗虫在其生活史早期是孤立的、没有翅的“若虫”，它们倾向于相互避开。但是如果资源变得缺乏，它们就被迫相互影响。然后，它们会组成有秩序的本地蝗群。这种蝗群有能力统一行动，进入近邻的栖息地，并让越来越多的蝗虫加入，最终成为了巨大的蝗群。因此，预测群体行动的开始，对于控制蝗灾爆发是至关重要的。科学家把数量逐渐增加的蝗群放在一个圆形的场地里，记录下它们的行为，并用计算机软件追踪它们的运动。研究发现，在中等密度的时候(每平方米约 25～62 只蝗虫)，蝗虫会排列成行，并开始朝着同一个方向运动，甚至统一地突然改变方向。当每平方米蝗虫数量超过 74 只的时候，有序前进的蝗群停止改变方向，而是向同一方向不断前进 8h。这些观察结果证实了被称作自推进颗粒模型的计算机模型所预计的结果。Buhl 和他的同事认为，使用这样的模型可能有助于设计出控制蝗灾爆发的方法。他们的研究成果支持了联合国粮农组织关于蝗虫若虫群体的定义。在这个定义密度上，蝗群容易越过“引爆点”，从而触发蝗灾。

9.4.2 蝗灾的防治

(1) 环境保护

蝗灾的发生，自然因素是主要的，但不可否认的是，有相当一部分人为因素。蝗虫必须在植被覆盖率低于 50%的土地上产卵，如果一个地方山清水秀，没有裸露的土地，蝗虫就无法繁衍。现在有些地方的人们生态意识不强，有的单纯认为治理污染才是保护环境，而对于改善蝗虫适生区的植被、土壤和小气候等工作，由于短期内看不到效益，并不重视。所以，要从根本上防治蝗灾，就应该注意生态环境的保护。

(2) 药剂防治

建议选用高效、低毒、低残留的对口农药，如5%锐劲特悬浮剂，每亩用20~30mL兑水50~60kg喷施。也可以在蝗蝻(蝗虫若虫)出土10d内，用敌百虫粉撒于小竹、杂草上，或用敌敌畏烟剂熏杀。施药后还要加强监测，在一周内迅速检查防治效果，对漏治和防效差的地段及时补施药一次。还可使用诱杀法：将稻草切成四五寸长，放入用人尿50kg，加入50%可湿性敌百虫0.05~0.1kg配制的药液中，浸没8h，于晴天早晨分散堆放于蝗虫多处。目前，最有效的灭杀蝗虫办法是用飞机喷洒农药，该法杀虫率高、灭杀范围广，但成本高，而且以化学防治为主的防治方式只能应一时之需，不能长治久安。

(3) 天敌防治

从长远看，要有效防治蝗灾，必须着眼于生态建设，要实行植物保护、生物保护、资源保护和环境保护四结合。特别是要确保生物的多样性，保护好蝗虫的天敌。据统计，我国目前有68种蝗虫的天敌，包括鸟类、两栖类、爬行类等，它们对控制蝗虫的数量具有重要作用。山东省有关部门曾在东营搞过培育蝗虫天敌-中华雏蜂虻的实验，取得了一定效果。新疆等地采取牧鸭、牧鸡等方式消灭蝗虫，效果也比较明显。广东省昆虫研究所曾在珠三角地区做过一项试验，将大量鸭子引入农田捕食水稻蝗虫，结果仅需2000只鸭子就能把4000亩土地里的蝗虫吃得干干净净。此外，挂网田间的园蛛及狼蛛、猫蛛等游走蛛，也能在田里迅速找到小蝗虫并将其吞食。广大农民应尽量保护农田蜘蛛以防止蝗害发生。具体做法是：收割后不要把稻草随便烧掉，而将其放在田里，为蜘蛛营造良好的“生活环境”；另一种做法是：在收割前后将发现的蜘蛛卵囊集中到安全地方并加以保护。

9.5 鼠灾

害鼠属于啮齿类动物，它们啃食植株，在地上打洞，危害植物根系，使农业减产，森林草地遭到破坏，给人类造成巨大经济损失，而且传播疾病，危害人体健康。

因此，鼠害的危害主要有：①消耗大量粮食，直接威胁人类生存；②与牛羊争食，消耗大量牧草；③鼠类的挖掘、啃食，破坏植被、土壤甚至局部地形，造成水土流失和生态环境的恶化；④传播鼠疫；⑤鼠类直接攻击人类。

9.5.1 老鼠的种类

老鼠有家栖鼠及野栖鼠之分。根据野栖鼠喜欢栖息的场所，又可分为林鼠、田鼠、沼泽鼠、草原鼠及荒漠鼠等。地上鼠，啃食树皮及作物茎干部分；地下鼠，主要啃食植物根系，破坏土地资源。我国鼠类地域差异显著，东北林区以岩松鼠和大林姬鼠为主，平原上以黑线仓鼠、小家鼠占优势。华北平原和黄土高原以黑线仓鼠、黑线姬鼠危害最大，另有北方田鼠、大仓鼠、中华鼢鼠及居民区的小家鼠、褐家鼠等。蒙新区东部草原上布氏田鼠、褐狭颅田鼠最多，其次为草原鼢鼠、达乌尔黄鼠、达乌尔鼠兔等。西部荒漠区以三趾跳鼠、五趾跳鼠、子午沙鼠、长爪沙鼠、大沙鼠等为优势种。青藏高原西北部主要有长尾仓鼠、狭颅鼠兔等，东南部以黑眉鼠兔为主。横断山脉和喜马拉雅山地鼠类垂直变化显著，害鼠为高山姬鼠、喜马拉雅旱獭。华中区以黑线姬鼠、社鼠、黄毛鼠占优势，黄胸鼠和板齿鼠等在华南危害甚重，我国西部高原还是鼠疫主要疫源地，黄鼠、黄獭、长爪沙鼠为主要疫源动物。

鼠类灾害有以下特点：鼠类种类多、数量大、分布广，由于个体小、食性杂、繁殖力高、适应性强，在条件适宜时它们能够迅速增殖，暴发成灾。鼠害的重灾区是农田、牧场及森林。鼠类对农田作物的危害一年四季都会发生，老鼠吃庄稼的茎、叶、根和种子，在农作物收获季节，鼠类盗食粮穗，而且还把它拖回洞里，藏入“仓库”作为贮粮。

9.5.2 农区鼠灾

我国幅员辽阔、地大物博，野生鼠类繁多，许多栖息于各类农田、农田周围和农村住宅区，危害各种作物的根、茎、叶、花、果实、种子以及农村储量、食品等，通常将这些鼠类成为农区害鼠。

南方农区害鼠有50余种，它们主要破坏农业生产，造成农产品损失，传播疾病，降低人类生活质量。此外随着农村的发展，工业技术的发达，还可能影响工业、交通等安全，造成安全事故。老鼠对农业的危害由来已久，特别是自20世纪80年代以来，鼠害的发生频率越来越高，造成的损失与日俱增，成为农业生产上一大生物灾害。全国农田鼠害发生面积一般超过2000万亩，1987年农田鼠害面积高达3933万亩，损失粮食1500×10^4kg，超过了历史上认为最重的螟虫、蝗虫、黏虫和小麦锈病造成的损失总和。

江西省是鼠害的重灾区，全省每年农田鼠害面积达(1100~1500)万亩，占粮食作物播种面积的20%~30%，损害的粮食达$(2.5\sim3.5)\times10^8$kg。加上农户家庭和仓库储粮被老鼠盗食约2×10^8kg，两者合计每年损失$(4.5\sim5)\times10^8$kg。

农区鼠害的防治措施，随应用对象的不同而差别较大。在农民居住房屋内，主要包括建筑防鼠、食物防鼠和清除鼠类栖息地等；在野外则主要结合生产活动进行，如开垦荒地、兴修水利、植树造林，对农田进行精耕细作，破坏鼠类赖以生存的环境条件。

农区灭鼠提倡“五统一”和“五不漏”。“五统一”即统一组织，统一技术，统一供药，统一配制毒饵，统一投放；“五不漏”即县(市区)不漏乡(镇)，乡不漏村(行政村)，村不漏户，户不漏田，田不漏块。

9.5.3 草原鼠灾

老鼠对牧业的危害主要有三个方面：一是直接啃食牧草，影响载畜量。1965年青海部分草场老鼠危害严重，损失牧草50×10^8kg以上，相当于500万只羊一年的食草量；二是破坏草系，造成草场退化，严重时导致草场沙漠化或荒漠化；三是老鼠咬死畜禽，1983年据湖北省不完全统计，全省被老鼠咬伤、咬死耕牛1161头、猪4006头，咬死鸡鸭4200余万只。

草原鼠害的发展趋势是：害鼠密度呈增长扩大趋势，害鼠危害程度趋于严重。

草原鼠害多采用生态控制的办法。

9.5.4 鼠灾的其他危害

林业上，老鼠啃食针、阔叶树苗及灌木的树皮、树根、树枝和种子，造成大量幼树死亡和林木种子欠收。据黑龙江、辽宁、内蒙古、甘肃等省不完全统计，1983年森林鼠害面积达600万亩，树木一般被害率为20%~40%，死亡率20%以上。受害严重的林地树木被害率可达80%，死亡率在50%以上。江西省高安市灰埠乡有300多亩桔园遭受鼠害，其中300多株桔树树干基部被老鼠环剥树皮，导致全株桔树枯死。

野鼠常在河堤水坝钻洞做窝，严重时造成河堤决口，导致洪水泛滥，淹没农田和村庄。如1949~1957年内蒙古哲盟因鼠洞造成河堤漏水或缺口，16万亩农田被淹，损失粮食1亿多斤。

老鼠对工业生产的危害虽然不像农、林、牧业年年发生，但造成的损失也相当严重。据我国10个冶金企业154次鼠媒停电事故统计，都是老鼠接近高压带电设备引起弧光放电造成的。如1981~1984年包钢供电，一共发生鼠媒停电事故10起，占停电事故总数的82.6%。美国火灾中约有1/4的起因不明，据估计很有可能是鼠类咬坏电线或造成短路有关。

老鼠除对农林牧业以及工业、水利等方面造成巨大危害外，老鼠还损害建筑，咬坏门窗、家具、衣服、书籍、档案、文件等，造成难以估计的损失。

老鼠引起的传染病主要有病毒性疾病、立克次氏体病、细菌性疾病、螺旋体病及寄生虫病。

9.5.5 鼠害的防治

鼠害防治方法总共有四大类：物理方法、化学方法、生物方法和生态方法。

① 物理灭鼠主要有：机械灭鼠，利用普通工具灭鼠，挖洞，灌水，灯光捕鼠，跌洞，人工捕打，枪击，竹笪围捕等。

② 化学灭鼠主要有：毒饵灭鼠，熏蒸灭鼠。

③ 生物灭鼠主要指采用微生物制剂。

④ 生态灭鼠主要是保护天敌，改变环境，通过食物链达到灭鼠的目的。

9.6 赤潮

赤潮(redtide)是在特定的环境条件下，海水中某些浮游植物、原生动物或细菌爆发性增殖或高度聚集而引起水体变色的一种有害生态现象。水体富营养化为赤潮生物的繁殖提供大量丰富的营养盐是赤潮发生的基本原因，主要原因是海水中有机物特别是氮磷的含量过高。赤潮是一个历史沿用名，它并不一定都是红色。赤潮的颜色主要呈红褐色、粉红色、淡黄色、绿色等(图9-3)。

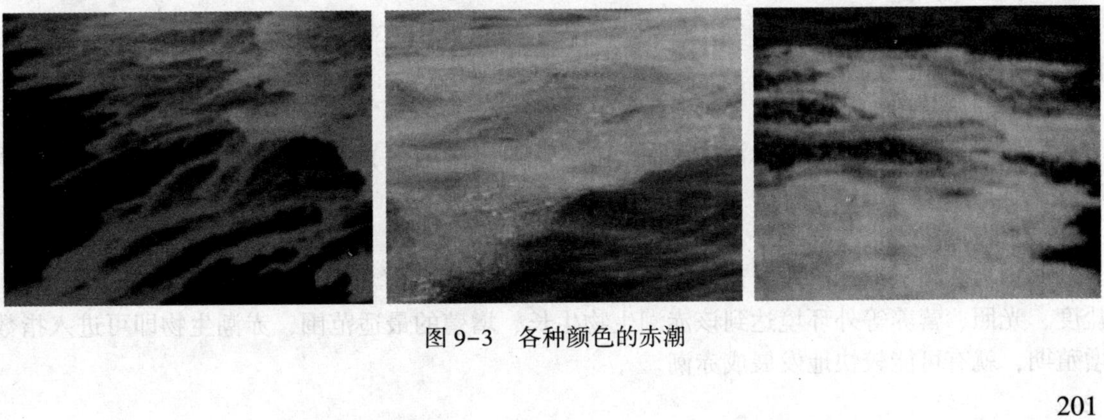

图9-3 各种颜色的赤潮

9.6.1 赤潮的成因

赤潮是在特定环境条件下产生的，相关因素很多，但其中一个极其重要的因素是海洋污染。大量含有各种含氮有机物的废污水排入海水中，促使海水富营养化，这是赤潮藻类能够大量繁殖的重要物质基础，国内外大量研究表明，海洋浮游藻类是引发赤潮的主要生物(表9-1)，在全世界4000多种海洋浮游藻中有260多种能形成赤潮，其中有70多种能产生毒素。他们分泌的毒素有些可直接导致海洋生物大量死亡，有些甚至可以通过食物链传递，造成人类食物中毒。

综合来看，赤潮的形成原因可能有二：①自然因素：主要是光照、气温、盐度、风浪、地理位置等。②人为原因：排入近海的大量污染物。含磷洗涤剂的使用和排放使水体矿质元素增多，导致水体富营养化，水体富营养化导致浮游生物大量繁殖。其中海水污染是主要原因。

表9-1　近年我国海域主要海洋赤潮生物

位　　置	面积/km^2	主要赤潮生物
长江口海域	1000	尖叶原甲藻、骨条藻
舟山中街山列岛海域	2400	尖叶原甲藻、具齿原甲藻
南麂列岛海域	400	具齿原甲藻
浙江苍南沿海海域	100	具齿原甲藻
福建沙埕海域	小范围	裸甲藻
台州列岛、东矶列岛附近海域	1100	原甲藻
舟山中街山列岛海域	1400	原甲藻
江苏沿海海域	1000	中肋骨条藻
大亚湾近岸海域	242	中肋骨条藻、菱形藻
营口附近海域	360	夜光藻
鲅鱼圈附近海域	770	丹麦细柱藻
大洋河口至鸭绿江口附近海域	1100	浮动弯角藻、聚生角毛藻
辽河口附近海域	130	舟形藻
鲅鱼圈近岸海域	100	浮动弯角藻、红色中缢虫

9.6.2 赤潮的发生过程

赤潮的长消过程，大致可分为起始、发展、维持和消亡四个阶段。各阶段的主要物理、化学和生物控制因素如表9-2。

(1) 起始阶段

海域内具有一定数量的赤潮生物种(包括营养体或胞囊)，并且，此时的水环境各种物理、化学条件基本适宜于某种赤潮生物生长、繁殖的需要。

(2) 发展阶段

亦称为赤潮的形成阶段，当海域内的某种赤潮生物种群有了一定个体数量时，且温度、盐度、光照、营养等外环境达到该赤潮生物生长、增殖的最适范围，赤潮生物即可进入指数增殖期，就有可能较快地发展成赤潮。

（3）维持阶段

这一阶段的长短，主要取决于水体的物理稳定性和各种营养盐的富有程度，以及当营养盐被大量消耗后补充的速率和补充量。如果这阶段海区风平浪静，水体铅直混合与水平混合较差，水团相对稳定，且营养盐等又能及时得到必要的补充，赤潮就可能持续较长时间；反之，若遇台风、阴雨，水体稳定性差或因营养盐被消耗殆尽，又未能得到及时补充，那么，赤潮现象就可能很快消失。

（4）消亡阶段

所谓消亡阶段是指赤潮现象消失的过程。引起消失的原因可为刮风、下雨或营养盐消耗殆尽，也可因温度超过该赤潮生物的适宜范围，还可因潮流增强，赤潮被扩散等等。赤潮消失过程经常是赤潮对渔业危害的最严重阶段。

表 9–2　赤潮长消过程中各阶段的主要物理、化学和生物控制因素

赤潮阶段	控制因素		
	物理因素	化学因素	生物因素
起始阶段	底部湍流、上升流底层水体温度、水体铅直混合	营养盐、微量元素、赤潮生物生长促进剂	赤潮“种子”群落、动物摄食、物种间的竞争
发展阶段	水温、盐度、光照等	营养盐和微量元素	赤潮生物种群缺少摄食者和竞争者
维持阶段	水体稳定性（风、潮汐、辐合、辐散、温盐跃层、淡水注入）	营养盐或微量元素限制	过量吸收的营养盐和微量元素、溶胞作用、聚结作用、铅直迁移和扩散
消亡阶段	水体水平和铅直混合	营养盐耗尽、产生有毒物质	沉降作用、被摄食分解、孢束形成、物种间的竞争

9.6.3　赤潮的危害

赤潮的危害主要体现在：水体富营养化，水中浮游生物大量繁殖，微生物分解加剧，大量消耗水中氧气，导致鱼类缺氧而大量死亡。另外，游游生物会产生神经性毒素，严重时会使鱼类大量死亡，并通过食物链威胁人类。许小峰等研究认为赤潮主要有以下危害：

（1）赤潮对海洋生态平衡的破坏

海洋是一种生物与环境、生物与生物之间相互依存，相互制约的复杂生态系统。系统中的物质循环、能量流动都是处于相对稳定，动态平衡的。当赤潮发生时，这种平衡遭到干扰和破坏。在植物性赤潮发生初期，由于植物的光合作用，水体会出现高叶绿素 a、高溶解氧、高化学耗氧量。这种环境因素的改变，致使一些海洋生物不能正常生长、发育、繁殖，导致一些生物逃避甚至死亡，破坏了原有的生态平衡。

（2）赤潮对海洋渔业和水产资源的破坏

赤潮破坏鱼、虾、贝类等资源的主要原因是：①破坏渔场的饵料基础，造成渔业减产；②赤潮生物的异常发展繁殖，会引起鱼、虾、贝等经济生物瓣机械堵塞，造成这些生物窒息而死；③赤潮后期，赤潮生物大量死亡，在细菌分解作用下，可造成环境严重缺氧或者产生硫化氢等有害物质，使海洋生物缺氧或中毒死亡；④有些赤潮的体内或代谢产物中含有生物毒素，能直接毒死鱼、虾、贝类等生物。

2012 年 5 月 18 日~6 月 8 日，福建沿岸海域共发现 10 次米氏凯伦藻为优势种的赤潮，累计面积 323km^2。米氏凯伦藻赤潮常伴生有东海原甲藻，赤潮海域呈褐色。米氏凯伦藻为有毒有害赤潮藻种，是导致今年福建省水产养殖贝类特别是鲍鱼大规模死亡的主要原因。

（3）赤潮对人类健康的危害

有些赤潮生物分泌赤潮毒素，当鱼、贝类处于有毒赤潮区域内，摄食这些有毒生物，虽不能被毒死，但生物毒素可在体内积累，其含量大大超过食用时人体可接受的水平。这些鱼虾、贝类如果不慎被人食用，就引起人体中毒，严重时可导致死亡。由赤潮引发的赤潮毒素统称贝毒，目前确定有 10 余种贝毒其毒素比眼镜蛇毒素高 80 倍，比一般的麻醉剂，如普鲁卡因、可卡因还强 10 万多倍。贝毒中毒症状为：初期唇舌麻木，发展到四肢麻木，并伴有头晕、恶心、胸闷、站立不稳、腹痛、呕吐等，严重者出现昏迷，呼吸困难。赤潮毒素引起人体中毒事件在世界沿海地区时有发生。据统计，全世界因赤潮毒素的贝类中毒事件约 300 多起，死亡 300 多人。

根据 2012 年中国海洋灾害公报，我国沿海共发现赤潮 73 次，12 次造成灾害，直接经济损失 20.15 亿元，其中，福建省赤潮灾害直接经济损失最大，为 20.11 亿元。2012 年我国沿海赤潮多发期为 5~8 月，高发期在 5 月和 6 月，其中 5 月发现赤潮 31 次，累计面积 3746km^2；6 月发现赤潮 11 次，累计面积 3909km^2；引发赤潮的优势种共 18 种，多次或大面积引发赤潮的优势种主要有米氏凯伦藻、中肋骨条藻、夜光藻、东海原甲藻和抑食金球藻等。2012 年我国沿海赤潮赤潮灾害及其损失统计见表 9-3。

表 9-3　2012 年赤潮灾害及其损失统计

省（自治区、直辖市）	起止时间	发现海域	赤潮优势种	最大面积/km^2	直接经济损失/万元
浙江	5.23~6.8	温州南麂列岛附近海域	米氏凯伦藻东海原甲藻	40.0	280.4
浙江	5.24~6.3	温州洞头岛附近海域	米氏凯伦藻东海原甲藻	40.0	57.7
浙江	6.3~6.7	舟山嵊泗海域	米氏凯伦藻东海原甲藻	240.0	67.3
福建	5.18~6.7	宁德三沙湾的霞浦、福鼎海域	米氏凯伦藻	130.0	30.0
福建	5.27~6.8	福州连江黄岐海域	米氏凯伦藻	40.0	105390.0
福建	5.30~6.8	福州福清东翰海域	米氏凯伦藻	6.0	11996.1
福建	6.5~6.8	福州罗源碧理乡吉壁-新沃海域	米氏凯伦藻	10.0	1170.0
福建	5.26~6.7	平潭海域	米氏凯伦藻	80.0	63151.2
福建	5.25~5.27	莆田湄洲岛洋屿海域	米氏凯伦藻	2.0	1050.0
福建	5.30~6.3	莆田冬岙、坑口、石城、湄洲岛洋屿	米氏凯伦藻	32.0	14549.5
福建	5.25~5.26	泉州惠安杜厝海域	米氏凯伦藻	0.7	80.0
福建	5.30~6.2	泉州惠安小岞海域	米氏凯伦藻	7.0	3700.0
		合　计		627.7	201522.2

9.6.4　赤潮的治理

赤潮是局部海域因浮游生物突发性地大量增殖和高密度聚集（几百万~几千万个赤潮生物/mL 海水）而使海水变色发臭的异常现象，是海洋严重污染的结果。赤潮的成因是工业废水和生活污水携带大量无机营养盐和有机物排入海洋所引起的海水富营养化。

赤潮的治理方法有工程物理方法、化学方法以及生物学的方法。

① 物理法-黏土法，目前国际上公认的一种方法是撒播黏土法。利用黏土微粒对赤潮生物的

絮凝作用去除赤潮生物，撒播黏土浓度达到1000mg/L时，赤潮藻去除率可达当65%左右。有报道称在小型实验场去除率可达95%~99%。20世纪80年代初，日本在鹿儿岛海面上进行过具有一定规模撒播黏土治理赤潮的实验。1996年韩国曾用6×10^4t黏土制剂治理100km^2海域赤潮。

② 化学除藻法是利用化学药剂对藻类细胞产生破坏和抑制生物活性的方法进行杀灭控制赤潮生物，具有见效快的特点。最早使用的化学药剂是$CuSO_4$，易溶于水，在使用过程中极易造成局部浓度过高而危害渔业，同时在海水的波动下迁移转化太快，药效的持久性差，也易引起铜Cu的二次污染。有机化合物在淡水除藻中，具有药力持续时间长、对非赤潮生物影响小等优点，用有机化合物杀灭和去除赤潮生物也已有相关的报道。目前已有多种化学制剂用于赤潮生物治理的实验研究：如硫酸铜和缓释铜离子除藻剂、臭氧、二氧化氯以及新洁尔灭、碘伏、异噻唑啉酮等有机除藻剂。

③ 生物学方法治理赤潮的办法主要是有三个方面，一是以鱼类控制藻类的生长；二是以水生高等植物控制水体富营养盐以及藻类；三是以微生物来控制藻类的生长。由于微生物易于繁殖，使得微生物控藻是生物控藻最有前途的一种控藻方式。这些杀藻微生物主要是细菌(溶藻细菌)、病毒(噬菌体)、原生动物、真菌和放线菌五类。多数溶藻细菌能够分泌细胞外物质，对宿主藻类起抑制或杀灭作用，因此通过溶藻细菌筛选高效、专一，能够生物降解的杀藻物质是灭杀赤潮藻的一个新的研究方向。目前，比较现实的方法就是利用海洋微生物对赤潮藻灭活，及其对藻类毒素有效降解，使海洋环境长期保持稳定生态平衡，从而达到防治赤潮的目的。

9.6.5 赤潮的预防

我国赤潮多发地区：渤海、黄海、东海及南海部分封闭的海湾，由于其海水净化速度慢，导致富营养化程变高，赤潮爆发的频率明显高于其他海域。目前的预防对策主要是严格控制富含氮磷等营养盐的污水排放，有效地保护江河湖泊及近海的生态环境。1)控制污水入海量，防止海水富营养化。①应重视对城市污水和工业污水的处理，提高污水净化率；②合理开发海水养殖业，为了减缓由海水养殖带来的水体富营养化问题，要采取以下措施：a. 根据水域的环境条件选择一些对水质有净化作用的养殖品种，并确定合理养殖密度，控制养殖面积；b. 进行多品种混养、轮养、立体养殖，尤其是鱼、虾、贝、藻混养，建立生态养殖系统；c. 提高养殖技术，改进饵料成分及投饵技术，使其有利于养殖生物的摄食，减少残饵，减轻水质和底质的污染；d. 不能将池塘养殖的污水和废物直接排入海水，应采取逐步过滤等办法加以处理。2)人工改善水体和底质环境。如在水体富营养化的内海或浅海，有选择地养殖海带、裙带菜、羊栖菜、红毛菜、紫菜、江篱等大型经济海藻，既可净化水体，又有较高的经济效益；利用自然潮汐的能量提高水体交换能力；可利用挖泥船、吸泥船清除受污染底泥，或翻耕海底，或以黏土矿物、石灰匀浆及沙等覆盖受污染底泥，来改善水体和底质环境。3)控制有毒赤潮生物外来种类的引入。要制定完善的法规和措施，防止有毒赤潮生物经船只和养殖品种的移植带入养殖区。4)防止赤潮生物毒素危害人体。5)建立海洋环境监视网络，加强赤潮监视，加强海洋环境的监测，开展赤潮的预报服务。6)科学合理地开发利用海洋。

9.7 其他生物灾害

9.7.1 最具侵略性的生物

在日常生活中和社会发展中，我们必须注意世界上最具有侵略性的16种生物：

（1）西尼罗河病毒

蚊子是西尼罗河病毒的典型携带者，当它们叮咬被西尼罗河病毒感染的鸟类之后就会携带病毒，并且传染给之后它们所叮咬过的其他人或动物，使这种病毒传播得非常迅速并且难以根治。1999 年以来，西尼罗河病毒已经通过蚊子先后感染了美国 47 个州的人类、马和鸟类。美国疾病预防与控制中心报告显示，仅 2003 年一年在美国确诊的西尼罗河病毒感染者人数就达到了 8219 例，其中有 182 人最终不治身亡。但从统计学数据来看，人类感染西尼罗河病毒的几率并不是特别高，因为在大多数西尼罗河病毒爆发的地区，只有百分之一左右的蚊子携带这种病毒。

（2）火蚁

火蚁(图 9-4)原产于南美洲，在 20 世纪 30 年代因为偶然的机会被引入到美国境内，目前美国有 13 个州已经被火蚁入侵，西印度群岛也处于火蚁的威胁之中。火蚁身材很小，身长在 2~6mm 不等，通体呈现棕红色。火蚁的巢穴一般呈半球形，可以高达 40cm；火蚁的蜇咬会带来火烧般的疼痛，对于儿童而言尤其危险；它们还会破坏诸如电气系统一类的公共设施；火蚁入侵的一个最大的问题是会对本地的生态系统产生影响，一些土著的蚂蚁品种在火蚁侵入后会很快消失，其他一些爬虫和无脊椎动物也不例外，而进一步的连锁反应使得依靠这些小动物生存的植物和动物也受到牵连。火蚁是一种异常凶猛的生物，它们甚至会攻击青蛙、蜥蜴或其他小型哺乳动物。

（3）葛藤

葛藤(图 9-5)是一种半木本的豆科藤蔓类植物，具有惊人的蔓延力和繁殖力，可以大面积地覆盖树木和地面。葛藤半木质的蔓藤长达 10~30m，其根部重达数公斤，并可深入地下 1~5m 深，它长有巨大的叶子和红紫色的花朵，长满硬毛的叶子为互生三片，长 7~15cm，荚果扁平，长 5~10cm，宽约 1cm，附着着金黄色的硬毛。据估计在美国东部，葛藤每年以 200~300 万亩的速度蔓延，造成大面积作物减产。

（4）褐色树蛇

褐色树蛇(图 9-6)的外形十分特别：垂直的瞳孔、直立的尖牙、相对身体比例来说过大的脑袋、棕绿色相间的皮肤和十字形的花纹。褐色树蛇刚孵化出来时约 18in，在第一年可以长到 3ft。成年褐色树蛇可以长达 8ft，体重可以达到 5pt，但它却可以盘成小小的一团。在二次世界大战期间，当舰船从澳大利亚、新几内亚和所罗门群岛往关岛运送军需物资时，偷藏在货物中的褐色树蛇被运到关岛。由于褐色树蛇无毒，人们便没有限制其生长，使得大量繁衍；自 1978 年以来，有大约 1200 起供电中断事件是由褐色树蛇引起的，而岛上也有 12 种鸟类因为褐色树蛇的入侵而灭绝了。

（5）千屈菜

千屈菜是一种多年生宿根草本植物，生长在地下的木质根部粗壮，围绕主茎生长着叶片。千屈菜可以长到 4~10ft 高，花朵有 5~7 片花瓣；千屈菜生命力极强，可以迅速覆盖大面积的湿地，所到之处，原来的本地草本和一些开花植物一般都会成为竞争的失败者。由于湿地生态系统比较脆弱，这种植物会改变原有各个物种的依存关系，使水鸟等动物陷入食物紧缺和栖息地萎缩的危险之中，现在千屈菜已经入侵了美国除佛罗里达州外的大部分地区，并进入了其他一些国家。在我国南方及东北均可见到。

（6）亚洲蚌

亚洲蚌是一种淡水生软体动物，成年亚洲蚌可以长到 50mm 长，其贝壳在根部铰合，外部密布黄绿色或者棕褐色的螺纹，而贝壳内部则是略带紫色的珍珠质层，广泛地分布于东南亚和非洲的部分地区，在美国的有些淡水湖泊中也有分布。据报道，很多亚洲蚌生活在电厂废水和其他工业废水当中而安然无恙，有时还会堵塞灌溉使用的水渠和管道。从生态学角度看，亚洲蚌会改变一个地区的水底基质，并且与本地的软体动物竞争捕食和生存空间，而其惊人的耐污染能力使其在竞争中占尽优势。在某些国家和地区，亚洲蚌被用来食用或者饲养水禽，而在美国等国家，亚洲蚌主要被用于生产鱼食，或者被饲养在水族箱里当作宠物。

(7) 河狸

河狸，又称海狸鼠(图 9-7)。几个世纪前被引进到北美、欧洲、亚洲和非洲的一些国家，它们侵入河流、湖泊、溪流和池塘，特别是植被茂密的沼泽地区。河狸的皮毛一般呈棕色或者棕黑色，趾间有蹼，尾巴扁圆形。河狸以水生植物的嫩芽和地下茎块为食，有时会钻空整个河床；河狸的这种生活习性影响了当地水生动物的生存，特别是生活在沼泽地区的鸟类，如鸬鹚和白头鹞等。

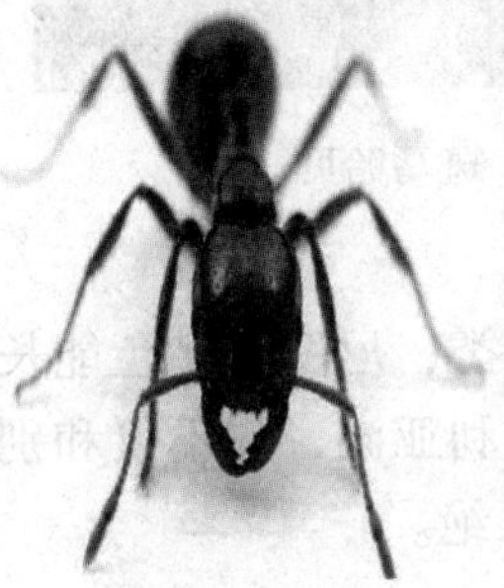
图 9-4　火蚁

图 9-5　葛藤

图 9-6　褐色树蛇

图 9-7　河狸

(8) 乳浆大戟

乳浆大戟(图 9-8)是一种多年生植物，茎干光滑直立而多枝叶，会开小黄花。乳浆大戟会在短时间内取代本地原生植物，它们会吸收土壤中的大多数水分和养料，并且释放植物毒素使其他种类的植物难以生存。乳浆大戟是一种攻击型极强的植物，一旦落地生根，在短时间内就可以覆盖大面积的区域，它的另一个优势是高成活率的种子，它的种子在脱粒母体后可以在土壤中存活七年之久，一旦遇到合适的条件就会立刻发芽、生长。

(9) 非洲蜜蜂

非洲蜜蜂又被称为“杀人蜂”或“野蜂”，善于成群结队地攻击人和动物，这种动物很容易被激怒，0.25 英里以内的人和动物都会被认为是挑衅者而受到攻击；它们身体强壮，飞行速度很快，现在这种危险的昆虫正在美国的一些地区快速地蔓延着。

(10) 水葫芦

水葫芦看起来只是一束普通的紫色鲜花，但它在美国、澳大利亚和中国的一些地区已泛滥成灾，堵塞河道，阻断交通，致使大量水生生物因缺氧和阳光不足死亡。虽然这种植物对污染水体有一定的净化作用，但其过快的繁殖速度还是使其成为最具侵略性和危害性的植物之一。

(11) 沙枣

沙枣树是一种长有棘刺的小型植物，最高可以长到 30ft；沙枣可以通过干扰其他植物对于水分和养料的吸取而致其死亡。沙枣最早分布在欧洲东南部和西亚的部分地区，现在美国的一些地区也有分布。

(12) 斑马贻贝

斑马贻贝(图9-9)是一种贝壳上具有斑马花纹形条纹的水生软体动物，其体长大约可以达到3cm，原产于黑海地区，而现在这种软体动物已经遍布英国、西欧、加拿大和美国。斑马贻贝以浮游生物为食，由于繁殖很快，它可影响整个水体的生态平衡，造成严重的经济损失。

图9-8　乳浆大戟

图9-9　斑马贻贝

(13) 尼罗河鲈

尼罗河鲈(图9-10)又称维多利亚鲈鱼，是一种大型淡水食肉性鱼类，尼罗河鲈鱼能长到200kg重，体长可达2m。1954年尼罗河鲈鱼被引入到了非洲的维多利亚湖，它不仅和别的鱼类争夺食物，还大量捕食其他鱼类，先后造成了近两百种鱼类的灭绝。

(14) 盐杉

盐杉又名柽柳，是一种寿命极长的灌木类植物，原产于亚洲和欧洲东南部，现在美国和墨西哥也有分布，这种植物可以在含盐分很高的土壤上快速地蔓延，由于盐杉的植株大量聚集会堵塞行洪渠道，因此常常诱发洪水蔓延。

(15) 短尾黄鼠狼

短尾黄鼠狼(图9-11)是一种以小型哺乳动物和鸟类为食的食肉动物。有时它们也会攻击那些比它大的动物，而且它们会把一部分剩余的猎物贮存起来以渡过食物短缺期；现在新西兰等国家的某些地区，短尾黄鼠狼已经遍布各地，并且分布地域还在不断扩展之中。

图9-10　尼罗河鲈

图9-11　短尾黄鼠狼

(16) 野山羊

野山羊(图9-12)曾经被人们称为世界上最具有破坏性的食草动物，在一些岛屿上，野山羊吃掉了大量的野草，它们还和人类驯养的牛羊争夺牧草、破坏种植蔬菜、并使生活在野草中的小动物失去了家园。野山羊脾气暴躁，并且会将疾病传染给其他动物，因此危害很大。

图 9-12 野山羊

9.7.2 生物灾害防治

病虫害的综合防治，主要包括农业防治、化学防治和生物防治三方面。

(1) 农业防治

农业防治是综合防治农作物病虫害的基础，它是根据病虫、作物、环境三条件相互关系的规律，在保证丰收的前提下，统筹考虑，抓住关键，有目的地利用或改进农业耕作栽培管理措施，制造一个不利于病虫发生，而有利于农作物生长的环境条件，以达到经济、安全、有效地控制、消灭病虫害，促进农业发展的目的。

1) 选育抗病、抗虫品种。利用抗病抗虫品种，是农作物病虫综合防治中的首要措施。据估计，农作物病虫害中有 80%要靠抗病品种或主要抗病品种来解决。

2) 合理制定种植规划，抑制病虫害发生。

(2) 化学防治

化学防治在综合防治中占有重要地位，化学防治发展趋势是发展高效、滴度、低残留药剂，实现实用技术以及喷洒器械现代化。

(3) 生物防治

生物防治一般包括以虫治虫，以菌治虫，以菌治病等。生物防治对人、畜等有益无害，不污染环境，有利于发挥自然天敌的长期效应或较长期控制作用，安全、经济且有效(耿怀英，2000)。

思考题

9.1 如何利用外来入侵物种?

9.2 说说你身边的入侵物种有哪些?

9.3 简述外来物种的入侵方式?

9.4 维护生物多样性的意义有哪些?

9.5 赤潮的形成原因是什么?

9.6 鼠害的危害主要有哪些?

9.7 蝗灾的成因及防治方法有哪些?

9.8 水葫芦造成危害的原因是什么

9.9 水葫芦有哪些益处及综合利用方法？

9.10 我国公布的第一批及第二批入侵物种有哪些？

9.11 入侵物种引起的问题主要有哪些？

9.12 入侵物种导致损失的影响方面有哪些？

9.13 世界上最具有侵略性的16种生物是什么？

9.14 入侵物种的防治措施主要有哪些？

9.15 我国处理外来入侵物种问题的策略是什么？

第10章 自然环境与人体健康

人类作为生物圈的重要组成部分，在长期的进化过程中，不断地利用和改造自然环境，同时也受到了环境的制约，最终适应了环境。自然环境对人体有良性和恶性两方面的作用。譬如温泉水中含有大量的矿物质，对人体各种疾病的治疗起到了促进作用，属于良性作用；而地下水中含有的一些过量的元素，会使饮用的人们产生不适，对人体健康有恶性作用。

10.1 自然环境与人类的关系

10.1.1 人体化学组成与原生环境的关系

自然界的各种元素或化合物都是以空气、水和食物等形式经由呼吸道和消化道进入体内的。研究表明，人体的各种化学元素和平均含量与地壳中各种化学元素的含量相适应，具有明显的相关性。由此证明，人体和原生环境之间有着密切的联系。地球水体的总质量为 1.5×10^{18}t，体积约 $1.4\times10^{18}m^3$，其中的海洋水约占97.2%，海水的平均盐度约为35‰。

土壤是由固相(矿物质、有机质)、液相(土壤水分或溶液)和气相(土壤空气)等三相物质四种成分有机地组合在一起构成的一种特殊物质。

人体中有60余种化学元素，其中人体的99.954%是由氢、氧、氮、碳、磷、硫、氯、钾、钠、钙、镁和铁等宏量元素组成，其余不到0.05%的部分主要是由氟、锌、碘、铜、钒、锰、镍、钴、硒、铬和钼等微量元素(含量<0.01%)组成。尽管人体中以氧、碳、氢、氮等宏量元素为主，并成为人体各种软组织、体液和血液内的主要组成元素，但那些在人体中所占比例虽不到0.05%的微量元素，对人体健康却有着不可忽视的作用。

毒性元素是指对生物有毒性而无生物功能的元素。该类元素又可分为两类：

1）毒性元素：镉Cd、锑Sb、碲Te、汞Hg、铅Pb、镓Ga、铟In、砷As、锡Sn、锂Li，这些毒性元素是指它们对生物体无有益作用，而只有毒性。锗Ge单质无毒，但 GeH_4 有毒。

2）潜在毒性和放射性元素：铍Be、铊Tl、钍Th、铀U、钋Po、镭Ra、锶Sr、钡Ba。

无毒性稳定性元素是指地球化学性质稳定，多呈氧化矿物或自然元素状态产出，并多数呈副矿物。这些元素包括：钛Ti、锆Zr、铪Hf、钪Sc、钇Y、铌Nb、钽Ta、钌Ru、锇Os、铷Rb、铱Ir、钯Pd、铂Pt，银Ag、金Au。

两性元素一般是指B。其氧化物具弱酸性，对人体无明显毒性。

人体中元素的分布特征研究显示，元素在人体中分布是不均一的，不同机体中的元素含量如下：

1）人体骨胳中的主要元素：Ca、P、S、Si、Mg、F、Mn等，其中的Ca、P、S、Mg等具结构性作用。Sr、Ba、Pb、Be、Cd、U、Au、Li等元素与骨骼有较强的亲合性，它们在骨中过量的蓄积将会产生不同程度、不同性质的损害。这些元素在骨中的量占人体总量的百分数分别为：Sr99%，F98.9%，Pb97.6%，Ba91%，Be75%，Mg70%，U65.5%，

Li50%，Mn43.4%。

2）牙齿中的元素：多由 Ca、P、F、Si、V 等元素组成。

3）毛发中的元素：由 Si、Ni、As、Zn、F、Fe、Ti 等组成。

4）肌肉中的元素：Zn、Cu、Ca、Mg、V、Se、Br 等元素，它们在肌肉中的量占人体总量的百分数为；Zn 为 65.2%，Br 为 60%，Se 为 38.3%，Cu 为 34.7%。

5）脂肪中的元素：V、Hg、Cr、Nb、Sn 等，其中 V、Cr 对脂肪代谢和降低胆固醇有重要作用。钒、汞、铬、铌、锡在脂肪中的蓄积量分别可达总量的 90%，69.2%，37%，26% 和 25%。

6）血液中的主要微量元素：Fe、Co、Mo、Cu、V 等，其中铁在血液中的含量可占人体总铁的 70%。

7）肺中的元素：Sb、Sn、Se、Cr、Al、Si、Fe 等。

8）肾中的元素：Cd、Hg、Zn、Bi、Pb、Se、As、Si 等。

9）肝中的元素：Se、Cu、Zn、Fe、As、Cr、Mo、V、I 等。

10）淋巴系统中易富集的元素：Si、U、Te、Sr、Mn、Pb、Li 等元素。

10.1.2 人类与环境的辩证关系

人类与环境之间存在着密切的内在联系。环境有自然环境与社会环境之分。自然环境是社会环境的基础，而社会环境又是自然环境的发展。自然环境是环绕人们周围的各种自然因素的总和，如大气、水、植物、动物、土壤、岩石矿物、太阳辐射等。这些是人类赖以生存的物质基础。通常把这些因素划分为大气圈、水圈、生物圈、土壤圈、岩石圈等五个自然圈。人类是自然的产物，而人类的活动又影响着自然环境。人体与环境之间最本质的联系是能量的传递和物质的交换，人体与地壳物质保持的平衡是通过人体的新陈代谢与周围环境进行物质交换实现的。

如果由于某种自然的或人为的原因，使环境中新出现或增加了某种化学物质，或减少了某种化学物质，超过了人体生理功能所能承受的适应能力，人和原生环境的平衡关系就会遭到破坏，人体健康就要受到影响，甚至发生疾病或死亡。人体各种生理功能在某种程度上对环境的变化是适应的，并能使人体与环境达到统一，但这些功能有一定的限度。如当某些元素在自然界含量过高或偏低时就会造成一些地方病；当有毒物质通过呼吸、饮水、食物等直接或间接地进入人体就会造成疾病，影响遗传甚至危及生命。

因此，人和自然环境构成相互协调的统一体，在地球的演变进程中，形成了一种相互制约、相互作用的统一关系。

人类与地球表层环境的关系如下。

（1）地球表层系统对人类的作用和影响

① 地球表层系统的演化与人类的诞生；

② 地球表层系统的区域分异与三大人种的形成；

③ 地球表层系统对人口分布的影响；

④ 地球表层系统与自然灾害；

⑤ 地球表层系统对社会发展的影响；

⑥ 地球表层元素的组成与人类健康。

（2）人类对地球表层系统的影响

① 人类对生物圈的影响；

② 人类对地貌的影响；

③ 人类对土壤的影响；

④ 人类对大气圈层和气候的影响；

⑤ 人类对水圈的影响。

(3) 人类与环境的协调发展

人类产生于地球表层，在地球表层环境中发展、演化。可以说，在长期的发展、演化过程中，人类与地球表层环境之间，已经建立了一种密不可分的关系。并且随着人类改造自然的能力的提高，人类不再是被动地适应环境，而是在不断地改变着地球表层环境。人类与地球表层环境的关系，由人类诞生早期的环境对人类的单向影响为主，变为现在的人类与环境相互作用、相互影响的格局。

10.1.3 微量元素与人体健康

(1) 微量元素的生理功能

微量元素是指占人体重量小于0.01%的元素。人体必须的微量元素不能由机体自身制造，它们虽然在人体内甚少，但在生物化学过程中起着关键性的作用，它们作为酶、激素、维生素、核酸的成分，维持着生命的代谢过程。人体对各种微量元素的需要，视年龄、生理条件、环境条件及遗传因素等情况而定。微量元素的主要生理功能有：

1) 在酶系统中起特异的活化中心作用。酶是一种大而复杂的蛋白质结构，它起着强化生化作用。在几千种已知的酶中，大多数含有一个或几个金属原子，一旦失去金属元素，酶的活力就丧失或下降；获得金属元素，酶的活力就恢复。

2) 在激素和维生素中起着特异的生理作用。某些微量元素是激素和维生素的成分或重要活性部分，缺少这些元素，肌体内就无法合成这类激素或维生素。如甲状腺激素中缺少碘原子，就失去效用，人体就会得甲状腺肿大病。

3) 协助输送宏量元素的作用，如铁是血红蛋白的重要组成部分，血红蛋白借助氧化作用把氧带到体内每个组织、器官的细胞中去，供应代谢的需要。

4) 微量元素在体液内，与钾、钠、钙、镁等离子协同，可起调节渗透压、离子平衡和体液酸碱度的作用，保持人体的正常生理功能。

(2) 元素的拮抗作用

生命元素的拮抗作用是指在生物体中，一种元素对另外一种元素的正常生理功能产生干扰的现象，这种干扰多数是抑制或者抵消，少数是加剧。铜与钼、硒与汞、铜与锌、铊与硒、铜与镉、锌与镉之间存在着生物的拮抗作用。

在生物体内的这种化学反应，某种意义上类似于体外的无机化学反应。如果两元素能生成难离解的稳定化合物或两元素间能发生氧化还原反应，它们之间可能存在着生物拮抗作用。如As、Hg、Cd、Ag、Sb等元素对Se的拮抗以及Cr^{6+}对Fe^{2+}的拮抗作用；

干扰元素作用于金属酶的辅基或金属蛋白的蛋白质活性基团，使酶或蛋白质遭到破坏，从而实现对酶或蛋白质中有益元素的间接拮抗。

如干扰离子与生物体中的有机质(如酶的辅基)结合得更稳定，从而使肌体中某些元素被置换出来。由于某一元素的作用，使金属酶反应体系中的一环受阻，从而产生对另一元素的间接拮抗。该类拮抗机理，虽然在两元素的性质上找不出直接的关系，但是从酶作用体系中是可以分析出它们的相关作用的。在生物体中，相似原子结构的元素在有机络合物中互为取代而造成的拮抗作用。已经观察到的拮抗关系中，W—Mo、Cd—Ca、V—Mn、Ni—Cu、Mn—Mg 属这种类型。

另外，锗在人体代谢中起着重要积极的作用，可抗肿瘤，增强放射敏化，诱发干扰素，可强化免疫功能、抗高血压、增强生物活性，防衰抗老等。人体缺锗就会导致上述机能受损而得病。预防对策是吃富锗药品与食品，如灵芝、人参、枸杞、西洋参、刺五加及魔芋、蘑菇、大蒜等。虽然锗在人体中起着重要的作用，但是摄入量应注意适量，摄入过多也是有害的。

10.1.4 疾病类型与环境的关系

（1）遗传性疾病与环境

遗传性疾病起因于生殖细胞或受精卵里遗传物质的不利变化。遗传物质的损害主要是基因缺陷和染色体畸变。环境因素可以影响遗传物质，许多化学物质都能引发突变遗传性疾病。

（2）先天性疾病与环境

该类型疾病是胚胎发育过程中某些环境因素造成的。在怀孕期间，胎儿在母体内发育过程中，由于受不良环境因素的刺激，如过量放射性的照射、严重噪声的影响以及有害化学物质的侵扰等，使胎儿发育异常，出现各种先天性疾病，如先天性心脏病、先天性畸形等。

（3）匮乏性疾病与环境

由于区域自然环境恶劣，经济、文化落后造成，主要表现为三个特点：

① 由于生活条件差、营养不足所造成的营养不良性疾病；

② 由于人口拥挤、卫生条件差所造成的传染性疾病；

③ 由于区域生态环境造成特定环境下特有的地方病，即原生性地方病。

（4）现代病与环境

随着现代社会的发展，出现了大量的现代病，以癌症、心脑血管和各种职业病为典型代表，主要发生在发达国家和地区以及大城市。国际上一致认为 90% 以上的人类癌症与环境因素有关。

10.1.5 人体与环境致病因素

人类环境的任何异常变化，都会不同程度地影响人体的正常生理功能，但是，人类具有调节自身生理功能来适应不断变化的环境能力。如果环境的异常变化在一定限度内，人体是可以适应的；若环境的异常变化超出人类正常生理调节的限度，则会引起人体某些功能和结构异常，甚至造成病理性的变化。这种能使人体发生病理变化的环境因素，称为环境致病因素。

人类的疾病多数是由生物、物理、化学的致病因素引起的，在环境致病因素中环境污染又占最主要的位置。

人体对致病因素引起的功能损害有一定的代谢能力，在疾病发展过程中，有些变化属于代偿性，有些变化则属于损伤，两者同时存在。当代偿过程相对较强时，机体还可能保持相对的稳定，暂不出现疾病的临床症状，这时如果致病因素停止作用，机体便向恢复健康的方向发展。

10.1.6 人类活动对环境健康的影响

地球的自然界中，阳光、水、空气、土壤、岩石、植物和动物等，为我们提供了优越的生存和生活的条件。自然界中这些条件的集合，就是人类的自然环境。人类是自然环境的产物，自然环境是人类赖以生存和发展的物质基础。人与自然环境是互相依存、互相影响、对立统一的整体，它们之间建立了生态平衡。随着人类驾驭自然的本领按几何级数增长，人类向自然环境摄取的物质和抛弃的废弃物越来越多。人类对自然环境的影响和干预越大，自然环境对人类的反作用就越大。当自然环境无法承受时，生态平衡就会遭到严重的破坏。

在认识初期，人们以为自己是主宰大自然的主人，可以肆无忌惮地掠夺大自然的物质，可以毫不顾忌地改变大自然的一切。但是，大自然毫不留情地报复了人类，并向人类亮起了黄牌。20 世纪以来出现的全球环境危机，引起了人们的高度关注。

环境变化的影响因素是多方面的，有自然因素，也有人为因素。在相当长的历史阶段里，人类对环境的影响是极其有限的，对环境没有产生任何威胁。自 200 多年前的工业革命以来，现代经济的增长和科学技术的进步，不仅成为人类文明的历史主题，而且成为人类与环境相互协调的重大问题。

人类对环境的种种负面影响，使人类赖以生存的环境受到了严重损害，表现为自然地理环境内部生态系统的失衡。在人与环境的关系中，人类处于积极主动的地位，应该通过自律，协调人类与自然的关系，使人类对自然界的索取不再超过其再生产的能力，人类社会排放的废弃物不再超过其自净能力，人类对环境的改造或破坏不再超过其承受限度或恢复能力。正视人类与自然的关系，在资源和环境得到合理的持续利用，保护和建设的条件下，实现资源、环境、经济和社会协调发展，从而获取最大的经济效益、生态效益和社会效益。除此之外，还应该控制世界人口的增长，加强全球环境保护的国际协作。

10.2 自然环境特征与疾病的地带性特征

10.2.1 自然环境特征

我国自然环境的突出特点是：

(1) 季风影响显著，范围广阔

季风环流使东亚大气运行发生明显改变，大大改变了气候要素的组合形式与分布规律。虽然季风的强弱和影响的范围每年每月都不同，但季风在一年中的交替和南北推移，对我国自然景观的形成和发展起着重要的作用。我国东西部的差异以及东部季风区自然地带的南北递变，在很大程度上受季风的控制。我国亚热带面积广阔，从南到北跨纬度 12°之多，我国的亚热带植物在世界同类植物中所占的面积最大。我国亚热带地区不像世界同纬度许多地区那样表现为荒漠或草原，由于受季风的影响，在高温季节表现为降水丰沛，气候温暖湿润，是世界上著名的农业发达地区。

(2) 地形复杂，高原、山地和丘陵所占比例很大

青藏高原雄踞我国西部，耸立着许多著名的高大山系，位于中尼边境的珠穆朗玛峰，海拔 8848.13m，是世界第一高峰。海拔在 3000m 以上的高山高原，占国土面积的 25%。我国

东部有广阔的平原，其间也散布着许多中山、低山和丘陵。在自然地域分异中，水平地带与垂直地带犬牙交错。不同水平地带内的山地具有不同的垂直带结构，增加了我国自然条件的复杂性和多样性，使我国自然地域差异具有世界范围内的独特性。特别是青藏高原平均海拔4500m，约占国土总面积的1/4。它的存在极大地改变了通常的水平地带结构。高原上的土壤、植被既与同纬度低海拔的水平地带不同，属于垂直地带性的高寒类型，又与同纬度的山地土壤植被有明显区别。而类型相似的土壤植被在高原上分布的海拔界限也远比同纬度的山地高，植被的旱生性也比同纬度的山地强烈。

(3) 独特的自然发展历史，土壤、生物资源丰富

在我国，从地质时期(主要是新生代)承袭下来的因素，在现代自然界中仍具有相当重要的作用。由于第四纪冰川作用远没有欧洲、北美同纬度地区那样广泛、强烈，使得生物演化受到的影响较少，所以生物种属(包括特有种属)繁多，地理成分复杂，分布亦比较混杂。古代红色风化壳分布范围很广，主要分布在长江以南，甚至在大兴安岭还可见到。在现代土壤中也可能出现古代红色风化壳的残留。

(4) 人类活动使自然界发生深刻的变化

我国历史悠久，长期的人类活动在很大程度上加速了自然景观的演变过程，强烈地改变着自然面貌。几千年来，我国劳动人民开垦草原，砍伐森林，疏干沼泽，圩湖筑垸，围海造田，修塘筑堰，开河修渠，开拓了十多亿亩耕地，培育了许多作物和牲畜品种，建成了都江堰、大运河等驰名中外的水利工程。

10.2.2 疾病的地带性特征

地理位置、地形、地质、水文、气候及居民生活习性等均是导致地方病的主要因素，但最重要的是不同地区水、土、大气所含的化学元素种类和数量不同。

一般地，在元素受到强烈淋溶的寒温带地区、元素缺乏的沙土地区或元素难以释放的沼泽地区，容易发生元素缺乏症，相反，在元素浓集的干旱地区和火山喷发带导致多种元素富集的地区，又容易发生元素中毒性疾病。

世界地方性甲状腺肿主要发生在赤道0°~北纬60°，中国是甲状腺肿的多发地带，一般规律是山区高，平原低。地方性甲状腺肿的发病率与土壤、作物和饮水中的碘含量呈负相关，但只有饮水中的含碘量与地方性甲状腺肿的关系比较一致，具有可比性。

我国地方性甲状腺肿主要分布在山区，在内陆某些起伏较大的地区，山上发育低碘地方性甲状腺肿，山下易涝地带则为高碘地方性甲状腺肿。保碘能力较差的沙土地区也易发生地方性甲状腺肿；保碘能力过强的土壤又会使植物对碘吸收发生困难，造成低碘地方性甲状腺肿的流行。干旱、半干旱气候的油田区和沿海地区往往因摄取过量的碘而引起地方性甲状腺肿。

地方性氟病是一种世界性地方病，遍及五大洲，主要流行于我国的贵州、陕西、甘肃、山西、山东、河北、吉林、黑龙江等省。世界范围内的地方性氟中毒(fluorosis)的分布表现为地带性和非地带性的。地带性氟中毒的分布与自然地理纬度有关，其主要分布于干旱及半干旱带，年降水量200~400mm或更少的地带。这种地带主要位于赤道南北的150~350°，包括了中国、原苏联和蒙古境内的干旱-半干旱区。

研究表明，癌症分布于世界各地，约80%的癌症与环境因素有关，其分布具有明显的地区性和地带性，有集中高发的特点，其中以消化系统癌症的地区性分布最为明显。食管癌

的高发区位于东南非和中亚地区，其环境特征气候干旱、水源缺乏、土壤盐渍化程度较高，属硫酸盐-重碳酸盐水或硫酸盐-氯化物水带；地表及地下水的矿化度均较高，且偏碱性，水中 As、Se、Mo、V、Cr、B、Ni、I、F 等元素富集。中国男性食管癌发病分布主要在华北及西北的部分地区。

胃癌主要发生于平原沼泽地带，或河漫滩沼泽地带（土壤有机质富集，Ca、Mg、Cu 等元素缺乏的环境）。我国胃癌的平均死亡率约为 15/100000，总趋势是西北黄土高原和东部沿海各省较高。就世界范围而言，胃癌主要分布在中、高纬度地带，在低纬度带和赤道附近发生较少。胃癌高发带的主要自然特征是气候寒冷湿润、植被繁茂、土壤多富含腐殖质；地表水、潜水丰富，富含腐殖质的重碳酸盐-硅质软水，矿化度一般为 100~200mg/L，甚至<100mg/L，Ca、Mg、Se、Mo、Cu、Zn 等元素缺乏。

肝癌主要流行于低纬度地带，高发区属于干旱、半干旱的环境，水源缺乏；或者是处于湿热气候的沿海地带，其特点是饮水水质不良。

10.3 地方病

中国是地方病（endemicdisease）病情严重的国家，全国各省份至少有 1 种以上的地方病，迄今，地方病仍严重威胁着我国人民的身体健康和生命，是我国广大农村最主要的公共卫生问题之一。

我国著名地方病学专家杨建伯教授认为：地方病是指局限于某些地方发生的疾病；中国第一套医学百科全书中的定义为：在某些特定地区内相对稳定并经常发生的疾病，通称地方病。这些概念的共同之处，都强调疾病发生的地方性。目前，适合我国地方病的定义是：呈地方性发病特点的一类疾病。

地方病学（endemiology）是研究呈地方性发病特点的疾病的病因及影响因素，发病机制和流行规律以及探索有效防治措施的一门学科，它的最终任务就是控制地方病。

10.3.1 地方病的种类

地方病按其致病原因可分为五类，地球化学性疾病、自然疫源性疾病、地方性寄生虫病、与特定生产方式有关的疾病和原因未明的地方病，其中原因未明的地方病，一旦查清病因，也应归入上述四类。

（1）地球化学性疾病：碘缺乏病、饮水型地氟病、饮水型地砷病、地方性硒中毒、地方性急性钡中毒（痹病）等；

（2）自然疫源性疾病：血吸虫病、鼠疫、森林脑炎、布鲁氏菌病等；

（3）地方性寄生虫病：疟疾、丝虫病、包虫病等；

（4）与特定生产生活方式有关的疾病：燃煤型氟中毒、饮砖茶型氟中毒、燃煤型砷中毒、库鲁病（食死人脑所致）、烧热病（食用棉籽油致棉酚中毒）、肉毒中毒（主要食用自制豆制品和其他发酵食物中毒）；

（5）原因未明地方病：克山病、大骨节病、趴子病、乌脚病等。

上述各类地方病中，曾纳入我国重点地方病防治管理的有 8 种，分别为血吸虫病（schistosomiasis）、克山病（Keshan disease）、大骨节病（Kashin-Beck disease）、碘缺乏病（iodinedeficiency disease）、地方性氟中毒（endemic fluorosis）、地方性砷中毒（endemic arsenism）、鼠疫

(plague)和布鲁氏菌病(burcellosis)。目前，血吸虫病、鼠疫和布鲁氏菌病已经不被纳入重点地方病防治管理的范围。上述地方病是我国主要的地方病，其病情严重，危害极大，病区面积广泛，我国31个省、自治区、直辖市都有不同程度地流行，受威胁人口超过5亿，各类病人达数千万，不仅给社会带来巨大经济负担，还成为当地居民因病致贫、因病返贫的主要原因之一。

10.3.2 克山病

克山病(KD)，亦称地方性心肌病(ECD)，1935年在我国黑龙江省克山县发现，因而命名为克山病。克山病是一种流行于荒僻的山岳、高原及草原地带的以心肌病为主的疾病。主要病变是心肌实质变性，坏死和纤维化交织在一起，使心脏扩张，心室壁不增厚，附壁常见有血栓，光镜下可见心肌变性坏死。电镜下可见线粒体肿胀，嵴分离和断裂。70年代末急性克山病的发病率已由建国初期的52/100000下降到0.3/100000。

克山病呈明显的区域多发性，在我国主要分布于北纬21°~53°，东经89°~135°的地区。此区域从东北至西南，包括黑龙江、吉林、内蒙古、河北、河南、山东、山西、陕西、甘肃、四川、云南、西藏、贵州、湖北、重庆，共15个省(区、市)，327个县(市、旗)，病区人口达1.24亿。

克山病区分布与自然地理条件密切相关，多沿大山两侧、水系上游，分布于中低山区、丘陵地带及其相邻的平原地带、海拔一般都在100~2500m。上述地带病区村庄呈灶状分布，病情轻重不一，各轻、中、重病病区相互毗连成片，且逐渐移行，直至过渡到非病区，在病区内也存在少数非病区村庄。病区多为温带、暖温带气候，或地处东南湿润季风区向西北干旱、半干旱地区过渡的中间地带，气候相对湿润，年降水量在400~1200mm。据戴塔根研究，克山病及大骨节病分布区地貌多呈侵蚀状，地表水流失严重，各种可溶性化学元素被过度溶淋冲刷，造成硒、碘等元素贫瘠(见表10-1)。河南省克山病病区主要集中于豫西山区的卢氏县、洛宁县、灵宝市(县级市)，位于秦岭山脉东侧的崤山、熊耳山余脉，海拔800~1100m。境内多为光山秃岭、草木稀少，土层多为黏土，因雨水冲刷导致水土严重流失。病区内除克山病流行外，还有大骨节病。

克山病的症状主要为急性和慢性心功能不全，心脏扩大，心律失常以及脑、肺和肾等脏器的栓塞。

表10-1 克山病、大骨节病病区与非病区水化学特征对比表

化学特征(离子含量/100mL)	病 区	非 病 区
Ca^{2+}	0.49~1.68	1.99~4.23
Na^{+}	0.40~0.72	1.37~2.64
Mg^{2+}	0.18~1.49	0.49~1.78
SO_4^{2+}	0.01~0.25	0.38~1.42
Cl^{-}	0.15~0.88	0.93~3.17
HCO_3^{-}	(0.99~2.97)~(5.26~8.81)	3.31~7.49
pH值	酸性(多发区)中性(轻发区)	6.8~7.1(弱碱性)
矿化度/(mg/L)	140~550	380~960
硬度/度	4.20~17.53	

1982年我国克山病防治经验交流会上，将其分为以下几种类型：

1）急型：健康人突然发病，或从潜在型或慢型基础上急性发作。在北方地区，急型多发生于冬季，常因寒冷、过劳、感染、暴饮、暴食或分娩等而发病。重症者表现为心源性休克、急性肺水肿和严重心律失常。初始常感头晕、心窝部不适、反复恶心呕吐、吐黄水，继而烦躁不安，严重者可在数小时或数天内死亡。体检见患者面色苍白，四肢厥冷，脉细弱，体温不升，血压降低，呼吸浅速。心脏一般轻度大，心音弱，尤以第一心音减弱为甚，可有舒张期奔马律和轻度收缩期吹风样杂音。心律失常常见，主要为室性早搏、阵发性心动过速和房室传导阻滞。急性心力衰竭时肺部出现罗音，此外常见肝肿大和下肢水肿。

2）亚急型：发病不如急型急骤，可出现心源性休克或充血性心力衰竭。患者多为幼童，2~5岁占85%，多在春、夏季发病。发病初期表现为精神萎靡、咳嗽、气急、食欲不振、面色灰暗和全身水肿。亦可能伴有心脏扩大、奔马律和肝肿大。脑、肺、肾等处的栓塞比较常见。

3）慢型：起病缓慢，多在不知不觉中发病，亦可由急型、亚急型或潜在型转化而来。临床表现主要为慢性充血性心力衰竭，主诉有心悸、气短，劳累后加重，并有尿少、水肿和腹水。体检显示心脏向两侧明显扩大，心音低，可闻及轻中度收缩期杂音和舒张期奔马律，晚期有右心衰竭的体征如颈静脉怒张、肝肿大和下肢浮肿等。严重者有胸、腹腔积液，心源性肝硬化等表现。心律失常常见室性早搏、心动过速、传导阻滞、心房颤动等。

4）潜在型：可发生于健康人，亦可由其他型转变。前者常无症状，可照常劳动或工作，只有在普查中才会被发现，此属稳定的潜在型。由其他型转变而来的病人有心悸、气短、头昏、乏力等症状。心电图显示ST-T变化，QT间期延长和过早搏动。潜在型患者心脏虽受损，但心功能代偿良好，且心脏不增大或轻度增大。

克山病的预防主要采取吃药或富硒的鱼类、肉类及蛋类食品补硒的措施，实践证明其可减少克山病的发病率，降低病死率，但与此同时，切勿因补硒过量而得“脱甲风”病。

10.3.3 大骨节病

大骨节病是一种地方性变形骨关节病，我国又称矮人病、算盘珠病等，国际医学界称为Kaschin-Beck病。大骨节病在国外主要分布于西伯利亚东部和朝鲜北部，在中国主要发生于黑、吉、辽、陕、晋等省，多分布于山区和半山区。本病在各个年龄组都有发生，但多发于儿童和青少年，无明显的性别差异。本病常常多发性、对称性侵犯软骨内成骨型骨骼；导致软骨内成骨障碍、管状骨变短和继发的变形性关节病。临床表现为关节疼痛、增粗变形，肌肉萎缩，运动障碍。图10-1可见大骨节病病人的手指关节特征。

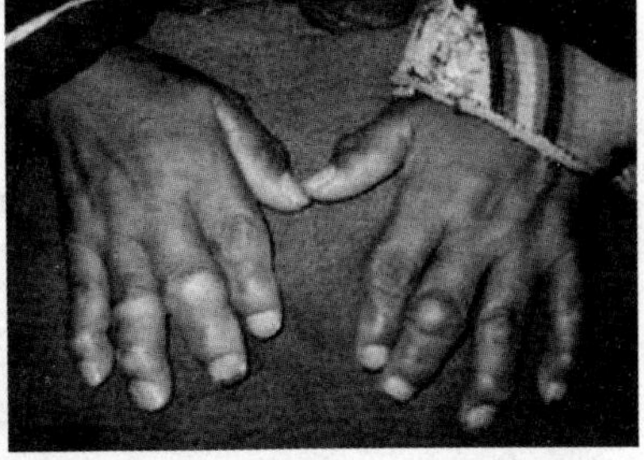

图10-1　大骨节病病人的手指关节

大骨节病常在不知不觉中发病，病人初期可能自我感觉到疲乏，四肢无力，皮肤异常（如有蚁走感、麻木感等），肌肉酸麻、疼痛等，但这些症状常常不衡定，不明显。其典型的临床表现都与骨软骨损害和关节功能状态密切相关。

（1）早期表现

在关节明显变大、出现短指（趾）畸形之前，早期症状、体征多缺乏特征性。根据大量调查和随访观察，以下几种表现值得重视：

1）关节疼痛：往往为多发性、对称性，常先出现于活动量大的指关节和负重量大的膝、踝关节。病人感觉为胀痛、酸痛或“骨缝痛”。

2）指末节弯曲：即第2、3、4指的末指节向掌心方向弯曲（大于15°），是本病出现最早的体征。但非病区的少数儿童也可能有程度较轻的指末节弯曲现象；病区没有指末节弯曲的青少年也有可能发生本病。指末节弯曲常与手指歪斜并存，多见食指歪斜，其次是中指、环指。

3）弓状指：手指向掌侧呈弓状屈曲。

4）凝状指节增粗：一般发生在中节。

（2）病情发展后的表现

本病病发进展以后，除关节疼痛等早期表现继续加重外，还会出现以下主要症状体征：

1）关节增粗：最多见的是多发性、对称性指间关节增粗，常先出现在第二、三、四指的第一指间关节。一般右手指关节增粗比左手明显，受机械损伤的关节或妇女带顶针的指关节增粗较重。

2）关节活动障碍：手关节表现为晨起感觉握拳僵硬，握拳不紧，指尖不能接触掌横纹，握住的拳不能迅速伸展。肘关节屈伸受限，呈屈曲挛缩。肩关节受累时病人用手从头后摸不到对侧的耳朵，甚至洗脸洗不着前额。膝关节内翻或外翻，呈罗圈腿或剪刀形腿。由于膝、髋关节屈曲变形，病人蹲下困难，腰部脊柱代偿性前凸，臀部后凸，走路时步幅小，出现摇摆或瘸拐，呈“鸭行步态”，踝关节跖屈和背伸障碍。病人的疼痛和活动障碍常表现为休息后或晨起加重，稍事活动症状减轻。不少病人晨起后，需先扶床沿“遛遛”，然后才能迈步。

3）关节磨擦音：从细小捻发音到粗糙的磨擦音不等。由于关节面不光滑、关节囊滑膜绒毛的增生、脱落等因素引起。

4）关节游离体：既可来源于剥落的关节软骨碎片，也可由增生的滑膜绒毛脱落而来，后者多为细小的米粒小体。游离体在关节腔内活动可能被卡住，形成关节绞锁而引起剧痛；随关节活动使游离体松动而得到缓解。

5）骨骼肌萎缩：本病的四会肌肉，特别是小腿和前臂的屈侧肌肉常见萎缩，有时甚至出现在关节明显改变之前。本病后期由于疼痛和关节活动受限制，加上废用性因素参与，致使萎缩更加严重。

6）短指（趾）畸形：指节发育比常人短，手小形方。或因各指（趾）发育障碍程度不同，其长短失去正常互相间的比例关系。

7）短肢畸形，身材矮小：各管状骨发育障碍程度常不均等。有的病人桡骨早期生长停止，尺骨相对较长，尺骨茎突向下主背侧移位，手向桡侧倾斜，造成巴德隆畸形（Madelung's deformity）。发病年龄小而病变重者可形成大骨节病性侏儒，病人肢体与头及躯干不成比例，一般上臂明显短于前臂，小腿明显短于大腿，躯干接近正常人。

根据大骨节病的轻重，本病可分为早期、Ⅰ度、Ⅱ度和Ⅲ度。早期病人有的可变为正常，有的可演变成Ⅰ度、Ⅱ度甚至Ⅲ度，但7岁以后发病者无1例变为Ⅲ度，因而对早期患者的治疗极为重要。从表10-2可以看出，早期与Ⅰ度的主要分界点在于是否确定有多个指关节增粗；Ⅰ度和Ⅱ度的主要分界点在于是否有短指畸形；Ⅱ度和Ⅲ度的主要分界点在于是否有短肢畸形、身材矮小。

表 10-2 大骨节病分度及临床表现

症状体征	早起	Ⅰ	Ⅱ	Ⅲ
关节疼痛	+	++	++	++
指关节掌屈	+	+	+	+
关节晨僵	±	+	++	+++
关节增粗	±	+	++	++
关节活动障碍	±	+	++	+++
关节摩擦音	±	+	++	+++
关节游离体	—	—	+	++
短指(趾)畸形	—	—	+	+++
肘关节屈曲	—	+	++	+++
骨骼萎缩	—	+	++	+++
短肢畸形，身材矮小	—	—	—	+++
劳动能力下降	—	+	++	+++

注：—无；±可疑；+轻度；++中度；+++重度。

大骨节病尚无特效疗法。治疗越早，效果越好，早期病变是可逆的，可治愈。较重的病人治疗能缓解症状，恢复关节功能，促进骨质修复。除了用药物治疗，还可以泥疗、蜡疗、离子透入、按摩、针灸等疗法。

10.3.4 氟中毒

地方性氟病的主要表现是氟中毒引起的斑釉牙、氟骨症和氟摄入不足引起的龋齿。在特定地理环境中，人体摄入过量氟化物会引起慢性中毒，主要有氟斑牙症和氟骨症。地方性氟中毒是同地理环境中氟的丰度有密切关系的一种世界性地方病，主要流行于印度、前苏联、波兰、捷克斯洛伐克、德国、意大利、英国、美国、阿根廷、墨西哥、摩洛哥、日本、朝鲜、马来西亚等国；在中国主要流行于贵州、陕西、甘肃、山西、山东、河北、辽宁、吉林、黑龙江等地。

(1) 人体内的氟及氟的来源

氟是生命必需的微量元素，在人的骨骼、肌肉、血液和脏器中都有存在。正常人体的含氟量为 1390mg。一个 70kg 重的成年人，日摄入氟是为 3.8mg，其中 1.4mg 是通过饮水摄入的。

氟的来源主要有两种，一是矿物、岩石被风化；二是火山喷发。氟极易随水迁移，在酸性环境中呈离子状态，但水中的含氟量与气候带密切相关，在湿润的淋溶区，水氟含量很低，为 0.02~0.2mg/L；在干燥区，水氟含量一般为 0.8~1.5mg/L，局部地区大于 1.5mg/L；海水为 0.10mg/L，河水为 0.02~7mg/L，潜水 0.02~28mg/L，承压水 0.5~1.0mg/L。天然水中氟的主要来源是含氟矿物、含氟矿脉及矿床。干旱的古地理环境是高氟地下水形成的主要原因。

(2) 地方性氟中毒(氟斑牙)人群分布特点

人群分布特点与氟对人体的作用机理主要与机体内氟的蓄积量、机体生长发育规律、个体易感性及生活习惯等因素有关。

1) 年龄

由于各个牙齿的造釉细胞的发育时期不同，因而氟斑牙也有明显的年龄特征。

乳牙氟斑牙：乳牙钙化始于胚胎期，胎儿出生后11个月内完全发育成熟，所以乳牙氟斑牙发生在11个月以前的婴儿期。

恒牙氟斑牙：在高氟区出生的婴儿在7~8岁以前均会受到氟的影响，发生恒牙氟斑牙，一旦形成，终生不能消退。当恒牙萌出以后迁入病区的儿童不会再发生氟斑牙。

氟骨症：主要发生在成年人，特别是20岁以后，患病率会随年龄增加而升高。儿童也可发病，但很少。重病区出现氟骨症的年龄可能会提前。

2）性别

在条件相同的情况下，氟斑牙和氟骨症发病一般无性别差异。但在氟骨症的类型中男女间有所不同，一般来说，女性骨质疏松，软化型较多，男性硬化型较多。

3）民族

饮茶型氟中毒的发生具有明显的民族特征，它主要发生在习惯饮用砖茶、砖茶泡成的奶茶或酥油茶的少数民族人群中。

4）人群在病区居住年限

氟斑牙与在病区居住年限无关，但与在高氟区出生及生活的年龄有关，恒牙萌出以后迁入病区的儿童基本不受影响。

氟骨症与在高氟区居住的年龄有关，因为居住时间越长，接触高氟环境的时间就越长，发病的潜伏期一般在10年以上。非病区迁入病区的人群更易患氟骨症，潜伏期缩短，有的2~3年内即可发病，一般5年左右发病。

（3）影响氟中毒的主要因素

① 摄氟量：摄氟量高，发病率高，病情严重；

② 营养条件：蛋白质、钙和维生素（VC、VB1、VB2、VD等）有抗氟保护机体的作用；

③ 饮水中的化学成分及硬度；饮水中的钙和镁可降低人体对氟的吸收，促进氟从体内排泄，减少氟对机体的危害。饮水硬度高，患病率降低。饮水的碱度增强可使氟的活性增强，有利于氟的吸收和增加氟的毒性；

④ 抗氟元素的摄入量；钙、镁、铝、硼、锌、硒、铜、钼、铁可促进氟由体内排出或增强某些酶的活性，提高机体抗氟能力，降低氟的毒性；

⑤ 生活、饮食习惯；生活、饮食习惯与燃煤污染型和饮茶型地方性氟中毒有着极为密切的关系；

⑥ 个体差异；与个体的生理、敏感性、健康条件有关。

（4）地方性氟病的预防

地方性氟中毒，除少数为食物型和燃煤污染型外，绝大多数属于饮水型。因此预防氟中毒主要是降低水中氟含量。降氟方法大体上可分为化学法、物理吸附法和电化学法三大类，其中以化学法较为普遍。常用的化学降氟剂有氧化铝（Al_2O_3）、多氯联铝（Al_2Cl_3）、羟基氯化铝、活性氧化铝、硫酸铝和明矾。这种方法可将水中的氟含量从10mg/L降至1~1.5mg/L，基本符合防病的要求。物理吸附法常采用的吸附剂有骨粉、骨炭、浮石、磷灰石及活性炭等。小规模的降氟有时还采用阳离子交换树脂。另外，需要注意的是，在含氟量较高的区域，人们应尽量不用含氟牙膏。

10.3.5 伽师病

伽师病主要分布于新疆喀什平原的伽师县、岳普湖县一带，主要症状是长期患慢性腹泻，血钾普遍较低、女性不孕、男性不育、肝肿大。伽师病主要分布于克孜河下游冲积平原区，主要流行的地区是在伽师县和岳普湖县的东南部，与沙漠接壤，属于荒漠盐土区。

伽师病的患病率随水土盐化程度的增加而增加，严重流行的环境也是水土中盐分，尤其是硫酸盐高度聚集的环境。伽师病区的的地表水、潜水水质一般较差，氯化物、硫酸盐大大超过饮水水质标准。

伽师病的发生与特定的生存环境有密切关系。在病区水土中钠、钙、镁硫酸盐、钾、锶等元素很多，但锰、锌明显不足。病区的环境介质偏碱性，氧化还原电位较高，锰、锌的化学活性及生物活性均较低，因此病区谷物中的锰、锌含量亦较低。钾是一种具有多种重要生物学功能的元素，是组成细胞的主要阳离子，它对维持细胞的正常结构和功能具有重要作用。虽然病区的水土和作物中钾的含量十分丰富，但地方性的慢性腹泻使得体内的钾大量流失。镁对机体最大的影响是形成硫酸镁后的导泻作用，使肝脏的解毒功能下降，导致机体对某些毒物耐量的降低。锰是一种生命必需的微量元素，儿童缺锰会使生长发育受到抑制，成年人缺锰会影响生育。病区由于高钙浓度会影响对锌的吸收，再加上长期腹泻，使得锌随粪便大量排出，导致锌的缺乏。

伽师病主要是饮用具有高硫酸盐、高镁、高钠、高钙和低锌、低锰等特征的水而发生于人群和畜类的。长期饮用高硫酸盐水的人群几乎都有稀便、腹鸣、腹胀的症状，其带来一些不良的后果：体内的钾大量流失，以致来不及补充而处于低钾状态，影响机体对营养物质的消化、吸收，从而导致营养缺乏症。因此，高硫酸盐既是伽师病发病的诱导因素，又是发病的基础条件。

总之，伽师病是由于多种元素过剩及少数元素不足所引起的一种地方性综合症。

10.3.6 易致毒元素

在人类的生产及生活中，常因以下几种元素而中毒：

(1) 镉

镉是一种剧毒元素，不是人体所必需的元素。新生儿体内含镉约 1μg；在从事无镉职业的 50 岁男子体内镉的蓄积量约 30mg，为新生儿的 30000 倍。镉是通过食物、饮水、空气、吸烟等进入人体的，每吸 20 支烟，就会摄入 15μg 镉。侧流烟气中的镉含量比主流烟气中的高，因此吸烟者近旁的人处在浓度更高的含镉烟气中。镉中毒使骨骼的生长代谢受阻碍，从而造成骨骼疏松、萎缩、变形、断裂等。从动物实验和人群的流行病学调查中发现，镉还可使温血动物和人的染色体发生畸变。此外，镉的致畸作用和致癌作用(主要是前列腺癌)已被证实，镉对人的具体危害如下：

① 镉能引发心血管病、动脉硬化、高血压、冠心病、心脏猝死。

② 镉能引发癌症：骨癌、肠胃癌、直肠癌、食道癌、前列腺癌。癌症村，它那里镉含量比较高。所以它那里食道癌多发，很可能就是因为镉含量高。

③ 镉能引发糖尿病。

(2) 铅

铅是一种古老的污染元素：①铅污染会引起心血管功能发生严重的障碍，动脉粥样硬化、高血压、心肌肥大，心肌损伤、心肌坏死；②男女不育症；③影响大脑发育，造成青少年智力低下。

世界上杰出的浪漫主义音乐家贝多芬在经历了很长的病痛以后，1827 年在维也纳非常痛苦地死去。他的死长期以来一直是个谜，音乐家为什么死时会那么痛苦？最近美国芝加哥的科学家化验了遗留下来的贝多芬的一些头发，化验结果显示贝多芬是死于铅中毒。当时的多瑙河和莱茵河两岸有很多制铅厂，河水被铅污染。由于贝多芬很喜欢吃多瑙河的鱼，而且吃鱼数量很多，使得铅累积过量，从而导致其中毒死亡。

强大的古罗马帝国为什么会突然消亡？其原因几百年来也一直是个谜；科学家认为还是铅中毒，因为古罗马贵族很富有，他们部分的用具都是铅制成的，从而使得盛极一时的古罗马消亡。当时铅中毒导致罗马帝国人的平均年龄只有25岁；贵族妇女很多不能生育，流产的也很多；婴儿的夭折率很高，而且出生的孩子低智。这三个原因导致了帝国的消亡。

（3）砷

泰国出现了一种病，它的英文名字叫“Black Foot”，翻译成中文就是“黑脚病”，就是脚的皮肤先发黑，后溃烂，烂到最后就坏死了。一开始人们并没注意，但到了1987年，这个地区的成年人100%都得了这种怪病，劳动力就全部丧失。后来查清病因是慢性砷中毒，经研究证明是由废矿渣风化导致有毒的元素砷扩散到自来水中所致。砷通过食物链（主要是水）转移到人身上，积存到一定程度就会爆炸，我们称之为“环境化学定时炸弹”。砷中毒还会引起皮肤癌、肺癌，心血管病，此外糖代谢紊乱，糖尿病，神经功能紊乱和砷中毒都有关系。

（4）汞

汞是一种很毒的元素。HgS就是辰砂或朱砂。汞中毒，通常又叫“水俣病”。首次出现是在1933年的日本九州熊本县。实际上“5号病”就是汞中毒。汞中毒有一定的征兆性，开始是走路不稳，面容痴呆，尔后耳聋眼瞎，重者全身麻痹，最后精神失常，以至死亡。这是因为汞中毒是一种神经中毒，可以造成全身性的神经损害。体内的汞含量一旦达到临界值，就很难进行治疗了。香港有些人经常感冒，总感觉很累，经常头痛、失眠、颈椎痛、腰痛，而且久治不愈；经过化验，发现这些人体内的汞含量比一般人高。有人预测，本世纪将流行精神病，因为汞的中毒主要是损伤神经，所以说体内汞含量太高，就有可能得精神病。

（5）铬

水体中铬污染主要是Cr^{3+}和Cr^{6+}，主要来源于电镀、制革、铝盐生产及铬矿开采。Cr^{3+}主要存在于沉积物中；Cr^{6+}多稳定存在于水中。工业废水中主要是Cr^{6+}。环境中的Cr^{3+}和Cr^{6+}可以相互转化，所以水质标准倾向于测定铬的总量。铬是人和动物所必需的一种微量元素，人体中缺铬会影响糖类和脂类的代谢，引起动脉粥样硬化症。若生物体内铬含量过多，又会对生物造成危害，铬先以Cr^{6+}的形式渗入细胞，然后在细胞内还原为Cr^{3+}而构成“终致癌物”。我国规定生活用中Cr^{6+}浓度应<0.05mg/L；农业和渔业用水Cr^{3+}<0.5mg/L，Cr^{6+}为0.05mg/L；工业废水中最高为0.5mg/L（Cr^{6+}计算）。

10.3.7　地方病的防治

根据地方病发生的性质，地方病的主要防治措施有：

（1）化学元素性地方病

① 补充环境和机体缺乏的元素：a. 在妇女妊娠前或妊娠初期补充足够的碘可预防地方性克汀病、亚临床克汀病、先天性甲状腺机能低下症及发育性疾病如不孕、早产、死产、新生儿死亡等。出生后各个发育时期补充足够的碘可以预防和治疗地方性甲状腺肿。b. 补硒可预防大骨节病、克山病。补硒（口服亚硒酸钠片、亚硒酸钠强化食盐、粮食喷硒等）后，

可促使大骨节病发病率显着下降，患者骨骺端病变修复，也可使克山病发病率明显下降并可预防其恶性发作。

② 限制环境中过多的元素进入机体，如防止氟、碘的过度摄入。

（2）生物源性地方病

① 杀灭宿主，使宿主长期大面积下降是消灭自然疫源地的根本控制措施。

② 杀灭媒介昆虫，是防制生物源性地方病的重要措施。化学药物（敌敌畏、敌百虫、除虫菊类药物）对蚤、螨、蜱均有效；此外，还应加强个人防护（涂沫驱避剂）及注意环境卫生。

③ 消毒又分①疫源地消毒：对有或曾经有污染源的场所进行消毒；②预防性消毒：对可能受病原体污染的场所、物品进行消毒；③随时消毒和终末消毒。消毒是杀灭传播因素中病原体的重要手段，对预防鼠疫、布鲁氏菌病是不可少的措施。

④ 预防接种通过生物制品接种，刺激机体产生特异性免疫力。鼠疫活菌疫苗接种后，其免疫力只有半年；布鲁氏菌活菌疫苗和森林脑炎灭活疫苗的免疫力能维持1年；Q热灭活疫苗的免疫力较为持久。

10.4 生态警告

生态学家们不断向人类发出警告："人类已经可以不靠捕猎野生物种为生了，人类的贪欲和畸型、过度的消费最终将毁灭人类自己"。其实，从餐桌上的食谱和饮食情况可以了解一个人的综合素质及一个社会的文明程度。所谓野生动物更好吃的说法是没有任何科学依据的，退一万步讲，即使有依据，人类也没有理由为了自己无限膨胀的欲望，去剥夺野生物种生存的权利！吃野生动物是陋习，还会传染很多疾病，人类将会为此而付出沉重的代价！人类只是地球上众多生物中的一种，需要与其他生物和谐共处、共同保护地球环境才是最明智的选择！

记住古老的歌谣："只有当最后一颗树被刨，最后一条河中毒，最后一条鱼被捕，人们才发觉：钱财不能吃与喝"！难道我们只有到那时候才能醒悟吗？

思考题

10.1　个人如何正对对待及预防地方病？

10.2　上海地区的典型性地方病有哪些？

10.3　人类应该如何处理与自然环境的关系？

10.4　防治地方性疾病有哪些意义？

10.5　试述人体与环境的辩证关系？

10.6　试述伽师病的病症、病因及预防措施？

10.7　试列举出8种毒性元素？

10.8　试述克山病的病症、病因及预防措施？

10.9　简述硒的环境特征与地方性疾病的关系？

10.10　试说明硒对人体的作用及由其导致的疾病的预防？

第11章　火　灾

火灾是指在时间和空间上失去控制的燃烧所造成的灾害。在各种灾害中，火灾是威胁公众安全和社会发展的主要灾害之一。人类能够对火进行利用和控制，是文明进步的一个重要标志。人类使用火的历史与同火灾作斗争的历史是相伴相生的，人们在用火的同时，不断总结火灾发生的规律，尽可能地减少火灾及其对人类造成的危害。有些火灾是自然发生的，有些火灾是人为发生的，但它们都会给人类及其赖以生存的环境带来严重灾害，为了使大家免受火灾的危害，保护自然环境、保护人们的生命及财产安全，所以在本章对不同类型的火灾及其防御手段进行简要的介绍。

11.1　火灾的分类及扑救措施

根据《火灾分类》(GB/T 4968—2008，2008年11月4日发布，2009年5月1日实施)

火灾根据可燃物的类型和燃烧特性，分为A、B、C、D、E、F六类。

A类火灾：指固体物质火灾。这种物质通常具有有机物质性质，一般在燃烧时能产生灼热的余烬，如木材、煤、棉、毛、麻、纸张等。

B类火灾：指液体或可熔化的固体物质火灾。如煤油、柴油、原油，甲醇、乙醇、沥青、石蜡等。

C类火灾：指气体火灾。如煤气、天然气、甲烷、乙烷、丙烷、氢气等。

D类火灾：指金属火灾。如钾、钠、镁、铝镁合金等。

E类火灾：带电火灾。物体带电燃烧的火灾。

F类火灾：烹饪器具内的烹饪物(如动植物油脂)火灾。

另外根据火灾发生的场所，火灾也可分为室内火灾和室外火灾。

扑救A类火灾可选择水型灭火器、泡沫灭火器、磷酸铵盐干粉灭火器，卤代烷灭火器。

扑救B类火灾可选择泡沫灭火器(化学泡沫灭火器只限于扑灭非极性溶剂)、干粉灭火器、卤代烷灭火器、二氧化碳灭火器。

扑救C类火灾可选择干粉灭火器、卤代烷灭火器、二氧化碳灭火器等。

扑救D类火灾可选择粉状石墨灭火器、专用干粉灭火器，也可用干砂或铸铁屑末代替。

扑救带电火灾可选择干粉灭火器、卤代烷灭火器、二氧化碳灭火器等。带电火灾包括家用电器、电子元件、电气设备(计算机、复印机、打印机、传真机、发电机、电动机、变压器等)以及电线电缆等燃烧时仍带电的火灾，而顶挂、壁挂的日常照明灯具及起火后可自行切断电源的设备所发生的火灾则不应列入带电火灾范围。

扑救F类火灾可选择干粉灭火器。

11.2　火灾的等级

根据2007年6月26日，公安部下发的《关于调整火灾等级标准的通知》。新的火灾等级标准由原来的特大火灾、重大火灾、一般火灾三个等级调整为特别重大火灾、重大火灾、较大火灾和一般火灾四个等级(注:“以上“包括本数,“以下”不包括本数)。

① 特别重大火灾，指造成 30 人以上死亡，或者 100 人以上重伤，或者 1 亿元以上直接财产损失的火灾

② 重大火灾，指造成 10 人以上 30 人以下死亡，或者 50 人以上 100 人以下重伤，或者 5000 万元以上 1 亿元以下直接财产损失的火灾

③ 较大火灾，指造成 3 人以上 10 人以下死亡，或者 10 人以上 50 人以下重伤，或者 1000 万元以上 5000 万元以下直接财产损失的火灾

④ 一般火灾，指造成 3 人以下死亡，或者 10 人以下重伤，或者 1000 万元以下直接财产损失的火灾。

11.3 气象条件与火灾发生的关系

火灾的发生需要同时具备火源、可燃物和助燃剂(主要是氧气)三个条件，氧气在空气中自然存在，可燃物在所有可能发生火灾的地点都是客观存在的。在绝大多数情况下，火灾是否发生，主要取决于是否具备使可燃物能够达到燃点温度的火源。自然火源包括雷电起火和有机物发酵自燃起火，在城市里不多见。绝大多数火灾的火源来自人为不慎引燃或有意纵火，因此通常把火灾列为人为灾害的一种。国内外火灾的发生都存在一定的季节性，并且火灾的蔓延与熄灭往往都与气象条件的变化密切相关。因此，无论是防火还是灭火，都需要研究火险气象条件和利用有利于灭火灾的气象条件。

11.3.1 风

风是影响火灾极重要的因素，不但可以给着火点输送氧气助燃而且可以把已燃烧物体刮到其他可燃物所在范围，使火灾迅速蔓延和扩大。大风还加速了可燃物体的水分蒸发，使之更易被点燃。1666 年 9 月 2 日发生在伦敦的大火，起初只是一间面包房的不慎失火，是不难扑灭的。由于一阵大风把着火的木屑吹过几条全是木屋的狭窄街道，然后又进入泰晤士河北岸的一些仓库，火势变得一发不可收拾，一直烧了 4 天，使全城遭殃。

火源刚开始形成，阵风或使用吹风机有可能使可燃物突然降温或与空气暂时隔离而达到灭火，但绝大多数城市火灾在被发现时都已错过了煽风扑灭的最佳时机。火势较大时火场热空气的上升气流能冲破近地逆温层，周围的气流沿地面补充，形成火场与周围的局地环流，风会随着火势越刮越大，以至难以扑灭。这时只能采取遏制火灾蔓延的办法，即清除火场附近的可燃物，待火场范围内的可燃物燃烧完而自然熄灭。

所以，在发生火灾时，要重点防范火场下风向的火灾蔓延，及时清除可燃物和防止火场的余烬被吹到下风向地带。火灾中逃生要尽量往上风向转移。

11.3.2 湿度

北京城市气候与火灾关系的研究表明，湿度与火灾发生率最为相关。在空气湿度大的情况下，可燃物的含水量通常也比较大。由于加热时水分蒸发要消耗大量的热量，使得潮湿的可燃物温度不易很快上升到燃点。而在干燥的天气下，可燃物中的水分会很快蒸发，极易燃烧。

根据北京市 1966~2004 年的统计，11 月至次年 2 月是火灾的多发期，四个月的火灾次数占全年 45%以上。这是由于冬季是北方的旱季，少雪多风，空气干燥，加上取暖供热，使得火灾隐患比其他季节更多。东北林区的城镇由于冬季积雪很厚，火灾风险反而不大。到

春季融雪升温后，天气干燥，地面积累大堆的枯枝落叶，加上又常刮西南大风，从而成为全年中火灾发生最频繁的季节。在地中海夏干气候类型地区，火灾以夏季发生最为频繁。我国的华南和西南则以秋冬的火灾较为频繁。

11.3.3 气温

温度对火灾的发生也有一定影响。气温高可加速可燃物的水分蒸发，一旦有火源，可以更快地达到着火点而起火。对于燃点较低的汽油、苯、松节油等可燃物和硝酸铵等助燃物，一定要在低温下保存，避免受热。在高温天气下，城郊的垃圾场和秸杆粪便堆肥容易迅速发酵而发生自燃，要注意监测并避免在其附近堆放其他可燃物。高温还常常加剧了城市的干旱缺水，如 1988 年 7 月上海持续伏旱高温，在半个月里就发生的火灾 24 起，火警 98 起。

低温虽然可以减少可燃物达到燃点的危险，但天气严寒往往不利于消防作业。如 2008 年 1 月 2 日乌鲁木齐德汇广场的大火之所以持续 40 多个小时，就与零下 20℃ 的低温有关，多次出现消防水炮、水枪冻结和消防车水泵冻裂，举高车液压油凝结等问题，致使火场供水困难，低温又使得水溅到身上立刻冻冰，不少消防官兵冻伤。

11.3.4 降水

降水可增加可燃物的水分含量和空气湿度，显著抑制火势。扑灭大范围火灾要充分利用降水的有利天气。1871 年 10 月 8 日 21 点 45 分，芝加哥的一头奶牛踢翻了放在草堆上的油灯，制造了惨绝人寰、震惊世界的火灾。芝加哥的大火连续烧了 30h，使得 2/3 的城区成为废墟，幸好突降倾盆大雨将大火浇灭，才没有继续蔓延。

11.3.5 雷击

自然条件下雷击是最主要的起火原因。一次闪电大约可释放 20~25C 的电量，每次放电的电流平均达$(25\sim45)\times10^4$A。大的雷暴甚至可达2×10^5A，电压高达数百万伏，瞬间温度 5×10^4K，闪电通道中的空气可加热到10^4K 以上，被雷击的可燃物极易起火。

中国古代由于缺乏防雷知识与技术，多次发生宫廷雷击起火焚毁事件。1952 年以来北京故宫曾遭受 10 起雷击，其中 1987 年 8 月 24 日 23 时故宫的景阳宫因雷击起火，直到 25 日凌晨 4 时才扑灭，烧毁屋顶 80 多平方米。中山公园的音乐厅也曾被雷击起火。近年我国最大的一起雷击起火是 1980 年 8 月 12 日山东青岛的黄岛油库因雷暴起火爆炸，整个油库区成了一片火海，大火燃烧了近 104h，过火面积 15 万平方米，包括消防队员在内扑火人员牺牲 19 人，伤百人，直接经济损失 3540 万元。据中国气象局统计，2006 年全国雷暴引起的火灾或爆炸事故有 234 起，造成直接经济损失超过 6 亿元。

2010 年 4 月 13 日凌晨 2 时左右，上海东方明珠塔顶端发射架发生火灾，因事发之前上海地区发生雷电天气，东方明珠塔顶端发射架可能遭受雷击引发起火，消防部门迅速出动救援，在 1h 内将火扑灭；当时的大雨也为灭火创造了有利条件。上海警方证实，火灾未造成人员伤亡，也未对东方明珠塔的建筑结构造成影响。2010 年 6 月 4 日，内蒙古呼伦贝尔盟根河市阿龙山林场发生森林火灾，根河市气象局立刻组织作业人员奔赴阿龙山林业局失火现场。经过近 40h 的观察守侯，并于次日在阿龙山林场顺利实施了人工增雨作业，火场降水近 30min，增雨效果明显，林火被顺利扑灭。2011 年 11 月 22 日 18 时 35 分，位于大连市金州新区的大港集团罐区 31 号和 32 号两个 10 万吨级的油罐被雷击起火；经过一个多小时的紧急扑救，大火基本扑灭，无人员伤亡报告。

11.3.6 大气环流

火灾在世界上具有群发的特点。1871 年美国芝加哥的大火同时，附近的一些城镇，威斯康星州、内布拉斯加州、密执安州、堪萨斯州、印第安纳州等其他各州地的森林和大草原也着了火。1987 年我国大兴安岭的特大森林火灾同时，西班牙、前苏联、美国和加拿大的北半球纬度相近地区也发生了多起森林大火，有的火灾还逼近了附近的城市，使城市上空烟雾弥漫，空气灼热伤人。这些事件显然与大气环流的异常相关。

11.3.7 高层建筑的烟囱效应

在有共享中庭、竖向通风(排烟)风道、楼梯间等类似烟囱特征–即从底部到顶部具有通畅的流通空间的建筑物、构筑物(如水塔，高层建筑)中，空气(包括烟气)靠密度差的作用，沿着通道很快进行扩散或排出建筑物的现象，即烟囱效应。如户内空气沿着有垂直坡度的空间向上升或下降，造成空气加强对流的现象。最常见的烟囱效应是火炉、锅炉运作时，产生的热空气随著烟囱向上升，在烟囱的顶部离开。因为烟囱中的热空气散溢而造成的气流，将户外的空气抽入填补，令火炉的火更猛烈。烟囱效应亦可以是逆向的。当户内的温度较户外为低(例如夏天使用空调时)，气流可以在烟囱内向下流动，将户外空气从烟囱抽入室内。烟囱效应的强度与烟囱的高度，户内及户外温度差距，和户内外空气流通的程度有关。在高楼大厦的环境内，烟囱效应可以是令火灾猛烈加剧的原因。

现代城市兴建了大量的高层建筑，其中的楼梯、电梯和天井上下贯通类似烟囱。底层着火时烟气上升拔火，使火势迅速蔓延到上部。2008 年 1 月 2 日乌鲁木齐市 12 层高的德汇商厦起火并殃及相邻的 20 层德汇大酒店，烟囱效应使大火迅速蔓延到楼顶。尽管调集了全市大部分消防车，但最高的云梯也只有 54m，高压水龙无法到达顶部，两座高楼被烧得只剩框架。抢救过程中有 3 名消防官兵牺牲，两名员工失踪，经济损失不下数亿元。

烟囱效应是高层建筑中常见的现象，它是由建筑物内、外的温差引起。在内总温度高的情况中：火灾低于中性面时，火源产生的烟气将与建筑物内的空气一起流入竖井，并沿竖井上升。一旦升到中性面以上，烟气便可由竖井流出来，进入建筑物的上部楼层。火灾高于中性面时，由正烟囱效应产生的空气流动可限制烟气的流动，空气从竖井流进着火层能够阻止烟气流进竖井，楼层间的缝隙却可引起少量烟气流动，着火层的燃烧强烈时热烟气的浮力可以克服竖井内的烟囱效应，使烟气进入竖井。正烟囱效应的示意图如图 11–1 所示。

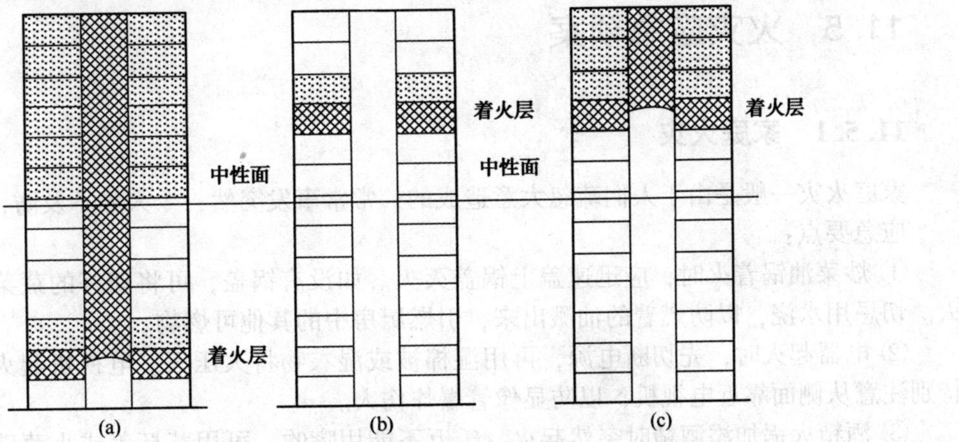

图 11–1 正烟囱效应的示意图

11.4 典型火灾的发展过程

典型的火灾发展过程分为初起期、发展期、最盛期和熄灭期四个阶段，如图 11-2 所示。

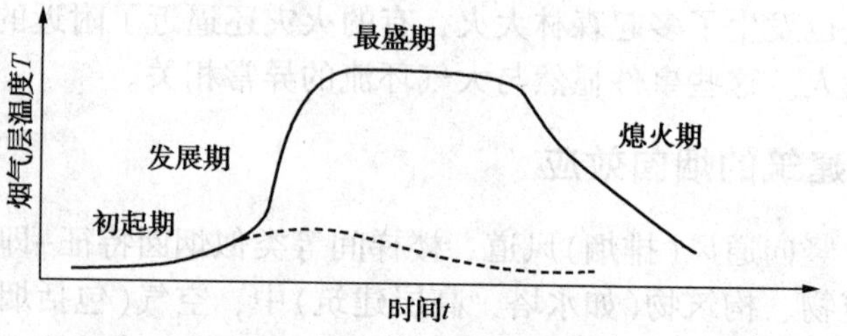

图 11-2 典型火灾的发展过程

初起期——火灾从无到有开始发生的阶段，这一阶段可燃物的热解过程至关重要；

发展期——火势由小到大发展的阶段，这一阶段通常满足时间平方规律，即火灾热释放速率随时间的平方非线性发展，轰燃就发生在这一阶段。所谓轰燃，常见定义为：

① 室内火灾由局部火向大火的转变，转变完成后室内所有可燃物表面都开始燃烧；

② 室内燃烧由燃料控制向通风控制的转变，转变使得火灾由发展期进入最盛期；

③ 在室内顶棚下方积聚的未燃气体或蒸气突然着火而造成火焰迅速扩展。

而在工程上应用最广的两个轰燃判据为：

① 上层热烟气平均温度达到 600℃；

② 地面处接受的热流密度达到 $20kW/m^2$。

满足这两个条件时，通常可燃物可以发生轰燃。影响轰燃发生最重要的两个因素是辐射和对流情况，也就是上层烟气的热量得失关系，如果接收的热量大于损失的热量，则轰燃可以发生。轰燃的其他影响因素有：通风条件、房间尺寸和烟气层的化学性质等。

最盛期——火灾燃烧方式是通风控制火灾，火势的大小由建筑物的通风情况决定；

熄灭期——火灾由最盛期开始消减直至熄灭的阶段，熄灭的原因可以是燃料不足、灭火系统的作用等。由于建筑物内可燃物、通风等条件的不同，建筑火灾有可能达不到最盛期，而是缓慢发展后就熄灭了。

11.5 火灾应急预案

11.5.1 家庭火灾

家庭火灾一般是由于人们疏忽大意造成的，常常事发突然，令人猝不及防，后果严重。

应急要点：

① 炒菜油锅着火时，应迅速盖上锅盖灭火。如没有锅盖，可将切好的蔬菜倒入锅内灭火。切忌用水浇，以防燃着的油溅出来，引燃厨房中的其他可燃物。

② 电器起火时，先切断电源，再用湿棉被或湿衣物将火压灭。电视机起火，灭火时要特别注意从侧面靠近电视机，以防显像管爆炸伤人。

③ 酒精火锅加添酒精时突然起火，千万不能用嘴吹，可用茶杯盖或小菜碟等盖在酒精罐上灭火。

④ 液化气罐着火，除可用浸湿的被褥、衣物等捂压外，还可将干粉或苏打粉用力撒向火焰根部，在火熄灭的同时关闭阀门。

⑤ 逃生时，应用湿毛巾捂住口鼻，背向烟火方向迅速离开。

⑥ 逃生通道被切断、短时间内无人救援时，应关紧迎火门窗，用湿毛巾、湿布堵塞门缝，用水淋透房门，防止烟火侵入。

专家提示：

① 家中无人时，应切断电源、关闭燃气阀门。

② 不要卧床吸烟，乱扔烟头。

③ 不要围观火场，以免妨碍救援工作，或因爆炸等原因受到伤害。

④ 家庭应备火灾逃生“四件宝”：家用灭火器、应急逃生绳、简易防烟面具、手电筒。将它们放在随手可取的位置，危急关头便能派上大用场。

11.5.2 高楼火灾

高层建筑楼道狭窄、楼层高，发生火灾不容易逃生，救援困难，而且常因人员拥挤阻塞通道，造成互相践踏的惨剧。

应急要点：

① 及时扑救。可利用各楼层的消防器材扑灭初起火灾。

② 向下不向上。因火势向上蔓延，应用湿棉被等物作掩护快速向楼下有序撤离。

③ 关紧房门。离开房间以后，一定要随手关门，使火焰、浓烟控制在一定的空间内。

④ 注意防烟。用湿毛巾等物掩住口鼻，保持低姿势前进，呼吸动作要小而浅。带婴儿逃离时，可用湿布轻轻蒙在婴儿脸上。

⑤ 理性逃生。利用建筑物阳台、避难层、室内设置的缓降器、救生袋、应急逃生绳等进行逃生，也可将被单、台布结成牢固的绳索，牢系在窗栏上，顺绳滑至安全楼层。

⑥ 等待救援。当通道被火封住，欲逃无路时，可靠近窗户或阳台呼救，同时关紧迎火门窗，用湿毛巾、湿布堵塞门缝，用水淋透房门，防止烟火侵入。靠墙躲避。因为消防人员进入室内救援时，大都是沿墙壁摸索行进的。

专家提示：

① 火场能见度非常低，保持镇静、不盲目行动是安全逃生的重要前提。

② 因供电系统随时会断电，千万不要乘电梯逃生。

③ 等待救援时应尽量在阳台、窗口等易被发现的地方。

④ 不要轻易跳楼。只有在消防队员准备好救生气垫或楼层不高的情况下，或者如不跳楼就会丧命的情况下，才能采取此方法。

⑤ 公共通道平时不要堆放杂物，否则既容易引起火灾，又妨碍火灾时的逃生及救援。

11.5.3 公共场所火灾

公共场所发生火灾是不容忽视的，2013 年 6 月 7 日 18 时 20 分，福建省厦门市一公交车在高架桥上行驶过程中突然起火，造成 47 人死亡、34 人因伤住院；2013 年 6 月 11 日苏州一燃气公司食堂爆炸导致 11 人死亡，还有多人在抢救中。酒店、影剧院、超市、体育馆等人员密集场所一旦发生火灾，常因人员慌乱、拥挤而阻塞通道，发生互相践踏的惨剧，或由于逃生方法不当，造成人员伤亡。

应急要点：

① 发现初起火灾，应利用楼层内的消防器材及时扑灭。

② 要保持头脑清醒，千万不要惊慌失措、盲目乱跑。

③ 火势蔓延时，应用衣服遮掩口鼻，放低身体姿势，浅呼吸，快速、有序地向安全出口撤离。尽量避免大声呼喊，防止有毒烟雾进入呼吸道。

④ 离开房间后，应关紧房门，将火焰和浓烟控制在一定的空间内。

⑤ 利用建筑物阳台、避难层、室内设置的缓降器、救生袋、应急逃生绳等进行逃生，或将被单、台布结成牢固的绳索，牢系在窗栏上顺绳滑至安全楼层。

⑥ 逃生无路时，应靠近窗户或阳台，关紧迎火门窗，向外呼救。

专家提示：

① 人员密集场所的安全门或非常出入口都有明显标志，平时应加留心。

② 千万不要乘电梯逃生。

③ 轻易不要跳楼，除非火灾已危及生命。

④ 下榻宾馆、酒店后，应特别留心服务方提供的火灾逃生通道图，或自行了解安全出口的方位。

⑤ 逃生时千万不要拥挤。

11.5.4 汽车火灾

汽车失火不仅威胁司乘人员的生命安全，毁损车辆，而且还会严重影响交通秩序。公共汽车失火时，司售人员要果断采取自救、防护和逃生措施，保障乘客的生命和财产安全。

应急要点：

① 汽车发动机起火：迅速停车，切断电源，用随车灭火器对准着火部位灭火。

② 车厢货物起火：立即将汽车驶离重点要害地区或人员集中场所，并迅速报警。同时，用随车灭火器扑救。周围群众应远离现场，以免发生爆炸时受到伤害。

③ 汽车加油过程中起火：立即停止加油，疏散人员，并迅速将车开出加油站(库)，用灭火器及衣服等将油箱上的火焰扑灭。地面如有流洒的燃料着火，立即用库区灭火器或沙土将其扑灭。

④ 汽车在修理中起火：应迅速切断电源，及时灭火。

⑤ 汽车被撞后起火：先设法救人，再进行灭火。

⑥ 公共汽车在运营中起火：立即开启所有车门，让乘客有秩序地下车。然后，迅速用随车灭火器扑灭火焰。若火焰封住了车门，乘客可用衣服蒙住头部，从车门冲下。或者打碎车窗玻璃，从车窗逃生。

专家提示：

① 不携带易燃、易爆等危险品乘坐公共交通工具。

② 随车配备灭火器，并会正确使用。

11.5.5 森林火灾

森林火灾是由自然火源或人为火源引起，失去人为控制的在森林自由蔓延和扩展的森林大火造成的灾害。主要致灾原因有烧荒烧炭、电线引起、烧牧场、烧窑、烧隔离带、机车喷火、野外吸烟、取暖做饭、烧山驱兽、上坟烧纸、小孩玩火、外区域烧入、雷击火、故意放火、自然火等。还有一些火是因为邻近地发生了火灾引发的。人为原因的生产性火源占38.75%，非生产性火源占42.85%，其他火源占2.15%。自然火占1.12%，自然的原因还有雷击、闪电、自燃等。

森林火灾烧毁森林的动植物资源，破坏生态环境，导致水土流失，经济损失巨大，甚至造成人员伤亡。森林火灾不仅烧死、烧伤林木，直接减少森林面积，而且严重破坏森林结构和森林环境，导致森林生态系统破坏、物种异常演替，益兽、益鸟减少；还有可能造成林地裸露，失去涵养水源、保持水土的作用，降低森林生态系统的生态服务功能；甚至造成人畜伤亡。从火灾火源来看，自然火源有雷击火、火山爆发和陨石降落起火等，其中最多的是雷击火，也是中国黑龙江大兴安岭、内蒙古呼伦贝尔盟和新疆阿尔泰等地区最为常见的火源就是雷击火。

林火分为：①地表火。指火沿林地表面蔓延，烧毁地被物，危害幼树、灌木、下木，烧伤大树干基部和露出地面的树根等。一般温度在400℃左右，烟为浅灰色，约占森林火灾的94%。②树冠火。指火沿树冠蔓延，主要由地表火在强风的作用下引起。破坏性大，能烧毁针叶、树枝和地被物等，一般温度在900℃，烟柱可高达几千米，常发生飞火，烟为暗灰色，不易扑救，约占森林火灾的5%，多发生在长期干旱的针叶林内，一般阔叶林内不大发生。③地下火，又称泥炭火或腐殖质火。火在林地的腐殖质层或泥炭层中燃烧，地表看不见火焰，只见烟雾，蔓延速度缓慢，每小时仅4~5m，持续时间长，能持续几天、几个月或更长，可一直烧到矿物质层或地下水层。破坏性大，能烧掉土壤中所有的泥炭，腐殖质和树根等，不易扑灭。

应急要点：

① 发现森林火灾应及时报警，准确报告起火方位、火场面积以及燃烧的植被种类。

② 发现自己处在森林火场中，要保持头脑清醒，并迅速向安全地带转移。选择火已经烧过或杂草稀疏、地势平坦的地段转移；穿越火线时要用衣服蒙住头部，快速逆风冲越火线。切忌顺风在火线前方逃跑。

专家提示：

① 发现火灾肇事者，应及时向森林公共安全专家机关报告，提供相关线索，或者控制、抓获嫌疑人。

②《北京市森林资源保护管理条例》规定：每年11月1日~次年5月31日为本市森林防火期，其中3月15日~4月15日为森林防火戒严期。在此期间，不得进入林区吸烟、烧烤、上坟烧纸、点燃篝火、燃放鞭炮等。

11.6 校园火灾

大学校园里，火灾是威胁安全的重要因素。据有关统计资料表明，大学里火灾比盗窃所造成的经济损失要高出十几倍。建国以来，在我国所有全日制高校中，从未发生过火灾的寥寥无几。2002年3月11日，某大学宿舍发生火灾，6个房间被烧毁，楼顶被烧穿，所幸因学生都去上课不在宿舍，未造成人员伤害，后来调查火灾发生原因为电器起火。2005年11月2日某大学宿舍楼3楼发生爆炸起火，原因可能是使用煤油炉做饭引起可燃气体爆炸引起火灾。2006年1月8日菲律宾马尼拉市北部大学区的一个学生宿舍楼凌晨发生火灾，8人被烧死，大火是从宿舍楼底层的一间厨房引发的。2008年3月13日某大学办公楼发生大火，顶楼4楼大部分被烧毁；事故原因是导线短路引发。2008年11月14日某大学宿舍楼寝室失火，失火原因是违规使用"热得快"烧水引发火灾。2008年11月23日，某大学一栋2楼寝室起火，起火原因是使用违规电器。2009年3月10日某大学教学楼发生火灾，据了解可能是电器使用不当引发火灾事故。2009 年 3 月 11 日，一大学教工宿舍一外教居室内发生火灾。

11.6.1 宿舍火灾原因分析

2001 年 12 月 17 日某大学学生宿舍楼发生火灾，失火原因为台灯使用时间过长引燃床单；2002 年 11 月 6 日，某大学生宿舍失火，原因为使用电炉做饭，明火点燃地上报纸造成火灾；2002 年 12 月 1 日，某学校宿舍楼电线老化引起发生大火；2003 年 2 月 11 日某大学 8 号学生宿舍楼因宿舍内私拉电线导致火灾；2003 年 9 月 12 日，某大学宿舍楼 3 层女生宿舍因从小商小贩处购得的劣质电池充电器成为发生火灾的罪魁祸首。

宿舍火灾常常是由于电路过载，短路而引发火灾。电器功率之和超过电路允许载荷电流，使电路过热，加速绝缘层老化，绝缘能力下降。绝缘能力下降又导致感应电流增加，进而电路载荷电流增加，形成恶性循环。最终导致绝缘层丧失绝缘能力，甚至绝缘层脱落，造成短路。电路绝缘层温度 60℃为临界点。不同材质的单芯橡皮绝缘导线各有其持续允许的接流量，如表 11-1 所示。

表 11-1　单芯橡皮绝缘导线的持续允许截流量(A)

截面积/mm^2	导线穿硬塑料管敷设时，管内穿导线的根数					
	2 铜线	mm^2	2 铜线	mm^2	2 铜线	mm^2
1.0	13		12		11	
1.5	17	14	16	12	14	11
2.5	25	19	22	17	20	15
4	33	25	30	23	26	20
6	43	33	38	29	34	26
10	59	44	52	40	46	35

铜丝代空气开关是不保险的，插座荷载也是有限的。电插头过载，发生短路也会引发火灾。每个插头也有最大允许荷载电流每个插座有一定最大荷载，不能过载。很多高校学生宿舍插座上接满了插头，如图 11-3 所示。

图 11-3　插满插头的插排

另外电气线路受高温或潮湿或腐蚀等作用的影响，绝缘层受到破坏；线路年久失修，绝缘层老化脱落；电压过高击穿绝缘层；乱拉电线或误操作使两线相碰等也是引起短路的原因。

另外，用火不慎也容易引发火灾，在宿舍内做饭用火不慎会引发火灾。某大学研究生宿舍火灾就是一例。明火照明引发火灾也屡见不鲜，虽然目前高校已禁止使用蜡烛照明看书，但仍存在违规现象。2007 年 10 月 24 日，重庆某高校 KTV 厅，聚会散去后，赵某对 KTV 厅检查时，点燃打火机将手伸进沙发底部 40cm 处进行照明，查看沙发底座是否有啤酒瓶遗留，经过几秒来回照明，未发现沙发底座有异物，便匆匆离去，没想到就在离去的几分钟后便燃起了大火，结果引燃 KTV 厅内沙发、电视等物品烧毁，直接造成损失 10 万余元，幸好消防部门及时到场扑救和疏散，火灾未造成人员伤亡。

宿舍内烟头蚊香也是引发火灾的重要原因。烟头的表面温度大约 250℃，烟头中心温度可达到700~800℃，蚊香燃着时的温度约700℃，这个温度，超过了纸张和棉、麻、化纤织物等可燃物的燃点，足以把它们引燃起火。因此，点燃的烟头、蚊香必须注意防火安全。2001年5月16日，广州市的一所寄宿学校发生火灾，造成8名正在准备高考的学生死亡，25人受伤。火灾是未熄的烟头引燃了一间休息室的沙发而引起的，消防部门称，这幢建筑里的火警装置和灭火器都不能正常使用，校方和有关当局应对此负责。

室内也不得燃放冷烟花。2008年9月20日深圳舞王俱乐部，因在舞厅内燃放烟火引发火灾，造成死亡44人、伤64人。2007年9月25日22时20分江西省抚州市一家酒吧发生特大火灾，12人死亡，起因是因庆祝中秋在大厅内燃放冷烟花将酒吧屋顶的装饰棉布引燃导致火灾。

冷焰火是采用燃点较低的金属粉末，经过一定比例加工而成的冷光无烟焰火，冷焰火燃点低，燃点在60~80℃，外部温度30~50℃。某学校歌舞厅的年轻人在向空中抛掷冷烟花后，点燃了由橡胶、羽毛和布料装饰而成的天花板，人们争相夺路而逃，但当人们挤到门口时却发现，大部分出口却是被锁着的，根本无法出去。

另外，一定要注意：宿舍走廊不得堆杂物，走廊堆杂物会加速火灾蔓延并且影响紧急疏散。如图11-4(a)，某宿舍楼将不常用的楼道当做了垃圾场，而(b)中宿舍楼内通往顶楼的消防通道铁门紧锁。

(a)

(b)

图11-4　校园火灾隐患部分因素图示

11.6.2　火灾隐患

教室存在的火灾隐患：①教室门不通畅或者只开一个；②教室内使用大功率照明灯或者电取暖器靠近易燃物；③违反了操作规程使用了电子教具；④电线线路已经老化或者超负荷；在教室内未按照安全规定存放易燃物；⑤教室内吸烟以及乱扔烟头。

实验室中由于有很多易燃易爆品，一旦保存不当或者打碎洒落便容易引起火灾。并且实验过程中违反了操作规定，或者缺少了专人指导而错误的操作也会引起火灾。实验项目不能缺少防火措施。不同性质的试剂注意区别，试剂的混存也是实验室火灾的一个重大隐患。

11.6.3　宿舍防火

宿舍管理人员应定期开展防火检查工作，重点检查：

① 宿舍是否有煤炉、煤油炉、酒精炉、液化石油气灶具等做饭用品；

② 宿舍是否有“热得快”、电磁炉、微波炉、电炒锅、电饭煲等电器；

③ 宿舍有无乱扔的烟头，了解是否有躺在床上吸烟的现象，并警告；

④ 了解是否有躺在床上点蜡烛看书的现象，并警告；

⑤ 宿舍是否有易燃、易爆物品，并警告；

⑥ 宿舍、走廊是否有焚烧杂物的痕迹和现象；

⑦ 检查插座是否有过载现象？电线是否老化？

⑧ 自动消防设施是否正常；

⑨ 查看消防通道是否通畅。

11.6.4　正确使用 119

在日常生活中，你知道怎样正确使用 119 电话吗？使用 119 电话应注意：

① 报警时，首先要沉着冷静，不要心慌，并配合接警员的提问完成报警；

② 要讲清楚起火单位、地址、燃烧对象、火势情况，并将报警人的姓名、所在的电话号码告诉消防队，以便联系。

③ 如果实在报不出具体路名及门牌号码时，可报附近的标志性建筑物、饭店、娱乐场所等。

④ 要早报警，为消防灭火争取时间，减少损失；

⑤ 报警后，本人或派人到通往火场的交通路口接应消防车；

⑥ 报警后，应检查并组织人员做好迎接消防车的准备工作，如设计、清理进车通道。

⑦ 当市民遇到非紧急情况或反映情况时，可拔打“公安热线-962110”或其他职能部门的电话。

⑧ 根据形势进展，如已不需要民警到场处理时，请您及时来电告知接警员撤销警情。

11.6.5　校园火灾逃生

校园宿舍火灾逃生策略：①宿舍火灾火势初起时，立即用自来水，湿毛巾灭火自救；②若火势已大，要立即撤离火场，必须迅速拨打火警电话“119”；③宿舍如果充斥了大量烟气，在撤离的时候可用湿毛巾捂住口鼻，并弯腰低姿快行；④一层的宿舍失火了，烟火封闭了出口时可以从窗口跳出去；⑤二、三层宿舍失火，烟火封住了出口时，可以用床单、被套、窗帘制成安全绳，从窗口缓缓下滑；⑥其他宿舍着火了，火势还没有控制楼道时，应该立即离开宿舍，迅速通过安全通道向外疏散；⑦从高层宿舍下撤时，不要乘坐电梯；⑧当烟火封住下撤楼道、大门时，可以撤往顶楼平台，等待救援；⑨当烟火封住了宿舍门时，应将宿舍门紧闭，用衣被堵塞门缝，防止烟气侵入，等待救援。

校园教室火灾逃生策略：①教室一旦失火，在火势小时立即用室内配备的灭火器扑灭自救；②火势一旦发展了，应立即跑到室外；③教室内如已经充满烟气了，逃生的时候可用手绢、衣袖捂住口鼻，并弯腰低姿快行；④一层的教室失火了，烟火封闭了出口时可以从窗口跳出去；⑤二、三层教室失火，烟火封住了出口时，可以用床单、被套、窗帘制成安全绳，从窗口缓缓下滑；⑥别的教室着火了，火势还没有控制楼道时，应该立即离开教室，迅速通过安全通道向外疏散；⑦从高层教室下撤时，不要乘坐电梯；⑧当烟火封住下撤楼道、大门时，可以撤往顶楼平台，等待救援；⑨身上着火时不要惊慌奔跑，可以就地打滚，压灭火焰，也可脱下衣服用脚踩灭。

校园实验室火灾逃生策略：①在实验室应有针对实验项目使用的易燃易爆实验试剂的防火设施；②试剂发生火灾时应尽量将其迅速扑灭；③迅速将易燃易爆物品转移到安全的区域，火场人员迅速撤离到室外；④实验室的试剂遇火很可能产生有毒气体，应该用湿毛巾捂住口鼻撤离，避免中毒。

11.7 火灾逃生方法

每个人都在祈求平安，但天有不测风云，人有旦夕祸福。一旦火灾降临，在浓烟毒气和烈焰包围下，就会有不少人葬身火海，也有人死里逃生、幸免遇难。“只有绝望的人，没有绝望的处境”，面对滚滚浓烟和熊熊烈焰，必须克服恐惧、习惯、趋光、就近、从众和侥幸心理，保持冷静机智，运用火场自救与逃生知识，就有极大的可能拯救自己。因此，多掌握一些火场自救要诀，困境中也许就能获得第二次生命。

第一法：熟悉环境，暗记出口。当你处在陌生的环境时，为了自身安全，务必留心疏散通道、安全出口及楼梯方位等，以便关键时候能尽快逃离现场。请记住：在安全无事时，一定要居安思危，给自己预留一条通路。

第二法：通道出口，畅通无阻。楼梯、通道、安全出口等是火灾发生时最重要的逃生之路，应保证畅通无阻，切不可堆放杂物或设闸、上锁，以便紧急时能安全迅速地通过。请记住：自断后路，必死无疑。

第三法：扑灭小火，惠及他人。当发生火灾时，如果发现火势并不大，且尚未对人造成很大威胁时，当周围有足够的消防器材，如灭火器、消防栓等，应奋力将小火控制、扑灭；千万不要惊慌失措地乱叫乱窜，置小火于不顾而酿成大灾。请记住：争分夺秒，扑灭“初期火灾”。

第四法：保持镇静，明辨方向，迅速撤离。突遇火灾，面对浓烟和烈火，首先要强令自己保持镇静，迅速判断危险地点和安全地点，决定逃生的办法，尽快撤离险地。千万不要盲目地跟从人流和相互拥挤、乱冲乱窜。撤离时要注意，朝明亮处或外面空旷地方跑，要尽量往楼层下面跑，若通道已被烟火封阻，则应背向烟火方向离开，通过阳台、气窗、天台等往室外逃生。请记住：人只有沉着镇静，才能想出好办法。

第五法：不入险地，不贪财物。身处险境，应尽快撤离，不要因害羞或顾及贵重物品，而把逃生时间浪费在寻找、搬离贵重物品上。已经逃离险境的人员，切莫重返险地，自投罗网。请记住：留得青山在，不怕没柴烧。

第六法：简易防护，蒙鼻匍匐。逃生时经过充满烟雾的路线，要防止烟雾中毒、预防窒息。为了防止火场浓烟呛入，可采用毛巾、口罩蒙鼻，匍匐撤离的办法。烟气较空气轻而飘于上部，贴近地面撤离是避免烟气吸入、滤去毒气的最佳方法。穿过烟火封锁区，应配戴防毒面具、头盔、阻燃隔热服等护具，如果没有这些护具，那么可向头部、身上浇冷水或用湿毛巾、湿棉被、湿毯子等将头、身裹好，再冲出去。请记住：多件防护工具在手，总比赤手空拳好。

第七法：善用通道，莫入电梯。按规范标准设计建造的建筑物，都会有两条以上逃生楼梯、通道或安全出口。发生火灾时，要根据情况选择进入相对较为安全的楼梯通道。除可以利用楼梯外，还可以利用建筑物的阳台、窗台、天面屋顶等攀到周围的安全地点沿着落水管、避雷线等建筑结构中凸出物滑下楼也可脱险。在高层建筑中，电梯的供电系统在火灾时随时会断电或因热的作用电梯变形而使人被困在电梯内同时由于电梯井犹如贯通的烟囱般直通各楼层，有毒的烟雾直接威胁被困人员的生命。请记住：逃生的时候，乘电梯极危险。

第八法：缓降逃生，滑绳自救。高层、多层公共建筑内一般都设有高空缓降器或救生绳，人员可以通过这些设施安全地离开危险的楼层。如果没有这些专门设施，而安全通道又已被堵，救援人员不能及时赶到的情况下，你可以迅速利用身边的绳索或床单、窗帘、衣服等自制简易救生绳，并用水打湿从窗台或阳台沿绳缓滑到下面楼层或地面；安全逃生。请记住：胆大心细，救命绳就在身边。

第九法：避难场所，固守待援。假如用手摸房门已感到烫手，此时一旦开门；火焰与浓烟势必迎面扑来。逃生通道被切断且短时间内无人救援。这时候，可采取创造避难场所、固守待援的办法。首先应关紧迎火的门窗，打开背火的门窗，用湿毛巾一湿布塞堵门缝或用水浸湿棉被蒙上门窗然后不停用水淋透房间，防止烟火渗入，固守在房内，直到救援人员到达。请记住：坚盾何惧利矛？

第十法：缓晃轻抛，寻求援助。被烟火围困暂时无法逃离的人员，应尽量呆在阳台、窗口等易于被人发现和能避免烟火近身的地方。在白天，可以向窗外晃动鲜艳衣物，或外抛轻型晃眼的东西；在晚上即可以用手电筒不停地在窗口闪动或者敲击东西，及时发出有效的求救信号，引起救援者的注意。请记住：充分暴露自己，才能争取有效拯救自己。

第十一法：火已及身，切勿惊跑。火场上的人如果发现身上着了火，千万不可惊跑或用手拍打。当身上衣服着火时，应赶紧设法脱掉衣服或就地打滚，压灭火苗；能及时跳进水中或让人向身上浇水、喷灭火剂就更有效了。请记住：就地打滚虽狼狈，烈火焚身可免除。

第十二法：跳楼有术，虽损求生。跳楼逃生，也是一个逃生办法，但应该注意的是：只有消防队员准备好救生气垫并指挥跳楼时或楼层不高(一般 4 层以下)，非跳楼即烧死的情况下，才采取跳楼的方法。跳楼也要讲技巧，跳楼时应尽量往救生气垫中部跳或选择有水池、软雨篷、草地等方向跳；如有可能，要尽量抱些棉被、沙发垫等松软物品或打开大雨伞跳下，以减缓冲击力。如果徒手跳楼一定要扒窗台或阳台使身体自然下垂跳下，以尽量降低垂直距离，落地前要双手抱紧头部身体弯曲卷成一团，以减少伤害。请记住：跳楼不等于自杀，关键是要有办法。

每个人对自己工作、学习或住所所在的建筑物的结构及逃生路径要做到了然于胸，必要时可组织应急逃生预演，使大家熟悉建筑物内的消防设施及自救逃生的方法。这样，火灾发生时，就不会觉得走投无路了。

11.8 危险品、安全色及安全标识

11.8.1 危险化学品的类别

危险化学品是指当受到摩擦、撞击、震动、接触热源或火源，日光暴晒，遇水受潮，遇性能相抵触的物品等外界条件的作用下，会导致燃烧，爆炸，中毒，灼烧及污染环境事故的化学品。

据 GB 13690—2099《化学品分类和危险性公示　通则》。国际将危险化学品分为以下 8 类：

① 爆炸品：如火药，烟花爆竹；

② 压缩气体和液化气体：如压缩纯氧，液化石油气；

③ 易燃液体：如汽油，柴油，酒精等；一般低闪点液体：闪点小于-18℃，中闪点液

体：闪点-23~-18℃，高闪点液体：闪点为：23~61℃。

④ 易燃固体，自燃物品和遇湿易燃物品；如：木材，油布，电石 CaC_2 等。

⑤ 氧化物和有机过氧化物，如硝酸钾，过氧乙酸；

⑥ 毒害品和感染性物品；

⑦ 放射性物品；

⑧ 腐蚀品。

11.8.2 安全色

安全色是用来表达禁止、警告、指令、提示等安全信息含义的颜色。它的作用是使人们能够迅速发现和分辨安全标志，提醒人们注意安全，以防发生事故。安全色用途广泛，如用于安全标志牌、交通标志牌、防护栏杆及机器上不准乱动的部位等。安全色的应用必须是以表示安全为目的和有规定的颜色范围。我国安全色标准规定红、黄、蓝、绿四种颜色为安全色。

红色表示禁止、停止、消防和危险，用于禁止标志。机器设备上的紧急停止手柄或按扭以及禁止触动的部位通常都用红色，有时也表示防火。

蓝色表示指令，必须遵守的规定。如指令标志、交通指示标志等。

黄色表示警告和注意。如厂内危险机器和警戒线，行车道中线、安全帽等使用黄色。

绿色表示提示，状态安全，可以通行。车间内的安全通道，行人和车辆通行标志，消防设备和其他安全防护设备的位置表示都用绿色。

其他颜色：黑、白两种颜色一般作为对比色，主要用作上述各种安全色的背景色。

11.8.3 安全防火标识

安全标识通常指安全标志和安全标签。安全标志是由安全色、几何图形和形象的图形符号构成，用以表达特定的安全信息，是一种国际通用的信息。安全标志分为禁止标志、警告标志、指令标志和提示标志四类。一些安全防火常见图标识别见图 11-5 所示。

图 11-5 常见图标识别表

图 11-5　常见图标识别表(续)

11.9　防火方法

11.9.1　灭火器

常用的灭火器有：干粉灭火器；二氧化碳灭火器；泡沫灭火器。

国家标准规定，灭火器型号应以汉语拼音大写字母和阿拉伯数字标于筒体，如“MF2”等。其中第一个字母 M 代表灭火器，第二个字母代表灭火剂类型(F 是干粉灭火剂、FL 是磷铵干粉、T 是二氧化碳灭火剂、Y 是卤代烷灭火剂、P 是泡沫、QP 是轻水泡沫灭火剂、SQ 是清水灭火剂)，后面的阿拉伯数字代表灭火剂重量或容积，一般单位为 kg 或 L。

检查灭火器材的压力和配置。当压力表指针指到红色部分时，说明瓶内压力不够，灭火器不能正常使用；指到黄色部分时说明压力过大，容易发生危险，指到绿色部分时说明灭火器正常。干粉灭火器，不需要每年换粉，按消防局的规定只需要每年年检一次。灭火器每周要检查一次。检查：喷射通道有无遮挡物；气压；外观有无伤痕和腐蚀情况；是否开启过；是否到水压检测年限；是否到报废年限。

干粉灭火器内充装的是干粉灭火剂。干粉灭火剂是用于灭火的干燥且易于流动的微细粉末，由具有灭火效能的无机盐和少量的添加剂经干燥、粉碎、混合而成微细固体粉末组成。干粉灭火器在使用前，应先把灭火器上下颠倒几次，使筒内干粉松动。在使用 ABC 干粉灭火器扑救固体火灾时，应使灭火喷嘴对准燃烧最猛烈处，左右扫射，并应尽量使干粉灭火剂均匀地喷洒在燃烧物表面，直至把火全部扑灭。因干粉的冷却作用小，灭火后一定要防止复燃。最常见的干粉灭火器的使用方法如下，如图 11-6 所示。

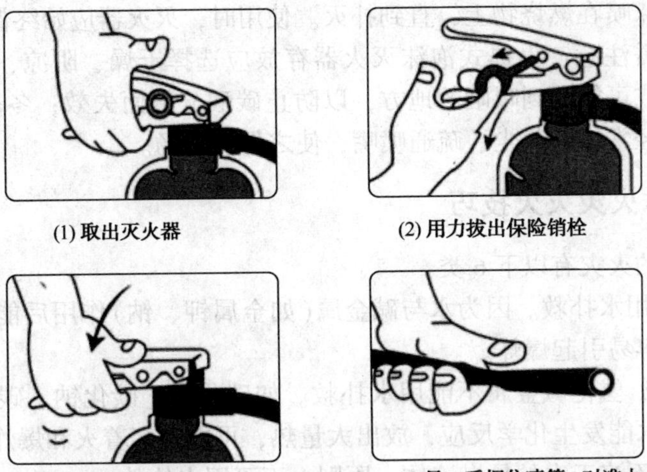

(1) 取出灭火器　(2) 用力拔出保险销栓

(3) 一手握住压把　(4) 另一手握住喷管，对准火苗根部喷射，人要站在上风处

图 11-6　干粉灭火器使用示意图

具体使用过程如下：

① 提，拿着把手将灭火器提起；

② 拔，拔去保险；

③ 瞄，在离起火点 1.5m 以上(如果是电器起火，应该更远)的侧后方瞄准起火点；

④ 按，按住喷射装置，对准起火点根部喷射，且水平横向移动，将干粉包围覆盖起火点，保险起见持续时间长些，灭火器使用一次后，30min 内压强全部消失，下次需从新增压装粉；记住人要站在上风处。

二氧化碳灭火器是根据二氧化碳既不能燃烧、也不能支持燃烧的性质研制的。二氧化碳具有较高的密度，约为空气的 1.5 倍，在常压下，液态的二氧化碳会立即汽化，一般 1kg 的液态二氧化碳可产生约 0.5m^{3}的气体，因而在灭火时，二氧化碳气体可以排除空气而包围在燃烧物体的表面或分布于较密闭的空间中，降低可燃物周围或防护空间内的氧浓度，产生窒息作用而灭火。同时因二氧化碳从储存容器中喷出时，由液体迅速汽化成气体，而从周围吸收热量，起到冷却的作用。二氧化碳灭火器使用方法是：先拔出保险栓，再压下压把(或旋动阀门)，将喷口对准火焰根部灭火。二氧化碳灭火器注意事项：使用时要戴手套，以免皮肤接触喷筒和喷射胶管，防止冻伤。使用二氧化碳灭火器扑救电器火灾时，如果电压超过 600V，应先断电后灭火。

泡沫灭火器适用范围及使用方法：适用范围：适用于扑救因油制品、油脂等引发的火灾，也可适用于 A 类火灾，但不能扑救 B 类火灾中的水溶性可燃、易燃液体的火灾，如醇、酯、醚、酮等物质火灾；也不能扑救带电设备及 C 类和 D 类火灾。使用方法：手提筒体上部的提环，迅速奔赴火场。这时应注意不得使灭火器过分倾斜，更不可横拿或颠倒，以免两种药剂混合而提前喷出。当距离着火点 10m 左右时，即可将筒体颠倒过来，一只手紧握提环，另一只手扶住筒体的底圈，将射流对准燃烧物。在扑救可燃液体火灾时，如已呈流淌状燃烧，则将泡沫由远而近喷射，使泡沫完全覆盖在燃烧液面上；如在容器内燃烧，应将泡沫射向容器的内壁，使泡沫沿着内壁流淌，逐步覆盖着火液面。切忌直接对准液面喷射，以免由于射流的冲击，反而将燃烧的液体冲散或冲出容器，扩大燃烧范围。在扑救固体物质火灾时，应将射流对准燃烧最猛烈处。灭火时随着有效喷射距离的缩短，使用者应逐渐向燃烧区靠近，并始终将泡沫喷在燃烧物上，直到扑灭。使用时，灭火器应始终保持倒置状态，否则会中断喷射。另外需注意：手提式泡沫灭火器存放应选择干燥、阴凉、通风并取用方便之处，不可靠近高温或可能受到曝晒的地方，以防止碳酸分解而失效；冬季要采取防冻措施，以防止冻结；并应经常擦除灰尘、疏通喷嘴，使之保持通畅。

11.9.2 特殊火灾灭火技巧

用水无法扑灭的火灾有以下6类：

① 碱金属不能用水扑救。因为水与碱金属(如金属钾、钠)作用后能使水分解而生成氢气和放出大量热，容易引起爆炸。

② 碳化碱金属、氢化碱金属不能用水扑救。如碳化钾、碳化钠、碳化铝和碳化钙以及氢化钾、氯化镁遇水能发生化学反应，放出大量热，可能引起着火和爆炸。

③ 轻于水的和不溶于水的易燃液体，原则上不可用水扑救。

④ 熔化的铁水、钢水不能用水扑救。因铁水、钢水温度约在1600℃，水蒸气在1000℃以上时能分解出氢和氧、有引起爆炸危险。

⑤ 三酸(硫酸、硝酸、盐酸)不能用强大水流扑救，必要时，可用喷雾水流扑救。

⑥ 高压电气装置火灾，在没有良好接地设备或没有切断电流的情况下，一般不能用水扑救。

11.9.3 预防宿舍火灾

学生宿舍内要预防火灾，必须做到以下几点：

① 不乱扔烟头；

② 不躺在床上吸烟；

③ 不在蚊帐内点蜡烛看书；

④ 不存放易燃易爆物品；

⑤ 不焚烧杂物，点蚊香应采取有效的防火措施；

⑥ 不私拉乱接电源线，严禁超负荷用电；

⑦ 不使用热得快、电炉、空调等大功率电器，不使用电热毯、劣质电器等可能引发火灾的电器；

⑧ 不使用酒精炉、液化器灶具生火做饭；

⑨ 要人走断电，嗅到电线胶皮糊味，要及时报告，采取措施；

⑩ 台灯不要靠近枕头和被褥。

11.9.4 家庭防火十法

常用的家庭简要防火十法如下：

① 要弄熄火柴梗，把烟头掐灭在烟灰缸内，不在酒后或睡前躺在床上或沙发上吸烟。

② 要及时关闭电源开关及煤气、液化气总阀门，外出时、临睡前熄灭室内外火种。

③ 要教育小孩子不要玩火，不要玩弄电器设备。

④ 要在规定区域内安全燃放烟花爆竹。

⑤ 要确保走道、楼梯的畅通，不在楼层通道和安全出口处堆物封堵。

⑥ 不乱拉乱接电线，防止超负荷用电，使用电热器时，人不能离开。

⑦ 不用明火寻找物品和查漏煤气、液化气。

⑧ 不用灯泡取暖或烘烤衣服。

⑨ 不把点燃的蚊香贴靠在床沿和窗帘处。

⑩ 不在房内焚烧迷信物品。

11.9.5 家庭灭火十招

常用的家庭灭火十招如下：

① 发现着火大声呼喊并尽快打火警电话119，讲清路名、门牌号，然后派人在路口迎候消防车。

② 扑灭火苗要就地取材，如用毛毯、棉被罩住火焰，然后将火扑灭。

③ 也可及时用面盆、水桶等盛水灭火，或利用楼层内的灭火器材及时扑灭火头。

④ 个别物品着火，要赶快把着火物搬到室外灭火。

⑤ 油锅起火，直接盖上锅盖灭火。

⑥ 家用电器着火，要先切断电源，然后用毛毯、棉被覆盖窒息灭火，如仍未熄灭，再用水浇。

⑦ 电视机着火用毛毯、棉被灭火时，人要站在侧面，防止显像管爆裂伤人。

⑧ 煤气、液化气灶着火，要先关闭阀门；用围裙、衣物、棉被等浸水后捂盖，往上浇水扑灭。

⑨ 救火时门窗要慢开，以免空气对流加速火焰蔓延和火焰突然窜出伤人。

⑩ 要将着火处附近的可燃物及液化气罐及时疏散到安全的地方。

11.9.6 火灾逃生十策

常用的火灾逃生十个策略如下：

① 平时要想好几条不同方向的逃生路线。

② 躲避烟火不要往阁楼、床底、大橱内钻。

③ 火势不大要当机立断披上浸湿的衣服和裹上湿毛毯、湿被褥勇敢地冲出去，但千万不要披塑料雨衣。

④ 不要留恋财物，尽快逃出火场，千万记住，即已逃出绝不往回跑。

⑤ 在浓烟中避难逃生，要尽量放低身体，并用湿毛巾捂住嘴鼻。

⑥ 如果身上着火，千万不要奔跑，要就地打滚压灭身上火苗。

⑦ 不要盲目跳楼，可用绳子或把床单撕成条状连起来，紧栓在门窗档和理物上，顺势滑下。

⑧ 充分利用房内的门窗、阳台、落水管或竹竿等逃生自救。

⑨ 楼上如被火围困，快向室外扔抛沙发垫、枕头等软物或其他小物品，夜间则可打手电，发出求救信号。

⑩ 若逃生路线被火封堵，立即退回室内，关闭门窗，堵住缝隙，有条件的向门窗上浇水。

11.9.7 火灾逃生口诀

火灾逃生72字口诀如下，并请读者自己举例解释每句的含义。

熟悉环境，出口找好；发现火情，报警要早；保持镇定，有序外逃；
简易防护，匍匐弯腰；慎入电梯，改走楼道；缓降逃生，不等不靠；
火已及身，切勿惊跑；被困室内，固守为妙；速离险地，不贪不闹。

思考题

11.1 平时在校园内应做好哪些防火准备？

11.2 说说你生活中经常见到的消防设施，并简述部分使用方法。

11.3 搜集我国森林火灾资料，并谈谈自己的想法。

11.4 校园宿舍火灾逃生策略？

11.5 教室火灾逃生策略？

11.6 实验室火灾逃生策略？

11.7 怎样正确使用 119 电话？

11.8 宿舍管理人员应定期重点开展哪些防火检查？

11.9 如何预防学生宿舍火灾发生？

11.10 危险化学品有哪些类型？

11.11 什么是安全色？不同的安全色分别表示什么含义？

11.12 安全防火标识有哪些？

11.13 常用的灭火器有哪几种？怎样使用？

11.14 用水无法扑灭的火灾有哪些？

11.15 学生宿舍预防火灾必须做到哪几点？

11.16 什么是常用的家庭简要防火十法？

11.17 什么是家庭灭火十招？

11.18 什么是常用的火灾逃生十策？

11.19 什么是火灾逃生 72 字口诀？

参 考 文 献

[1] American Meteorological Society. Meteorological drought: policy state-ment. American Meteorological Society, 1997

[2] Barbara W M, Brian J S, Stephen C P. Dangerous Earth . John Wiley & Sons, Inc. 1997

[3] Barbara W M, Brian J S, Stephen C P. Dangerous Earth . John Wiley & Sons, Inc. 1997

[4] Chen Z Y, Li B, Zhong Y, et al. Local competitive effects of introduced Spartina alterniflora on Scirpus mariqueter at Dongtan of Chongming Island, the Yangtze River estuary and their potential ecological consequences. Hydrobiologia, 2004, 528: 99~106

[5] Figueroa Vega, G E. Subsidence of the city of Mexico: a historical review. In: Proceedings of the Second International Symposium on Land Subsidence. Anaheim, USA IAHS Pubication, 1976, 121: 35~36

[6] Heim J, Richard R. A review of twentieth-century drought Indices used in the united states. Bulletin of the American Meteorological Society, 2002(8): 1149~1165

[7] Holzer T L and Johnson A I. Land subsidence caused by ground water withdrawal in urban areas. Geojournal, 1985, 11(3): 245~255

[8] Huang H M, Zhang L Q, Guan Y J, et al. A cellular automata model for population expansion of Spartina alterniflora at Jiuduansha Shoals, Shanghai, China. Estuarine, Coastal and Shelf Science, 2008, 77: 47~55

[9] Li H P, Zhang L Q. An experimental study on physical controls of an exotic plant Spartina alterniflora in Shanghai, China. Ecological Engineering, 2008, 32: 11~21

[10] Ma Z J, Li B, Jing K, et al. Are artificial wetlands good alternatives to natural wetlands for waterbirds? A case study on Chongming Island, China. Biodiversity and Conservation, 2004, 13: 333~350

[11] Petak W J著．自然灾害风险评价与减灾政策．向立云译．北京：地震出版社，1993

[12] Poland J F. Guidebook to studies of land subsidence due to ground-water withdrawal. Published by the United Nations Educational, Scientific and Cultural Organization, 1984

[13] Pye K T H. Aeolian sand and sand dunes. London: Unwin Hyman, 1990

[14] The Joint Academies Committee on the Mexico City Water Supply(CMWS). Mexico city's water supply: improving the outlook for sustainability. National Academy Press, Washingto, D. C. 1995

[15] Tian B, Zhou Y X, Zhang L Q, et al. Analyzing the habitat suitability for migratory birds at the Chongming Dongtan Nature Reserve in Shanghai, China. Estuarine, Coastal and Shelf Science, 2008, 80: 296~302

[16] Xiao D R, Zhang L Q, Zhu Z C. A study on seed characteristics and seed bank of Spartina alterniflora at saltmarshes in the Yangtze Estuary, China. Estuarine, Coastal and Shelf Science, 2009, 83: 105~110

[17] Xue Y Q, Zhang Y. Land subsidence in China. Environmental Geology, 2005, 48(6): 713~720

[18] Xu Y S, Shen S L. The state of land subsidence and prediction approaches due to groundwater withdrawal in China. Natural Hazards, 2008, 45(1): 123~135

[19] 白桂龙，贲景富．地震引发海啸——人类难以抗御的自然灾害．黑龙江水利科技，2011(1)：102~103

[20] 蔡守秋．论生物安全法．河南省政法管理干部学院学报，2002(2)：1~10

[21] 蔡晓军，李栋梁，姚辉．中国西北地区春末夏初降水异常的时空变化特征．高原气象，1998(2)：171~181

[22] 陈国亮，陈裕昌，谭鸿增．岩溶地面塌陷机制、预测及整治研究．地质灾害与防治，1990，1(3)：39~48

[23] 陈赛．外来物种入侵及其环境法律调控准则．新疆环境保护．2002，24(4)：31~33

[24] 陈颙，史培军．自然灾害．北京：北京师范大学出版社，2008

[25] 陈艳华，苏幼坡，朱丽．自然灾害的预防与自救避难．北京：中国建筑工业出版社，2012

[26] 陈祖朝．面对火灾危险你知道怎样逃生吗？消防专家为你支招．云南：云南科技出版社，2005

[27] 戴瑞庭．地方病知识问答．北京：北京科学技术出版社，1989
[28] 董光荣，申建友，金炯．我国土地沙漠化的分布与危害．干旱区资源与环境，1989，3(4)：12~15
[29] 董玉祥，刘毅华．中国沙漠化灾害现状及其趋势分析．自然灾害学报，1995，4(4)：100~107
[30] 高庆华，马宗晋．灾害·社会·减灾·发展．北京：气象出版社，2000
[31] 高云，阮水根．我国的气象灾害及其减灾对策．北京：气象出版社，2005
[32] 葛全胜，彭桂堂．自然灾害．南宁：广西教育出版社，1999
[33] 耿怀英，曹才瑞．自然灾害与防灾减灾．北京：气象出版社，2000
[34] 国家防汛抗旱总指挥部办公室，水利部南京水文水资源研究所．中国水旱灾害．北京：中国水利水电出版社，1997
[35] 郭占荣，黄奕普．海水入侵问题综述．水文，2003(3)：10~15
[36] 黄崇福．自然灾害风险分析．北京：北京师范大学出版社，2001
[37] 黄黔．西南岩溶地区石漠化成因和治理重点．草业科学，2010，27(8)：5~9
[38] 黄坤安，钟婷．泥石流灾害分析及防御．人民珠江，2004(5)：35~38
[39] 黄健民，徐之华．气候变化与自然灾害．北京：气象出版社，2005
[40] 黄荣辉．我国气象灾害的预测预警与科学防灾减灾对策．北京：气象出版社，2005
[41] 李宝兰，龚建伟，宋庆春等．大连市还水入侵特征．中国地质调查局海岸带地质环境与城市发展．北京：地质大学出版社，2005
[42] 李海龙．风沙灾害危险性评价及防沙治沙安全格局构建研究．北京林业大学学位论文，2006
[43] 李宏博．地球上的海啸．现代物理知识，2010(5)：1~6
[44] 李克让．中国干旱灾害研究及减灾对策．郑州：河南科学技术出版社，1999
[45] 李娜，袁雯．上海洪涝灾害发生特征、致灾因子及影响机制研究．自然灾害学报，2011，20(1)：37~45
[46] 李青善．常见的不良地质现象崩塌．青海交通科技，2009，6：58~59
[47] 李宪之．论台风．北京：气象出版社，1983
[48] 李祥根．中国地震构造运动．北京：地震出版社，2010
[49] 李祥根．中国自然环境精编新论．北京：地震出版社，2006
[50] 李永录．工业企业防震减灾工作指南．北京：冶金工业出版社，2005
[51] 李玉锁，修济刚，李继泰．火山喷发机制与预报．北京：地震出版社，1998
[52] 李振宇，解炎．中国外来入侵种．北京：中国林业出版社，2002
[53] 李忠国．大连市海水入侵现状及防治措施研究．河海大学学位论文，2004
[54] 林风华．石漠化治理的基本思路及模式初探．贵州林业科技，2003，31(1)：49~51
[55] 林永江．石漠化现状及其治理对策探讨．科技纵横，2011(8)：245~246
[56] 刘东雁，庄振业，邱汉学等．莱州海水入侵与地下水位负值区的演化模式．海洋湖沼通报，1999，2：18~23
[57] 刘杜娟．中国沿海地区海水入侵现状与分析．地质灾害与环境保护，2004，15(1)：31~36
[58] 刘若新，魏海泉，郑德文．活火山的监测与喷发预报．矿物岩石地球化学通报．1999，18(2)：106~112
[59] 刘月樵．势不可挡的海啸．科学世界，2001，(6)：10~11
[60] 卢磊，倪昆．我国沙尘暴的形成机制与防护措施．硅谷技术应用，2010(3)：111~112
[61] 卢振恒．自然灾害常识．北京：海洋出版社，1993
[62] 陆亚龙，肖功建．减灾知识系列之一——气象灾害及其防御．北京：气象出版社，2001
[63] 陆忠汉，陆长荣，王婉馨．实用气象手册．上海：上海辞书出版社，1984
[64] 罗孝如，熊飞．核辐射事故的种类和特点．民防苑，2008：15~16
[65] 骆银辉，胡斌，朱荣华．崩塌的形成机理与防治方法．西部探矿工程，2008，12：1~3
[66] 蒋爵光．铁路工程地质学．北京：中国铁道出版社，1991

[67] 蒋有绪．生物多样性研究进展与入世后的对策．世界科技研究与发展．2003，25(5)：1~4
[68] 金明玉．海水入侵地区的地下水环境恢复研究——以大连南关岭地区为例．辽宁师范大学学位论文，2007
[69] 马凤山，蔡祖煌，尹泽生．莱州湾海水入侵区域环境系统与防治对策．中国地质灾害与防治学报，1997，(3)：56~62
[70] 马凤山，蔡祖煌．论海水入侵综合防治应用技术．中国地质灾害与防治学报，2000，11(3)：74~78
[71] 马宗晋，郑功成．中国灾害研究丛书．长沙：湖南人民出版社，1998
[72] 孟紫强．大骨节病．太原：山西人民出版社，1984
[73] 莫杰，刘守全．全球变化——海洋地学的热点问题．地学前缘，1997(3)：227~234
[74] 潘懋，李铁峰．灾害地质学．北京：北京大学出版社，2008
[75] 仇勇海，刘春生，戴前伟．自然电场法预测地震．长沙：中南大学出版社，2010
[76] 阮均石．气象灾害十讲．北京：气象出版社，2000
[77] 盛海洋，李红旗．我国滑坡、崩塌的区域特征、成因分析及其防御．水土保持研究，2004，11(3)：208~210
[78] 盛学斌，戴昭华，杨明华．大渤海区海水入侵态势与防治构想．生态学报，1996，16(4)：418~426
[79] 舒畅．南方农区鼠害防治技术 200 问．江西：江西科学技术出版社，2006
[80] 宋俭，王红．大劫难——300 年来世界重大自然灾害纪实．武汉：武汉大学出版社，2004
[81] 孙式国，张伟．志愿者与地震紧急救援．北京：地震出版社，2010
[82] 孙晓明，徐建国，杨齐青．环渤海地区海(咸)水入侵特征与防治对策．地质调查与研究，2006，29(3)：203~210
[83] 孙晓明，王卫东，徐建国等．环渤海地区地下水资源与环境地质调查评价报告．天津：天津地质矿产研究所，2005
[84] 苏维词，杨华，李晴．我国西南喀斯特山区土地石漠化成因及防治．土壤通报，2006，37(3)：447~451
[85] 外来物种每年给非洲造成数十亿美元损失．世界科技研究与发展．2003，25(2)：101
[86] 王宏远，韩志敏，刘溃琦．中国喀斯特地区石漠化成因及其危害研究概述．安徽农业科学，2010，39(11)：6680~6684
[87] 王景明．渭河地震带地裂与地震活动的周期性．地震学报，1985(2)：190~201
[88] 王鹏飞．火灾与你有多远．天津：天津社会科学院出版社，2007
[89] 王绍武，马树庆，陈莉．低温冷害(气象灾害丛书)．北京：气象出版社，2009
[90] 王式功，董光荣，陈惠忠．沙尘暴研究的进展．中国沙漠，2000，20(4)：349~356
[91] 王涛，朱震达．中国北方沙漠化的若干问题．第四纪研究，2001，21(1)：56~65
[92] 王迎春．城市气象灾害．北京：气象出版社，2009
[93] 王志烈，许以平．台风．北京：气象出版社，1983
[94] 文育高，李家财．滑坡治理方法及其应用．西部探矿工程，2010(5)：19~21
[95] 吴崇泽．海水入侵的危害及其防治对策海洋与海岸带开发．1993(1)：75~78
[96] 吴积善，田连权，康志成．泥石流及其综合治理．北京：科学出版社，1993
[97] 肖德荣，祝振昌，袁琳．上海崇明东滩外来物种互花米草二次入侵过程．应用生态学报，2012，23(11)：2997~3002
[98] 谢维伟．浅谈沙尘暴的危害与及其治理方式．大众商务，2010(6)：109~110
[99] 谢宇．生命的密码—生物．江西：百花洲文艺出版社，2010
[100] 辛江，王教河，马举．辽宁沿海地区海水入侵的成因及防治措施．东北水利水电，2002，20(4)：10~11
[101] 徐建国，卫政润，张涛．环渤海山东地区浅层地下水资源潜力分析及利用对策．地质调查与研究，2004，27(3)：203~207

[102] 许小峰．海洋气象灾害．北京：气象出版社，2009
[103] 许烨霜．考虑地下构筑物对地下水渗流阻挡效应的地面沉降性状研究．上海交通大学学位论文，2010
[104] 延军平．灾害地理学．西安：陕西师范大学出版社，1990
[105] 闫淑春．我国干旱灾害影响及抗旱减灾对策研究．中国农业大学学位论文，2005
[106] 晏志勇．乡村医生中等医学学历教育教材—预防医学．北京：人民卫生出版社，2010
[107] 杨达源，闾国年．自然灾害学．北京：测绘出版社，1993
[108] 杨仲江．雷电灾害风险评估与管理基础．北京：气象出版社，2010
[109] 杨兴学．风沙灾害的危险性分析及防沙治沙安全格局的构建．价值工程，2011(3)：326
[110] 叶耀先，锵芊．地震灾害比较学．北京：建筑工业出版社，2008
[111] 尹华开，刘华贵，曾健．滑坡机理与防治分析．科技风，2010(3)：250
[112] 于维汉．地方病及其防治．哈尔滨：黑龙江科学技术出版社，1985
[113] 张倬元，王士天，王兰生．工程地质分析原理．北京：地质出版社，1994
[114] 张更生．海水入侵机理及防治措施的三维数字模拟．大连海事大学学位论文，2007
[115] 张国良，付卫东，刘坤．农业重大外来入侵生物．北京：科学出版社，2008
[116] 张国祯．北京市沙化土地现状评价及其防治策略研究．北京林业大学学位论文，2007
[117] 张家团，屈艳萍．近30年来中国干旱灾害演变规律及抗旱减灾对策探讨．中国防汛抗旱，2008(5)：47~52
[118] 张梁，张业成，罗元华．地质灾害灾情评估理论与实践．北京：地质出版社，1998
[119] 张梦欣，孙连捷．安全科学技术百科全书．北京：中国劳动社会保障出版社，2003
[120] 张润志，桑卫国，孙江华等．生物入侵与外来入侵物种的控制．科学．2002，54(6)：11~14
[121] 张文龙．外来物种入侵机制及其对生态系统功能的影响．河南水利与南水北调，2011，12：73~74
[122] 张钛仁．中国北方沙尘暴灾害形成机理与荒漠化防治研究．兰州大学学位论文，2008
[123] 张振雄．海水咸水入侵规律探讨．海河水利，1996(3)：14~16
[124] 赵常洲，龚固培，王晖．地面沉降成因与危害．西部探矿工程．2006(1)：261~263
[125] 赵奋国．农村常见病防治．兰州：甘肃科学技术出版社，2006
[126] 赵思雄，高守亭．我国天气气象灾害的成因、科学减灾及对策．北京：气象出版社，2005
[127] 赵天石，王卫东．地下水资源开发模式和降落漏斗问题．地质调查与研究，2004，27(3)：139~143
[128] 赵同进．气象灾害．陕西：未来出版社，2005
[129] 赵文．水生生物学．北京：中国农业出版社，2008
[130] 赵兴梁．甘肃特大沙尘暴的危害与对策．中国沙漠，1993，13(3)：1~7
[131] 郑远长．全球自然灾害概述．中国减灾，2000，10(1)：14~19
[132] 朱崇午．浅谈高边坡地质滑坡灾害防治．科技资讯，2010(5)：136
[133] 朱俊凤，朱震达．中国沙漠化防治．北京：中国林业出版社，1999
[134] 朱俊高，陆晓平．大面积地面沉降研究现状．地质灾害与环境保护．2001，12(4)：74~79
[135] 朱震达，陈广庭．中国土地沙质荒漠化．北京：科学出版社，1994
[136] 朱震达，刘恕，邸醒民．中国的沙漠化及其治理．北京：科学出版社，1989
[137] 朱震达，吴正，刘恕．中国沙漠概论．北京：科学出版社，1980
[138] 朱震达．中国北方沙漠化现状及发展趋势．中国沙漠，1985，5(3)：5~9
[139] 邹胜章，朱远峰，陈鸿汉等．大连大魏家滨海岩溶区海水入侵化学过程．海洋地质与第四纪地质，2004，24(1)：61~68
[140] 中国气象局．农村气象灾害避险指南．北京：气象出版社，2007
[141] 中国科学院兰州沙漠研克所伊克昭盟沙漠化考察队．内蒙占伊克昭盟土地沙澄化及其防治，中国科学院兰州沙漠研究所集刊，1986